国外油气勘探开发新进展丛书（十八）

孔隙尺度多相流动

[英] Martin J. Blunt 著

秦 勇 王 森 李保柱 郝明强 译

石油工业出版社

内 容 提 要

本书系统介绍了孔隙尺度多相流动的相关理论与方法。内容主要包括：界面曲率与接触角、多孔介质与流体驱替、初次排驱、自吸与圈闭、润湿性与驱替路径、Navier-Stokes 方程、相对渗透率、三相渗流、多相渗流方程的求解等。

本书可供油气田开发、渗流力学等领域的技术人员参考，也可作为相关专业本科和研究生的教材。

图书在版编目(CIP)数据

孔隙尺度多相流动 / (英) 马丁·J. 布朗特
(Martin J. Blunt) 著；秦勇等译. —北京：石油工业出版社，2020. 1
(国外油气勘探开发新进展丛书. 十八)
书名原文：Multiphase Flow in Permeable Media:
A Pore-Scale Perspective
ISBN 978-7-5183-3734-7

Ⅰ. ①孔… Ⅱ. ①马… ②秦… Ⅲ. ①油气田开发-大孔隙渗流-研究 Ⅳ. ①TE312

中国版本图书馆 CIP 数据核字 (2019) 第 266748 号

出版发行：石油工业出版社
　　　　　（北京安定门外安华里 2 区 1 号楼　100011）
　　网　　址：www. petropub. com
　　编辑部：(010)64523738　图书营销中心：(010)64523633
经　　销：全国新华书店
印　　刷：北京中石油彩色印刷有限责任公司

2020 年 1 月第 1 版　2020 年 1 月第 1 次印刷
787×1092 毫米　开本：1/16　印张：22. 75
字数：550 千字

定价：200. 00 元
（如出现印装质量问题，我社图书营销中心负责调换）

《国外油气勘探开发新进展丛书(十八)》
编 委 会

序

"他山之石，可以攻玉"。学习和借鉴国外油气勘探开发新理论、新技术和新工艺，对于提高国内油气勘探开发水平、丰富科研管理人员知识储备、增强公司科技创新能力和整体实力、推动提升勘探开发力度的实践具有重要的现实意义。鉴于此，中国石油勘探与生产分公司和石油工业出版社组织多方力量，本着先进、实用、有效的原则，对国外著名出版社和知名学者最新出版的、代表行业先进理论和技术水平的著作进行引进并翻译出版，形成涵盖油气勘探、开发、工程技术等上游较全面和系统的系列丛书——《国外油气勘探开发新进展丛书》。

自 2001 年丛书第一辑正式出版后，在持续跟踪国外油气勘探、开发新理论新技术发展的基础上，从国内科研、生产需求出发，截至目前，优中选优，共计翻译出版了十七辑近 100 种专著。这些译著发行后，受到了企业和科研院所广大科研人员和大学院校师生的欢迎，并在勘探开发实践中发挥了重要作用，达到了促进生产、更新知识、提高业务水平的目的。同时，集团公司也筛选了部分适合基层员工学习参考的图书，列入"千万图书下基层，百万员工品书香"书目，配发到中国石油所属的 4 万余个基层队站。该套系列丛书也获得了我国出版界的认可，先后四次获得了中国出版协会的"引进版科技类优秀图书奖"，形成了规模品牌，获得了很好的社会效益。

此次在前十七辑出版的基础上，经过多次调研、筛选，又推选出了《孔隙尺度多相流动》《二氧化碳捕集与酸性气体回注》《油井打捞作业手册——工具、技术与经验方法（第二版）》《油气藏储层伤害——原理、模拟、评价和防治（第三版）》《煤层气开发工程新进展》《页岩储层微观尺度描述——方法与挑战》等 6 本专著翻译出版，以飨读者。

在本套丛书的引进、翻译和出版过程中，中国石油勘探与生产分公司和石油工业出版社在图书选择、工作组织、质量保障方面积极发挥作用，一批具有较高外语水平的知名专家、教授和有丰富实践经验的工程技术人员担任翻译和审校工作，使得该套丛书能以较高的质量正式出版，在此对他们的努力和付出表示衷心的感谢！希望该套丛书在相关企业、科研单位、院校的生产和科研中继续发挥应有的作用。

中国石油天然气股份有限公司副总裁　李鹭光

译者前言

渗流力学是研究多孔介质内流体传输规律及其应用的科学。经过一百多年的发展,渗流力学理论已经从单相牛顿流体的线性渗流逐渐发展到多相复杂流体的非线性渗流,研究尺度也从岩心尺度逐渐深入到纳微米级尺度,并由此促进了石油、天然气、地热、核能等地质资源的开采利用和二氧化碳捕集与埋存、地下水污染控制等环境问题的解决。与此同时,渗流力学的发展也推动了生物医学、多孔介质传质传热和流固耦合力学等学科领域的快速发展。但目前国内渗流力学方面的书籍主要集中于经典的教材,内容设置上仍以传统的岩心尺度渗流理论为基础,而对近二三十年国际上渗流力学的最新进展,尤其是孔隙尺度多相流动的相关研究缺乏系统的、全面的总结和介绍。越来越多的科研工作者和工程技术人员希望深入了解和掌握孔隙尺度多相流动的相关理论和方法,以适应当前渗流力学研究精细化、数字化、智能化发展的需求。因此,本书中文版的问世,将对国内孔隙尺度流动的教学和科研工作起到积极的推动作用,并有效促进油气田开发工程、环境工程等相关领域的快速发展。

本书作者 Martin J. Blunt 博士是英国帝国理工大学石油工程系教授,孔隙尺度流动领域的国际权威专家,国际石油工程师协会(Society of Petroleum Engineers, SPE)杰出会员,同时还担任渗流力学方向著名期刊 *Transport in Porous Media* 主编,曾获得 2011 年 SPE Lester C. Uren 奖和 2012 年国际岩心分析家协会终身成就奖——达西奖。本书是 Martin J. Blunt 教授基于最新研究成果和对数千名学生及专业人士开展教学工作的总结。

本书的突出特点是通俗易懂。作者并没有将太多的精力和篇幅放在数学公式的推导上,而是尽可能用简单的语言将物理过程描述清楚,而且作者也介绍了有关界面张力、Young-Laplace 方程和接触角等基础知识,因此只需要读者具有相当于石油工程专业大学本科高年级学生的数学和流体力学知识,即可较好地理解其中内容。本书的另一个突出特点是理论联系实践、注重实际应用。作者不但介绍了最新的孔隙结构表征方法和孔隙网络模拟方法等知识，而且提供了大量的练习题和在线答案，方便读者更好地理解和掌握孔隙尺度多相流动领域的理论和方法。

本书的第1章至第5章由中国石油勘探开发研究院秦勇工程师翻译，第6章至第9章由中国石油大学（华东）王森副教授翻译。中国石油勘探开发研究院李保柱教授和郝明强工程师参与了本书的翻译工作，并在出版过程中给予了悉心指导。全书由秦勇、王森统一审校。此外，全书的翻译和出版还得到了剑桥大学出版社和石油工业出版社的大力支持，在此谨向他们表示由衷的感谢。

由于译者水平有限，书中难免存在不妥之处。敬请各位专家学者批评指正，以利广大读者深入掌握孔隙尺度多相流动理论和方法，切实推进我国渗流力学和油气田开发水平的提高。

原书前言

21世纪，人类面临各种各样的挑战，除要应对气候变化的威胁外，还要保证清洁饮用水和农业用水安全，确保为日益增长的人口提供充足能源，如此种种不一而足。上述问题尽管看起来千差万别，却有一个共同的科学支撑——多孔介质的渗流理论。多孔介质的渗流问题体现在人类活动的方方面面：从地下含水层中提取淡水；从岩石孔隙中产出能源；从排放源捕集二氧化碳（例如，从使用化石燃料发电的发电厂进行捕集），并将它注入地下盐水层或已经衰竭的油气藏中进行埋存处理，进而应对气候变化，这些内容都需要多孔介质渗流理论的支持。提高对多孔岩石中流体流动的认识，有助于进行全球范围内的二氧化碳埋存，避免气候变化造成的危害；也有助于进行地下淡水的管理和油气生产。

本书的研究重点包括油气开发中的多相流动问题及其应用，二氧化碳地质埋存及埋存后的污染性迁移等问题。对这些问题的系统研究必然也涉及了许多其他相关科学和工程应用，包括燃料电池、薄膜系统和生态系统等，对于涉及的相关内容本书仅做必要的简单介绍。

本书讨论的最核心内容是地质系统中微观孔隙级别流体驱替的物理特征，因此主要研究固体颗粒之间孔隙尺度（岩石孔隙空间）的问题，其中最有代表性的是在微米（μm）级的分析。这是因为在这个级别下的特征在确定流体的整体流动和能采出的油气量问题中起着关键作用。

本书的另一大特点是结合了大量的实际应用。近年来随着科技水平的进步，有两个领域的研究进展转变了人们对孔隙中流体流动的认识：一个是岩石成像、孔隙空间及其中流体描述方法的发展，三维图像分辨率可达纳米级至厘米级；另一个是解决流体流动和运移问题的优秀公共软件的广泛应用。

我们由衷地希望，此书能够成为研究多孔介质问题的研究人员、本领域科学家和工程师手中一本有价值的参考书。本书作为一本教学用书，讲解了多孔介质多相流的基本概念。因此，尽管本书提供了很多近年发表的重要文献和新近的研究成果，并且在该领域发表了一些有见解性的观点，阐述了这个领域研究的新进展，但这种回顾并不是为了进行综合论述。本书是一部教学用书，而不是科研专著，因此在本书最后还提供了一些练习题，并附有在线答案；这些练习题是基于笔者在实际教学中学生们的薄弱点设计的，可用来进行练习计算，以便加深理解。笔者撰写本书的根本目的是为读者提供流体流动和运移的定量分析方法和思想。

本书中使用的主要物理概念包括能量守恒、动量守恒和物质守恒。能量守恒用于确定流体在孔隙空间的分布，以及确定一种流体相被另一种流体相驱替的压力，并同时考虑两种流体相之间、流体相与固相之间的界面能。能量守恒也主要用于杨氏方程和杨氏—拉普拉斯方程的推导，这两个方程是本书前半部分内容的基础。对黏性流体而言，动量守恒推导出了纳维叶—斯托克斯（Navier-Stokes）方程及其相应的多孔介质宏观方程——达西定律。这些概念就贯穿于本书其后的部分，是建立本书中毛细管平衡的重要基础。物质守恒在本书中是指不可压缩流体的体积守恒，以它为基础推导出了受黏滞力和毛细管压力控制的流动方程。本书将这些普遍理论应用于多孔介质流动的相关重要问题，相信读者在掌握了这些基础知识之后，就能够有信心去面对和理解新的问题。

本书内容与多个学科相关，包括石油行业和数字岩石分析，或数字岩石物理。按照笔者的观点，这些术语容易使人产生误会，因为"数字"（digital）是一个与"实验"相对的概念，似乎不需要实验就可以获得结果。事实上，实验数据是对多孔介质流体行为进行预测或解释所必需的。这些数据包括：多孔介质孔隙几何空间图像数据，岩石流体性质的测量数据，如界面张力和接触角等。本书提供了用以解释和利用孔隙模型结果的必要基础科学认识。模型的应用如同一个黑箱代码，但是仅仅简单地使用这种黑盒子来计算某类实验空间的平均属性是不够的。这是因为数据必须与模型和相关物理属性相结合才能获得符合实际规律的结果。本书不提供各种岩石样品属性的预测列表，也不对不同的建模方法进行评论。笔者在这里能提供的是完成成像和数值分析的方法，我们所需要的是这个新方法得到的研究数据，希望通过本书的讨论，读者可以对这些基本概念和方法有一个全面的认识。

致　　谢

　　本书以笔者在伦敦帝国大学给本科生和研究生的课程，米兰工业大学给理科硕士生、全世界学者和专业人士短期培训的部分上课内容为基础，包含了《多相流》和《油藏工程》课程的讲义。笔者感谢在这些课堂上认真听讲的所有学生和他们的求知心，你们从这里学到的知识和笔者从你们那里获得的启发一样多。

　　笔者还要感谢一起工作的很多博士研究生及其他同事，笔者在本书中综合了他们的研究成果，并进行了适当的解释。

　　感谢 Ali Raeini 博士，他计算了第 4 章和第 5 章的驱替统计；感谢 BagusMul-jadi 博士，他再次把笔者介绍给了 LATEX；感谢 Hasan Nourdeen，他编写了第 9 章实例的解；感谢 Angus Morrison 和 Bhavik Lodhia，他们绘制了很多的图件；感谢 Kamajit Singh 博士，他设计了封面；感谢 Harris Rana 许可使用其他图件。

目　　录

1 界面曲率与接触角

1.1 界面张力

本书重点研究孔隙空间中多相流的分布和驱替规律。首先，要明确研究对象包括什么：孔隙空间包括岩石或土质颗粒之间的微米级裂隙，以及毛细管或组织纤维之间的间隙；流体包括水、石油、天然气、二氧化碳、等离子体、电解质溶液等。在介绍多孔介质自身复杂、令人迷惑的几何结构之前，先介绍一些基本公式。

如果存在两种流体相，在没有多孔介质存在的情况下，两种流体间的界面区倾向于缩到最小。例如，空气中小水滴呈球形，因为在体积一定的条件下，球形水滴与空气接触面积最小，如图 1.1 所示。需要注意的是，较大水滴的形状受重力影响，但是为了简化，这个问题忽略了重力影响。

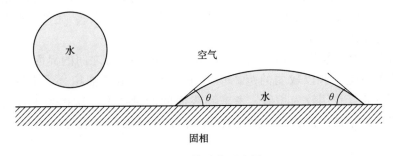

图 1.1　流体分布示意图

定义界面张力为 σ，它代表了两相之间接触面上单位面积的能量，或自由能变化值（在确定压力的开放系统中，是 Gibbs 自由能）与面积变化值之比：$\sigma = \mathrm{d}F/\mathrm{d}A$。这里的两相可以是液相或固相。界面张力是两相之间或相内部分子间相互作用被打破而在界面间形成的能量补偿。如果其中一相具有强分子间键（如晶质固体或金属），这种能量可以达到最大；在两种相似的流体之间（如高压条件下油和烃类气体），这种能量达到最小。

表面张力有时可能会被不规范地使用，因此在进行讨论之前要对表面张力进行严格的定义。在没有其他组分存在的热力平衡条件下，表面张力是指流体或固体与其蒸气相之间单位面积的能量。在实例分析中考虑的一般为多种化学组分组成的复杂混合物，由于体系中至少存在两种流体相和固体相，不同相之间的并不是表面张力，其正确的表达应该是界面张力。

在自由空间（图 1.1 左侧），忽略重力效应的情况下，体积很小的水滴为润湿相，它在空气相中呈球形，可使水相与空气相接触表面能最小化。因为当体积固定时，球形水和空气的接触表面积最小。当水滴与固体表面接触时，水滴在固体表面铺开（图 1.1 右侧）。水和空气之间的界面如同被部分切割的球体，水相与固相以角 θ 接触，这个角称为接触角。

界面张力的数量级可以用分子间作用力进行估算。假设流体相内部每个分子的分子间内

聚能为 U，则分子在表层的内聚能约为 $U/2$。若分子直径为 a，则表面张力(如果没有第二种流体相与之发生相互作用)$\sigma \approx U/(2a^2)$(de Gennes，1985；de Gennes 等，2003)。对非极性流体而言，分子间的相互作用主要为范德华力，$U \approx kT$，其中 k 是玻尔兹曼常数(Boltzmann constant)，其值为 1.3806×10^{-23} J/K。由于使用不统一的单位制讨论科学问题会造成很多的混乱，因此本书全部采用国际单位制(SI)，像石油行业中的单位制那样混乱是不可取的。目前，只有很少的工程师能够理解维度数量(dimensional quantities)的概念。以辛烷作为油相实例进行研究，其分子直径可通过密度和分子量进行计算，约为 6.5×10^{-10} m。计算步骤如下：设密度为 ρ，分子量为 M，有效的分子直径可用 $\alpha = [M/(\rho N_A)]^{1/3}$ 进行估算，其中 N_A 为阿伏伽德罗常数(Avogadro's Number)，其值为 6.022×10^{23}。辛烷的密度 $\rho = 703$ kg/m^3，摩尔质量 $M = 0.114$ kg/mol，把它们代入公式可得 $a = 6.5 \times 10^{-10}$ m。在 20℃($T=$ 293K；$kT = 4.04 \times 10^{-21}$ J)条件下，$\sigma \approx 5$ mJ/m^2。这仅是对数量级的粗略估算，真正的油相表面张力约为 22mJ/m^2，这是因为辛烷实际的内聚能比估算值大。与辛烷不同水分子间存在氢键，表面能较大，约为 73mJ/m^2；由于汞属于金属，表面能要高得多，在不同的温度下，其表面能在 $425 \sim 485$ mJ/m^2 的范围内。

如果两相中的一相是非极性的，则分子间只存在范德华引力，此时依据表面张力来估算界面张力也是可能的。假设相 1 为非极性，其表面张力为 σ_1。第二相(固相或液相)分子存在较强的键，具有较大的表面张力 σ_2。可以首先进行近似处理，假定两相间表面的范德华力与相 1 内部的范德华力相似。

例如在图 1.2 中，考虑非极性液相(油)和极性液相(水)之间的界面张力。在界面上，去除了约一半的氢键，并以较弱的范德华力作为替代。对于油相分子来说，在内部和表面两种情况下的相互作用较为相似。考虑到表面的能量损失，这相当于在真空中创造了一个水面，然后通过加入油相来产生范德华力，其单位面积能量与油相的表面张力相似。于是有：

$$\sigma_{12} \approx \sigma_2 - \sigma_1 \tag{1.1}$$

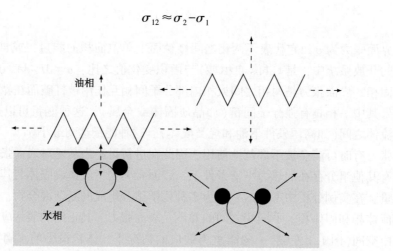

图 1.2　油水两相界面间受力示意图

根据经验，油相分子间范德华力相对较弱(虚线箭头)，而水相分子间存在氢键，分子间力较强(实线箭头)。在相界面位置，水分子的部分氢键消失了，被水—油分子之间的范德华力代替

在用式(1.1)估算 σ_{12} 时，在表达式中减去了 σ_1，因为活跃的能量增加了范德华作用力。例如，在对辛烷/水之间的界面用这种方法进行估算时，可以得出界面张力约为 $73-22=51(\mathrm{mJ/m^2})$，与测量的界面张力相等。在研究三种液相流体流动的问题时，这种近似估算方法也非常重要：在本书的第8章中，采用了这种近似估算方法来解释一种液相在其他两种液相之间铺展的现象。这种近似估算方法对于本节后面讨论的润湿性和接触角的概念也很关键，因为润湿性和接触角受界面张力平衡控制。

1.2　杨氏—拉普拉斯方程

当流体相之间发生相互接触，或流体相与固相之间发生接触时，流体相的分布受局部能量平衡的控制。当体系中存在活跃能量时，就会发生驱替作用，即一种流体相把另一种流体相从孔隙空间中驱替出去；若流体处于平衡位置，则代表局部能量最小。但是多孔介质对流体有一定的约束作用，这使驱替问题复杂化：在任何一个孔隙中都可能存在着能量平衡问题；无法观察到多孔介质每个孔隙内能量守恒时的流体分布，也无法对宏观尺度的平均孔隙流体分布进行分析。正如后面的章节即将讨论的，当驱替发生时，只能对孔隙级别的局部流体分布顺序进行观察，并且对决定驱替发生顺序的能量大小进行分析。孔隙中的局部驱替作用受流体注入孔隙空间的情况控制，在这个过程中流体分布还远未达到整体平衡，而是一种对局部平衡状态逐步的维持。

接下来考虑两种流体(液体或气体)相与固相接触。假设其中一种流体相为非润湿相，另一种为润湿相，润湿相趋向于覆盖或附着于固相表面，而非润湿相则相反。由于一种流体趋向于润湿固体表面，而另一种与固相表面相排斥，因此这两种流体相之间的界面为曲面：考虑一个生活中常见的情况，比如桌面上有一个水滴，或流体在比较细的管子中会出现弯月面。正如图1.1所示，水滴(本例中的润湿相)附着于固相上，周围被空气(非润湿相)所包围。界面曲率的存在导致两相之间存在压力差，两相中相凸起的流体具有更高的压力。在多孔介质或毛细管中，非润湿相向润湿相中凸起，因而非润湿相具有较高压力；与润湿相相比，非润湿相趋向于离开固相，因此它需要较高的压力才能通过多孔介质。正如后面即将要讨论的，表面力的平衡决定了水相、空气相和固相之间接触角 θ 的大小。

相间压力差与界面曲率的关系，是推导杨氏—拉普拉斯方程首先要解决的问题。杨氏—拉普拉斯方程是基于能量守恒建立的，并且考虑了其中一相体积的变化。因为压力差做功而产生的能量平衡与表面能的变化有关。为了确定孔隙空间中的流体分布和流动规律，可以直接用能量守恒进行研究；这种方法的确有助于了解复杂情况下的流体相分布和相间驱替(可参考 Mayer 和 Stowe，1965；Princen，1969a，1969b，1970；以及本书第3章和第4章的讨论)。然而，基于方程去了解多孔介质中的相分布概念图更为方便，通过方程也可以进行快速定量分析。

压力差所做的功等于表面能的变化：

$$(p_{\mathrm{nw}}-p_{\mathrm{w}})\mathrm{d}V = \sigma\mathrm{d}A \tag{1.2}$$

式中：$\mathrm{d}V$ 表示体积的无穷小增量(非润湿相相对于润湿相的体积增量)；$\mathrm{d}A$ 为相应的表面积变化量；下标 w 和 nw 分别指润湿相和非润湿相。

此处认为非润湿相体积增量与对压力差所做功是相匹配的，并与相应的表面能增量相平衡。

把 $p_{nw}-p_w$ 称为毛细管压力,记作 p_c,因此:

$$p_c = \sigma \frac{dA}{dV} \qquad (1.3)$$

对于构造简单的几何形状,dA/dV 导数很容易计算。如果假设球面半径为 r,微小半径增量为 dr,则 $A=4\pi r^2$,$V=\frac{4}{3}\pi r^3$,进而得到 $dA/dr = 8\pi r$,$dV/dr = A = 4\pi r^2$,因此:

$$p_c^{sphere} = \frac{2\sigma}{r} \qquad (1.4)$$

另外,若设圆柱体长度固定为 l,则 $V=\pi r^2 l$,$A=2\pi rl$,曲率和半径的变化为单方向的,$dA/dV = 1/r$,那么有:

$$p_c^{cylinder} = \frac{\sigma}{r} \qquad (1.5)$$

一般来说,两相之间的界面可以在曲率半径不同的两个方向上弯曲。关于曲率的详细讨论不在本书讨论范畴,这里只阐述主要直观结果。考虑任意平滑表面,以及这个表面上的任意一点。通过该点可以做一个平面,该平面切过表面,平面与表面的相交线为平滑曲线。在选定的点,曲率是与曲线相适应的圆半径的倒数,如图 1.3 所示。改变切过平面的方向,所测曲率将会发生变化。定义 r_1 和 r_2 分别为在不同方向的平面上所测量曲率半径的最小值和最大值。曲率半径为 r_1 和 r_2 形成的两个平面相互垂直。

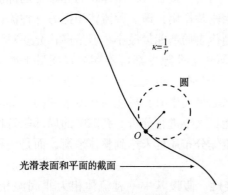

图 1.3 曲率示意图

平面切过光滑表面的交线为曲线,如图所示,在任意点 O,做圆周通过点 O 的圆,在点 O 处,圆半径与曲线的曲率相匹配。曲率半径为 r,曲率为 $\kappa = 1/r$

现在考虑两种流体相之间的界面,它可能在两个方向上发生弯曲。在图 1.4 中,界面微元在一个方向对应曲率半径为 r_1 的角微元 α,在另一个方向对应曲率半径为 r_2 的角微元 β。这部分界面面积为 $\alpha\beta r_1 r_2$。若一个无穷小量在两个方向的曲率半径变化相等 $dr=dr_1=dr_2$,则角度保持不变(曲率半径增量在几何视觉上相等)。界面面积增大后的面积为 $\alpha\beta(r_1+dr)(r_2+dr)$,曲率半径微元相应的面积增量为 $dA = \alpha\beta(r_1+r_2)dr$。体积增量为 $dV = \alpha\beta r_1 r_2 dr$,代入式(1.3)可得:

$$p_c = \sigma\left(\frac{1}{r_1}+\frac{1}{r_2}\right) = \kappa\sigma \qquad (1.6)$$

式中:κ 为界面总曲率。

曲率半径可为正值,也可为负值:突起或凸面时曲率为正值,凹面或内凹时曲率为负值。在传统的油/水体系中,p_c 被定义为 $p_o - p_w$,下标 o 和 w 分别代表油相和水相。如果 κ 为正值,油相压力高于水相压力;如果 κ 为负值,水相压力高于油相压力。

如果流体处于静止平衡状态,各相的压力为常数,即各相的毛细管压力是恒定的,流体间界面曲率也为常数。因此,在任何静止流体体系中,曲率半径 r_1 和 r_2 在空间上是变化的,但是总有 $\kappa = 1/r_1 + 1/r_2$ 成立。

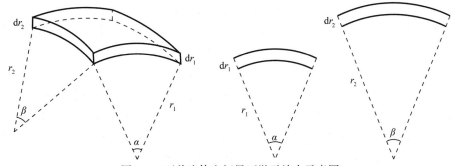

图 1.4　两种流体之间界面微元放大示意图

主曲率半径分别为 r_1 和 r_2（上）。下面两个图表示切过表面的两个相互垂直平面的不同曲率半径。考虑 dr 微
小变化引起体积和界面面积的增量，就可推导出杨氏—拉普拉斯方程(1.6)

1.3　杨氏方程和接触角

第二个基本方程发现固相和两种流体相之间的界面张力以及流体本身界面张力的内在联系。得到上述表达式最简单，也是最标准的方法是用"力"来代表或解释界面张力。界面张力表达为单位面积的能量大小，相当于单位长度的力的大小。界面的存在是一种能量的损失，固相表面为不活跃表面，液体在它的表面要么趋向于达到界面面积最小值（这也是小水滴呈球形的原因），要么以液体膜的形式包裹固相表面。不论流体如何变化，在界面上可以观察到拖曳现象（或真实的张力），最后的变化结果是流体覆盖于固体表面或减小了覆盖面积。利用这种理论，推导较为容易。

考虑流体分布如图 1.5 所示，两种流体与局部较平的固体接触。把界面张力作为"力"来处理，水平方向力是平衡的，于是得到：

$$\sigma_{nws} = \sigma_{ws} + \sigma\cos\theta \tag{1.7}$$

式中：σ_{nws} 指非润湿相与固相之间的界面张力；σ_{nws} 指润湿相与固相之间的界面张力；θ 为接触角，接触角指两种流体界面与固体相表面的夹角，如图 1.5 所示。

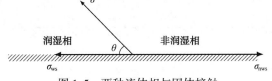

图 1.5　两种流体相与固体接触

根据水平方向上力的平衡可导出杨氏方程(1.7)。把图 1.1 在接触点处进行放大，流体界面曲率无法区分

杨氏方程表达了界面张力与接触角的关系。通常来说，接触角可通过密度较大的流体相测量。如果考虑油（烃）相和水相的情况，此时水相（在这里作为润湿相）的密度较大，因而接触角可通过水相进行测量。对气/油系统，接触角可通过油相测量。水银/空气（水银/真空）的接触角可通过水银测量。

式（1.7）整理后可得到接触角的表达式：

$$\cos\theta = \frac{\sigma_{nws} - \sigma_{ws}}{\sigma} \tag{1.8}$$

　　垂向力的平衡是由流体接触点固体中的亚原子扰动调节的，这产生了一个向下的力来平衡流体相间界面张力的垂向分量(Morrow，1970)。如果考虑三种流体相互接触的情况，需要格外注意流体相分布所形成的垂直方向和水平方向的力平衡，这部分内容将在第8章讨论。

　　杨氏方程使物理现象定量化，例如在考虑石英(砂或砂岩表面)上的油(烃流体)相、水相时，石英是晶体，具有强原子间键，破坏原子间的键可以产生高表面能。水是一种极性流体，所以可以与固体以静电键力相结合；这在能量上是有利的，它导致了水与石英之间的界面张力小于油与石英之间的界面张力，使得两相间仅有范德华力成为可能。这种机理使水成为润湿相，式(1.8)中接触角小于90°。

　　由于 $\sigma_{nws} > \sigma_{ws} + \sigma$，式(1.7)中的力平衡可能无法达到。在这种情况下，润湿相为完全润湿，自然地附着于整个固相表面(Dussan，1979；Ngan 和 Dussan，1989；Adamson 和 Gast，1997)；有效接触角 $\theta = 0$。润湿相以分子薄膜的厚度在整个固相表面铺开。后面还会讨论，在多孔介质的沟槽和裂缝内润湿相会大量聚集，其中润湿相与固体的接触界面可达到最大。

　　根据界面张力大小的不同，接触角 θ 可取 0 和 π 之间(0°~180°)的任何值。为了对润湿相和非润湿相有更清晰的认识，润湿相可以被定义为趋向于与固相表面接触且接触角 $\theta = 90°$ 的相；如果密度较大的相的接触角大于90°，则该相为非润湿相。下一章中还会进一步讨论矿物表面油/水系统的接触角，从强水润湿(接触角近乎为0°)至强油润湿(接触角近乎为180°)，接触角的大小具有明显的差异，如图1.6所示。

　　在讨论固体与流体接触的表面性质，以及流体界面张力和接触角的问题时，式(1.8)非常有用。但是它很少用于直接计算或预测接触角，因为固体的表面张力测量非常困难。在之后的讨论中，本书均假定接触角存在，且液体在固相表面的接触角可通过观察进行直接测量，如图1.6所示，接触角大小与固相和流体相以及流体相之间的三相界面张力平衡相关。

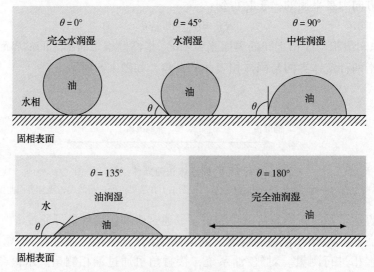

图 1.6　油/水系统中通过水相测量的不同润湿角示意图(引自 Morrow，1990)

一滴油位于固体矿物表面，被水包围。通过水相测量接触角。忽略浮力效应。接触角为 0°是完全润湿(上左)，此时水相在固相表面完全铺开，油相不直接与固相接触。接触角小于 90°为水润湿；接触角为 90°是中间润湿(上右)；接触角大于 90°为油润湿(下左)。接触角为 180°时为完全油润湿，此时油相在固相表面完全铺开(下右)

1.3.1 能量守恒的杨氏方程

严格来说，杨氏—拉普拉斯方程是单相体积变化做功引起的能量平衡问题；而杨氏方程表达的是固定体积下的能量平衡，当固体相表面液相体积为常数时，可以计算出接触角。因此，杨氏方程也可由能量守恒直接推导得出。但在通常情况下没有人会这么做，因为推导过程的数学计算很麻烦，把它推广到任意流体分布的求导非常困难。

这里按照 2008 年 Whyman 等人发表的方法，推导水平固体表面上有一滴流体时的杨氏方程：液滴的上表面为半球形，如图 1.7 所示。假定液滴体积固定，计算在系统界面能最小时的接触角；假定液滴很小，因此不需要考虑重力对液滴形状的变形效应。在分析中需要以下代数和几何表达式。

液滴的体积为：

$$V = \frac{\pi r^3}{3}(1-\cos\theta)^2(2+\cos\theta) \tag{1.9}$$

式中：θ 为接触角；r 为液滴的曲率半径。

液滴的面积（流体与流体接触面的面积）为：

$$A = 2\pi r^2(1-\cos\theta) \tag{1.10}$$

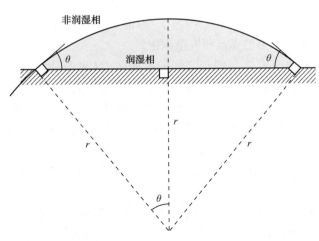

图 1.7 根据能量守恒推导杨氏方程的平面上液滴截面图
流体体积固定不变，且界面能量达到最小化时的接触角为 θ，液滴为半球形的顶部切片

严格来说，假定系统为封闭体系，在固定温度下，饱和度或相体积固定不变，体系能量的变化是赫尔姆霍兹自由能（Helmholtz Free Energy）的变化（Morrow，1970；Hassanizadeh 和 Gray，1993a）。当液滴被放在流体表面时，体系能量变化由界面能量变化给出：

$$\Delta F = \sigma A - \pi r^2\sin^2\theta\Delta\sigma_s \tag{1.11}$$

式中：$r\sin\theta$ 是液滴在固体表面的半径；$\Delta\sigma_s = \sigma_{nws} - \sigma_{ws}$ 是非润湿相和润湿相之间表面张力的差。

为了推导界面能量的最小值，需要固定体积和接触角的大小，并写出能量的表达式。把式（1.9）和式（1.10）代入式（1.11）可得：

$$\Delta F = \left[\frac{9\pi V^2}{(1-\cos\theta)(2+\cos\theta)^2}\right]^{1/3}(2\sigma-\Delta\sigma_s)(1+\cos\theta) \qquad (1.12)$$

处于平衡状态下的接触角使自由能最小化($d\Delta F/d\theta=0$, $d^2\Delta F/d\theta^2<0$)。可得到微分公式(1.12):

$$\frac{d\Delta F}{d\theta}=2\sin\theta\left[\frac{9\pi V^2}{(1-\cos\theta)^4(2+\cos\theta)^5}\right]^{1/3}(\Delta\sigma_s-\sigma\cos\theta) \qquad (1.13)$$

零导数的非平凡解为:

$$\Delta\sigma_s=\sigma_{nms}-\sigma_{ws}=\sigma\cos\theta \qquad (1.14)$$

这个公式与前面的杨氏方程(1.7)相同。

1.3.2 界面张力、粗糙度和润湿性

本书中的专业术语——润湿性是指整个孔隙空间中接触角的分布。这一点将会在第2章中进行更进一步的详细阐述。在这里预先讨论一下界面张力和粗糙度的变化对接触角的影响;正如后面所讨论的,接触角会影响流体在孔隙空间的分布,进而影响油、二氧化碳及其他相在孔隙中的运动和驱替变化的特点,最终还会影响油和二氧化碳(或其他相)的生产。

表面活性剂对油/水系统的影响也十分重要。表面活性剂分子趋向于滞留在两种流体的界面位置,它的存在降低了界面张力。本书6.4.6节对此进行了阐述,由于表面活性剂显著降低了界面张力,孔隙内的力平衡发生了变化,原油采收率也因此而提高。但表面活性剂及其对 σ 的降低作用并不在本书的重点研究范围中。

如果表面活性剂不改变流体与固相之间的界面张力(表面活性剂不优先附着于固相表面),根据式(1.7),显然如果 σ 减小, $\cos\theta$ 值必须增大才能保持力的平衡,则意味着体系趋向于完全润湿,在力平衡无法维持的情况下,体系彻底转变为完全润湿。如果 $\theta<90°$,接触角逐渐减小趋向于零;如果 $\theta>90°$,体系具有较大的接触角,水相可能会转变为完全非润湿(油相转变为完全润湿)。因此,表面活性剂可以改变表面的润湿性:这种改变不是液相与固相间的相互作用改变的直接结果,而是流体间界面张力降价对三相接触线上的力平衡产生干扰的结果。

深部水层和油田中的水相并不是纯水,其中往往因为溶解了很多盐而具有较高的盐度。盐水成分发生改变后,界面性质也会发生变化。在向油田地层水中注入不同成分的盐水时,这种变化可能十分显著。本书中进行近似简化处理,假定盐水成分对不同流体之间的界面张力不会产生明显影响:在地下水层和油田典型的高温高压条件下,油和盐水之间的界面张力约为地表条件下的一半,其一般变化范围为 $15\sim25$ mN/m。注意一下使用的单位。界面张力是指单位面积的能量,此前一直基于概念以 J/m^2 为单位,事实上 N/m 与之等效,并且应用更为普遍。盐水组分可改固相与流体相之间的界面能量,特别是固相与水之间的界面能量。这是因为盐水组分和 pH 值可改变固相表面的电荷,进而改变盐水所溶解离子的分布。界面张力与润湿性的关系非常复杂,通常很难用简单原理进行预测。如果你想详细了解表面力如何影响润湿性,可参考 Hirasaki(1991)的文章;然而,那篇文章的内容都是基于低盐度水驱的基本概念,以及更普遍的盐水驱控制方面的内容,更深一步的问题仍然有待研究。

油藏进行注水驱油时,若调整注入盐水的组分可以改变润湿性,那么这将会是生产中最受欢迎的方法。事实上,润湿性的改变可以通过改变固相表面的能量、改变接触角来实现:

实际生产中，工程师倾向于将目标表面改变得更加亲水（低接触角）。关于接触角具体变化的方式，不在本书讨论范围，这部分内容还不为人完全了解。例如，降低盐度确实可以略微减小油和盐水相之间的界面张力，但是正如上面对表面活性剂的讨论，这可能使体系向完全水湿转变。相对于盐水矿化度的问题，在后续章节讨论的接触角对流体分布、驱替和原油生产的影响更为重要。理论上讲，能够确定水驱的最佳接触角。

注水调整是石油工业中的重要课题，因为它是一种成本相对较低的提高采收率的方法。目前低盐度水驱的岩心试验和模拟试验已经完成，正处于现场试验阶段。想了解这方面内容可参考 Morrow 和 Buckley（2011）的文章。在注入水中加入化学剂改变接触角、增加水润湿性，进而提高采收率的理念，在石油工业应用50多年了，例如 Harvey 和 Craighead（1965）的文章。

现在考虑第三种可明显改变润湿性的情况——粗糙表面。在此考虑所谓的文策尔规则（Wenzel regime），润湿相位于不光滑的表面上，详见 de Gennes（1985）、Hazlett（1993）和 de Gennes 等（2003）的文章。图 1.8 显示了等效的光滑表面定义的有效接触角。定义 $f \geq 1$，把原子级别的粗糙面都计算在内，视（平滑）面积为 A，真实面积为 fA，按照前面所讨论的方法，如果重复液滴在表面的能量平衡，把式（1.4）中表示表面能量变化的 $\Delta\sigma$ 用 $f\Delta\sigma$ 代替：

$$f\Delta\sigma_s = f(\sigma_{nws} - \sigma_{ws}) = \sigma\cos\theta \tag{1.15}$$

图 1.8　文策尔润湿规则中的润湿和接触角

润湿相（阴影部分）充填固相粗糙表面（灰色）。如果定义了等效光滑表面的接触角，如图中实线所示，可依据式（1.15），利用能量平衡原理推导界面张力和接触角之间的关系。表观接触角 θ，比原子水平的接触角小很多

粗糙表面对润湿性的影响与降低界面张力相似，当 f 增大时，$\cos\theta$ 就必须大幅增大：这使接触角向完全润湿状态转变。在所有长度尺度的多孔介质中，粗糙度都是存在的。f 值一般较大（经常超过 100），因此表面表现为完全润湿，至少粗糙表面会被润湿相所充填。

实际上，这种情况非常复杂。首先，需要仔细定义长度尺度，并在该长度量级基础上定义等效的光滑表面：在任何量级的天然的多孔介质中，通常不存在较平的表面。其次，流体分布需要通过驱替来建立，因而在复杂几何形态下进行纯粹的等效计算也不再是必要的。在对这个问题进行全面讨论之前，还需要以下一章中关于多孔介质内容的介绍做基础。但是能量方面考虑确实解释了为什么润湿相（水相）总是滞留于岩石孔隙空间的狭窄区域，比如沟槽、划痕和其他微观湿度的粗糙表面。事实上，即使是原子级别的光滑表面，其真实接触角也不会为零。

1.3.3　毛细管液面上升现象

开始讨论之前，先考虑一个杨氏—拉普拉斯方程简单应用实例，即毛细管液面上升现象（Young，1805；Leverett，1941）。如果有一个圆柱形细管，半径为 r，两种流体接触角为 θ，那么流体界面的曲率半径 $r_1 = r_2 = r/\cos\theta$。毛细管压力可由式（1.16）计算：

$$p_c = \frac{2\sigma\cos\theta}{r} \tag{1.16}$$

两个平行放置的平板,间距为$2r$,毛细管压力将为式(1.16)的一半,因为只有一个方向的曲率($r_2 = \infty$):

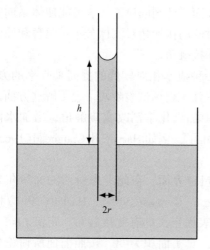

图 1.9 毛细管液面上升试验示意图

毛细管放在装了润湿流体(阴影部分)的烧杯中。毛细管液面上升高度h,可以通过杨氏—拉普拉斯方程计算,或通过能量守恒直接计算。如果毛细管半径r、界面张力σ均为已知量,就可以计算接触角。如果流体为完全润湿($\theta = 0$),那么可用式(1.18)进行计算,通过本试验可以确定界面张力

$$p_c = \frac{\sigma\cos\theta}{r} \qquad (1.17)$$

这是一种计算接触角的方法,通过在已知半径的圆柱形毛细管中测量毛细管上升现象,如果界面张力也是已知的,那么就可利用式(1.16)计算接触角,如图1.9所示。

毛细管压力大小与毛细管内的弯月面上升高度有关。在静止状态下,流体中的压力随深度增加而增加,可表示为$dp/dz = \rho g$,其中z是深度,ρ是密度,g是重力加速度(9.81m/s^2)。在较大的烧杯中,若两种流体(通常为空气和水)在深度$z = 0$以水平面相接触,那么毛细管压力或空气和水的压力差,就会随高度增加而增加,当$p_c = \Delta\rho g h$时$h \equiv -z$,其中$\Delta\rho = \rho_w - \rho_g$表示水密度$\rho_w$和空气密度$\rho_g$之间的密度差(通常在分析时忽略空气密度),则式(1.16)可改为:

$$\Delta\rho g h = \frac{2\sigma\cos\theta}{r} \qquad (1.18)$$

毛细管液面上升高度h为:

$$h = \frac{2\sigma\cos\theta}{\Delta\rho g r} \qquad (1.19)$$

从能量守恒和杨氏方程(1.7)可直接推导出式(1.19)。毛细管内液面上升,直到没有活跃能量时,液面就不再上升了。润湿相弯月面保持高度h位置,考虑微小能量变化$h + dh$。毛细管半径为r,因此润湿相覆盖面积变化量为$2\pi r dh$,相应的表面能增量为$2\pi r\Delta\sigma_s dh$(即活跃能量)。表面能的增量被重力势能mgh平衡,m为质量(或直接称为质量增量),在这里由于润湿相替代了h和hdh之间的空气而导致质量发生变化,$m = \pi r^2\Delta\rho dh$。两种能量是相互平衡的,于是有:

$$2\pi r\Delta\sigma_s dh = \pi r^2\Delta\rho g h dh \qquad (1.20)$$

式(1.20)整理后可得:

$$h = \frac{2\Delta\sigma_s}{\Delta\rho g r} \qquad (1.21)$$

用式(1.14)替换$\Delta\sigma_s$,就可以使上面的公式变成式(1.19)所示的形式。

可以把这种处理方法应用于其他不同形状的孔隙中,这就使问题转变为枯燥的几何问题。式(1.16)对研究毛细管压力和孔隙半径之间关系非常有用。如果孔隙的截面结构更为复杂,只有毛细管压力为已知,就可用式(1.16)进行近似简化,本章中r代表的是毛细管内径。下章将介绍在天然材料孔隙空间的情况下,如何扩展能量平衡的概念。

1.3.4　历史回顾：托马斯·杨和马奎斯·德·拉普拉斯

式(1.6)是由两个物理学家托马斯·杨和马奎斯·德·拉普拉斯分别独立发展的理论(Young，1805；Laplace，1805)，因此式(1.6)被命名为杨氏—拉普拉斯方程。有时式(1.6)只被称为拉普拉斯方程，会让人产生困惑，这大概可以理解为英国人对杨氏的偏见：毕竟，杨氏还有式(1.7)以他的名字命名。没有必要进行这种没有结果的法国与英国历史辩论；我也只是注意到把式(1.6)称为拉普拉斯方程并不太合理，因为这会让人产生困惑，大家所说的拉普拉斯方程是指另一个公式(对部分位势 ϕ，存在 $\nabla^2\phi=0$)。

上面的理论可在杨氏(1805)专著的第一页顶部找到，他描述了一系列毛细管压力液面上升实验，但在原著中并没有相应的图和公式。托马斯·杨具有优秀的物理洞察力，这还表现在他对弹性(杨氏弹性模量)和衍射(杨氏双缝实验)的研究上。此外，他甚至还解读过象形文字。

拉普拉斯是一个才华横溢的科学家和数学家，他在位势理论、天文学和统计学等方面都做出了卓越的贡献。他和拿破仑关系密切，还做过拿破仑的内务大臣，他坚持推行国际制(SI)单位(Casado，2012)：本书将以他的理论为指导！他在波旁王朝复辟时期，获得了不合时宜的头衔就不是我们要关注的重点了。

2 多孔介质与流体驱替

2.1 孔隙空间成像

正如本书前言中所提到的，多孔介质中流体运移规律的分析可以通过高分辨率孔隙三维成像技术转化为不同分辨率的介质孔隙空间研究。可以这样说，目前应用最广泛的仪器采用X射线来构建微米级的三维图像。构建图像的原理和方法类似于医学检查中的CT扫描，经过改装的医学CT机也确实可用于对直径几厘米、长度1~2m岩心(在大小或至少在长度上，与病人相似)进行常规扫描。然而，这种情况下的成像分辨率在1mm左右，还不足以用来直接观察大部分岩石中的孔隙空间。这种缺陷不是由X射线波长造成的：典型的X射线能量在10~160keV范围内，对应的波长为0.1~0.01nm。为了获得分辨率更高的图像，就需要在靠近X射线源很近的位置扫描更小的样品。

Flannery等(1987)利用同步加速器(X射线从电子中被激发出来，经过环形磁铁加速后，以接近光速运动)和台式X射线源(电子经过加速撞击金属靶而激发X射线)获得了第一张微米级分辨率的多孔岩石图像。自此，成像和图像处理技术取得了巨大的进步，目前大部分大公司和大学都有运行效果良好的实验室仪器，通过与中央同步加速器相结合，能生成微米级分辨率的三维图像，本书将通过介绍这些技术来阐明相关概念。图2.1是采用不同类型仪器进行X射线断层摄影的示意图。但是本书不对图像的生成和分析技术进行讨论；读者可参考Cnudde和Boone(2013)、Wildenschild和Sheppard(2013)及Schlüter(2014)等学者关于这个问题的优秀论文；本书中假定已经获得了有代表性的孔隙空间图片。

X射线扫描能够清晰地对比岩石和流体之间的差异，岩石对X射线吸收作用很强，而流体几乎不阻碍X射线穿过。这种方法可以很方便地区分固体岩石和孔隙空间，通过精细的实验设计，X射线扫描还可以对流体相态进行区分。图2.2不仅显示了多孔介质本身，还显示了发生于多孔介质中化学的、生物的影响和流体流动的过程。这里仅用灰度代表局部X射线的即时吸收系数(很大程度上取决于介质的原子数)，就已经足以分辨孔隙结构，彩图具有更加直观的效果。分辨率取决于样品大小、光束品质和探测器规格；对锥形光束设备(实验室)而言，分辨率还受样品与光束的距离控制。

目前，显微CT扫描仪可以生成1000^3~2000^3体元的三维图像。由于岩石样品直径通常只有几毫米，因此分辨率必须达到微米级；运用特别设计的仪器和更小的样品，现阶段分辨率可达到次微米级、纳米级。虽然部分扫描仪器现在可以获得3000^3个体元且具有提升空间，但是基于现有技术手段，最大图像放大倍数在1000左右。近期的技术发展使得重现地下深部高温高压条件、进行岩石和流体成像成为可能(Iglauer等，2011；Silin等，2011；Andrew等，2013；Wildenschild和Sheppard，2013)。读者可以从前人文献中(Prodanović，2016；Blunt和Bijeljic，2016)查阅相关图鉴。

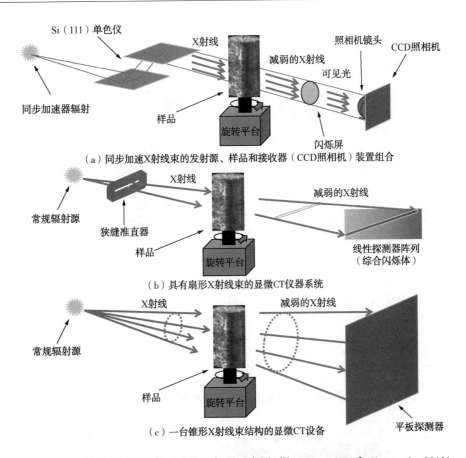

图 2.1 用 X 射线断层摄影技术成像的仪器示意图（据 Wildenschild 和 Sheppard，2013）

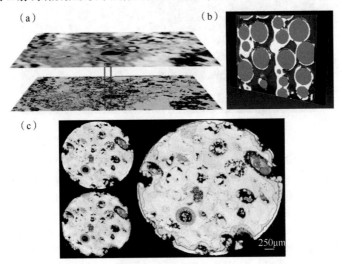

图 2.2 不同多孔介质材料的 X 射线图像（据 Wildenschild 和 Sheppard，2013）

(a)多比例尺图像的应用。利用已知切片的三维显微 CT 图像(体元大小为 2.85μm，上部图片)中的微孔隙映射高分辨率(0.25μm 像素)扫描电镜图像(下部图片)。(b)串珠叠置体的二维切片，显示了生物膜(白色)、固体(浅灰色)和水(深灰色)的特征。(c)在 1MPa 压力下，CO_2 在碳酸盐岩中被动运输的图像，左上图为初始状态，左下图为 48h后的最终状态。右图为最终状态时的高分辨率(体元为 2.8μm)图像，显示出微孔隙发生了溶解

图 2.3 是砂岩和碳酸盐岩的成像实例，其中的部分图像在后续章节中被作为孔隙计算的基础，而在本节中图像只是起到说明的目的。通过观察图片不难发现，孔隙空间具有形状十分不规则、表面粗糙、在岩石中的延伸较为曲折的特点。

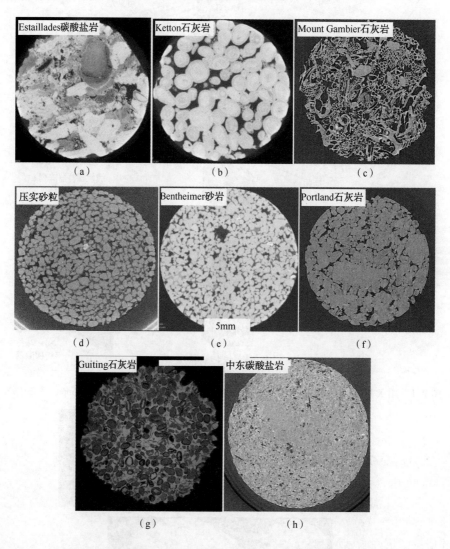

图 2.3 不同样品三维显微 CT 图像的二维切片（引自 Blunt 等，2013）

深色部分代表孔隙空间。（a）Estaillades 碳酸盐岩。孔隙空间极不规则，显微孔隙度未知。（b）Ketton 石灰岩是从采石厂采集的侏罗系鲕粒灰岩，颗粒呈光滑球形，孔隙空间较大，颗粒内部发育有目前分辨率下难以显示的微孔隙。（c）Mount Gambier 石灰岩为从澳大利亚采集的渐新统石灰岩，切片中表现为具有开放孔隙空间的高孔隙度、高渗透率样品。（d）压实的棱角状砂粒。（e）Bentheimer 砂岩，来自采石厂的建筑用石材。（f）Portland 石灰岩是另一种侏罗系的鲕粒灰岩，胶结良好，含贝壳碎屑。Portland 石灰岩也是一种建材，作者工作的帝国理工大学皇家矿业学院就使用了这种建材。（g）Guiting 石灰岩也是一种侏罗系石灰岩，与前者不同的是，样品孔隙空间中富含贝壳碎屑，而且具有溶解沉淀证据。（h）样品为来自中东深部高盐度水层的碳酸盐岩

本书的关注焦点是流体在孔隙内的流动，为了突出这一点，将图 2.3 中的三个样品的孔隙空间进行三维模拟，其结果在图 2.4 中呈现。

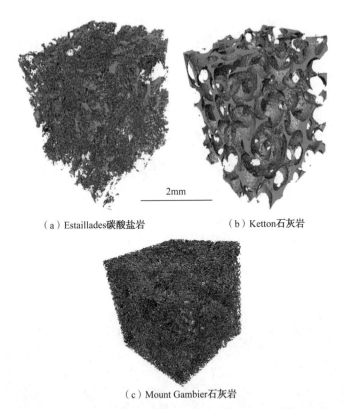

（a）Estaillades碳酸盐岩　　　　　　（b）Ketton石灰岩

（c）Mount Gambier石灰岩

图 2.4　图 2.3 中给出的是从 3 个采石厂采集的碳酸盐岩样品的孔隙空间图像(引自 Blunt 等，2013)
图 2.3(a) 至图 2.3(c) 的切片图像可以被分解为孔隙图像和颗粒图像。图像从切片中央部分提取，三维像素分别为
1000³(Estaillades 和 Ketton)或 350³(Mount Gambier)。这里仅显示了孔隙空间的图像

　　图 2.5 和图 2.6 对不同的岩石类型进行了对比：图 2.5 显示绝大多数颗粒为石英，具有较大孔隙的砂岩(Doddington)结构；图 2.6 显示具有粒间孔和粒内孔(微孔隙)的 Ketton 石灰岩的详细结构。相对于图 2.3 而言，图 2.6 具有更高的分辨率，因此对于单个颗粒的更细致特征以及颗粒间存在的胶结物和碎屑有了更好的显示。

　　电子显微镜技术既可以用于样品二维成像[用标准方法，如图 2.2(a)所示]，也可通过样品系列切片的方法进行三维成像(FIB-SEM，聚焦离子束扫描电子显微镜；BIB-SEM，其中 BIB 代表背散射离子束)。这种技术获得的三维像素大小可以达到 5nm；这样的分辨率可以用来观察碳酸盐岩中各种尺度的微孔隙，也可进行页岩孔隙空间和有机质成像。但这些方法对样品有破坏，因此不能与动态流动实验相结合进行分析。

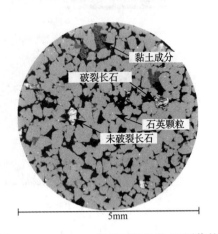

黏土成分

破裂长石

石英颗粒

未破裂长石

5mm

图 2.5　Doddington 砂岩三维显微 CT 图像的
二维切片(引自 Andrew，2014)
图中可辨认基本矿物学特征，Doddington 砂岩主要
由石英颗粒组成，含有少量黏土杂基

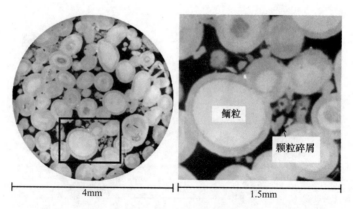

图 2.6   图 2.3 中 Ketton 石灰岩的细节图片(引自 Andrew,2014)
显示了颗粒结构及其间的颗粒碎屑,表明了孔隙空间的不规则性

图 2.7 是扫描电镜(SEM)下 Ketton 石灰岩更详细的特征,显示了图 2.6 中 Ketton 石灰岩中单个颗粒的次微米级微孔隙,反映出在岩石质地不同部位所具有的不同结构。

图 2.7   Ketton 石灰岩的扫描电镜图像(引自 Andrew,2014)
显示了图 2.6 中鲕粒颗粒所具有的不同结构和微孔隙。深黑色线是比例尺条

图 2.8 和图 2.9 展示了多级别成像的研究现状。在图 2.8 中 X 射线断层扫描技术可以在纳米级的程度上探测片状黏土颗粒间的缝隙,进而精细地研究致密砂岩的孔隙空间。图 2.9中包含一张页岩的二维背散射电子显微镜(BSE)图像,具有 10^{10} 像素:将图片的局部筛选出来,采用 FIB-SEM 技术进行纳米级三维成像后,可用来显示有机质内部的孔隙。同时

图 2.9 也显示了 QEMSCAN(用扫描电镜进行矿物定量分析)技术，这种技术可以用来识别样品的矿物学特征。在图 2.8 和图 2.9 所显示的样品中，纳米级的孔隙对流动特征起控制作用，所以在这一分辨率下图像对孔隙特征有着较好的表现。然而，对于毫米级或厘米级孔隙的结构特征，这个分辨率就显得过细而无法完整呈现了。因此，多级别的图像分析就显得十分关键，多级别图像分析的关键在于对不同技术形成的不同分辨率三维图像进行综合地记录和对比分析(Latham 等，2008)，如图 2.2(a)所示。

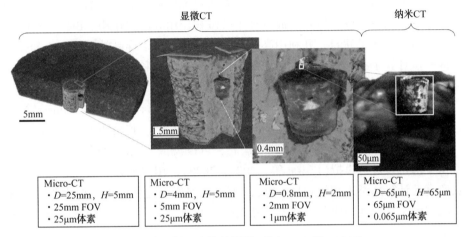

Micro-CT	Micro-CT	Micro-CT	Micro-CT
· D=25mm，H=5mm	· D=4mm，H=5mm	· D=0.8mm，H=2mm	· D=65μm，H=65μm
· 25mm FOV	· 5mm FOV	· 2mm FOV	· 65μm FOV
· 25μm体素	· 25μm体素	· 1μm体素	· 0.065μm体素

图 2.8　多比例尺成像的说明(引自 Roth 等，2016)

泥质胶结的致密砂岩在岩心(cm)级尺度和亚微米分辨率下的图像，可观察到高岭土颗粒间的孔隙空间。FOV(field of view)代表视域，D 和 H 分别是样品的直径和高度

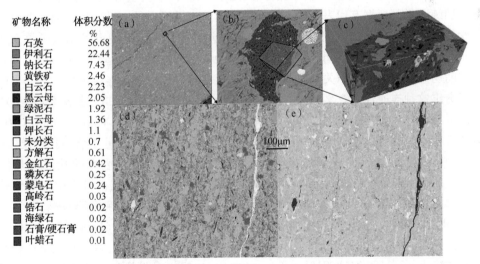

矿物名称	体积分数%
石英	56.68
伊利石	22.44
钠长石	7.43
黄铁矿	2.46
白云石	2.23
黑云母	2.05
绿泥石	1.92
白云母	1.36
钾长石	1.1
未分类	0.7
方解石	0.61
金红石	0.42
磷灰石	0.25
蒙皂石	0.24
高岭石	0.03
锆石	0.02
海绿石	0.02
石膏/硬石膏	0.02
叶蜡石	0.01

图 2.9　纳米级成像研究现状，来自中国四川盆地的页岩气样品(北京岩石技术公司授权使用)

(a)背散射电子显微镜(BSE)图像面积约 1mm^2，像素大小约 10nm，图像中约有 10^{10} 个像素。(b)前图的部分放大，显示了有机质(暗色)的存在，实际大小为 34.2μm×29.5μm。(c)三维 FIB-SEM 图像显示了有机质中的纳米级孔隙。每个三维像素约为 9nm 立方形，实际大小为 8.8μm×5.6μm×2.5μm。(d)一张 QEMSCAN(扫描电镜矿物定量分析)图像，显示矿物的详细特征，分析结果见图左侧。这张图的面积为 699μm×636.9μm，像素大小为 1μm。(e)相应的 BSE 图像

2.1.1　基于统计和图像处理的孔隙空间重构

为了弥补岩石样品直接成像的不足，在实际研究之中可采用统计方法辅助生成反映多孔介质关键特征如孔隙度、连通性的孔隙空间图像。这种方法的一个优势是在理论上消除了分辨率和样品大小的限制，另一个优势是可以采取不同的模型进行孔隙空间的构建，从而进行比对和分析研究。

有两种类型的岩石图像重构方法。第一种方法：准确地模拟颗粒的堆积、压实和胶结作用。这种类型的重构旨在模仿岩石形成过程中的沉积作用和成岩作用。Bakke 和 Øren(1997)采用这种技术重新构建了砂岩，并利用高质量二维薄片分析了样品的颗粒大小和孔隙分布特征，从而进一步计算了孔隙空间的流动性质。按照这种思路和方法，在三维图像中掌握样品的结构特征也是可以实现的(Hilfer 和 Zauner, 2011)。

随后的技术发展可以把不同大小、不同形状的颗粒进行压实模拟(Guises 等, 2009)，可以进行模拟的沉积岩范围更大，包括不同类型的粒间孔隙、胶结物和黏土(Øren 和 Bakke, 2002)。这种方法的应用也可以扩展至碳酸盐岩，可以模拟的孔隙直径范围较大，从较大的孔洞到微孔隙都可以进行模拟(Biswal 等, 2007, 2009)。用这种方法预测的流动特征，与采用岩石图像直接计算的结果相近(Øren 等, 2007)。理论上这种模拟具有无限分辨率，因为它们是由已知大小和形状的成分组成的。然而，在实际情况下，压实会使孔隙结构和流动模拟的分析结果离散化。

第二种方法，借鉴了地质统计学的理念，用统计学方法直接生成离散图像，以此来实现油田尺度的构造和储层流动特征模拟(Strebelle, 2002; Caers, 2005)。最简单的方法就是根据标准(训练)图像(把指示值 0 赋给空值，1 赋给实值)，重新生成孔隙空间的单(两)点相关函数。训练图像是根据有代表性的三维孔隙空间建立的高质量二维薄片。第一个应用这种方法的学者是 Adler(1990)，他利用 Fontainebleau 砂岩的光学薄片确定了相关函数，并以此为基础重新构建了三维孔隙空间。孔隙空间的长距离连通性对流动起着控制作用，但是从二维孔隙空间切片获得的低阶相关函数不能很好地反映这种长距离的连通性。

为了突出这种连通性的意义，可对应用的统计方法进行改进，如改进路径长度，或改进空值空间区域范围(Hilfer, 1991; Coker 等, 1996; Hazlett, 1997; Manwart 等, 2000)。这可能需要将实际情况与典型孔隙形状的描绘相结合，从而重新生成更复杂的孔隙模式(孔隙结构模型, Wu 等, 2006)；或者与多点统计学相结合，得到有代表性的孔隙的几何模式(Strebelle, 2002; Okabe 和 Blunt, 2004, 2005)。原则上，任何数据都可以引入重建孔隙结构的统计中，以确保重建的模型能反映孔隙的几何特征和流动特征(Yeong 和 Torquato, 1998)。更重要的是，可以用三维标准图像约束条件统计模型的重构(Latief 等, 2010)。

前人已经对这类方法进行了讨论。除此之外，前人也对统计学与基于对象重构相结合的混合重建方法进行了较详细的阐述(Adler, 2013)。在后文对驱替和流动的讨论中，将分别对使用这两类方法的实例进行分析。

很多重建算法都用 Fontainebleau 砂岩进行了测试，这种砂岩的颗粒大小近乎相等，被作为一种理想的样例砂岩广泛应用。实例图像如图 2.10 所示。三维显微 CT 图清晰地显示了样品颗粒和连通孔隙空间(Biswal 等, 1999)。作为对照组，图中也给出了具有代表性的人工合成砂岩——压实颗粒的模型：可能由于部分颗粒不具有棱角，孔隙空间的连通性被保留了下来。图 2.10 中也显示了用统计学技术生成的图像,这种方式虽然可以重构成更复杂的孔隙形状,但孔隙空间的连通性不一定得到保留。

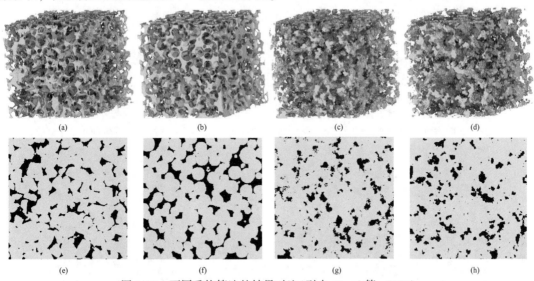

图 2.10　不同重构算法的结果对比(引自 Biswal 等,1999)

(a)为 Fontainebleau 砂岩的显微 CT 图像,具有 300^3 个大小为 7.5μm 的三维像素。(e)是一张孔隙(黑色)和颗粒(灰色)的二维截面图像。(b)是一张基于过程处理模型生成的合成图像,处理过程包括沉积作用以及成岩作用。由于颗粒形状比实际颗粒光滑,较好地保留了孔隙空间的连通性。(c)(d)(g)(h)是用两种统计学技术获得的图像,与实际测量图像的孔隙空间几何形态具有相关性。复杂的孔隙和颗粒形状可以很好地模拟出来,图像中孔隙的连通性较差

图 2.11 给出了截至目前使用最广泛的人工合成图像,这些图像是以 Fontainebleau 地区经过压实作用和成岩作用的砂岩为基础生成的,与图 2.10 中的早期图像相比,其颗粒结构的细节更清楚。样品系统总体大小为 1.5cm,图像分辨率达到 458nm,或 32768^3 个网格块,超过了任何成像技术所能达到的能力(Latief 等,2010;Hilfer 和 Zauner,2011)。然而,仅仅为了掌握如此简单的砂岩样品的几何特征,都尚且需要如此细致的分辨率,那么对于大部分具有微孔隙的碳酸盐岩或页岩来说,就需要更大的比例尺进行更加细致的孔隙空间描述。

前人的文献中包括来自不同岩石样品的介绍,有的基于颗粒模拟成像,也有的采用直接成像或用统计学方法成像。例如,Andrä 等(2013a)提供了 4 种典型系统:Fontainebleau 砂岩、Berea 砂岩、一块碳酸盐岩和一个球形颗粒压实样品。这些样品可以用来测试不同图片的孔隙和颗粒分割方法,也可以用来评价孔隙级别模型的预测能力(Andrä 等,2013b);这些岩石样品进行实验和建模的结果将在后面章节中介绍。

孔隙空间重建确实克服了一些直接成像的限制,但即使这样,还是不能量化说明在这些模型中流体是如何流动和运移的。这就需要对孔隙的几何特征和连通性进行一定程度的简化,下面将会介绍一些重要的基本概念。

2.1.2　多孔介质、典型体积、孔隙度和饱和度的定义

前文已经提到了"多孔介质",在这里有必要给这个专业术语一个准确的定义。多孔介质是指任何包含固体基质和孔隙空间(孔隙)的物质。孔隙中可能有流体相(气相或液相)。孔隙度 φ 是指孔隙体积占多孔介质总体积的比例。总体积是指固体和孔隙空间的体积之和,

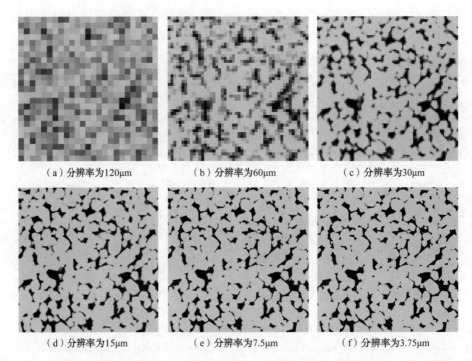

（a）分辨率为120μm　　　（b）分辨率为60μm　　　（c）分辨率为30μm

（d）分辨率为15μm　　　（e）分辨率为7.5μm　　　（f）分辨率为3.75μm

图 2.11　边长 3mm 的方形二维切片，来自 Fontainebleau 砂岩三维合成图像(引自 Latief 等，2010)

从大小为 1.5cm 到分辨率为 0.458μm 的立方体图像在 Hilfer 等(2015b)的文献中都能找到

不对多孔介质中的固体体积比例进行讨论。在进行英文表述时，注意多孔介质的单复数区别，一个多孔介质写作 porous medium，其中的 medium 是单数形式，而两个或多个多孔介质写作 porous media，其中的 media 是 medium 的不规则复数形式。

要区分两种类型的孔隙度：总孔隙度(前文已经定义)和有效孔隙度或连通孔隙度 ϕ_e(在整个多孔介质体系中相互连通的孔隙空间占多孔介质体积的比例)。从实际应用来说，在讨论流动时我们对有效孔隙度感兴趣；因为流体在不连通的孔隙中既不能流动，也不能被驱替。

总孔隙度并不一定是图像上所表现的孔隙度，以图 2.6 为例，在 Ketton 石灰岩微米级分辨率的图像中，仅有约一半孔隙空间是可见的，这些可见孔隙为颗粒或鲕粒之间的空隙；而另一半孔隙为存在于颗粒内部的微孔隙或亚微米级孔隙，在扫描显微 CT 下不可见，但是在分辨率更高的图像中可以观察到，如图 2.7 所示。

本书后续部分均假设有效孔隙度与总孔隙度相同。这种假设对于大部分地质类介质是合理的，因为岩石的形成都经过了沉积作用(颗粒沉积)、胶结作用和成岩作用(孔隙结构或成分的变化通常伴随着化学过程，而反应的物质来源是孔隙中盐水相的运移)。因此在所有情况下，是化学反应物在连通的孔隙内运移才使得孔隙发生堵塞；除特殊情况外，从逻辑推理上很难想象孔隙最终是如何变为完全不连通的。

这种推理思路与水槽的堵塞相似：从来不会完全堵塞，而是流量不断减少，逐渐接近零。孔隙堵塞的推理也是相似的，流动携带的碎屑越多，管道堵塞越严重，当流动停止了，堵塞也停止了。在任何情况下，大部分孔隙度的测量依赖于孔隙空间被另一种流体侵入，所以可以近似认为，只有连通的孔隙度才能被测量。

上面的讨论引出了渗透介质的定义。渗透介质是指具有连通孔隙度($\phi_e>0$)的多孔介质，流体可以在其中流动。另外，可以假设所有多孔介质都是渗透介质。有时渗透介质被定义为有明显流动能力的多孔介质，把流动能力太小或连通性太差的岩石划分为不渗透岩石。笔者对这种类型的讨论不感兴趣，因为它给了一个很随意的定义，明显流动中"明显"的意思该怎么理解呢。这就导致了一个危险的陷阱——页岩：具有纳米级孔隙和很低的孔隙度，传统上归为不渗透类型，但是现在人们已经从含有有机质(油气田的烃源岩)的页岩中开采出了具有经济价值的油气。经过水力压裂后，可以进行大规模生产。压裂后油气仍需要从页岩狭小的孔隙空间中流动到裂缝：页岩多孔介质的性质没有变，只是以前的分类方法对渗透介质有错误的理解。

下一个定义是饱和度 S：给定流体相占孔隙度的比例。按照定义，所有流体相饱和度的和为 1。只被单一流体(通常为盐水相或水相)完全饱和的多孔介质也是存在的，其饱和度为 1。为了方便下面的讨论，用下标 w、o 和 g 分别代表水相、油相和气相，$S_w+S_o+S_g=1$。严格来说，我们说的盐水相是指水，一种主要化学组成为水的相，但也含有其他可溶物质，经常是盐类和烃类污染物等。而油相通常是指富含烃类物质的液态相，且混合了其他化学成分。气相，我们说的气相也是由混合组分组成的。当考虑高温高压系统时，可能也会把超临界物质当作气相处理[温度和(或)压力平稳变化时，能够转变为一种特别的液相或气相，但没有发生相变]：二氧化碳(CO_2)注入深部盐水层就是一个例子。

在孔隙空间中定义一个空间因变量 f，其平均值为 F，体积为 V，F 可以根据下式确定：

$$F = \frac{1}{V}\int f \mathrm{d}V \tag{2.1}$$

对孔隙空间和固体($f=0$)求积分。对孔隙度而言，在孔隙空间中 $F \equiv \phi$，且 $f=1$；对于相 p 的饱和度，$F \equiv \phi S_p$，且 $f=1$，这里相 p 存在于空隙中。

对孔隙空间的任何描述都是不确切的，例如，假设利用图像测量或统计方法计算得到的岩石平均性质具有代表性，那么就可以用这一性质对同一岩石的任何相似大小或同一岩石的较大区域进行分析。想象一下，以相同的位置为中心，用式(2.1)计算不同大小体积的 F。在极端情况下，如果平均体积只包含于单个颗粒中，那么 $F=0$，不能代表整个多孔介质；因此研究时应分析包含几个孔隙的体积。表征单元体(Representative Elementary Volume，REV)，是指准确计算一个平均量所需要的最小体积。虽然概念上定义很容易，但是准确确定其大小很难，因为对于是否足够准确，没有一个明确的评价标准。REV 既取决于岩石本身，也取决于进行平均的量是什么。对于上文阐述的孔隙空间统计描述来说，REV 大小可根据局部孔隙长度的相关性或连通路径长度的相关性进行估算。对于前面研究的几个采石厂样品而言，在确定孔隙度时，能够包含少量颗粒的体积通常就足够了；而如果要计算饱和度，就需要更大的体积，因为饱和度受流体驱替的动态过程控制。这些内容在后续章节还会讨论。分析流动特征所需的体积较大，尤其当介质中存在多相流动时 REV 甚至还会更大，因为现在对 REV 的估算是由孔隙空间的连通性及其中的流体共同决定的。

图 2.12 为图 2.11 中 Fontainebleau 砂岩采用式(2.1)计算的平均孔隙度统计图。以长度约为 3mm 或稍大(体积 $27mm^3$)，或以图 2.11 照片大小的样品为基础，计算得到的平均孔隙度均小于 0.5%。然而这只是简单地对均匀砂岩计算孔隙度，如果要计算砂岩的其他属性；分析更复杂的介质，如碳酸盐岩，REV 可能将会更大。

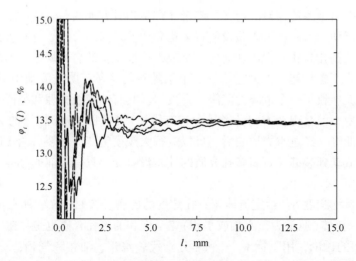

图 2.12　对图 2.11 中 Fontainebleau 砂岩不同长度(l)的立方体,用式(2.1)进行的孔隙度平均统计计算:
不同曲线是以图像不同部分为中心的平均值(引自 Hilfer 和 Lemmer,2015)
在这个例子中,孔隙度的表征单元体(REV)延伸为几毫米

　　REV 是处理多孔介质流动问题的核心概念,它帮助我们从孔隙空间的量化问题(经常是布尔型指标,如孔隙空间的存在问题或一种特定相的存在问题)转变为平均属性问题,因为这里所说的平均是指固体基质和孔隙的多孔介质在一定区域的平均。然而,这个重要的思想在这里只是简要阐述,其他文献中对于 REV 的介绍较为详细,可参考 Bear(1972)的文献。为了继续讨论我们的主要内容,而不是过度关注怎么进行宏观量化,通常的做法是:用一个仅有 10~20 个孔隙的岩样,进行合理的平均计算。如何描述孔隙将在下一节中进行讨论。

　　另一个相关的概念是非均质性。假定已经确定好了 REV,可以把 $F(x)$ 定义为一个以位置 x 为中心的 REV 平均量。对于非均质系统,F 是位置的函数。在所提供的几个采石厂样品中,相同类型的岩石样品宏观量特征趋于相似(F 值可近似看作常数,介质为均质);然而,对实际油藏样品来说,在几乎所有的尺度下均可看到介质性质的强烈变化;这种从头到尾的差异是体系的沉积过程和成岩历史导致的。采用平均量的定义方法也许听起来有点复杂,但没有办法,因为与 REV 的平均体积相比,F 可能在不同比例尺上都包含了明显的非均质性变化。

2.2　孔隙级网络和拓扑描述

　　本书关注的重点在于多孔介质内流体的流动和运移,或者说关注流体是怎么运动的。理论上讲,如果有孔隙空间的图像,已经确定出接触角,就可以用杨氏—拉普拉斯方程(1.6),计算流体平衡和分布(后续章节讨论),也可以计算一种流体相驱替另一种流体相时的流体分布。有学者也确实研究出了跟踪流体界面的直接方法,应用最广泛的是水平设置方法(Level Set Method)(Sussman 等,1994;Spelt,2005;Prodanović 和 Bryant,2006;Jettestuen 等,2013),本书会在讨论了毛细管压力之后进行介绍。这些方法在解释孔隙级别的驱替过程方面非常有用。但在复杂情况下,要想利用图像确定界面的接触角,必须进行相应的分子级高分辨率界面力平衡分析。这在实际应用中是不可能实现的,在任何情况下也都没有必要这么做。只要抓住孔隙几何结构和驱替物理过程的本质，就能理解、解释和预测驱替问题。

我们将构建几何特征简化的有代表性的孔隙空间模型，但保留了理解流动和运移所必需的相关几何数据。为了更生动地讨论这种方法，首先给出一个可类比的情形。

2.2.1　运移网络

设想我们获得了一张伦敦地下浅层的高分辨率地震图像，通过图像可以进行隧道的解释和识别，用此图与前文讨论的孔隙空间图像进行类比。现在设想有人打算进行地下旅行（通过隧道或地铁），比如从 Heathrow 机场出发，来拜访位于伦敦帝国理工大学的作者。首先需要研究一下著名的伦敦地下地图（图 2.13），然后会发现南 Kensington 站是到帝国理工大学最近的地铁站。除具有代表性的泰晤士河（River Thames）位置以外，这张地图最显著的特征就是它是一张完全的拓扑图；这张图展示了地铁线路和线路间的连接关系，站点的位置没有参考真实的地理位置和特征。对于安排旅行计划的人来说，这张地图比精确地图更容易读懂，更能够解决他们的需要。如果有人非要抬杠说地震图像更加准确，而地铁线路图不够详细没什么用，建议他们以后出行用地震图像代替地铁线路图。当然从理论上讲，地震图像可以用来生成一张地铁线路图（用很难的方法及补充数据识别地铁线路）。地震图像所包含的数据确实比地图丰富，但针对出行安排这一特定目的时并不是特别有用。但是如果换一个问题，如果我们为地下隧道设计地铁列车，要保证车厢不能太宽以免不适合在隧道和站台运行，那么地震图将是非常有价值的，而地铁线路图在很大程度上是没用的。

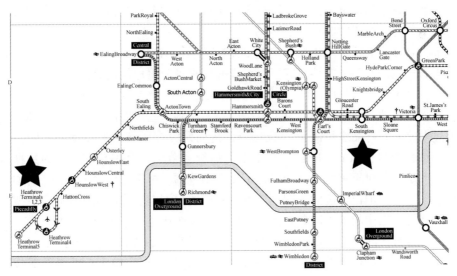

图 2.13　著名的伦敦地铁线路图的一部分

这是一张有代表性的地铁线路拓扑图，对于计划穿行城市的旅行者来说非常有用：假设我们要从 Heathrow 机场到达南 Kensington 站（用五角星表示）。采用类比方法，用这个有代表性的网络模型帮助理解和解释复杂孔隙空间中的运移：孔隙是车站（或线路连接点），而线路是孔隙之间的喉道。此图源于政府网站，网址：https://tfl.gov.uk/maps/track/tube

我们可以进一步地用地图进行类比，一起来欣赏一下更大尺度的天然多孔介质。在我的旅行实例中，只有地铁线路图是不够的；你需要更多的详细地图指引你经由地铁站到达帝国理工大学，一旦到达帝国理工大学，还要能够找到我的办公室。在这个时候用到的地图还应该是直观的，能够像地铁图一样突出路线的，比如你将会选择一张伦敦街道地图，或者更具体一点南 Kensington 的局部地图，并结合帝国理工大学中央校区图，最终找到我的办公室；这种突出主要矛盾的思维方式也应该应用于流体的运动分析上。对比分析地铁线路图、街道地图和校区图这三张地图，这些地图的比例尺是逐渐变精细的。在多孔介质的研究中也存在这种类似问题，这需要对不同比例尺的图像进行分析，进而去理解流动和驱替。

在图 2.7、图 2.8 和图 2.9 中的例子表明，碳酸盐岩、砂岩或页岩中可能存在几百微米的大孔隙乃至孔洞，也存在小到 $0.01\mu m$ 的微孔隙或者这一尺度的黏土和有机质微粒。选取大小约为 1cm 的代表性样品(这是进行常规流动和驱替实验所必需的最小岩石)，但是即便是研究在这么小的一个样品中的孔隙空间，也需要在 6 个级别比例尺下进行分析(从 $10^{-8}m$ 至 $10^{-2}m$)。再次用伦敦旅行者进行类比，办公室就像一个孔隙空间，需要的分辨率是米级的，那么把这个比例尺放大 6 次进行反推，分辨率甚至能达到几千千米的级别。可见在多孔介质中理解孔隙介质内的流动和运移所面临的挑战，就相当于旅行者从芝加哥飞到伦敦，然后定位伦敦市内的一间办公室。对旅行者来说，最直接的方法就是准备不同比例尺的地图：一张世界地图(显示飞行路线)、一张伦敦地铁图、一张伦敦局部街区地图和一张大学地图。这和我们需要对多孔介质做的事情是一个道理，对于不同的实际需要，在多种比例尺下对孔隙空间进行概念化。无论是图像方法还是相应的计算方法，都不能做到用一张纳米级分辨率的超级图像获得整个厘米级岩石样品的每个单一特征。假设真的有一种技术方法(实质上没有)能够绘制出一张分辨率为房间级的世界地图，拜访者携带这样一张地图去访问伦敦也是不现实的，甚至是荒唐可笑的。现在也许可以用谷歌地图获得类似的图片，但是在使用时仍然需要进行一些补充分析和解释。

事实上，在多孔介质中所面对的问题要比读懂地图困难得多，我们只有一个地球需要探索，但是岩石样品却有很多有待研究。对多孔介质来说，将比例尺分为 6 级进行逐级研究只能简单描述一个 1cm 大小的岩样。如果研究对象是油田级别或几十千米尺度的流动问题，还需要把比例尺再放大几百万倍，更加复杂的是，达到这些尺度的岩石不能忽略非均质性的影响。通过对小岩石样品进行测量(或预测)，进而研究大比例尺的流动问题的方法在油藏工程传统上被称为粗化(Upscaling)。在本书的后续章节中，会用孔隙级别的数据解释油田级别的生产问题，但对于粗化方法的讨论不在本书范围。尽管这样看来已经十分复杂了，但是这还仅仅是对一个油田来说的，理论上希望我们的预测方法能够应用于任何宏观比例尺的驱替问题。多孔介质中的渗流问题和我们的旅行假设相比还有一个重要差异，这个差异就是维度的区别。旅行(至少在地面上旅行)只是一个二维问题，地图在经过 6 次比例尺放大后，相比于要了解最细小特征时的比例尺，只需要 $10^6 \times 10^6 = 10^{12}$ 个像素；而岩石成像是一个三维问题：那么像素体还要多百万倍，就需要 $10^6 \times 10^6 \times 10^6 = 10^{18}$ 个三维像素。这样看来，在伦敦找到你的旅行路线要比在油藏孔隙空间中穿行容易多了！

通过上文的讨论，我要传递给大家一种理念，即针对特殊的应用来制作相关的抽象图像是十分有用的。对于多数多孔介质中的渗流问题，特别是与油藏工程相关的多孔介质渗流问题；面对这种极为复杂的问题时工程师们往往认为将岩石的细节表现得越多越有利于问题的解决，尽管这种对于细节的解读需要大量的时间和成本。事实上，与前文地铁图的类比类似，在某些情况下，简化后的模型反而更加准确、更易理解和更容易解释实际问题。在处理过程中简化次要的细节，着重保留孔隙空间连通性和几何形态方面的数据，这就使得存在流体分布差异的样品的毛细管压力估算更为准确。

图 2.14 中的 Berea 砂岩孔隙网络就是这样的简化实例。为了突出反映孔隙空间连接状态和孔隙网络结构，图 2.15 给出了一个把孔隙网络叠加于孔隙空间之上的 Bentheimer 砂岩三维图像的二维截面图。Bentheimer 砂岩将作为本书的一个样例在后文被反复提到，在讨论孔隙级别的驱替和流动时，将会进一步给出等效孔隙网络的概念。

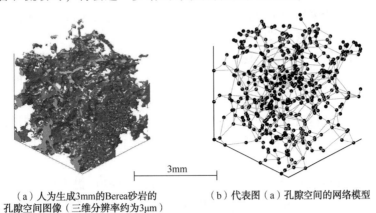

（a）人为生成3mm的Berea砂岩的　　　　（b）代表图（a）孔隙空间的网络模型
孔隙空间图像（三维分辨率约为3μm）

图 2.14　Berea 砂岩的孔隙结构和提取的孔隙网络模型（引自 Valvatne 和 Blunt，2004）
Berea 砂岩是砂粒经过压紧、胶结和压实过程形成的。网络模型是一个代表孔隙空间的近似拓扑模型，表明孔洞（孔隙）与其他几个孔隙通过窄通道（喉道）相连。这个模型具有和伦敦真实地下地铁地图（地下图像）相同的关系，如图 2.13 所示。球和短棒分别代表孔隙和喉道，为了说明问题，根据它们所代表的图像，被分配了体积、内径、
导流系数、毛细管压力和其他属性。这里的孔隙位置就是图像中的真实的物理位置

图 2.15　Bentheimer 砂岩三维图像的二维截面图（引自 Bultreys 等，2016b）
在孔隙空间（显示为深色）上叠置了相当于孔隙网络的孔隙（球）和喉道（柱形），说明了孔隙网络模型是
如何与孔隙空间之间产生联系的

2.2.2　孔隙网络的构建

从实际角度分析多孔介质时，设想孔隙空间是由狭窄的空间联系起来的较大空间，这种狭窄通道被称为喉道。这个有代表性的多孔介质网络模型最先由 Fatt（1956a，1956b，

1956c)提出，限于当时的技术条件，他还不能对流动性质进行定量计算，因此他建立了一个由电阻代替的物理网络模型。用电流代表流体的流动，电压差相当于压力降，用理想的格子模型来理解和解释孔隙级的驱替过程。虽然理想格子并不与真实的岩石结构相同，但是在能够精确表征孔隙空间的基础上，这种思路可以用来预测特定岩石的性质。

孔隙网络模型的建立可以基于其所代表的图像，也可以基于对岩石孔隙空间的统计来实现。为了让您有更好的理解，在给基于现代图像分析的孔隙网络建立下准确定义之前，先简要介绍这种建立方式所采用的主要方法。这里的介绍并不是为了进行详细的文献综述，而是从不同的角度解释孔隙网络模型的概念。

岩石的孔隙网络模型难以被广泛认同的原因在于其缺少严格的数学定义。回忆前文的旅行类比，不难发现地铁线路图具有直观、明显的优点，清晰地显示了所有的地铁线路和换乘站点，很好地反映出了不同线路之间的联系。这和地下隧道分布的拓扑学有关系，但是不用精确地绘制出来就已经达到了目的。对于多孔介质的分析，也需要采用同样的方法：没有必要精确掌握孔隙空间的拓扑特征或几何特征，只要准确了解渗流和流体驱替研究所需的关键特征就足够了。

第一个有代表性的无序多孔介质模型是由 Finney(1970)提出的。在研究中，他将近8000 个球无序地塞进一个气相气球中，使相等大小的球随机压紧。他对这些球的中心进行了测量，对不同的压紧特征也进行了分析。他的实验在数学方法模拟孔隙网络模型出现之前，用实验的方法描述了多孔介质模型。那些距离球(代表颗粒)中心最远的空间区域表示孔隙，连接这些孔隙的狭窄通道表示喉道，这个概念能够用孔隙空间的 Voronoi 格子进行更准确的定义。Voronoi 多面体以每个颗粒的中心点作为顶点，确定了最靠近特定颗粒中心的空间区域。这些多边形的顶点所确定的空间就是孔隙，这些空间区域到两个或多个颗粒中心的距离相等，而其边缘就是喉道。对于随机压紧的球形成的模型，每个孔隙通过喉道与其他四个相邻孔隙相连，与孔隙相连的喉道数量称为配位数。

Bryant 及其合作者(Bryant 和 Blunt，1992；Bryant 等，1993a，1993b)用这种棋盘形镶嵌的方格形象地定义了孔隙空间结构，并计算了流动属性。他们通过沿单一方向移动颗粒中心点使颗粒更紧凑来模仿压实作用，通过使颗粒膨胀来模仿成岩作用(固体物质沉淀)。在这两种情况下，颗粒都发生了相互嵌入。这表明伴随着压实作用和成岩作用的进行，孔隙和喉道体积都缩小了，孔隙之间的部分连通喉道被填充，孔喉配位数减少。这个模型成功模拟了如图 2.10 中 Fontainebleau 砂岩这样的，由等大球形颗粒组成的岩石，是一种合理的近似处理。这个实验也是第一次用实际岩石结构预测流动和运移性质，在后续章节对渗流的讨论中，将会提供这个实验的主要结果。然而，岩石通常具有更复杂的沉积历史和孔隙结构，这使得此方法的广泛应用非常困难。

Bakke 和 Øren(1997)及 Øren 等(1998)进行了开拓性研究，扩展了这种方法。正如在2.1.1 节所讨论的，他们用沉积作用和成岩作用的数学模型模拟了岩石的形成。他们没有用直接成像方法或 Finney 的压紧方法进行模拟，而是提出了颗粒沉积、压实和胶结的数学模型。对于孔隙和喉道的识别是概念性的，类似于 Bryant 等(1993a)的工作：颗粒中心已知，用距颗粒中心最远的点代表孔隙。这种方法可以建立代表不同岩石的不同孔隙网络模型，以这种孔隙网络模型为基础可进行成功的流体渗流和驱替预测。

图 2.14 中显示的 Berea 砂岩孔隙网络模型就是用这种方法生成的，从具有代表性的岩

石中获得了具有棱角状截面的孔隙和喉道。截面具有相同的内径 r 和形状因子 G，形状因子 G 是截面面积 A 除以截面周长 p 的平方（Mason 和 Morrow，1991）。

$$G = \frac{A}{p^2} \tag{2.2}$$

这个概念在图 2.16 中进行了说明，图中显示了基于真实截面的不同理想化形状，其中大部分的孔隙和喉道为不规则三角形。保留内切半径可以准确计算毛细管压力阈值，残留的润湿相占据孔喉的边角位置，非润湿相占据中间位置。

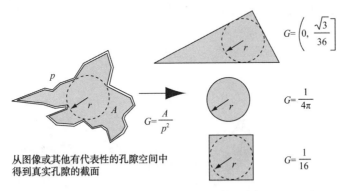

从图像或其他有代表性的孔隙空间中
得到真实孔隙的截面

图 2.16 在孔隙网络建模用到的不同孔隙和喉道形状（引自 Valvatne 和 Blunt，2004）
图中所示过程为将具有相同内径的孔隙理想化处理为简单几何形状，进而准确计算毛细管压力阈值。这些形状具有相同的形状因子 G，说明润湿相占据孔隙和喉道的边角，而非润湿相占据中间位置。用这种方法形成的大部分孔隙和喉道截面为不等边三角形

然而，这个技术仍受岩石自身的形成环境限制：这种形成环境能否进行模拟？颗粒的形状和大小能够被量化模拟到什么程度？一般情况下，假定介质具有固结的颗粒状结构，但很多生物成因的岩石不一定具备这种特征；除此之外，显著地经历了包括溶解和再沉淀等成岩作用的岩石也不具有这种特征。原则上来说，尽管碳酸盐岩颗粒和形态特征的复杂性扩展了这种方法的应用范围，但是建立广泛代表多种碳酸盐岩的模型还是十分具有挑战性的（Mousavi 等，2012）。此外，应用颗粒识别算法识别图像中的颗粒，然后以此为起点进行基于过程的模型建模是可行的（Thompson 等，2008），但是这种方法不能直接应用于目前广泛应用的三维图像。

在对孔隙空间图像的常规应用方面，需要更加符合拓扑学的方法。Thovert 等（1993）、Spanne 等（1994）和 Lindquist 等（1996）为多孔介质的应用提出了中轴骨架化方法；这种方法在图 2.17 中进行了示意说明。这种思路的关键是把三维孔隙空间拓扑简化为等效的互相连通的线组成的图，这些线代表中轴或距固体表面最大距离的一系列点。为了构建骨架，孔隙空间根据像素逐渐收缩：任何紧邻固体的空三维像素都转变为固体三维像素。这个过程迭代进行，直到切过孔隙空间的截面成为单一三维像素，这个三维像素的中心代表一个距离原始固体表面最远的点，这时在三维空间上线（骨架）的网络模型就建立了。利用这种思路，在得到了一张理想的分辨率有限的图像后，就可以直接拓扑提取了。

至少在理论上，中轴线保留了孔隙网络空间的拓扑，但是这种方法在实际应用中，会有 3 个问题：第一，什么时候对三维像素图进行离散化变得很模糊，可能需要依赖于孔隙空间缩小的顺序进行判断 [Silin 和 Patzek（2006）对比进行了较为全面的讨论]，对于真实图像来

说，这是一个非常重要的问题，不可避免地要在分辨率和样品大小之间进行权衡，很多较小喉道可能只有一到两个三维像素；第二，中轴可能包含了与流体流动不相关的特征，例如，当孔隙壁比较粗糙或呈不规则形状时，骨架就会有死端点；第三，正如后续章节中所阐述的，流体驱替的过程通常发生在具有较大孔隙和较细喉道的孔隙网络中，骨架模型能很好地反映喉道的位置，却不能直接确定孔隙，孔隙可以位于骨架上的任何连接点。但是无法确定一些问题，比如要给孔隙分配多大的孔隙体积？距离相近的邻近分支线怎么协调处理？因为在实际应用中这些问题都应该融合到一个单一的有效孔隙中进行处理。更进一步来说，孔隙作为中轴的连接点，没有必要在孔隙空间中占据较大的区域范围，这会使孔隙网络的抽象化不彻底。孔隙网络严格保真(中轴必须保留)是不是拓扑的目的？定位孔隙空间最窄或最宽区域，能近似代表连通性，是不是就是一个更为方便的几何简化方法？

 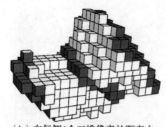 

(a)孔隙空间的离散化图像，中轴线表示计算出的喉道表面　(b)在每侧6个三维像素的距离内，对喉道进行孔隙三维像素的数字化渲染，为了显示清晰，没有显示颗粒三维像素　(c)对喉道附近的孔道表面进行了三角化渲染处理，并与图(a)进行了叠加

图2.17　中轴线骨架示意图(引自 Prodanović 等，2007)

尽管存在着这些明显的限制，也存在模糊不清的问题，但是有些学者也已经用适当的准则进行孔隙识别，把中轴骨架化成功用于不同岩石的孔隙网络提取。基于孔隙空间的这种简化方法，准确地对流动和运移性质进行预测(Arns 等，2001；Sok 等，2002；Prodanović 等，2007；Yang 等，2015)。

解决这个问题的另一种办法，是依据更可靠的方法来识别孔隙，并计算孔隙网络；更加注重找到孔隙空间的宽区和窄区，而不是骨架相应的拓扑计算。第一个应用这种概念的是Hazlett(1995)，他把圆球放在 Berea 砂岩图像的孔隙位置，然后对不同驱替过程的流体分布进行半解析计算。这种方法也可用于确定孔隙的大小和连通性(Arns 等，2005)。为了提取孔隙网络，Silin 和 Patzek(2006)把圆球放在每个孔隙空间的中心点，把这些圆形球不断增大，直至碰到固体物质，他们把这时的球称为"最大球"。这个球叠置于唯一孔隙上，比用来定义这个孔隙的其他任何球都要大，这个球被标记为"祖球(Ancestor)"(图2.18)。当某一球被完全包含于另一个球时，就忽略这个球。较小的"最大球"与祖球叠置时，被指定为同一家族。然后，可以定义叠置于最大球之上一串较小的球，并把它们分配到同一家族。然而，最后可能会发现一个球是两个家族的子球，如图2.18所示。这个子球就定义为喉道，因为这个子球限制并分隔了两个较大的孔隙空间区域。理论上，按这种顺序排列的最大球的中心连线就是中轴骨架(Silinand Patzek，2006)。

在建立孔隙网络过程中，这种方法能够较为可靠地确定较大的孔隙，但是这种方法有把大约为像素大小的很小的孔隙和喉道视为粗糙面和边角的趋势，因为这些小孔喉孔隙空间的连通性并没有贡献。此外，这种方法同样也存在由于孔隙空间图像离散化而产生的模糊问题。事实上，这些球可近似认为成三维像素，可以发现在相同的孔隙之间，存在多个外观大小相同的球的多级连接。这个方法还存在其他的问题，如怎么区分孔隙和喉道，目前只有一些很随意的标准来区分它们。如果把以上方法与孔隙和喉道几何简化相结合，如图2.16所示，也可用于建立孔隙网络，并成功预测流动属性（Dongand Blunt，2009；Blunt等，2013）。

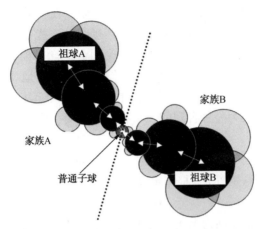

图2.18　用"最大球"方法提取孔隙网络的说明（引自 Dong 和 Blunt，2009）

球在孔隙空间增大到触碰到固体颗粒。用与固体格架相切的最大球定义孔隙：图中显示了两个这样的球，指定为祖球 A 和祖球 B。根据叠加于同一祖球上的较小球确定家族 A 和家族 B。图中显示有一个子球同时以 A 和 B 为祖球，这个子球就是喉道。黑色球与两个孔隙的连接，浅彩色球没有在孔隙空间的骨架上，只是确定了孔隙的体积

把最大球方法与中轴骨架方法的优点相结合能够取得更好的效果。Al-Raoush 和 Willson（2005）用孔隙空间中最大球定义孔隙，并用中轴方法定位喉道。这种技术成功地抓住了用显微 CT 扫描成像的未固结介质的孔隙几何特征，为识别孔隙提供了一种强有力的算法。

笔者要阐述的最终方法是基于图像分析的技术（Chlüter 等，2014）。这种方法用"种子分水岭算法（Seeded Watershed Algorithm）"把孔隙空间分割为各种孔隙（Wildenschild 和 Sheppard，2013；Rabbani 等，2014；Prodanović 等，2015；Taylor 等，2015）。首先，在孔隙空间中建立距离图：这个概念由 Jiang 等（2007b）首次用于有效孔隙网络提取的算法中。从孔隙三维像素中心至最近的固体表面的距离 d：与最大球半径相等。这个距离比在孔隙中定位的任何临近点都大：这个孔隙与前面描述的祖球最大球相等。根据算法的种子特点，使用者可以手动定位特定孔隙的三维像素。然后，孔隙空间可以分割为与每个孔隙相关的区域，这就是应用分水岭算法（Watershed Algorithm）的地方，这种方法广泛应用于识别相位和分割图像等图像处理。在水文学领域，分水岭把水流区域分隔为不同的流域（河流、湖泊或海洋），典型的分水岭沿山脊发育。现在把这个概念应用于三维孔隙空间图像的分析：到固体表面的距离代表深度，大距离代表下坡，小距离代表高地，水向山下流动汇聚于距离图上局部最大值位置，即孔隙中心点。孔隙空间中只要三维像素的"水"流向一个特定的孔隙，那么就把这个三维像素分配给那个特定孔隙。在算法上，孔隙区域是通过从中心开始，迭代地移动到邻近的三维像素，并在距离图中不断减小来识别的。喉道代表分水岭，喉道中包含一个最小距离面；在这个位置，向相邻的两个不同孔隙移动，距离都是增加的。这个思路在概念上与 Baldwin 等（1996）提出的方法类似，不同点在于他有细化算法（Thinning Algorithm）来

识别孔隙，这种孔隙被喉道限制，而喉道被定义为孔隙空间具有局部最小水力学半径(或导流能力)的横切面。

在这种抽象过程中，所有的孔隙空间体积都被分配给了孔隙。喉道不具有体积，仅仅是限制孔隙空间的面，作为两个孔隙区域的边界出现，如图 2.19 所示，这种孔隙区域边界不一定是平面。在本书后续的章节中，都将用这种孔隙空间概念来描述流体驱替：孔隙是以孔隙空间中心的较大区域，而喉道只代表孔隙之间的界限。在离散化图像中，喉道是一系列横穿孔隙空间相连接的三维像素，而喉道面定义为连接经过这些三维像素中心点的一个面。即便如此，在很多的数字化图像中，这种方法还是会引起概念的模糊和可信度的下降。例如，当孔隙类型为片状孔隙没有明确的喉道时，距离图并不能清晰地反映结构特征(Wildenschild 和 Sheppard，2013)。此外，相同的两个孔隙可能通过多条喉道相连接。纵然有这些复杂性，这种孔隙网络的定义，不失为一种合理的、具有一致性的、稳定的和有用的孔隙空间特征表征方式。

现在基于连续孔隙空间给出一个更加正规的孔隙和喉道定义，如图 2.19 所示。定义在孔隙空间 x 的距离图中任意位置 d，根据定义，可以计算梯度 g：

$$\nabla d(x) = g \tag{2.3}$$

定义了局部最大值、最小值或鞍点，其中 $g=0$ 表示梯度在局部处为0。为了认识这个极值的性质，引入黑塞矩阵(Hessian Matrix)(这是一个多维二阶导数矩阵)：

$$H_{ij} = \frac{\vartheta^2 d}{\vartheta x_i \vartheta x_j} \tag{2.4}$$

用分量表示。特征值为 λ，那么：

$$H_{ij}e_j = \lambda e_i \tag{2.5}$$

其中，e_i 是相应的特征向量，当式(2.5)中的特征值都为负时，距离图中的局部最大值出现：这些位置定义了孔隙中心的位置。

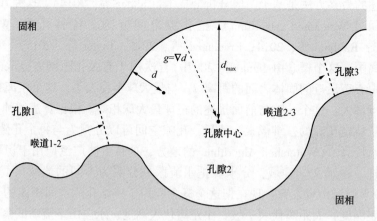

图 2.19　基于距离图的孔隙和喉道定义

这里只说明了二维概念，但是这个概念是要应用于三维孔隙空间图像中的。d 是从孔隙空间任意点至固体面的最近距离。孔隙中心点通过这个距离的局部最大值确定，即孔隙内径 d_{max}。孔隙是符合式(2.3)且 $g=\nabla d$ 的孔隙空间区域，直至到达孔隙中心点，如图中实线箭头所示。喉道是指分割或界限两个孔隙区域的面(在二维情况下是界线)

　　流线可以定义为从孔隙空间内的点开始，方向平行于 g 的线。当 $g=0$ 时，流线消失。如果 x_i 代表孔隙 i 的中心点，则 x_i 是流线的起始端点，x_j 是流线空间中与孔隙 i 相关的点。由于 g 定义的是沿山坡向上的方向，可能永远无法达到局部最小值的位置（实际上，由于几何原因，局部最小值是不存在的），但是当一个特征值为正，另一个特征值为负时，就可能存在鞍点（Saddle Point）。鞍点的存在定位了喉道中心。喉道是流线在喉道中心结束的点所形成的面：在这个面的任何一边流线将沿着距离图向上到达两个不同的孔隙中。对于二维图像，这个概念很容易实现可视化，就像在地形图上把距离作为深度进行识别一样，山谷最低位置就相当于孔隙中心，任何沿山坡向下至山谷的区域都是孔隙的一部分，而山脊相当于喉道。

　　图 2.20 给出了这个概念应用的一个实例。这里显示了 Berea 砂岩孔隙空间中的喉道，这些喉道把不同的孔隙区域分隔开。Berea 砂岩自身的孔隙空间及相应的孔隙网络（虽然是用不同的算法生成的）如图 2.14 所示；图 2.20 指示了这个方法确定出的喉道数字化面。显然，当处理包含几亿甚至几十亿个三维像素的真实图像时，孔隙网络很复杂，也很难可视化，但是所依据的基础概念却比较简单：每个孔隙空间区域都是与孔隙相关的，而喉道就是分隔孔隙的面。当在后续章节讨论驱替时，这种区分将非常重要。润湿相趋向于占据孔隙空间较窄区域，非润湿相趋向占据较宽区域。因此，非润湿相的运动仅被喉道阻碍（狭窄限制），容易通过孔隙；而润湿相的渗流则被孔隙或空隙中的较宽区域限制。与流体流动相关的流体体积变化与孔隙关系密切。

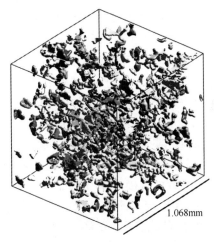

图 2.20　在 Berea 砂岩中用分水岭算法
识别出的孔隙空间中的喉道
（引自 Rabbani 等，2014）

喉道是分隔不同孔隙的面，如图 2.19 所示。在一张数字化图像中，这些喉道是横切相邻孔隙空间的连接三维像素，两侧属不同孔隙

　　上述方法是一个方便的几何特征表述，但是它既不能用于准确识别孔隙空间的中轴线，对于保留孔隙空间的拓扑参数也没有必要。对于流动和流体驱替而言，这无疑是最有效的孔隙分配方式。

2.2.3　广义孔隙网络模型

　　在孔隙网络建模中，把网络的连接（喉道）和结点（孔隙）还原为过度清晰的图片通常没有意义。相反，孔隙网络是对孔隙空间不同部分的划分，应该尽量简化，保留连通性及其他有用的几何数据即可。我们有一张细分到孔隙的实际图片，图片中喉道代表两个孔隙区域之间的边界。其他必要数据在这之后可按需要分配给孔隙元素（孔隙和喉道），通过这个方法可以对孔隙中流体的流动和运移特征进行较为可靠的预测，或者至少也能解释孔隙中流体流动和运移特征。可供分配给孔隙元素的性质参数主要包括：喉道的面积和内径（喉道面中心点最大的"最大球"半径），孔隙的体积和内径[祖球最大球（Ancestor Maximal Ball）的半径]。这些参数值的大小将决定曲率半径和驱替的局部毛细管压力，以及导流能力和流体体积的变化。读者可以这样想象，现在眼前有一张交互式地铁线路图：地图在指定站点上会通知乘客该站点的地铁时间表，而街区图则会指示附近有吸引力的旅游景点、到下一站所需时间、即将离开站点附近的生活数据以及紧急警报数据等。孔隙网络模型的实际应用情况具有相同的道理，如果需要，孔隙网络元素还可增加额外数据，以进行不同属性的计算。

可以考虑进一步抽象化，采用孔隙网络描述和量化流体驱替。流体驱替受一相驱替另一相时的毛细管压力控制，当两种流体通过三维像素的中心点时，三维像素在固体表面遵循杨氏方程；因此可以计算每个三维像素点上两种流体通过时界面上的曲率半径，并利用杨氏—拉普拉斯方程得到毛细管压力。喉道位置的三维像素面具有毛细管压力局部最大值（具有最小曲率半径的最小孔隙空间区域），而孔隙中心点具有毛细管压力局部最小值。可以用上文中描述的分水岭方法进行同样的分水岭分割，但这次以毛细管压力为分割依据，孔隙空间被毛细管压力最大值面（喉道）分为不同的区域，在分割区域内毛细管压力持续减小到最小值（孔隙中心）。分割完成后进行驱替压力和流体分布的准确计算，这样就可以摆脱对几何特征简化工作的依赖。然而，这种方法仅在接触角为零的简单实例中有效。从根本思路上来说，这种方法本质上还是相当于"最大球"法。正如后续章节中讨论的，毛细管压力的阈值依赖于接触角，而接触角在整个岩石中都是变化的，例如接触角可以受到流体流动方向的作用，还受流体驱替顺序的影响。虽然这种方法的计算过程非常复杂，但是可以通过对孔隙空间的直接分析解决问题，不再需要孔隙网络的准确简化。这种方法本质上是孔隙空间杨氏—拉普拉斯方程的直接计算（Prodanović 和 Bryant，2006）。这样就可以用几何特征模仿毛细管压力行为，因为毛细管压力是受曲率半径控制的，而曲率半径又与孔喉内径有关。

图 2.21 给出了用"最大球"法获得的不同类型岩石的图像和相应的孔隙网络，它们自身的孔隙空间如图 2.4 所示。孔隙网络的重要意义在于，它可以很容易地显示孔隙空间的连通性，正是这种连通性控制着流体的流动。为了对孔隙网络进行量化，表 2.1 中给出了图 2.4 中各种岩石样品的孔隙和喉道的数量以及平均配位数（每个孔隙对应的喉道平均数量）。由于地质构造复杂，Mount Gambier 石灰岩的孔隙空间几乎是敞开的，部分孔隙较大且连通性好，但是总配位较低。这是因为这种石灰岩有很多一端封闭的较小死孔隙，只有单一喉道与之相连。如前文所述，大部分岩石形成时颗粒大小大致相同，孔喉配位数为 4，但在压实作用和胶结（成岩）作用过程中配位数可能会减少：这种现象在两个砂岩样品中也可以看到。Estaillades 石灰岩的连通性很差，很多孔隙只有一或两个相邻孔隙与之相连，平均配位数小于 3，这将限制流体的流动。Ketton 石灰岩单位体积内孔隙数量很少，表明矿物颗粒较大。实际上，Estaillades 石灰岩和 Ketton 石灰岩的连通性要比这里预测得好，因为从图像提取的孔隙网络基本上没办法解决微孔隙的问题（图 2.7）。然而，微孔隙中还包含了没有明显流动能力的很小的孔隙和喉道，这些小孔喉对于渗流研究没有意义。我们还是在后文中说明了如何用双尺度孔隙网络表示这种微孔隙。

表 2.1　图 2.21 中 Ketton 石灰岩、Estaillades 石灰岩和 Mount Gambier 石灰岩孔隙网络的属性

岩石	孔隙	喉道	体积，mm^3	配位数
Ketton 石灰岩	1916	3503	50.5	3.66
Estaillades 石灰岩	83072	120867	20.7	2.91
Mount Gambier 石灰岩	66279	94678	27.0	2.86

续表

岩石	孔隙	喉道	体积，mm^3	配位数
Bentheimer 砂岩	28601	54741	27.0	3.83
Berea 砂岩	12349	26146	27.0	4.23

注：Berea 砂岩孔隙网络在图 2.14 中进行了说明。这些孔隙网络是从分辨率为 2.7~3.8μm 和具有约 1000^3 个三维像素的图像中提取出来的。请注意配位数的范围，这是孔隙结构的连通性和孔隙元素[孔隙和(或)喉道]数量的一种量化，可以用于估算孔隙之间的典型距离。

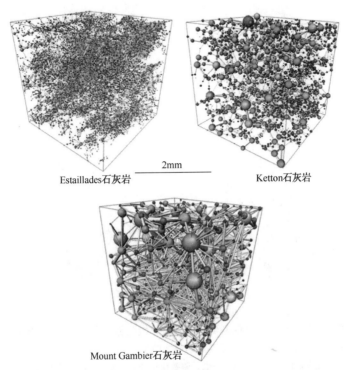

图 2.21   从图 2.4 的图像中提取的孔隙网络(据 Blunt 等，2013)
孔隙空间结构表现为较大的孔隙(图中球形)被较窄的喉道(图中圆柱体，严格意义上讲，它们是直接分隔孔隙的面)分开。孔隙和喉道的大小表示其内径大小

通常孔隙网络元素不需要作为单一孔隙空间区域，但是可以代表较小级别的，不能直接通过图像来获得孔隙网络平均属性。在描述具有巨大的孔隙大小变化范围的碳酸盐岩时这是十分有必要的：即使是一个厘米级的岩石块中也存在着几十亿个孔隙。应对这种情况的一种方法就是采用多级别孔隙网络模型，就像本节开始时介绍的多层次地图一样(Jiang 等，2007b，2007c；Mehmani 和 Prodanović，2014a，2014b；Prodanović等，2015)。孔隙网络的建立是以亚微米分辨率图像为基础，用最小尺度描述微孔隙。然后，抓住更大一级元素的平均属性，并传给更大一级的孔隙网络，用来描述更大的孔隙，这样就可以在微米级别分解这个问题。这种方法的细节可能很复杂，但是在同一个模型中同时详细描述出了微孔隙和大孔隙，甚至能够涵盖颗粒内微孔隙和颗粒之间的微孔隙(Mehmani 和 Prodanović，2014b)。这种方法牺牲了微孔隙网络的大量细节，提高了计算效率。就像伦敦的地下地铁地图，这种谨慎的简化保留了与交通最相关的数据。图 2.22 中给出了这种方法的一个例子，在这个例子

中，首先用最大球算法在局部以小尺度对微孔隙进行清晰的描述（Bultreys 等，2015a）。平均属性（在孔隙网络中毛细管压力和导流能力是润湿相和非润湿相体积的函数）被分配给有效的孔隙网络元素，给具有较大孔隙和喉道的孔隙网络增加了额外的连通性。图 2.23 中提供了一张应用这种概念的 Estaillades 石灰岩图像，其孔隙空间结构如图 2.3 所示；图 2.4 中显示了分辨率为几微米的图像。相同的概念能够用来描述页岩样品中跨越 3 个量级以上尺寸的孔隙（Mehmani 和 Prodanović，2014a）。

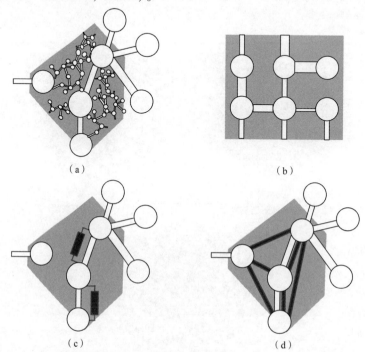

(a) (b) (c) (d)

图 2.22　概括说明多尺度孔隙网络模型可以同时适应微孔隙和大孔隙（引自 Bultreys 等，2015a）
(a)以微米级分辨图像为基础提取的大孔隙的孔隙网络以及局部微孔隙网络。但是由于很小的岩石样品中也包含了几十亿个孔隙，因此在这种尺度的孔隙网络进行驱替模拟非常困难。(b)一种可能的放大方法，是把大孔隙的规则格子的平均属性，分配给连续的微孔隙基质。(c)一种更好的方法是保留大孔隙网络结构和额外连通性，把平均属性分配给小尺度微小孔隙。(d)最终结果是大孔隙之间具有了额外的连通性，这些附加的连通性是基于小尺度微孔隙连通性的放大

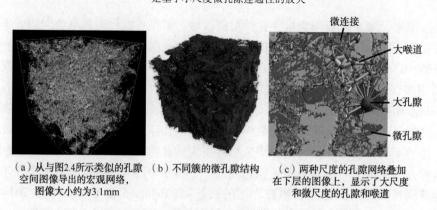

（a）从与图2.4所示类似的孔隙　（b）不同簇的微孔隙结构　（c）两种尺度的孔隙网络叠加
空间图像导出的宏观网络，　　　　　　　　　　　　　　在下层的图像上，显示了大尺度
图像大小约为3.1mm　　　　　　　　　　　　　　　　　和微尺度的孔隙和喉道

图 2.23　Estaillades 石灰岩的可视化双孔隙网络模型（引自 Bultreys 等，2015a）
此图可与图 2.21 所示的孔隙网络进行对比，这里也包括微孔隙

本书中所介绍的孔隙网络主要用于辅助研究相流体驱替，但是当流体驱替的物理特征和孔隙空间几何特征已经明确时，也可用来进行流体驱替的预测。在一些实际情况下，直接根据图像模拟流动可能更加容易、更加准确（在目前计算机计算能力的限制下），如之后将要在第 6 章中讲到的。但是仍然应该考虑每个应用的优势，并选择正确的工具来解决问题，用一种方法来解决所有问题是不合适的。

重新阐述一下基本理论：相连的岩石孔隙空间可以划分为不同的孔隙。孔隙中心点是指距离固相表面最远的点：这个点向任何方向移动，到固相表面的距离都会减小（这个点也是"祖球最大球"的中心点，或距离图上的局部最大值点）。根据毛细管压力的概念，就是流体弯月面通过时毛细管压力最小的点，或平均曲率半径最大的点。孔隙空间中的孔隙相关区域是，当向孔隙中心点移动时，到固相表面的距离持续增加的区域。喉道是指两个孔隙区域的界面。喉道界面到固相表面的距离最小，从面的两侧向相邻的孔隙中心点移动时，到固相表面的距离都是增加的。流体半月状通过喉道时，毛细管压力为局部最大值，或曲率半径最小值。

2. 2. 4　孔隙空间的拓扑描述

由于要用来解释和预测驱替过程，前文讨论的重点在于孔隙空间的孔隙网络特征，事实上还有一些孔隙空间拓扑方法对于定量描述岩石的连通性也非常有用。我们从被称为 Minkowski 泛函数或 Quermass 积分的定义开始讨论，这个泛函数定义二元图像的不同特征（这里把孔隙空间分为孔隙部分和固体部分），三维物体的这类泛函数有 4 个。这里对这个主题进行简要的介绍，更详细内容可以在其他文献中找到（Mecke 和 Arns，2005；Arns 等，2009；Vogel 等，2010）。

零阶 Minkowski 泛函数，M_0 是孔隙空间的体积。对于大小为 V 的图像，总孔隙度 $\phi = M_0/V$。其他三个泛函数定义的是固相和颗粒之间表面。一阶泛函数 M_1 是该表面的总面积：

$$M_1 = \int dS \tag{2.6}$$

其中，S 是孔隙和颗粒之间的面。可以指定表面积为 $M_{1V} \equiv a = M_1/V$，其单位是 1/长度，值是典型孔隙大小的倒数。

曲率 κ 在第 1 章中介绍两种流体的界面时已有所介绍。这里用相同的思路（实例如图 1.3 所示），而不用式（2.6）中的 S。第二个 Minkowski 泛函数是固相与空隙之间边界的平均曲率。

$$M_1 = \frac{1}{2} \int \left(\frac{1}{r_1} + \frac{1}{r_2} \right) dS = \frac{1}{2} \int \kappa dS \tag{2.7}$$

其中，r_1 和 r_2 是基本曲率半径，根据式（1.6）定义曲率 κ。

最后一个是三阶泛函数表示界面的总曲率，定义如下：

$$M_3 = \int \frac{1}{r_1 r_2} dS \tag{2.8}$$

需要注意的是，这个公式与其他公式不同，M_3 无维度概念。

前三个泛函数都与孔隙空间的直观特征量相关，直观特征量包括孔隙度、表面积（将控制吸附作用或溶解反应）和曲率（反映孔隙或其周围颗粒的形状特征：M_2 可以有多种含义，压紧的球形颗粒的界面曲率符号为 M_2，多孔介质的界面曲率 M_2，例如溶解所形成的近球形孔隙的界面曲率 M_2）。首次看到 M_3，似乎是简单且没用的数学表达式。然而，它可能是与孔隙空间最重要的属性相关，如连通性。

三阶 Minkowski 泛函数与 Euler 示性数（Euler Characteristic）χ 相关。众所周知，Euler 示性数表达多面体的边数、面数和顶点数之间的关系：

$$\chi = V - E + F - O \tag{2.9}$$

式中：V 是顶点数；E 是边的条数；F 是面的个数；O 是单一物体中不同对象的个数［这个值在应用式（2.9）时，一般经常被忽略。例如，考虑任何凸形，$V-E+F=2$，在这里，$O=1$，因而 $\chi=1$］。

χ 可以用孔隙空间图像进行计算。拿一个由立方三维像素组成的图像作为实例，其中一个隔离的空隙三维像素 $V=8$，$E=12$，$F=6$ 和 $O=1$（只有一个对象），因此，$\chi=1$。这是一个对给出的任意图像依靠简单计数经验确定 χ 的方法，需要在数清像素的基础上累加面数、边数和顶点数。

然而，式（2.9）并不明显与连通性的测量相关。为了计算连通性，第一个必要步骤是生成连通性与孔隙空间任意形状之间的关系（Serra，1986；Vogel 和 Roth，2001；Vogel，2002）：

$$\chi = \beta_0 - \beta_1 + \beta_2 \tag{2.10}$$

其中，β 代表 Betti 数。β_0 用来描多孔介质中离散孔（discrete holes）的数量。多数情况下，所有孔隙都是相互连通的，并且 $\beta_0 = 1$，通常，β_0 是指相互不连通孔隙空间区域的数量。β_1 是指孔隙结构中类似于门把手形状或回路状孔道的数量，这种形状的孔道对孔隙空间（根据 β_0 的增加值进行量化）的连通性没有影响，是可以忽略的"冗余回路"。β_2 是孔隙空间中被固相完全包围的隔离区域的数量。β_2 是完全被孔隙空间所包围的孤立固体颗粒的数目。在固结多孔介质中，β_2 一般为 0，即孔隙空间内不存在孤立的颗粒。为了帮助说明这个概念，图 2.24 显示了一些简单形状的 Betti 数和 Euler 示性数。χ 是孔隙空间的拓扑表示方法，在空隙几何形状连续变形的条件下，χ 不发生变化。

$$
\begin{array}{ccccc}
(1,0,0) & (2,0,0) & (1,1,0) & (1,2,0) & (1,5,0) \\
\chi=1 & \chi=2 & \chi=0 & \chi=-1 & \chi=-4
\end{array}
$$

图 2.24　简单三维固体对象的 Betti 数（β_0，β_1，β_2）和 Euler 示性数 χ：简单球形、两个不相连的球形、
圆环形、两个圆环形和立方体框架（引自 Wildenschild 和 Sheppard，2013）
相同的概念也可以用于以简单形状替代孔隙空间

也可以把 χ 用下面的表达式与 M_3 联系起来（Vogel 等，2010）：

$$\chi = \frac{1}{4\pi} M_3 \tag{2.11}$$

β_1 的意义是孔隙结构中的回路型孔道数量，在研究中应明确，在表示保持一部分孔隙连通性的同时，有多少个孔隙的连通被破坏了。这一点在描述多孔介质中的多相流动时将非常重要，因为一种相的存在会使另一种相不连通。如果孔隙空间包含许多环，那么流体相就更有可能依然连接并可以流动。

因此，β_1 是关键的连通参数。这看起来比通常的孔隙空间图像更难计算，但是可以先利用式（2.9）（在离散图像中对边数、面数和顶点数进行计数）求出 χ，再用式（2.10）求出 $\beta_1 = -\chi + \beta_0 + \beta_2$。此外，在多数情况下，孔隙空间是相互连通的（且在任何情况下，只有部分孔隙空间中的流体发生流动和运移），也没有完全隔离的颗粒，因此，$\beta_0 = 1$ 且 $\beta_2 = 0$。

此外，还有一个显著特点，任何孔隙结构的附加属性都可以用 Minkowski 泛函的线性函数形式写出来。这个概念在对孔隙级别成像（Schladitz，2011）进行描述时做了介绍。

在一个完全连通的孔隙网络中，根据图形理论可推导出下面的公式：

$$\chi = n_p - n_t = n_p(1 - z/2) \qquad (2.12)$$

式中：n_p 是孔隙数量；n_t 是喉道数量；$z = 2n_t/n_p$ 是平均配位数（Vogel 和 Roth，2001）。在样品研究中 $z>2$，χ 为一较大的负值（β_1 是一个较大的正值），见表 2.1。

集约变量或密度，$M_{nV} = M_n/V$ 可以用 4 个 Minkowski 泛函 $\chi_V = \chi/V$ 来确定。表 2.2 为不同多孔介质通过显微 CT 扫描测量的单位体积 Euler 示性数的实例（Herring 等，2013）。对于 Bentheimer 砂岩而言，$\chi_V \approx -\beta_{1V} = -4.73 \times 10^{10} \text{m}^{-3}$。作为对比，应用式（2.12），并利用表 2.1 中的数据计算，可得 $\chi_V \approx -9.7 \times 10^{11} \text{m}^{-3}$。这种差异可能是两个因素共同作用的结果。与孔隙空间的真实连通性相比，孔隙网络模型的连通性可能会偏大。这大概是由于孔隙网络模型在粗糙小孔隙和角隅之间也分配了喉道造成的。另外，用来直接计算 χ 图像的三维像素大小为 10μm，而用于构建孔隙网络所用的图像三维像素大小为 3μm，所以部分更小喉道的连通问题也许没有办法解决。

表 2.2 不同多孔介质单位体积的 Euler 示性数（引自 Herring 等，2013）

多孔介质	集约 Euler 示性数 χ_V，10^9m^{-3}
Bentheimer 砂岩	-47.3
熔结玻璃珠	-4.29
松散堆积玻璃珠	-4.58
破碎的凝灰岩	-1.06

这种拓扑数据可以在构建算法中确定更加准确的连通性（Vogel 和 Roth，2001；Jiang 等，2012）。在任何情况下，对孔隙结构而言，每个孔隙至少有两个边界喉道，期望 $\chi_v \ll 0$，且示性数的量级为 $1/l^3$，这里 l 是典型孔隙的大小。以表 2.2 中堆积玻璃珠为例，令 l 为直径 0.85mm 的玻璃珠的孔隙大小，预计 $\chi_V = -1.6 \times 10^9 \text{m}^{-3}$，这与测量值在同一数量级。

对这些概念进行扩展，用来确定阈值大小不同的孔隙空间的连通性，忽略距离函数 d 小于特定值的所有孔隙空间，如图 2.19 所示。在这个实例中，能够确定孔隙空间开始不连续的临界内径值（$\chi=0$）。关于这一点在图 2.25 中进行了示例，对不同砂岩层的显微 CT 图像进行计算，图中显示了 4 个 Minkowski 泛函作为最小孔隙大小（实质就是 d）的函数的计算结果。当所研究的孔道具有不同大小时，这个分析提供了连通性的量化计算方法。例如，描述非润湿相占据孔隙较大区域的连通性。

对于孔隙体积密度 [M_{0V}，图 2.25（a）] 而言，图像的导数说明了孔隙大小分布。4 个砂岩层的计算结果用不同符号表示。平均孔隙直径约为 0.3mm。当最小孔隙值大幅度减小时，孔隙表面积增加，可以检测到更多的颗粒表面特征。孔隙直径约为平均孔隙大小时，曲率为正值：正曲率近似代表球形颗粒凸起进入孔隙空间。然而，如果要进一步考虑更细小的孔隙特征，如孔隙空间中有小凸起和沟槽时，则平均曲率接近零。如果孔隙空间中细小孔隙增加了孔隙空间的连通性，那么 Euler 示性数向负值方向增大的问题就解决了。当最小孔隙大小为平均孔隙大小时，孔隙连通性受到限制，Euler 示性数就在零附近。如果只考虑较大的孔隙，孔隙空间的连通性就会很差。

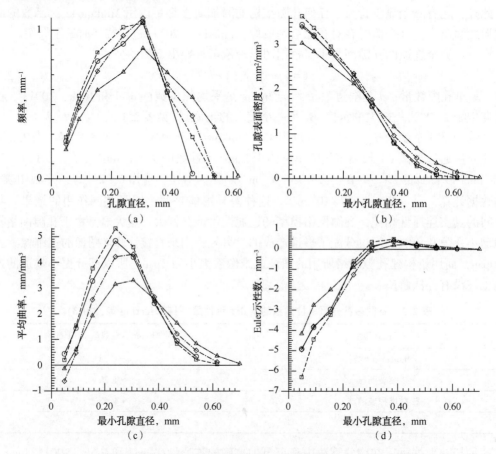

图 2.25　用最小孔隙直径不同的砂岩显微 CT 图像计算的 Minkowski 函数 M_{nV}

(引自 Vogel 等，2010)

如果研究包括孔隙空间的最细微特征，并且相应的非润湿相占据大部分孔隙空间，此时孔隙空间连通性良好，χ_V 为负值，较大的特定表面积和平均曲率 M_{2V} 接近零。

Euler 示性数是表示孔隙网络连通性的极具价值的方法，可以区分分支连通路径和较多的回路通道。如果回到与伦敦地铁线路图的类比(图 2.13)，即使部分地铁线路关闭(相当于岩石孔隙空间有不同的流体相)，对于旅行者来说，一个良好的地铁线路网络即便在某地铁站关闭的情况下，也会有其他的备选线路，最终使得旅行者到达目的地，这会使地铁线路网络的 Euler 示性数为较大的负值。这个假设与式(2.12)计算的平均配位数原理相同。

虽然这些专业术语让人感到困惑，但这个方法确实是一种研究图像特征的强大工具

（Brun 等，2010）。它有助于有效控制孔隙网络模型的建立（Vogel 和 Roth，2001；Jiang 等，2012），并提供统计学方法与前文描述的重建算法（Vogel，2002；Arns 等，2009）相匹配。此外，一些相关的特有属性，如局部孔隙度和渗透概率等，也可以通过这个方法进行计算。后面将要讨论的计算连通性的"非可加定量方法"，为孔隙空间的流动特征提供了强大指标（Hilfer，2002）。

再者，相同的拓扑分析也能够用来分析孔隙空间的滞留流体和流体之间的界面（Herring 等，2013，2015）。现在，M_0 与流体饱和度有关，M_1 与相间的界面面积有关（例如，可以控制流体与流体之间的相互作用和溶解），M_2 与局部毛细管压力有关，M_3 与各相之间的连接关系和某一相的流动能力有关。这些概念将会在后续章节中继续探讨。

2.3 润湿性和驱替

2.3.1 驱替过程的热动力学描述

如前文所述，从能量平衡、孔隙几何特征（然而非常复杂）和接触角出发，可以确定任何介质的流体分布。一般的方法可以认识多孔介质中流体有限运动的自由能变化（Mayer 和 Stowe，1965；Princen，1969a，1969b，1970）。设 A_{1s} 为相 1 和固相之间界面的面积，A_{2s} 为相 2 与固相之间界面的面积，A_{12} 是两种流体之间的界面面积。用相对应的下标定义界面张力，各相之间的界面张力分别为 σ_{12}、σ_{1s} 和 σ_{2s}。这是对图 2.26 中圆形管的说明。两相之间的压力差为 p_1-p_2，对这个压力做功，使局部空间区域（一般指孔隙或喉道及其邻近孔隙）内相的体积产生微小的改变：

$$dF=(p_1-p_2)dV+\sigma_{12}dA_{12}+\sigma_{1s}dA_{1s}+\sigma_{2s}dA_{2s} \tag{2.13}$$

其中，dF 是自由能的变化。由于固相必定被一种流体相或另一种流体相所覆盖，于是有 $dA_{1s}=-dA_{2s}$，因此有：

$$dF=(p_1-p_2)dV+\sigma_{12}dA_{12}-\sigma_{1s}dA_{2s}+\sigma_{2s}dA_{2s} \tag{2.14}$$

然后应用式（1.7），假定接触角为 θ，通过相 1（该相是设定的密度较大的相）：

$$dF=(p_1-p_2)dV+\sigma_{12}(dA_{12}+dA_{2s}\cos\theta) \tag{2.15}$$

最后一步是调用杨氏—拉普拉斯方程（1.6），通常如果相 1 是密度较大的润湿相（水），$p_1-p_2=-p_c=-\kappa\sigma_{12}$，其中 κ 是曲率，可得：

$$dF=-\sigma_{12}[\kappa dV-(dA_{12}+dA_{2s}\cos\theta)] \tag{2.16}$$

毛细管平衡状态下，两种流体之间弯月面的曲率为常数 κ，而 dV、dA_{12} 和 dA_{2s} 之间的关系由体系几何特征决定。当体系存在着这种扰动时，$dF\le0$；而当体系达到平衡状态时，$dF=0$。

实际应用中，对多相流体驱替顺序最感兴趣，这就要求对在多孔介质中一相是如何被另一相所取代的进行分析。在每一次的驱替过程中，确实存在毛细管平衡位置，这个位置遵循杨氏—拉普拉斯方程和杨氏方程，通常也是能量的平衡状态，遵循方程（2.16）。但真正有趣的问题是如何从一个局部平衡过渡到另一个局部平衡，这种过渡什么时候出现，并以哪种顺序过渡。这种讨论的关键点在于只能关注局部平衡位置的顺序，不能强制定义一个全局能量最小化的概念。因为在任何一种可能平衡移动过程中，流体一定流动达到某种流体分布，如果它们没有达到这种分布形式，自由能就会增大，不是最稳定的状态。

在驱替过程中孔隙或喉道中流体的分布变化是不连续变化。这种不连续变化中出现的毛细管压力阈值由式(2.15)或式(2.16)给出，但这并不是为了表达面积和体积的微小扰动，而是为了表达有限的跳跃变化：

$$\Delta F = -\sigma \left[\kappa \Delta V - (\Delta A_{12} + \Delta A_{2s} \cos\theta) \right] \tag{2.17}$$

公式中液/液间的界面张力 $\sigma_{12} \equiv \sigma$。

上述公式还可进一步简化，将在下面的实例中进行应用。考虑单一孔隙或喉道中的驱替，假定该单元的切面为常数(或至少曲率垂直于切面，与切面上流体弯月面的曲率相比很小)，如图2.26所示。根据单位长度上(ΔA)的体积变化和单位长度(或界面长度 ΔL)的面积变化，重写式(2.17)如下：

$$\Delta F_L = -\sigma \left[\kappa \Delta A - (\Delta L_{12} + \Delta L_{2s} \cos\theta) \right] \tag{2.18}$$

式中：ΔF_L 是每单位长度自由能的变化。

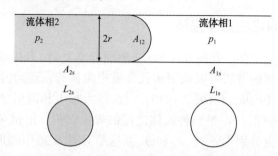

图2.26　圆形孔道的能量平衡示意图

有两个流体相(相1和相2)，其界面面积为 A_{12}。固相与相1接触面积为 A_{1s}，固相与相2接触面积为 A_{2s}。下图为横切孔道的截面，界面长度分别为 L_{1s} 和 L_{2s}，如图所示。相1和相2之间存在压力差 $p_1 - p_2$：如果改变其中一相体积，那么就对压力差做功，平衡发生改变，与面积 A 改变相关的界面能也发生改变[式(2.13)]。由于系统截面为常量，考虑界面长度的变化——L_{12}、L_{1s} 和 L_{2s}[式(2.18)]，如下图所示。在这个例子中，可以用能量平衡获得为人熟知的圆管中的毛细管压力表达式[式(1.16)]

下面对一个确定的实例进行分析，类似于第1.3.3节中讨论过的毛细管压力上升问题：用式(2.18)求充满半径为 r 的圆柱形毛细管的毛细管压力临界值。在这种情况下，考虑圆形管从充满润湿相(相1)至充满非润湿相(相2)时的自由能变化。在这种情况下，$\Delta A = \pi r^2$(圆管截面面积)，$\Delta L_{12} = 0$(两种流体之间的界面面积没有发生变化)，$\Delta L_{2s} = 2\pi r$(周长)。因此可以得到：

$$\Delta F = -\sigma(\pi r^2 \kappa - 2\pi r \cos\theta) \tag{2.19}$$

如果 $\Delta F < 0$，有利于驱替，驱替会自然而然地发生；如果 $\Delta F > 0$，将不会发生驱替。开始发生驱替的首要条件是达到临界状态即 $\Delta F = 0$，在这种情况下：

$$k = \frac{2\cos\theta}{r} \tag{2.20}$$

或者就毛细管压力而言，$p_c \equiv p_2 - p_1$，式(2.20)可由式(1.6)推导得出：

$$p_c = \frac{2\sigma\cos\theta}{r} \tag{2.21}$$

这与前面得到的式(1.16)相同。

这是一个非常简单的例子，通常这一方法可以应用于所研究的任何流体分布情况。在后面章节将回到如何计算临界毛细管压力的讨论。

2.3.2 驱替序列

通过能量平衡可以确定临界压力、曲率，孔隙与孔隙连接时多相流体的分布。从宏观上来说，这就引出了饱和度变化顺序的概念。

考虑一个具体例子：向深部盐水层注入 CO_2 进行长期埋存（以防止 CO_2 进入大气造成气候变化）。高压条件下 CO_2 进入岩石的孔隙空间，在这一过程中，CO_2 不断充注孔隙空间并驱替盐水。CO_2 是以什么样的顺序充注孔隙，相应流体分布顺序是怎样的，毛细管压力是如何变化的，多少孔隙空间将会被侵入，这些问题都有待研究。在 CO_2 注入后，由于其密度比周围盐水低，将会在浮力作用下趋于上升。但是它不会像地下部分类型的大气泡那样上升。而是以 CO_2 驱替盐水，使盐水一个孔隙一个孔隙被驱替，最终 CO_2 发生向上运动的方式进行。除这些问题外，盐水的充注顺序是怎样的，有多少 CO_2 能够留在孔隙里不上升，也有待研究。

在缓慢驱替的情况下，孔隙级别的流体充注受局部毛细管压力控制。与之相对应的，这个过程也由局部能量守恒决定。孔隙空间的每个区域都存在一个临界毛细管压力，决定一相流体是否首先驱替另一相，临界毛细管压力在已知接触角时可以用能量平衡求得。这些毛细管压力的大小决定了流体充注顺序和流体分布。宏观上，这些毛细管压力决定每相流体是否易于流动，以及多少流体被驱替。

根据上一节所介绍的网络模型概念，将确定侵入相填充（或部分填充）孔隙和喉道的顺序，以及每个孔隙和喉道内流体的配置和分布。根据这些分析，能够分析流体是如何流动的，并进一步计算出介质中的流体采出量（从孔隙空间中驱出）。

虽然这只是对后续内容的简要介绍，但是有 3 个与接触角紧密联系的概念需要首先说明：润湿性变化、表面粗糙度和驱替方向。

2.3.3 润湿性和润湿性变化

前文提到过大部分洁净岩石是天然水润湿的。洁净意味着与液相接触的固相表面具有总体相同的化学组成，即表面没有被其他物质所覆盖（这种情况的细节将在后文继续讨论）。例如，石英（二氧化硅，很多砂岩的主要成分）或方解石（碳酸钙，包括石灰岩在内的很多碳酸盐岩的主要成分）是由离子键形成的，原子间作用力强，这使得固相界面张力很大。固相与水之间的氢或氧是通过静电引力形成较强键，而烃类与固相表面不会产生离子键或氢键，所以水与固相表面的结合键力要强于烃类的。因此，相比于被油气覆盖，固相表面被水覆盖的表面能更低，相应的分子间吸引力也小。当另一种流体（如空气、油或 CO_2）进入水饱和的多孔介质时，新流体多为非润湿相，侵入过程中与水相之间的接触角似乎接近零。

由于固相界面代表了高能表面，如果能降低这种能量，将有利于物质驻留在其表面。这里说的有利于驻留并不是简单地说洁净表面会很快变脏，而是高能界面有利于尘埃和其他碎屑在高能界面上沉降，尽管做家务的时候就有点令人气愤了。相同的情况也发生在多孔介质中，较大的表面积能够吸引存在于水相或注入非润湿相中的不同物质。

附着在固相上的化合物称为表面活性化合物，在它们的分子结构中都具有极性部分和非极性部分。极性端附着在固相表面,非极性端表现为油湿或憎水的特征。在地下水中,这些物质可能来自石油泄漏或有机物的污染物,包括生物活动产生的各种表面活性剂。因此,固相表面并不是洁净的,而是类似于风化后的岩石,这表明暴露的固相表面不再仅仅是结晶质,而是包括有机质在内的混合物质,可使固相与油类(油或油质)相表面能降低,从而使系统表现为低水润湿性。

在实际油藏中也存在同样的现象,对润湿性的影响是十分巨大的。在原油中,沥青(即原油中所谓的高分子量焦油成分,分馏后可用作铺路沥青)是表面活性成分。沥青会给油田开发带来问题:它在低压力下会发生沉淀,堵塞油藏孔隙空间和流动路线;它们也会改变岩石表面在油藏流动条件下的润湿性(Saraji 等,2010)。这些复合物具有复杂的分子结构,尽管分子结构形式存在较大差异,但都包含具有苯环的部分极性成分(如氮、氧或硫)和长烃链(非极性),沥青结构实例如图 2.27 所示。通常,对于特定的原油,不了解其准确化学分子表达式,也无法准确了解这些分子是如何附着于固相表面的,以及相应接触角的变化结果。然而,可以凭经验了解这些物质引起的润湿性变化以及出现这种情况的物理机制:包括直接的离子键、沥青质沉积以及盐水、油和固相表面之间的库仑作用(Buckley 和 Liu,1998;Buckley 等,1989;Morrow,1990)。这里简

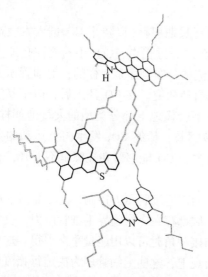

图 2.27 原油中沥青的一种分子化学结构:表示碳链和极性原子(N 和 S)(Groenzin 和 Mullins,2000)这种结构的变化很大,但是这种复合物都具有相似的特征:趋于高分子量(可达到 1000 原子质量单元),具有极性部分,极性部分附着于洁净的固相表面,苯环(图中暗色部分)和长烃链为非极性趋于向外伸出,形成明显的油湿(或至少改变了润湿性)表面

单假定润湿性发生改变会导致流体分布和驱替发生改变,进而对其形成的结果进行探究。

图 2.28 是一个例子,汇总了在较平的矿物表面上测量原油/盐水系统接触角的方法。这个表面可以是石英(常见于砂岩中)的,也可以是方解石(常见于碳酸盐岩中)的。这些数据从美国的 30 种石油中收集(Morrow,1990;Treiber 等,1972)。润湿性发生强烈改变是可能的,但并不是所有的矿物表面都会变成油湿。通常,方解石表面会发生强烈的润湿性改变,但这种情况并不会经常发生。

图 2.29 说明当油已经运移至油藏中且充满大部分孔隙空间时,在单一孔隙或喉道中油水分布。这张图是本书最重要的概念图之一(Kovscek 等,1993)。首先关注的是这张图代表的孔隙截面。回顾前文给出的真实孔隙图,很明显真实孔隙具有不规则形状,一定不会是三角形。这里使用三角形孔隙替代只是为了更清楚地说明问题,因为它保留了真实体系中一个重要的定性特征,即一种相(油)驻留于孔隙空间中心位置,而另一种相(水)占据孔隙表面的边角和靠近固体表面的粗糙面,如图 2.16 所示。如果假定孔隙为圆形截面,就无法表达这种特征。在图中的平面之外,截面的形状和大小都是变化的:在孔隙中心位置具有截面内径的局部最大值,而边缘的喉道内径为局部最小值。

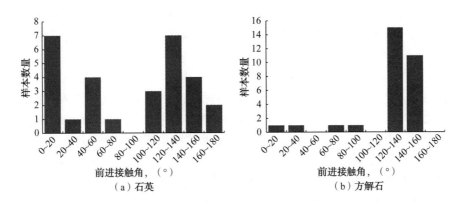

图 2.28　测量的水驱油接触角，来自石英和方解石表面测量的 30 个油/水系统的前进接触角

此图是 Morrow 以 Treiber 等 (1972) 的工作为基础绘制的，根据 Morrow (1990) 的文献重新绘制

当油以非润湿相侵入孔隙空间时，水倾向于停留在靠近固相表面的位置。因此，水附着于小孔隙、喉道、窄裂缝、角部和粗糙面等位置，而油占据空间较大的中间位置。这张图仅仅是再次说明概念：水驻留于三角形角部位置，而油占据中间位置。假定水是相互连接的，那么虽然水流动很慢，但水仍然可以通过角部持续流动。

图 2.29 中所示为横切孔隙的一个截面，代表了油藏岩石孔隙的典型特征，真实大小一般在 $1\sim10\mu m$ 的级别。当然真实的孔隙不会是严格的三角形，如图 2.16 所示。孔隙空间的重要特征是具有角部或粗糙面，这样油驻留于中间位置，水位于角部。孔隙不是完全圆形，因此也不是只有一相流体驻留在截面上。除了圆形之外，任何形状的孔隙都是可能的。正如本书前文所述，真实孔隙高度

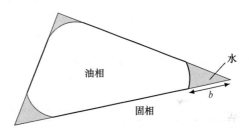

图 2.29　经过主运移期后油和水在单一孔隙中的分布，说明表面润湿性的（明显）改变

不规则，不可避免地包含角部和缝隙，而润湿相将驻留其中。油相直接与固相表面接触，在图中以粗线表示，如果表面活性复合物黏附于其表面，固相的润湿性可能发生改变，而水驻留的角部仍保持水润湿。b 是角部与水接触，保持水湿状态的长度，典型长度约为 $1\mu m$ 或更小。在水驱过程，水驱油时，水侵入将使接触角发生改变：在很多情况下，如图中粗线所示，固相表面的有效接触角都大于 90°。也就是说，岩石中有油湿区域，或至少可以说该区域的非润湿相具有比以前更大的接触角。

油也可能与固相发生直接接触。在这种情况下，原油中的表面活性成分能够黏着于固相表面之上。由于油在孔隙空间中驻留时间是地质时间级别的（几百万年），给孔隙流体再次达到位置平衡提供了足够的时间。最终，固相表面为高分子量沥青所覆盖，改变了固相表面的润湿性。在实验中，这个过程只需要 40 天就可以再现，几百万年的时间改变润湿性完全足够了 (Buckley 和 Liu，1998)。

沥青沉积使接触角发生改变。确切地说，这种广泛存在的润湿性改变受控于原油（沥青质含量越高，接触角改变越大）、盐水本身性质、地层的温度压力（沉积量的多少由整个流体—岩石系统的热动力学平衡决定）以及岩的矿物学特征。如图 2.28 所示，沥青沉积量变化

范围是很宽的。接触角的变化也受毛细管压力影响，较大的毛细管压力为烃类提供更大的力来破坏孔隙中原有的保护性水膜，并促使其在分子水平上直接与固相表面接触(Hirasaki，1991)。

这个过程改变了油藏中固相的润湿性，使得之后的水驱(以水驱油)过程中不再是强水湿(指接触角接近 0°)。但岩石也不一定是油湿的，因为控制接触角的因素很广泛，这些控制因素在前文已经以表格的形式给出。在气藏中(烃类相中没有沥青)和大部分水层中(甚至在 CO_2 注入后)，润湿性的改变程度要小得多，通常这些系统仍保持水湿。

可按照油/水系统的接触角对润湿性进行分类，如图 1.6 所示。接触角小于 90°为水湿；接触角大于 90°为油湿。如果接触角接近 90°被认为是中性润湿，但是究竟接近到什么程度呢，这在很大程度上是任意定义的，典型情况为 10°~35°。

一般认为这种润湿性的分类过于简单。首先，接触角并不是在油藏条件下的原始位置对多孔介质进行测量的[我们已经追踪了这个领域最新的研究进展，如 Armstrong 等(2012)、Andrew 等(2014b)、Schmatz 等(2015)以及下面的讨论]；无论是宏观领域的润湿性指标(将在第 5 章阐述)还是光滑表面接触角测量值，包括接触角在内的这些参数都是通过推断得到的，如图 2.28 所示，都不能完全地代表岩石表面的粗糙程度(见下节)。此外，接触角不是一个常量值，而是不断变化的，变化的程度取决于固相表面性质和覆着之上的活性物质，与驱替方向、局部毛细管压力和表面粗糙度也有很大的关系。因此，实际分析中不适合去给定一个单角值，或者设定较窄的范围，这种设定不能表达真实系统的特征。尽管存在这样的不足之处，以接触角为基础的润湿性总体分类是非常有用的一种参考，表 2.3 给出了 Iglauer 等(2015)的分类。

表 2.3　根据测量接触角得到的润湿性定义(引自 Iglauer 等，2015)

润湿性状态	接触角，(°)
完全润湿或水铺开	0
强水润湿	0~50
弱水润湿	50~70
中性润湿	70~110
弱水非润湿	110~130
强水非润湿	130~180
完全水非润湿	180

润湿性的更恰当表征可以基于接触角的范围，而不是单一的固定值。Brown 和 Fatt(1956)最先创造了专业术语"局部润湿"，用来指代油润湿和水润湿颗粒的混合性。然而，这个定义与现在了解的油藏润湿性改变问题是不一致的。Salathiel(1973)用"混合润湿"来表达孔隙空间部分为水润湿，而其他部分为油润湿的现象，这是充满油的孔隙中接触角改变的结果。这里我对混合润湿性进行更加严格的理解，并以此为基础描述岩石可同时吸附油和水的情况(在第 4 章和第 5 章中进行描述)，在这种情况下整个岩石的孔隙空间中的水润湿区和油润湿区是相连通的。每个孔隙自身严格来讲都是部分润湿的，因为孔隙的部分区域保持水润湿，而另一部分固相表面的润湿性已经发生了改变；为了简化分析难度，仅用与油接触的表面接触角定义孔隙的润湿性。

重新阐述一下基本理论：当油在主运移期首次侵入孔隙空间时，岩石为水润湿，油为非润湿相。一旦油紧靠固相表面驻留，经过一定的地质时间之后，大部分的固相表面(虽然曾经是)不具有强水润湿性，而是表现出一定程度的润湿性转变，最终导致后期注水过程中表现为接触角范围增大。目前，还不可能对润湿性改变和接触角的变化趋势进行可靠的预测。但可以基于油和盐水的组成、油藏的温度压力以及岩石矿物学特征进行评价(Buckley 和 Liu，1998)。通过对影响润湿性的主要因素，如岩石表面的电荷和势能的量化，进一步提高对润湿性的理解(Hiorth 等，2010；Jackson 和 Vinogradov，2012)。需要明确的一点是，即便如此，仍然无法逐个地对孔隙润湿角进行预测。

2.3.4　表面粗糙度和接触角滞后

大部分接触角的测量实验是在平面表面上进行的，理想平面的表面在原子尺度是光滑的，而我们认为天然系统在任何尺度都是不光滑的。例如，图 2.3 和图 2.7 表明，固相的孔隙表面在纳米—微米级别是明显不规则的。只不过在分子级别，流体相与固相表面接触的接触角仍然存在。然而，这种局部表面不可能完全反映孔隙空间的大尺度特征，这就导致在大尺度测量获得的视接触角，并不能直接解决更细微特征的粗糙度问题。可以这么说，在光滑表面上的理论值与实测值之间存在较大的差异。

如图 2.30 所示，固有的接触角约为 90°。然而，如果根据局部孔隙空间几何特征，将粗糙固体表面用与之相当的平滑表面(虚线)所代替，所测量的表观有效接触角将会与实际情况有很大的区别。油相侵入时，驱替能力被最小的有效接触角(最大的毛细管压力，或油把水从孔隙空间的中间部分推出所需的最大压力)所限制，图 2.30 中的 θ_R 称为后退接触角，其值接近 0°；水相侵入时，这个过程受最小毛细管压力(相应的最高水相压力)限制，具有最大的接触角，图示为 θ_A，在本例中的值接近 180°。曲率和毛细管压力均为负值(弯月面向油相凸起)，弯月面形状表明，介质对两相来说均表现为非润湿相，没有明显的润湿相和非润湿相。$2R$ 是粗糙表面的平均间距；忽略图中平面以外任何界面曲率，驱替的毛细管压力可以用 $\sigma\cos\theta/R$ 计算获得。油相驱替水相时，需要的毛细管压力为 $\sigma\cos\theta_R/R$；而水相驱替油相时，毛细管压力为 $\sigma\cos\theta_A/R$。

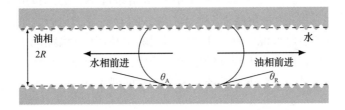

图 2.30　说明在粗糙表面(阴影部分)孔隙中驱替时接触角滞后的示意图

图 2.30 说明了局部(分子)接触角和视接触角、宏观值接触角数值上的区别。在要计算某相流体前进驱替另一相时的毛细管压力的临界值或阈值的应用中，表观宏观接触值非常有趣，这个值直接受到通过杨氏—拉普拉斯方程计算流体界面曲率的过程控制。在粗糙表面上大致相同的位置，视接触角或润湿所需的角度可能具有相同的曲率；但对于光滑表面而言，如图 2.30 中实线所示，视接触角的值可能与局部值接触角的值区别很大。因此，可以依据

局部孔隙的几何特征取一个范围值。正如下面所描述的，有效接触角依赖于流体驱替的方向，会使接触角滞后。

在考虑能量的驱动过程时，整个驱替过程受最难的驱替步骤限制，或者说，是受流体侵入时需最高压力才能发生运动的部分限制。例如，如果考虑在粗糙表面上以非润湿相驱替润湿相(图2.30)，在有效接触角尽可能小的情况下，需要最高毛细管压力的过程将是最难的一步，那么最难的一步是非润湿相通过孔隙空间。因此，当流体分布中具有较大接触角时，对流体驱替是十分有利的(非润湿相驱替只需要很小的毛细管压力)，但在这种情况下，接触面移动非常快，驱替将会被流体分布中最小的接触角所限制，或者说被非润湿相流过这个表面所需的最高压力所限制。

相反，如果考虑润湿相驱替非润湿相的情况：驱替过程中最大的阻碍是润湿相压力或最低毛细管压力，这种情况下的问题将在后面用具有最大有效接触角的流体分布说明。

驱替受不同的有效接触角或视接触角限制，严格来说是受流体界面的不同曲率限制，且依赖于驱替方向，这种现象被称为接触角和毛细管压力滞后。当非润湿相驱替润湿相时，接触角称为后退角 θ_R(润湿相后退，假设润湿相是密度较大的相，通过密度较大的相测量接触角)。当润湿相驱替非润湿相时，前进接触角为 θ_A，且 $\theta_A \geq \theta_R$。

在图2.30中，润湿相和非润湿相并不明确。当接触角约为90°时，后退角 θ_R 接近0°，表示强水湿条件，前进角 $\theta_A >90°$时，介质对两种流体相均表现为非润湿。

表面粗糙度对有效接触角的影响很难定量化，因为表面粗糙度完全依赖于固体相天然特征。然而，可以从Morrow(1976)的研究中得到一种简便的表征方法，如图2.31所示，他把粗糙面上的前进接触角和后退接触角表示为固有接触角的函数进行计算：可以注意到固有接触角在90°附近时，有明显的滞后现象。

这部分的讨论不同于前文，在第1章中用粗糙表面的能量平衡推导出改进的杨氏方程(1.15)，也就是说，粗糙表面的润湿性或非润湿性都很强，造成区别的原因在于这里明确考虑了驱替问题。正如在第3章讨论的，粗糙度确实导致了更为明显的润湿性条件，因为润湿相(水)将明显地聚集于裂隙中，导致非润湿相(油)无法完全驱替它们。当水在整个表面运动时，直接接触的是接触角为0°的束缚水膜，而不是具有接触角的孔隙固相表面。

这一点在图2.31中很明显，在较小的固有接触角条件下，后退接触角和前进接触角都接近0°。对于强油湿系统(接触角接近180°)来说，随着驱替的进行，最终成为完全油湿的情况。然而对于中间接触角来说，由于孔隙空间裂隙中驻留的润湿相较少，驱替流体遇到的是裸露的固相表面，会表现出很大程度的接触角滞后，如图2.30所示。

到现在为止，已经讨论了对天然系统有重要意义的两条接触角滞后原因。接触角滞后的全部4个原因如下：

(1)润湿性改变。由固相表面的复合活性吸附作用引起。

(2)表面粗糙度。正如上文所述，分子水平的固有接触角没有变化，但在一个等效光滑表面上的有效接触角是不同的，并且取决于流动方向。

(3)化学非均质性。在微观孔隙级别，在不连续的固相表面可能具有不同的润湿性。正如在粗糙表面下的情况，驱替受流体侵入时所需最高压力的限制，而所需的最高压力取决于流体分布，整个表面的流体运动被润湿性最不利的区域所阻碍。如果考虑油驱水，油相在油湿区很容易运动(毛细管压力为负值，油相压力低于水相压力)，但却被水湿区域限制。总

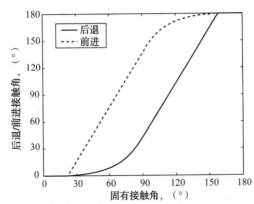

图 2.31　通过在粗糙表面测量获得的前进接触角和后退接触角与固有接触角的函数

(引自 Valvatne 和 Blunt，2004)

固有接触角接近90°时，可以注意到前进接触角和后退接触角之间存在区别，有明显的接触角滞后现象

体来说，只有在油相压力高于水相压力时，油相才能通过固体表面，表现出的接触角大小取决于水湿部分：$\theta_R < 90°$。相反，水相从固相表面通过时，驱替很容易通过水湿区（水相压力低于油相压力），但是通过油湿区时，需要较高的水相压力（毛细管压力为负）：$\theta_A > 90°$。

（4）流速。对于化学性质均一的表面，即便是分子尺度的光滑表面，也能观察到接触角滞后现象，因为接触角是两种流体相和固相表面接触线上运动速度的函数。接触角滞后受流体黏滞力对流体运动的控制，在考虑快速度驱替时，这个因素非常重要（Thompson 和 Robbins，1989）。在 6.5.1 节中，润湿相快速向下运动的讨论也会涉及这个问题。然而，在本书讨论的大部分体系中，流体流速较为缓慢，流速对接触角滞后效应影响非常小。

2.3.5　有效接触角和曲率

研究中经常会遇到对油藏具有显著影响的接触角滞后问题。我们对分子水平的接触角并不关心，或者说对分子或原子水平的界面形成的接触角不感兴趣，感兴趣的是用视接触角确定局部毛细管压力和流体分布。在这个思路中，因为接触角的值取决于岩石图像分辨率或计算毛细管压力所用的孔隙空间的几何形态简化模型，所以接触角有一些不太准确的定义。例如在图 2.30 中，$2R$ 表示图中两个表面之间的平均间距。可以定义这样的接触角，其表面之间界面的毛细管压力为 $\sigma\cos\theta/R$［见式（1.17），忽略图中平面外的任何曲率］。这个接触角受流体运动方向影响。虽然已对孔隙空间进行了描述，但是描述还不够详细，无法解决所有粗糙度问题。而视接触角具有不同的情况，因为无法再像式（1.17）那样来确定毛细管压力，而是需要与几何形态、空间特征以及驱替方向相结合，进行更详细的表征。如果回到孔隙空间网络的概念化问题上，就会发现对孔隙更加复杂或者至少在表面上更加准确的描述，但是这对于驱替过程更准确地计算是没有必要的，除非岩石—流体的相互作用（这里指接触角）描述也能够达到同样的详细程度。

在用式（1.6）计算毛细管压力时，需要流体界面的曲率，现在可以通过孔隙级直接成像得到（Armstrong 等，2012）。接触角本身可以测量，如图 2.32 和图 2.33 所示（Andrew 等，2014b；Schmatz 等，2015）。这个方法可以自动地在较大图像上快速记录接触角（Klise 等，2016）。这种方法首先对含有液体的样品进行冷冻，然后用扫描电镜对其分布进行成像

(Robin 等，1995；Durand 和 Rosenberg，1998)。实例表明，固相表面在图像中较为光滑，事实上在图 2.33 中 Ketton 石灰岩的颗粒具有微孔隙，表面粗糙，忽略这些复杂性，就可以观察到有效接触角。在这个实验中假定颗粒形成的孔隙被饱和的盐水充满(图 2.7)，因为其表面为粗糙表面，颗粒结构本身会影响视接触角。

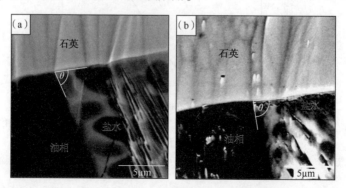

图 2.32　测量砂岩中油和盐水之间的接触角(引自 Schmatz 等，2015)

通过 BIB—SEM 技术得到图像，切片间距为 8μm，切片中图像分辨率远小于 1μm。可以观察到在弱水湿条件下，长期处于原油中的石英表面接触角接近但小于 90°

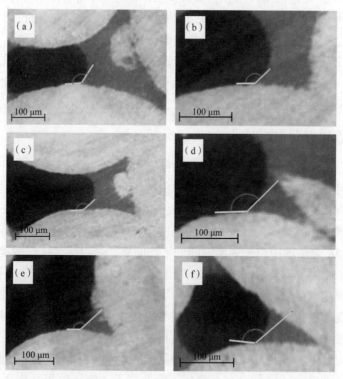

图 2.33　在岩石样品中直接测量接触角(引自 Andrew 等，2014b)

岩石为图 2.3 中的 Ketton 石灰岩，流体为超临界状态(压力 10MPa，温度 50℃)的 CO_2 和盐水。图中所示的情况为盐水注入结束时的 CO_2 在孔隙空间中不连续分布。三维像素大小约为 2μm。两种流体相与固相之间的三相接触线可以识别。选择与接触线垂直的平面位置测量接触角。接触角用 CO_2 表示：接触角(通过水测量)为其余角，图中所示的 6 个位置的接触角在 39°～53°之间。固相为图 2.7 中展示的，该比例尺下的微孔粗糙度问题在图像中没有得到解决

　　这些有效接触角可用于计算之中，如在 X 射线扫描的分辨率下，结合同样分辨率所测得的接触角，描述图 2.33 所示的岩石孔隙空间。尽管这需要详细的图像和成熟的实验方法，但确实是一种可在有代表性的油藏条件下计算岩石样品中多相流体分布的手段。

　　这一直接方法已成功地应用于预测流体结构和多相性质，通过微 CT 扫描、高分辨率 SEM 图像和成像相结合测量接触角确定了岩石表面的化学成分（Idowu 等，2015）。其他技术，如原子力学显微镜技术，也能评价次孔隙级别的润湿性，并由此推断更大尺度的有效润湿性质（Hassenkam 等，2009）。这个方法要比推断分子级别的接触角简单一些，但是需要对整个样品进行亚微米成像。用这种方法进行较大级别计算时，需要说明岩石微孔隙结构的每一个细节。

　　关于多孔介质、孔隙网络和润湿性的讨论到这里就结束了。下章将描述驱替的详细过程。

3 初次排驱

在这一章中将讨论流体驱替，也就是多孔介质中一种流体如何置换一种流体的问题。将从非润湿相进入孔隙空间完全饱和润湿相开始讨论。这是初次排驱过程，"初次"表明非润湿相第一次进入孔隙空间，在此之前认为润湿相饱和度为1；"排驱"通常指润湿相被非润湿相驱替。

天然系统中有3种常规的初次排驱实例，如下所述：

(1) 油气从烃源岩(页岩)排出并形成油气藏。烃(密度小于孔隙空间中的盐水)在浮力作用下向上运移，直至遇到运动阻挡层，并在阻挡层之下聚集，这种聚集就形成了油气藏。从局部来看，是油水密度差形成的浮力作为动力驱动了油气进入孔隙空间。

(2) CO_2 注入盐水层。在这种情况下，CO_2 强行进入岩石孔隙空间驱替了原有的盐水，随后 CO_2 长期地下埋存。这种情况下克服局部毛细管压力的驱动力是高于地层内盐水压力的注入井 CO_2 压力。此外，在 CO_2 运移过程中，由于 CO_2 的密度小于盐水层中盐水的密度，它也会在储存的盐水层中上升并在阻挡层下聚集，这也是一种初次排驱过程。

(3) 压汞法测量毛细管压力(MICP)。这是一种常规的测试方法，可以用一段很小(厘米级)的柱形岩样(称为小岩心)评价孔隙大小的分布规律。岩石经过清洁和干燥处理置于真空中，真空作为润湿相，汞作为非润湿相。由于汞是金属(见第1章)，具有很高的表面张力，相应地与固相的界面张力也很高(不仅要破坏固相中的键，还要使金属中的键也断裂)。汞和固相之间的界面张力也确实高于固相和真空的界面张力(只有固相键断裂)，用汞测量时，接触角大于90°，这可以通过杨氏方程(1.7)得以论证。

3.1 排驱压力和流体分布

考虑一个实验：多孔介质内充注了润湿相，但是被非润湿相所包围，然后非润湿相的压力缓慢增加。在压力增加的过程中，根据杨氏—拉普拉斯方程[式(1.6)]，非润湿相将首先侵入孔隙空间中最广阔部分(相之间的曲率半径也尽可能大的区域)，然后逐渐充注较小的区域。如果驱替得非常慢，毛细管压力随着驱替的进行缓慢增加，流体的分布将从一种平衡逐渐到达另一种平衡。

现在把岩石放大，在微观尺度研究驱替。如果假设孔隙或喉道具有圆形截面，半径为 r，沿长度方向没有曲率，整个孔隙的界面毛细管压力根据式(1.16)为：

$$p_c = \frac{2\sigma\cos\theta_R}{r} \tag{3.1}$$

用后退接触角 θ_R 表示排驱，并假设最初孔隙空间内饱和了密度较大的相。相的界面被称为末端弯月面(Terminal Meniscus，TM)，因为弯月面横跨过孔隙或喉道，阻塞了通过其中心的流体的流动。在讨论了排驱的驱替顺序之后，会讨论非圆形喉道问题。

初次排驱是指流体侵入时受临界排驱压力控制的驱替过程，临界排驱压力是非润湿相进入多孔介质不同区域所需的压力。在第 1 章讨论毛细管压力平衡和相应的各相间压差时已经考虑了排驱压力，但是那时关注的是一种流体推动另一种流体的驱替过程。在这里不对流体的平衡分布进行详细分析，也不考虑任何其他东西，而是将重点放在流体是如何运动的上面。这里还有一些引申含义：首先，正如第 2 章和式(3.1)所表示的，任何计算中所用的接触角都取决于流动方向；下文关于排驱的讨论将用(水相的)后退接触角 θ_R；其次，需要明确我们所说的临界毛细管压力的准确含义。在图 3.1 中，用非润湿相进入喉道对这个概念进行说明，假设式(3.1)所给的毛细管压力具有固定的接触角，这个公式所表示的毛细管压力不仅可应于喉道，还可用于流体与流体之间的界面，当毛细管压力增加时，曲率半径 r 必然减小，r 的减小与界面、末端弯月面，进一步向孔隙空间更窄的区域运动或者进一步离开孔隙中心和向喉道运动相适应。因为假定过程非常缓慢，流速非常低或者说施加在毛细管上的压力增加得很慢。伴随着驱替过程，毛细管压力渐次增加，直到流体相间界面横跨喉道达到具有最大毛细管压力时的流体分布情况。因为已经定义了喉道是孔隙空间中局部最窄部位，这种流体分布使得毛细管压力达到局部最大值。临界毛细管压力是指这个界面移动通过喉道所需的压力，它取决于后退接触角。

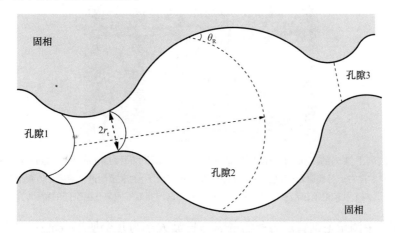

图 3.1　非润湿相从一个孔隙通过喉道向另一个孔隙前进的过程

孔隙结构如图中所示，喉道以点线表示。当毛细管压力增加时，润湿相向喉道前进，界面的曲率半径减小，如图中弧形实线所示。由于润湿相在后退，起控制作用的接触角是 θ_R(本例中约为 30°)。最大毛细管压力在喉道处达到最大，喉道最大内径为 r_t。一旦界面(末端弯月面)通过了喉道，将以较低的毛细管压力快速通过相邻的孔隙，图中以短划线表示

　　当压力超过毛细管压力(即使仅仅超过了一个无穷小量)，界面就会进入孔隙空间中具有较低局部毛细管压力的较大区域。在孔隙级别范围内，当界面从一个孔隙到另一个孔隙时，毛细管压力会先增加然后再下降，在到达喉道时，毛细管压力达到最大值。

　　基于孔隙空间网络概念，初次排驱中通过孔隙空间的运动受通过孔隙空间较窄区域的进程限制。充填孔隙需要克服的毛细管压力不受孔隙自身的大小控制，而是受非润湿相进入孔隙需要通过的喉道大小控制。因此，毛细管压力记录了喉道侵入的顺序：非润湿相首先通过最宽的喉道，然后逐次充填较窄的喉道。因为孔隙空间的充填首先是在毛细管压力较小的地方发生的(孔隙空间较宽，侵入时孔隙所要克服的压力明显低于侵入喉道所需压力)，一旦非润湿相挤过了邻近的喉道，孔隙就会被非润湿相快速充填。

这个过程可以通过二维网格的孔喉驱替微观模型实验进行观察。图 3.2 是 Lenormand 等(1983)通过经典实验对排驱中孔喉充填过程的说明图。在图中可以观察到非润湿相通过孔隙网络充填孔喉的过程，以及充填两个孔隙之间喉道的过程，充填喉道是在两个孔隙被充填之前发生的，在三维多孔介质中也可以观察到相同的情况。图 3.3 说明了压实熔结玻璃珠的初次排驱实验，用共焦显微镜以与流体相匹配的折射率成像，可以观察到孔隙空间内的侵入进程：在驱替结束时，润湿相被限制于小孔隙和裂隙之中。

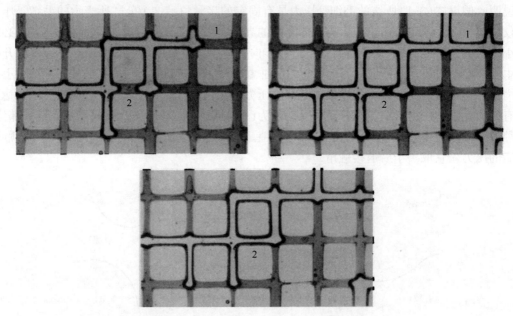

图 3.2　观察玻璃上蚀刻的二维网格微观模型中的排驱：孔隙间距为 4mm(引自 Lenormand 等，1983)
非润湿相(白色)从左向右驱替润湿相(灰色)。通过标识为 1(中间数字)的喉道前进，随后充填两个孔隙之间的喉道 2(下面的数字)，两个孔隙之前已经被充填。这种充填只有当润湿相能够脱离孔隙空间的角部时，才有可能发生

在宏观实验中测量毛细管压力所需的岩石样品大小为几个厘米(cm)，这其中包含了几百万个孔隙和喉道。实验过程中，在非润湿相和润湿相之间施加的外部压差不断增加，或者以低流速注入，记录相间的压差。然而在大部分情况下，压差并不稳定，而是随时间单调增加。在现场情况下，当注入 CO_2 或很多油从烃源岩中上升时，浮力或黏滞力导致相间具有上升压差。

如果宏观上施加的相间压差逐渐增加，而局部的毛细管压力逐渐减小，会发生什么呢？考虑压汞的特殊情况，润湿相为真空，具有恒压 0，进汞的阻力是毛细管压力。如果考虑流速非常慢的状况，忽略汞进入岩石的任何压力差，那么外部施加的汞压力是流体界面向喉道前进时要克服的毛细管压力大小。一旦通过了喉道，界面就以较低的局部毛细管压力停留在孔隙空间较宽区域。真空的压力仍然是零，所以靠近界面的汞压力比以前更低。然而，在孔隙空间的其他区域，汞仍然逐渐向较小的喉道缓慢前进，因此，其压力等于外部施加的压力值。

无论外部来源汞的注入速度有多慢，当孔隙空间内的流体存在压力梯度时，就会从高压向低压流动。汞在高压区收缩，流向低压区。其结果是汞快速充填较宽的孔隙，并重新进行流体分布，达到新的毛细管平衡位置。

这种多孔隙的快速充填称为海恩斯跳跃(Haines Jump)，海恩斯跳跃的第一次出现是用于描述水在土壤中的流动，在土壤中空气侵入驱替水的过程与干燥土壤变湿的逆过程不同(Haines，1930)。这个过程的动力学成因较为复杂，包含了黏滞力(压力差)与毛细管力的共同作用。在孔隙级别范围内，非润湿相的收缩并不是排驱过程：从技术角度来说，这是一次吸吮事件，因为这是非润湿相被润湿相驱替，这个内容将在4.1.1节进一步讨论。

如果毛细管压力持续增加，将达到高压平衡新位置，非润湿相渐次地向较窄的喉道前进，如图3.3所示。每当局部压力和施加到毛细管的压力达到新的最大值时，所有非润湿相都可能在海恩斯跳跃期间后退(被润湿相驱替)，然后重新侵入这些区域，进一步向前推进。

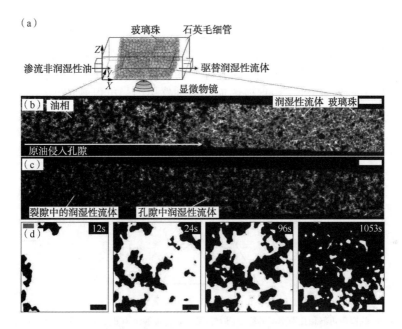

图3.3　压实熔结玻璃珠的初次排驱实验结果(引自 Datta 等，2014b)
(a)压紧玻璃珠的初次排驱，用共焦显微镜成像。(b)切过部分介质的光学薄片(比例尺为500μm)，油相以低流速驱替润湿流体。明亮区域显示孔隙空间饱和了润湿相。(c)油侵入了9个孔隙后，部分润湿流体仍滞留于介质的裂隙和孔隙中(比例尺为500μm)。(d)按时间顺序排列的显微照片(比例尺为200μm)，孔隙空间逐渐减少；这些图像是二元图像，油为黑色。最后一个图框中，上下两个箭头分别指示了滞留于裂隙或孔隙中的润湿相流体

3.1.1　润湿层

当非润湿相通过孔隙或喉道移动时，孔隙空间区域内的润湿相并没有完全运移。润湿相滞留于孔隙空间的裂缝、裂隙和角部，非润湿相驻留于孔隙中部(图2.29)，这种现象在实验中也能观察到，如图3.3所示。这种现象被称为润湿层。这与润湿膜是不同的，润湿膜的流体没有明显的运动，在典型情况下只有分子厚度，仅仅会影响润湿膜所覆盖固相的表面性质(如有效界面张力)。即便经历了本书中所描述的时间尺度(几年至几十年)和距离尺度(数千米)的驱替过程，例如进行采油或 CO_2 的储存，分子膜也不会发生任何可观察到的流动。润湿层(Wetting layers)不同于润湿膜，它们是一种宏观厚度，具有整体或近似整体的性质，

经过适当的时间也可以流动，虽然流动很慢。它们的厚度通常与孔隙大小有关，在储层岩石中典型的厚度是微米级的。

流体分布如图3.4所示。假设非润湿相及其相关的末端弯月面已经通过了这部分孔隙空间，现在停留于别的地方。但是仍然可以在孔隙空间的角部观察到处于毛细管平衡状态的流体间界面，这些弯月面没有堵塞孔隙和喉道中部，被称为弧形弯月面（Arc Menisci，AM），以区别于前面所定义的末端弯月面。把真实的复杂孔隙结构进行理想化（本例中为不等边三角形）简化，保留排驱毛细管压力的内径。现在重新分析角部流体的体积和导流能力，以及局部毛细管压力。如果弧形弯月面（AM）的曲率半径为r，忽略平面图以外的曲率，那么毛细管压力可以表示为：

$$p_c = \frac{\sigma}{r} \tag{3.2}$$

注意，与式（3.1）不同的是，式（3.2）里没有系数2，因为末端弯月面（TM）通常对界面两侧都有意义且近似相等，曲率半径横跨孔隙和喉道。在毛细管平衡状态下，局部毛细管压力在样品中始终为常数。因此，根据所施加的毛细管压力，可以利用式（1.6）确定弧形弯月面（AM）的平均曲率半径。曲率随毛细管压力增加而下降，把流体进一步挤入角部。

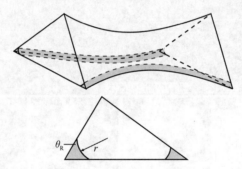

图3.4 孔隙空间中被非润湿相侵入部分的流体分布

润湿相（阴影部分）驻留于角部和孔隙空间的粗糙面上，呈层状，接触角为θ_R，局部毛细管压力由式（3.2）给出，曲率半径为r，如图所示。弧形弯月没有阻塞孔隙空间。孔隙空间复杂的几何形态用简化模型代表。下图表示喉道（孔隙空间的最窄部分）截面，用不规则三角形代表。润湿相仅能驻留于角部，在角部半角β遵循式（3.3）：三角形上面的角$\beta \approx 45°$，$\theta_R \geqslant 45°$时不支持润湿相的驻留

并不是每个角都含有润湿相：为了保持毛细管压力为正值，而且是增加的，那么角的半角β（图3.4）需要满足下面的条件：

$$\beta + \theta_R < \pi/2 \tag{3.3}$$

孔隙空间的角部存在附着的润湿相，说明了2.3节中描述的粗糙表面符合文策尔规则（Wenzel Regime），如果满足式（3.3），则在任何孔隙空间中的裂缝或裂隙都能够驻留润湿相。值得注意的是，非润湿相仍能够直接接触表面，如果不能，则在微观尺度就是完全润湿。在孔隙空间中，存在有限毛细管压力的部位，就总是存在部分润湿相。

前面的微观模型实验（图3.2）显示，当非润湿相驱替位于两个填充润湿相的孔隙之间的喉道时，润湿流体能够脱离孔隙空间的角部，润湿相并没有滞留于孔隙角部。

在三维岩石样品中可以直接观察流体弯月面。图3.5所示实例为Ketton石灰岩中CO_2作为非润湿相形成的图像。图中给出了3种类型的界面：第一种是末端弯月面，两个方向都是

有意义的曲率，横跨孔隙或喉道，通过测量界面的曲率半径，确实可以从图像中识别末端弯月面(TM)，末端弯月面定义为两个主曲率半径近似相等的界面区；第二种是弧形弯月面(AM)，位于一个主曲率半径比另一个小很多的位置，代表孔隙角部的界面，但是不直接堵塞孔隙或喉道的中间部分；第三种界面具有负曲率，代表 CO_2 直接与固相接触的界面，在这种情况下，Ketton 石灰岩颗粒向孔隙空间凸出(图 2.6)，总曲率 κ[式(1.6)]在所有流体界面之间近似相同，末端弯月面(TM)和弧形弯月面(AM)也近似相同，说明毛细管处于平衡状态。

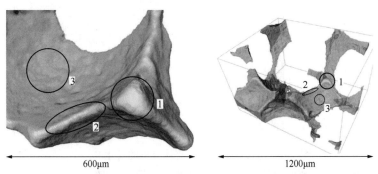

(a) 非润湿相 CO_2　　(b) 以粉色表示润湿相的位置，允许目视确认存在的界面类型。CO_2相轮廓上的颜色表示曲率，这对于TM和AM来说大致相同，表示局部毛细管平衡

图 3.5　Ketton 石灰岩中直接成像的流体界面(引自 Andrew 等，2015)

1—末端弯月面(TM)，两个主曲率半径近似相等，横跨孔隙或喉道；2—弧形弯月面(AM)，其中一个主曲率半径比另一个小得多，表示孔隙空间角部和粗糙面的润湿层；3—具有负曲率，并且是 CO_2 与凸出到孔隙空间内的固体颗粒的直接接触

在这个阶段，有 3 个方面需要注意的关键驱替特征：(1)驱替被喉道限制；(2)当毛细管压力达到局部最大值时，毛细管平衡的分布顺序仅取决于喉道；(3)非润湿相侵入后，润湿相驻留于孔隙空间的角部和裂隙中，且保持相互连接。

3.1.2　不规则喉道的排驱压力

如果孔隙或喉道具有不规则截面，则不能用式(3.1)这样的简单表达式表达排驱压力(Mason 和 Morrow，1984，1991；Ma 等，1996；Lago 和 Araujo，2001)。使用 2.3.1 节中的方法，以式(2.18)为基础，考虑驱替中的自由能变化，在排驱使用后退接触角，把相 1 作为润湿相 w，相 2 作为非润湿相 nw，于是有：

$$\Delta F_{L}=-\sigma\left[\kappa\Delta A-(\Delta L_{wnw}+\Delta L_{nws}\cos\theta_{R})\right] \tag{3.4}$$

式中：ΔA 是润湿相所占面积的变化；ΔL_{wnw}是任何弧形弯月面的长度变化；ΔL_{nws}为非润湿相与固相的接触长度变化。

假设喉道截面的棱为常数，忽略与截面垂直的任何曲率。

按照 Øren 等(1998)在孔隙级建模中所用的 Mason 和 Morrow(1991)的方法，计算经过驱替之后，孔隙空间截面从充满润湿相变化为非润湿相在中部、润湿相在角部的分布过程，图 3.6显示了驱替自由能的变化。排驱毛细管压力的临界值，或相应的弧形弯月面(AM)的界面曲率，在角部有 $\kappa=1/r$，当式(3.4)中 ΔF_L 为零时，有：

$$\frac{\Delta A}{r} - \Delta L_{wnw} - \Delta L_{nws} \cos\theta_R = 0 \qquad (3.5)$$

应用式(3.5)求 r，毛细管排驱压力现在可用来描述岩石的几何形态。注意，曲率是独立于界面张力而存在的。

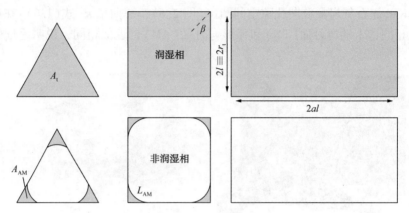

图 3.6　初次排驱过程中流体分布的变化

计算这个驱替过程中自由能变化，用于描述非润湿相驱替润湿相的过程中，喉道截面从充满润湿相流体(上图)变化为非润湿相分布于中部，以及润湿相分布于角部润湿层(下图)的过程。考虑 3 种实例情况：等边三角形、正方形和长方形。A_t 是喉道总面积，A_{AM} 是弧形弯月面面积，L_{AM} 是弯月面长度，β 是角部的半角。在长方形实例中，边长为 $2l$，而 $l = r_t$，r_t 为内切圆半径，高度宽度比为 a_1，假设 $\theta_R \geq 45°$ 时，角部没有润湿相

首先，定义一些有用的关系式。角部的半角为 β，界面的曲率半径为 r，接触角为 θ_R，角部的润湿相长度为 b，如图 2.29 所示，有以下关系：

$$b = r\frac{\cos(\theta_R+\beta)}{\sin\beta} = r(\cos\theta_R\cot\beta - \sin\theta_R) \equiv S_b r \qquad (3.6)$$

式中：S_b 是由式(3.6)定义的系数。

只考虑这个平面上的曲率 $\kappa = 1/r$。弧形弯月面的长度为：

$$L_{AM} = 2r\left(\frac{\pi}{2} - \theta_R - \beta\right) \equiv S_L r \qquad (3.7)$$

角部的润湿相区是一个更复杂的表达式：

$$A_{AM} = r^2\left[\frac{\cos\theta_R\cos(\theta_R+\beta)}{\sin\beta} - \frac{\pi}{2} + \theta_R + \beta\right] \equiv S_A r^2 \qquad (3.8)$$

式中：S_L 和 S_A 也都是几何形态系数。

现在考虑一个具有 n 个角的喉道，为了便于分析，假设接触角和半角 β 均相同。设该喉道截面总面积为 A_t，每个边的长度为 l，用式(3.6)至式(3.8)定义式(3.5)中的参数 $\Delta A = A_t - n A_{AM}$，$\Delta L_{nws} = nl - 2nb$ 和 $\Delta L_{wnw} = n L_{AM}$。把这些关系代入式(3.5)，就可以得到 r 的二次方程：

$$A_t - nS_A r^2 - nS_L r^2 - nl\cos\theta_R r - 2nS_b\cos\theta_R r^2 = 0 \qquad (3.9)$$

其中，r 的物理有效根以合适的喉道半径形式给出。

用代数方法可以得到方程的一个解，这种方法确实可以推广到每个角部半角都不同的喉道中(Ma 等，1996；Øren 等，1998)。得到 $p_c = \sigma/r$。

$$p_c = \frac{\sigma(1+2\sqrt{\pi G})\cos\theta_R F_d(\theta_R,\ G)}{r_t} \tag{3.10}$$

式中：r_t 是喉道内切半径；G 是截面的形状因子（面积与周长平方之比）。

根据式（2.2），F_d 是依赖于接触角和形状因子的无量纲函数：

$$F_d(\theta_R,\ G) = \frac{1+\sqrt{1+4GD/\cos^2\theta_R}}{1+2\sqrt{\pi G}} \tag{3.11}$$

其中，D 取决于系数 S_b、S_L 和 S_A。如果每个角都存在弧形弯月面，那么可得：

$$D = \pi - \frac{2}{3}\theta_R + 3\sin\theta_R\cos\theta_R - \frac{\cos^2\theta_R}{4G} \tag{3.12}$$

为了讨论这种计算的含义，可以把表达式简化为：

$$p_c = \frac{C_D\sigma\cos\theta_R}{r_t} \tag{3.13}$$

式中，无量纲系数通过式（3.11）和式（3.12）定义。如果是圆形截面道，那么 $C_D = 2$，参考式（3.1）。

现在给出一个简单的例子说明这个概念。如果考虑强水湿岩石，$\theta_R = 0$，那么根据式（3.12），式（3.11）中的 $D = \pi - 1/4G$，$F_D = 1$。因此，根据式（3.13）可得：

$$C_D = 1 + 2\sqrt{\pi G} \tag{3.14}$$

现在能够说明图 3.6 所示的两种情况。对于边长为 $2l$，$r_t = l$ 的正方形，$G = 4l^2/64l^2 = 1/16$，$C_D = 1 + 0.5\sqrt{\pi} \approx 1.89$。对于边长为 $2l$ 的等边三角形，$A_t = \sqrt{3}\,l^2$ 和 $G = \sqrt{3}/36$，$C_D \approx 1.78$。如果考虑极端情况的裂缝喉道，那么 $G \to 0(\beta \to 0)$，而 $C_D \to 1$。通常，角部的角度越小，喉道延伸越长，而圆形喉道排驱压力趋于降为裂缝排驱压力的一半（在内切半径相同的情况下），且具有最大的排驱压力。

F_d 的所有变化情况可参考图 3.7（Øren 等，1998）。显然，这个校正因子原则上是接触角的函数，在强润湿情况下其值近似为 1。

根据图 3.6，最后的实例有助于了解毛细管压力随形状变化的情况。如果没有遵循式（3.3），那么在初次排驱之后，角部就没有润湿相。简化计算，使式（3.5）变化为：

$$\frac{A_t}{r} - \Delta L_{nws}\cos\theta_R = 0 \tag{3.15}$$

其中，当喉道被完全充填后，喉道总面积 $\Delta A = A_t$。基本上，这等于毛细管压力乘以截面面积与喉道周围接触表面能变化值的比值。对于长方形而言，宽高比 $a > 1$，短

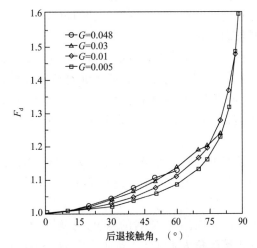

图 3.7 式（3.10）中的无量纲修正系数 F_d 用于计算排驱中的极限排驱压力作为后退接触角 θ_R 的函数（Øren 等，1998）

边长度为 $2l$, $A_t = 4al^2$ 且 $\Delta L_{nws} = 2l(1+a)$, 使周长长度简化。可得:

$$\frac{\sigma}{r} \equiv p_c = \frac{(1+a)}{a} \frac{\sigma \cos \theta_R}{r_t} \tag{3.16}$$

在公式中, $r_t = l$。在式(3.13)中, $C_D = (1+a)/a$: 对于正方形, $a=1$, $C_D = 2$, 当 $a \to \infty$ 或存在裂缝, $C_D \to 1$ 时, 可以得到相同内径的圆管毛细管压力具有相同的表达式。上面的表达式也具有相同的趋势, 即使是更复杂的代数表达式, 当润湿相驻留在角部时, 也是可以观察到的。

这种分析限定了喉道的截面为常量, 即末端弯月面(TM)的面积为常量。在实际情况下, 喉道代表的是孔隙空间内径的局部最小值(参见前面章节的讨论), 因此, 当末端弯月面(TM)通过喉道进入孔隙空间较宽区域时, 全三维的能量平衡包括界面能量变化在内, 这是海恩斯跳跃的结果, 因为新的毛细管压力分布能够达到孔隙空间的较宽区域了。

3.2　排驱中的宏观毛细管压力

可以把宏观毛细管压力 p_{cm} 定义为饱和度的函数, 在传统上是润湿相饱和度 S_w 的函数。当润湿相被驱出孔隙空间时, 毛细管压力增加, 润湿相饱和度则降低, 宏观压力也许不同于(对于初次排驱, 我们的观点是大于)海恩斯跳跃过程中弯月面两侧的局部毛细管压差。当没有发生流动, 或仅有无穷小量流动时, p_{cm} 仅代表了局部毛细管压力。在上述情况下, 毛细管压力既是外部施加的压力, 也是由于内部压力差引起的岩石内部压力, 因此流体在体系内任何地方都是平衡的。但是这种情况通常只有在毛细管压力达到新的局部最大值时, 才能在非常低的流量实验中实现。假设流动是趋向无穷小的慢速, 忽略样品中由流体运动引起的任何压力变化。这是一种重要的简化方法, 在第6章介绍流动时将进行适当的探讨。

与控制特定填充事件的局部毛细管压力相比, 毛细管压力的宏观测量值是润湿相饱和度的单调递减函数; 当末端弯月面通过低排驱压力和高排驱压力交替变化区时, 局部毛细管压力是波动变化的。

图3.8所示为 Doddington 砂岩、Berea 砂岩和 Ketton 石灰岩的毛细管压力实例曲线 p_{cm} (S_w)。它们是在商业实验室中通过压汞实验测得的; 这些岩石样品的照片已经在图2.5、图2.14和图2.6中分别给出。Berea 砂岩之所以有两条压汞曲线是因为对岩石的不同岩块进行了实验, 这两条曲线也说明了同一采石厂的不同岩样的区别要比不同类型岩样的区别小得多。

这些毛细管压力指示了所侵入孔隙空间的喉道大小, 参考式(3.1), 假设有较大的圆形喉道, 其喉道内径 $r = r_t$。通常情况下, 应该使用更准确的表达式[式(3.10)], 但根据毛细管压力测量结果, 还是不能了解岩石喉道的形状。汞是非润湿相, 其后退接触角在 $130°\sim 140°$ 变化。式(3.1)隐含的意思是接触角可以通过润湿相测量。接下来, 将取 $\theta_R = 50°$(相应的压汞接触角为 $130°$), 界面张力为 485mN/m, 给定 $2\sigma \cos \theta_R = 624\text{mN/m}$。通过计算可得, 毛细管压力为 1MPa, 相应的喉道半径约为 $0.62\mu\text{m}$。

当非润湿相首次进入多孔介质时, 排驱毛细管压力为 p_c^{entry}, 这代表非润湿相侵入了样品表面和与表面相邻近的最大喉道。在毛细管压力图中, 这是润湿相饱和度开始偏离 1MPa 时的压力。在 Doddington 砂岩中这个压力约为 0.02MPa, 或者对映于喉道半径为 $29\mu\text{m}$

（图 3.8），两个 Berea 砂岩样品的压力约为 0.04MPa，相应的半径为 15μm，而 Ketton 石灰岩样品的压力约为 0.015MPa，相应的半径为 40μm。随着毛细管压力的逐渐增加，非润湿相压力上升，非润湿相将进入越来越多的孔隙空间。p_c^* 定义为非润湿相首次分布于整个多孔介质时的压力，也就是说，此时的非润湿相在整个样品中是连续分布的。正如后面将要讨论的，当样品的统计均质性足够大时，p_c^{entry}（具有详细的定义）和 p_c^* 的结果应该也相同。当压力进一步增加时，非润湿相的饱和度也进一步增加，其连通性也进一步增强，进而使得非润湿相充填于较大孔隙的中央部分。

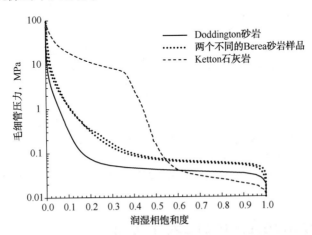

图 3.8　Doddington 砂岩、两个不同的 Berea 砂岩样品和 Ketton 石灰岩的初次排驱毛细管压力
孔隙空间图像可分别参考图 2.5、图 2.14 和图 2.6。这个例子中的润湿相饱和度是用汞驱替的真空饱和度。这些测量
是在英国 East Grinstead 的 Weatherford 实验室进行的，样品由伦敦帝国理工大学提供

　　Doddington 砂岩样品具有较大的孔隙，大部分润湿相的驱替压力约为 0.1MPa，相应的半径约为 6.2μm 或稍大；而 Berea 砂岩孔隙较小，需要持续以较大的压力（$p_c \approx 1\text{MPa}$）进行驱替，才可以驱替大部分孔隙空间。如果进行进一步的驱替，则需要在较高的毛细管压力下进行，这代表了润湿相被逐渐压入了孔隙空间角部的更深区域。对 Berea 砂岩而言，是侵入了黏土部分。在实验条件下，因为润湿相是真空的，在足够高的压力下完全驱替是可能的，最终达到岩石孔隙空间完全被汞所充填的效果。

　　对 Ketton 石灰岩而言，也可以观察到半径达微米级的较宽喉道的驱替过程，相应的鲕粒间的孔隙空间如图 2.6 所示。然而在这种情况下，非润湿相仅驱替了约一半的孔隙空间，剩余的孔隙和喉道是鲕粒内更小的微孔隙，在约 10MPa 的较高压力下才能被侵入，相应的半径仅为 0.062μm 或 62nm。这种孔隙分布广泛，微孔隙如图 2.7 所示。

　　为了讨论的完整性，也测量了部分其他样品的初始排驱毛细管压力曲线，所用样品的图像在第 2 章中曾给出过。图 3.9 所示为图 2.3 中 4 个样品的毛细管压力测量曲线：Bentheimer 砂岩和 3 个碳酸盐岩样品，3 个碳酸盐岩样品分别是 Estaillades 碳酸盐岩、Mount Gambier 石灰岩和 Guiting 石灰岩。这里展现的孔隙结构变化范围非常大，从相对均一具有较大孔隙的砂岩样品和与其相似的 Doddington 石灰岩样品，到具有较高的毛细管压力仅有微孔隙（孔隙半径小于 1μm）连通的 Guiting 石灰岩。Mount Gambier 石灰岩具有很开放的孔隙空间，其排驱压力较低，说明其中有部分非常大的孔隙，而 Estaillades 碳酸盐岩显示出与 Ketton 砂岩相似的双孔特征，表现出大孔隙和微孔隙两阶段的侵入特征。在下面进行定量分析之后，还将进一步讨论。

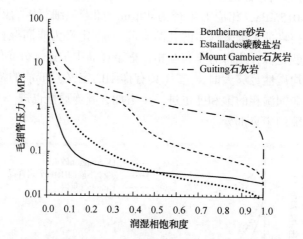

图 3.9 Bentheimer 砂岩、Mount Gambier 石灰岩、Estaillades 碳酸盐岩和 Guiting 石灰岩
的初始排驱毛细管压力曲线图(Reynolds 和 Krevor，2015)

孔隙空间图像如图 2.3 所示。碳酸盐岩的测量在英国 East Grinstead 的 Weatherford 实验室进行，样品由伦敦帝国
理工大学提供。Bentheimer 砂岩的毛细管压力由伦敦帝国理工大学测定

3.3 毛细管束模型和喉道大小分布

通过设定特定的孔隙结构模型，毛细管压力可以用来估算喉道尺寸的分布。最简单的多孔介质模型是一束平行的圆筒形细管，长度相等，为 L，如图 3.10 所示。在压力非常缓慢增加的情况下，非润湿相从左侧开始一次只充填其中的一根细管，而润湿相从右侧被挤出。在这种情况下，微观和宏观毛细管压力相等：$p_e = p_{cm}$。

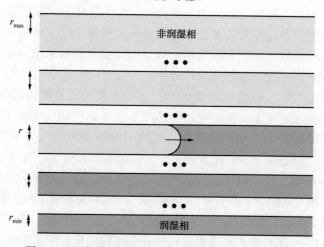

图 3.10 初始排驱过程中平行毛细管束的充填说明

细管按照半径大小顺序排列，同时也代表了充填顺序，最粗的细管首先被充填。r 代表正在被充填的细管的半径。
用这个模型找到毛细管压力和喉道大小分布之间的关系是可能的，见式(3.23)

按照细管半径大小的顺序充填，半径最大的首先被充填，其毛细管压力由式(3.1)给出。如果最粗的细管半径 $r_t = r_{\max}$，那么：

$$p_c^{\text{entry}} = p_c^* = \frac{2\sigma \cos\theta_R}{r_{\max}} \tag{3.17}$$

如果最细的细管半径 $r_t = r_{\min}$，那么当 $p_c = 2\sigma \cos\theta / r_{\min}$ 时，所有的细管都被充填，且 $S_w = 0$，此后不会再发生驱替作用。

现在设想有一种细管半径的分布，半径大小在 r 和 rdr 之间，共有 $f(r)\,dr$ 根细管。然后，如果充填半径 $r_t = r$ 的细管，毛细管压力为 $2\sigma \cos\theta_R / r$。润湿相体积为：

$$V_w = \int_{r_{\min}}^{r} \pi r^2 L f(r)\,dr \tag{3.18}$$

根据上式，饱和度 S_w 为：

$$S_w = \frac{\displaystyle\int_{r_{\min}}^{r} r^2 f(r)\,dr}{\displaystyle\int_{r_{\min}}^{r_{\max}} r^2 f(r)\,dr} \tag{3.19}$$

可以注意到分子和分母中的 πL 约去了。

饱和度随半径变化的关系是：

$$r\frac{dS_w}{dr} \equiv \frac{dS_w}{d\ln r} = \frac{r^3 f(r)}{\displaystyle\int_{r_{\min}}^{r_{\max}} r^2 f(r)\,dr} \equiv G(r) \tag{3.20}$$

其中，$G(r)$ 是半径取对数后体积的归一化分布：孔隙体积的分式 $G(r)/(rdr)$ 包含半径在 r 和 $r+dr$ 之间的细管。

$$\int_{r_{\min}}^{r_{\max}} \frac{G(r)}{r}\,dr = 1 \tag{3.21}$$

毛细管压力是饱和度 $p_c(S_w)$ 的函数，因此根据所测量的毛细管压力，可以推断喉道的分布。也可以用式（3.20）或从式（3.1）开始，令 $r \equiv r_t$，并对其求微分：

$$\frac{dp_c}{dS_w} = \frac{dp_c}{dr}\frac{dr}{dS_w} = -\frac{p_c}{G(r)} \tag{3.22}$$

从上式可以得出：

$$G(r) = -p_c \frac{dS_w}{dp_c} \equiv -\frac{dS_w}{d\ln p_c} \tag{3.23}$$

如图 3.11 和图 3.12 所示，可以用饱和度与相应毛细管压力（或相当的计算临界半径）对数的导数，求喉道大小的分布规律。然而，这只是近似的估算，不能准确反映真实分布：毕竟，平行细管束不是真正的多孔介质。为了把压力和喉道半径联系起来，确实不得不对接触角和孔喉的几何形态进行假设，但是这些看似合理的假设，不能说明有效接触角或不同喉道形状的变化。此外，虽然压力可以很好地指示出穿过孔隙空间的界面的曲率半径，但是与压力变化有关的体积与孔喉网络模型之间并没有明显的关系。根据定义可知，喉道没有体积，因此任何饱和度的变化都与喉道邻近的孔隙相关。然而，这种说明是不明确的，因为每个喉道连接了两个孔隙，而每个孔隙以多个喉道为边界。更重要的是，当非润湿相快速前进时，可能发生不仅限单个孔隙的海恩斯跳跃现象。设想一种可能的情况，即非润湿相通过一个窄喉道进入以其他较宽喉道为边界的孔隙,因为这些较宽的喉道可能无法进入,直至非润湿相运动通过较窄的限制喉道之前,孔隙也可能还一直没有被侵入。然后,非润湿相进入一个孔隙,并通过邻近喉道充填更多孔隙。这就形成了孔隙的串联充填,这种充填的弯月面最终停止在比前面所遇到的喉道都窄的喉道。所有这些被充填的体积,都与最初的喉道半径相关联。在大部分孔隙还没有被充填的驱替早期,海恩斯跳跃效应更为明显。这一点解释了为什么在测得的毛细管压力快速上升之前,压力具有随初始润湿相饱和度降低而逐渐增加的现象。当毛细管压力较高时,大部分孔隙可能已经被非润湿相充填。在这种情况下,观察不到随着压力进一步增加,孔隙被充填或者流体通过喉道的过程。如图3.4所示,润湿相被进一步挤入孔隙空间角部更深处,这个过程表现为一种更平稳的变化。在这种情况下,可以观察到一些体积变化似乎受到较小喉道的影响。但导致这一现象的原因根本就不是喉道,而是不规则的孔隙壁。

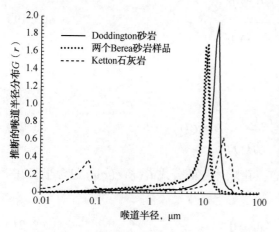

图3.11 饱和度与相应的毛细管压力对数的
导数[式(3.23)]

毛细管压力曲线如图3.8所示。Doddington 砂岩趋于具有较大的孔隙大小。Ketton 石灰岩具有较大的喉道,其半径超过了砂岩,而鲕粒颗粒的微孔隙半径小于$1\mu m$,
如图2.7所示

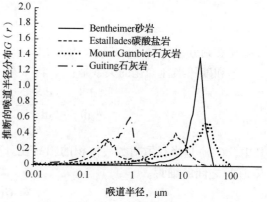

图3.12 饱和度与相应的毛细管压力对数的
导数[式(3.23)]

毛细管压力曲线如图3.9所示。砂岩具有较窄的喉道大小分布,集中于$20\mu m$附近。Mount Gambier 石灰岩具有最大的喉道,但分布范围很宽。Estaillades 碳酸盐岩表现为双峰分布,分别为大孔隙和微孔隙的指示。
Guiting 石灰岩具有大量微孔隙,其喉道小于$1\mu m$

尽管做了多处说明,但是表观喉道大小的分布$G(r)$确实是进行岩石孔隙空间研究非常有用的特征。实际研究中,一般采用常规方法进行测量。表观喉道大小分布能够区分岩石较大或较小的喉道(较小的孔隙空间具有较大的毛细管压力),量化孔隙大小的非均质性或变异系数。较平的毛细管压力表明大部分喉道具有相似的大小,这个特点在 Bentheimer 砂岩和 Doddington 砂岩中最为明显。喉道大小分布较宽,表明有一定量黏土质存在,如 Berea 砂岩。Mount Gambier 石灰岩也具有较宽的喉道大小分布规律,而且部分喉道非常大,这说明样品具有开放的孔隙结构(图2.3)。Guiting 石灰岩具有较宽的喉道大小分布,但是其半径约比 Mount Gambier 石灰岩小两个数量级。

其中,Estaillades 碳酸盐岩和 Ketton 石灰岩具有双孔分布特征,在方解石颗粒之间具有较宽的喉道,而在方解石内部具有小得多的喉道。孔隙和喉道大小跨了4个数量级。

　　孔隙空间图像不仅可以定性地解释毛细管压力曲线，而且可以基于孔隙空间进行定量分析，甚至进行毛细管压力预测。图 3.13 所示的情况就是一个实例，图中把 Bentheimer 砂岩的毛细管压力和用网络模型预测的毛细管压力进行了对比。在这里，应用"最大球法"从图 2.3 所示的图像中提取了孔隙网络，孔隙网络的性质列于表 2.1 中；也可参见图 2.15，基础图像的三维像素为 $3\mu m$，样品具有 1000^3 三维像素。我们给出了从图像中获得（图 2.16）的每个孔喉的截面，以及孔喉的内径和形状因子，并用 Valvatne 和 Blunt（2004）的孔隙网络模型计算了驱替过程。这种方法不是进行预测的唯一方法，例如在初始排驱过程中（通过孔隙空间中不同大小的球），可以直接用"最大球法"计算驱替过程，这种方法经过修正，也可以说明不同的接触角（Silin 和 Patzek，2006；Kneafsey 等，2013）。可以通过形态方法计算前进弯月面，进行驱替过程建模（Hilpert 和 Miller，2001）；或者也可以通过腐蚀膨胀算法（Erosion-dilation Algorithm）（Yang 等，2015）计算孔隙大小分布，进行驱替过程建模。Patzek（2001）对品质更好的 Bentheimer 砂岩进行了研究，给出了预测和实验独立对比的结果；但这部分研究的目的并不是评论建模方法（Modelling Approaches），而是解释驱替过程，说明图像分析中一些难以避免的限制，以及说明相关的孔隙级的模型建立。

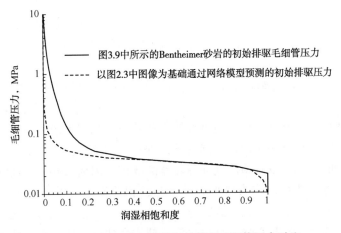

图 3.13　Bentheimer 砂岩初始排驱毛细管压力对比

　　测量和预测曲线在饱和度的中间范围显示出合理的一致性，这意味着从图像获得的大部分喉道大小相当准确。然而，两者之间还具有两方面的偏差。第一种偏差，出现在当非润湿相第一次进入体系，即润湿相饱和度最高时。在实验测量中，可以观察到较高的排驱压力，其后饱和度急剧降低，而压力升高幅度却很小；在模型预测中则恰恰与之相反，表现为较低的排驱压力，初始压力随饱和度的变化发生快速上升。实验样品直径约 4mm，长度约 10mm，或几乎是模型的 5 倍大（模型体积为 $126mm^3$，样品体积为 $27mm^3$，见表 2.1）。正如后文即将讨论的，在较小的体系中，可以在与入口连通的少数几个较大孔喉中观察到饱和度的明显转换。但是对于较大的样品，非润湿相一旦与体系连接，饱和度的转换难以察觉，入口处少量孔喉的非润湿相侵入对饱和度的影响可以忽略不计。当体系的规模更大时，排驱压力趋于增加至接近 p_c^* 的值，即非润湿相能够分布于整个岩石样品的最小值。然而在这种情况下，模型大小和实验样品大小的区别不大，所以模型大小不同导致结果不同的效果并不明显。

第二种偏差发生于低饱和度的情况下。模型不能表现低于三维像素大小的孔隙空间特征，在这个实例中低于 $3\mu m$ 的孔隙特征不能被表现出来。不能准确表现非润湿相侵入较小的喉道，也不能准确表现在细微的角部非润湿相驱替润湿相的情况。这是使用有限分辨率图像无法避免的限制条件，在具有微孔隙的样品中更加明显，微孔隙是多级尺度孔隙网络所必须考虑的，如 2.2.3 节中所述。

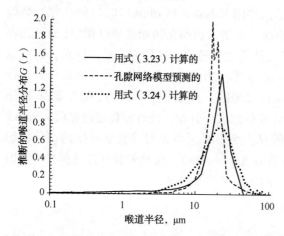

图 3.14 显示了使用式（3.23），根据测量和模型计算获得的喉道大小分布。孔隙网络方法得到的喉道分布较窄，转换形成的喉道也稍小。因而，对于半径小于图像分辨率的最小喉道的作用估计不够。

图 3.14 也绘制了用式（3.20）定义的喉道大小分布，为：

$$G(r) = \frac{r^3 f(r)}{\int_{r_{\min}}^{r_{\max}} r^2 f(r) \, dr} \qquad (3.24)$$

其中，$f(r)\,dr$ 是半径在 r 和 $r+dr$ 之间的喉道数量。用 $f(r)$ 计算孔隙网络中不同大小的喉道数量较为简单。如果不考虑图像分辨率所产生的问题，所得结果就是真实喉道大小的分布。因为图像法没有把多孔介质理想化假设为平行的柱形细管束，而是直接以孔隙空间几何形态为基础进行分析的。

图 3.14 以实验测量为基础，用式（3.23）计算和用孔隙网络模型预测的 Bentheimer 砂岩喉道半径分布（图 3.13），以及用式（3.24）直接计算的孔隙网络喉道半径分布

喉道半径的真实分布范围比通过毛细管压力推断的结果要宽，在实际情况下多孔介质具有更多较大或较小的喉道。没有检测到部分较宽的喉道，因为这些喉道经常在海恩斯跳跃过程中被充填；这个过程往往被作为较小喉道引起的相关变化，限制了非润湿相的进入。此外，也对较小的喉道分布估计不足，因为与圆形细管相比，较小喉道的充填对饱和度的变化影响比例为 $1/r_2$。然而，这些小喉道是在驱替后期才会被充填的，它们通常与已经被充填的孔隙相邻，即使考虑了它们对驱替的影响，但这种影响对饱和度的变化意义不大。

前文的论述表明，孔隙网络分析与实验相结合可以用来解释孔隙空间的几何形态；然而，毛细管压力的传统分析方法没有，也不能单独准确表示真实喉道大小和分布。

3.4 侵入渗流

孔隙网络代表了多孔介质，可以用于对初次排驱过程中充填顺序进行简洁快速地预测：喉道以从大到小的顺序充填，最大的喉道首先被充填。这与渗流过程相类似（Broadbent 和 Hammersley，1957）。为了研究渗流，从网格位置点（代表孔隙）开始，网格位置点通过键（喉道）连接。刚开始时，所有的位置点和键都是空的；然后，它们逐次随机被充填。可以考虑键渗流，这时键被随机充填，而忽略位置点；在考虑位置点的渗流时，忽略键的充填。在任何时候，被充填元素（位置点或键）的占比为 p。p 称为渗流概率或渗流占比。当有位置点或键连接路径分布于整个孔隙网络时，达到渗流临界压力 $p=p_c$。对键渗率而言，假设所

有位置点都被充填(或至少被侵入相连通了),而对位置点渗流而言,设定所有的键都被充填了。

　　图3.15为前文描述的真实岩石孔隙空间复杂三维孔隙网络的清晰简化图,是具有指导性的概念可视化图。在这个例子中,键(喉道)随机充填。图3.15(a)显示35%的键被充填,此时,充填的键没有连通整个体系。当50%的键充填后,如图3.15(b)所示,整个网格从左至右第一次具有了连通路径。

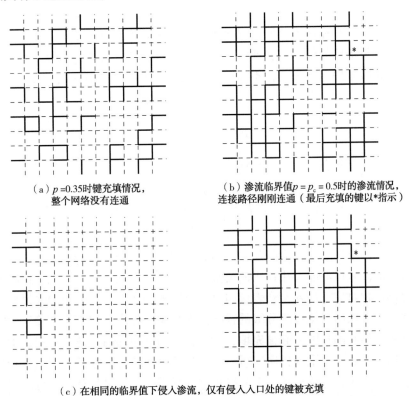

(a) $p=0.35$ 时键充填情况,　　　　　　(b) 渗流临界值 $p=p_c=0.5$ 时的渗流情况,
整个网络没有连通　　　　　　　　　连接路径刚刚连通(最后充填的键以*指示)

(c) 在相同的临界值下侵入渗流,仅有侵入入口处的键被充填

图3.15　正方形网格渗流说明,具有10×10位置点和2×10×11个键

　　无论考虑位置点、键或者嵌入网格的三维空间,充填位置点或键连通的临界比例 p_c 都是网格类型的函数。对于图3.15中的正方形网格,键(喉道)的 $p_c=0.5$,而位置点(孔隙)的临界比例约为0.59。在三维情况下,网格立方体键的临界比例约为0.245,位置点的临界比例约为0.316(Wang等,2013)。对键渗流而言,临界比例可以根据下式估算:

$$p_c \approx \frac{d}{(d-1)z} \tag{3.25}$$

式中:d 是空间的维度;z 是网格的配位数,此处 z 用于限制每个孔隙的平均喉道数(Stauffer和Aharony,1994)。

　　在考虑渗流临界值时,元素(位置点或键)充填的模式具有自相似性或分形特点,模式的一部分与整个模式相似:从孔隙尺度到整个体系的尺度,无论观察的规模是多大比例,与模式的一部分都具有统计相似性。

　　在多孔介质的驱替过程中,所经过的孔隙和喉道大小不断变化,不具有任何大范围空间

相关性,流体的运动是一个渗流型过程:对于系统中随机分布的元素,侵入相的充填按孔喉的大小(或毛细管压力临界值)顺序进行。由于排驱受所侵入的喉道限制,这个过程近似于一个键渗透过程。然而,不能把喉道的充填严格按大小顺序进行简化,因为喉道只有与已经被非润湿相充填的孔隙(和喉道)相邻时才会被充填,而非湿润相也一直连接到样品的入口。在这种情况下,具有 Lenormand 和 Bories(1980)以及 Wilkinson 和 Willemsen(1983)首次描述的侵入渗流过程。这与普通的键渗流是相同的,但任何充填的键并不与已经移除的入口相连通,如图 3.15(c)所示。

侵入渗流临界值与普通渗流相同,只是不是所有可能的喉道都被充填满:也就是说只有连通的喉道,侵入渗流临界值才与普通渗流相同。这个临界值与最小的喉道大小 r_c 有关,这里的最小喉道是指按顺序连通整个体系需要被充填的最小喉道。根据式(3.1)定义毛细管压力 p_c^* 为:

$$p_c^* = \frac{2\sigma\cos\theta_R}{r_c} \tag{3.26}$$

回到喉道大小的分布 $f(r)\mathrm{d}r$,其半径在 r 和 $r+\mathrm{d}r$ 之间的喉道,渗流概率 P 等价于:

$$P = \frac{\int_r^{r_{max}} f(r)\,\mathrm{d}r}{\int_{r_{min}}^{r_{max}} f(r)\,\mathrm{d}r} \tag{3.27}$$

其中,r 是刚刚被充填的最大喉道半径。在渗流临界值处,$r=r_c$,$p=p_c$。

孔隙网络中的侵入渗流能够用排序的毛细管压力临界值列表进行模拟,这种毛细管压力临界值与喉道半径相对应。最初,列表仅包含入口附近的喉道,列表中的喉道按排驱压力进行分级,排驱压力最低的喉道位于分级的顶部。在排驱过程中,位于毛细管压力临界值列表顶部的喉道首先与相邻的孔隙一起被充填,然后,把与其相邻的、还不在列表中的喉道的排驱压力临界值加入列表,并重新排序。再一次,位于分级顶部的喉道被充填,新的喉道加入了排序列表,重新排序,继续充填位于分级顶部的喉道,这个过程持续进行。假设润湿相没有被圈闭,每个喉道都能够被充填。这个计算方法的大部分时间消耗在毛细管压力列表的排序过程中。对于有 n 项的列表,最有效的算法是进行一次 $\ln n$ 顺序的计算,用二叉树搜索(Binary-tree Search)方法对新的排驱压力进行排序。因此,模拟 n 个喉道的充填,所花费时间为 $n\ln n$(Sheppard 等,1999;Masson 和 Pride,2014)。这种算法计算效率较高,可以计算多个百万级孔隙和喉道的驱替(Sheppard 等,1999)。这种方法可以确定充填顺序和局部毛细管压力,如果需要,还可以确定孔隙充填过程中的最小局部压力。也可以计算其他数据,根据孔隙几何形态的代表性,可以计算孔隙角部润湿相的含量,然后进一步计算不同相的饱和度。

当局部毛细管压力达到一个新的最大值(比以前充填孔喉的临界压力值都大)时,才能比较准确地确定宏观毛细管压力。如果不是这种情况,甚至在前文所讨论的极限低流速的情况下,局部毛细管压力也不同于外部施加的压力。此外,除达到局部最大值的情况下,介质中的流体分布都是不确定的。因此,侵入渗流算法无法说明海恩斯跳跃中的局部非润湿相收缩和流体重新分布问题,润湿相无法重新侵入以前充填的孔隙,也无法支持流体充填其附近更大的孔隙。如后文所讨论的,这种情况对于进行半径大于 r_c 时的喉道毛细管压力和喉道大小分布估算有显著影响。

对宏观上的均质多孔介质而言，可以进行一整套强有力的侵入渗流统计分析。然而，喉道和孔隙的大小变化范围很大，即使孔喉在岩石的不同部分可能具有相同的大小分布规律和连通性，对于整个岩石而言，在某个比例尺下，其孔喉大小在空间上也不具有一致性（例如，大孔隙集中在一起）。对本书中所给出的采石厂岩石样品来说，这是一种合理的近似：例如，图 3.8 中对 Berea 砂岩的测试，两个样品测量的毛细管压力较为相似。而进行研究的样品具有复杂的孔隙结构和较宽的喉道大小分布范围（如图 3.12 中的说明），较大的厘米级样品的确具有均一性，一块 Bentheimer 砂岩样品或 Berea 砂岩样品的孔隙结构与另一块样品具有相似性。这里有一个原因：Berea 砂岩和 Bentheimer 砂岩通常用作建筑材料，而 Ketton 石灰岩经常用作塑像材料。它们的用途说明了这样的事实，它们在宏观水平表现出了均质性，即在厘米级至米级的尺度上表现出均质性。然而不幸的是，由于储层中含有烃类物质，因此其中的岩石并没有表现出与宏观上的均质性，这一点在某种程度上限制了下面给出的统计分析的应用。事实上，在地下系统中，我们对从微米级到油田级的所有尺度上的相关空间结构进行研究。

流体在具有统计均质性的样品中流动前进，直到非润湿相分布于整个样品系统，这一过程和一般渗流过程一样，都具有自相似性或分形结构特点。为了使流体通过介质，局部毛细管压力必须接近 p_c^*，因此流体的分布类似于处于临界值的普通渗流连通路径。这立即让我们联想到，在任意孔喉大小情况下，流体在初始渗流过程中的海恩斯跳跃，流体在岩石样品中流动，只是受靠近入口喉道半径 r_c 的限制，随后流体在整个系统的流动都不需要进一步增加排驱压力。

所有尺度下，从孔隙到整个孔隙系统，流体分布模式都显示出相似的结构，在循环回路中有循环回路，且内嵌多级分支。Lenormand 和 Zarcone（1985）在实验中首次观察到这种现象，如图 3.2 所示。图 3.16 显示这种驱替模式的二维系统，把空气（非润湿相）注入准二维的多孔介质，二维多孔介质由单层玻璃珠组成，初始饱和了水/甘油（丙三醇）混合物（润湿相）。

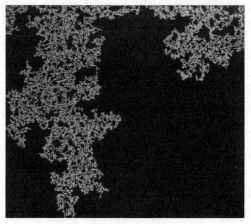 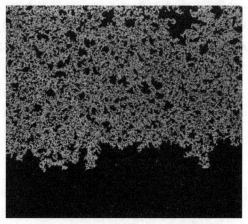

（a）非润湿相首次穿过系统，　　　　（b）重力稳定驱替：在这种情况下，渗流模式类似于
　　在临界渗流值时的水平单元的驱替　　　　　下文的相关长度，但以较大的尺度观察时，
　　　　　　　　　　　　　　　　　　　　　　　会有更多的充填

图 3.16　非润湿相（白色）驱替润湿相（暗色）的二维侵入渗流（引自 Sheppard 等，2000）
图中所示为空气在低流速下，通过单层玻璃珠驱替水/甘油混合物（黑色）

3.4.1 侵入渗流过程中的尺度相关问题

普遍性是渗流的一个重要特征。虽然渗流临界值取决于孔隙网络的准确性质,但是下文中提到的尺度性质在不同尺度下都是相同的。尺度性质的不同取决于驱替的物理性质和系统的维度(真实孔隙网络总是三维的),而不取决于其连通性及其自身喉道大小的分布。

定义一个相关长度 ξ:从这个长度到孔隙尺度 l 都可以观察到自相似结构。随着流体通过孔隙空间向前流动,侵入模式的移动距离 $\xi=L$,直至连通整个系统。l 是孔隙的典型大小或孔隙间的距离。通常在一个压实的颗粒介质中,使用平均颗粒直径。那么侵入的喉道数量 n_t 的规模为:

$$n_t \sim \left(\frac{L}{l}\right)^D \tag{3.28}$$

式中:D 是分形维数,对于三维空间孔隙网络的分形维数,D 值为 2.52~2.53,而二维空间的 D 为 $91/48 \approx 1.896$(Stauffer 和 Aharony,1994)。

如果 n_{tot} 是系统中的喉道总数,那么 $n_{tot} \sim (L/l)\,d$,式中 d 为空间的维度(显然 $d=3$,但考虑二维系统时 $d=2$,也具有指导意义)。然后用式(3.28),可得:

$$S_{nw} \sim \left(\frac{L}{l}\right)^{D-d} \int_{r_c}^{r_{max}} \frac{G(r)}{r} dr \sim \left(\frac{L}{l}\right)^{D-d} \tag{3.29}$$

当 L 足够大时,式(3.29)的值趋近于零,因为 $D<d$。

用~符号来说明尺度,即使忽略了 $G(r)$,也可用式(3.29)来估算非润湿相首次横穿过整个系统时的饱和度。以 Bentheimer 砂岩为例进行说明。根据大小为 $3mm$($3000\mu m$)的岩样图像,其喉道数为 54741(表 2.1),通过计算,穿过样品需要 $58741^{1/3} \approx 38$ 个喉道。可以确定 $l \approx 3000/38 \approx 79\mu m$,即喉道之间的距离,或者典型孔隙的长度,所以在这个例子中 $L/l=38$。那么对于式(3.29),其 $D-d \approx -0.48$,计算获得的非润湿相饱和度约为 17%,或者润湿相的饱和度为 83%,这是非润湿相(汞)首次连通整个岩石样品时的饱和度。在这种情况下,用模型预测的润湿相饱和度为 85%。用于压汞测试毛细管压力的样品大小约为 1cm,如果用相同的 l 值,那么现在在它的 $L/l=127$。然后用式(3.29)计算的非润湿相饱和度约为 10%,或者润湿相饱和度为 90%。如果采用更大的岩样系统,例如大小为 1m 的岩石块样品,则首次穿过岩石样品的非润湿相饱和度仅为 1%。

当首先看到润湿相饱和度的微小或可测量的位移时,可以定义一个明显的排驱压力,而不是在入口侵入一个大孔隙。对于足够大的系统,这类似于非润湿相穿过系统时的毛细管压力,因为两种情况都受临界半径 r_c 控制:$p_c^{entry} \approx p_c^*$。

这种分析对于估算喉道大小分布 $G(r)$ 是有一定意义的。对于足够大的系统,检测不到任何 $r>r_c$ 的喉道半径;对于较大的半径而言,任何表观可识别的驱替,本质上都是一个有限大小的效应,并不反映真正的喉道大小分布,这种情况在图 3.14 中很明显。

随着驱替的持续深入,渗流概率超过了临界值,就开始按照非润湿相的渗流模式充填。在更严格的范围内进行分析,即从相关长度 ξ 至 l,观察岩石样品的自相似结构,其中 ξ 随着 p 的增加而减小。当 $\Delta p = p - p_c$ 且 $\Delta p \ll 1$ 时,仍可以用渗流理论预测此时的毛细管压力特征。

相关长度 ξ 与渗流概率临界值的偏差,呈指数关系:

$$\frac{\xi}{l} \sim \Delta p^{-\upsilon} \qquad (3.30)$$

二维时，式中 υ 等于 4/3，三维时 υ 等于 0.876（Wang 等，2013）。

在整个系统中，已充填喉道部定义为：

$$\frac{n_t}{n_{tot}} \sim \left(\frac{\xi}{l}\right)^{\beta} \qquad (3.31)$$

式中：β 是尺度指数。

现在用 ξ 代替式（3.29）中的 L（渗流临界值时有限大小的系统），推导出式（3.30）：

$$S_{nw} \sim \frac{n_t}{n_{tot}} \sim \Delta p^{(d-D)} \equiv \Delta p^{\beta} \qquad (3.32)$$

用式（3.31）定义，三维空间 $\beta \approx 0.42$。

值得注意的是，饱和度现在为一个有限值，即使在无限系统中，其值也受准确的渗流临界值偏差所控制。以混凝土为例，随机格子的平均配位数为 4，用式（3.25）估算的渗流临界值约为 3/8（Stauffer 和 Aharony，1994），这代表了连通良好的砂岩或压实砂子的渗流临界值。若具有一定程度的固结，配位数会降低，例如，Bentheimer 砂岩的配位数是 3.8（表 2.1），根据式（3.25）估算的渗流临界值为 39%。这个临界值意味着毛细管压力不能表示的喉道占比达 39%。也观察到，当喉道大小正好在 r_c 之上时，毛细管压力仅仅发生了很小的变化，而饱和度却发生了很大的变化。想象一下，如果现在充填喉道半径，已经达到了 $p = 0.41$ 和 $\Delta p = 0.02$。根据式（3.32），可以得到 $S_{nw} \approx 0.19$。充填喉道的驱替压力仅仅进一步增加了 2%，饱和度却增加至 19%。即使在有限大小的系统中，这也是非常重要的：对于压汞试验的岩样，可以充填的喉道仅增加了 2%，汞饱和度却从 10% 增加至 19%。

由于渗流临界值附近存在快速充填的现象，可以根据 r_c 时的毛细管压力峰值推断出喉道大小的分布 $G(r)$：这一点很有价值，尽管没有准确反映实际喉道大小的分布，但是可以用来计算穿过整个系统所必需的临界半径。例如，对于 Bentheimer 砂岩，观察到 $G(r)$ 的峰值约为 24μm，因此可以说 $r_c \approx 24$μm，这几乎没有反映较大半径的实际分布，除非进行了详细的孔隙网络分析，如图 3.14 所示。

在如 Ketton 石灰岩等具有明显微孔隙区域的系统中，从毛细管压力可以获得 $G(r)$ 分布的第二个峰值，代表了这个微孔隙的辅助临界半径，可能再次错误地表示了部分较大微孔隙的分布特点。毛细管压力的数据说明这一点，图 2.7 中颗粒内部可见的最大表观孔隙半径确实大于 0.62μm，如图 3.8 所示。

利用这种分析方法可以推导出临界渗流值及其附近各种性质之间的关系。临界渗流值是指初始的非润湿相团簇首先穿过岩石时，第一次跨越整个系统后不久的一段时间内的值。作为例子，现在考虑非润湿相的流动。从图 3.15 中可以看出，流动通过介质的非湿润相的主干与静止悬垂的末端或分支具有不同特征。对于较大的系统，非润湿相占据主要流动通道的比例较小，具有较小的分形维数（D_b），把这个主流动通道的喉道数定义为 $n_b \sim (\xi/l)^{D_b}$，式中 $\xi \equiv L$。可以得到主要流动通道的喉道占比的计算方法：

$$\frac{n_b}{n_t} \sim \left(\frac{\xi}{\iota}\right)^{D_b-D} \qquad (3.33)$$

当 $\xi \to \infty$，其值趋近于零。

对于流体运移,希望流体能选择从入口至出口的最短路径。这避免了循环路径中的流动发生长距离偏移,这部分喉道也仅占据主要流动通道中很小的一部分,分形维数 D_{min} 也更小。然而 $D_{min}>1$,这意味着流动不能以直线路径通过孔隙网络,而是以曲折路线前进,其迂曲度 τ(定义为流动路线长度与直线长度的比)随系统大小增加而变化:

$$\tau \sim (\frac{\xi}{l})^{D_{min}-1} \tag{3.34}$$

在主流动通道有一套所谓的"红键(Red Bonds)",红键如果断裂,将切断流动区。在下一章讨论渗吸时非常重要,当润湿相驱替非润湿相时,不论充填了哪一个红键(喉道)都将切断非润湿相。这些红键数量的尺度为:

$$n_{red} \sim (\frac{\xi}{l})^{D_{red}} \tag{3.35}$$

在三维空间,式中 $D_{red}=1/v$ 或近似为 1.141(Ben-Avraham 和 Havlin,2000)。

最后,回到渗流临界值附近海恩斯跳跃的大小讨论上。如前文所述,单一跳跃时的充填孔隙数(在局部毛细管压力达到新的最大值之前)可以是任何大小,因为侵入一个达到临界半径 r_c 的喉道后,可能产生爆发式的孔隙充填,充填的孔隙数可以是一个孔隙,也可以是整个系统规模。因此,爆发式充填毫不意外的是一种指数分布,海恩斯跳跃充填孔隙的出现概率可以按下式计算:

$$n_H \sim s^{-\tau'} \tag{3.36}$$

其中,指数 τ' 与其他渗流指数的关系(Martys 等,1991b)为:

$$\tau' = 1+\frac{D_H}{D}-\frac{1}{D_v} \tag{3.37}$$

其中,D_H 是界面或渗流区边界的分形维数,这排除了不能移动的区域,因为相邻喉道已经充填。在二维的侵入渗流中,$D_H<D$ 时,有 $\tau'=1.30\pm0.05$(Martys 等,1991b)。注意到 Roux 和 Guyon(1989)获得的不同表达式,给出的 τ' 值稍有不同。爆发式分布在孔隙数量最大时被截断了,这与相关长度有关:对于 $s>\xi^D$,有 $n_H(s)\to0$。结合低流速注入条件下的敏感压力测量,式(3.37)已经被微模型排驱试验所验证,也已经被过程模拟试验所验证,这些都说明了海恩斯跳跃过程的渗流能力(Furuberg 等,1996)。Aker 等(2000)结合单层玻璃珠实验的敏感压力测量,通过二维孔隙网络模型的排驱模拟也观察到了这种相似现象。

在三维空间,对于更加开放的孔隙结构,$D_H=D$(Strenski 等,1991),根据式(3.37)得到的 $\tau'=1.55$,而根据 Roux 和 Guyon(1989)文献,τ' 为 1.63(1989)。海恩斯跳跃孔隙充填数量的近似幂指数关系,已经在 Bentheimer 砂岩排驱实验中用孔隙级快速成像观察到了(Bultreys 等,2015b)。用声学方法进行的测量也观察到了幂指数分布事件,指数为 1.70±0.15(DiCarlo 等,2003)。

表3.1为通过渗流模拟计算的部分分形维数列表(Sheppard 等,1999)。表3.1可作为第4章讨论不同过程指数的参考。如果侵入渗流把初次排驱描述为润湿相各处都有分布,且通过层相互接通,就被称为没有圈闭的侵入渗流。如果从孔隙或喉道中部至入口存在连通路径,且驱替相被驱替,这个过程称为有圈闭的侵入渗流(Dias 和 Wilkinson,1986)。在这个例子中,可以考虑两种情况,流动受喉道充填控制,或受孔隙充填控制(结点渗流)。

表 3.1　根据渗流过程模拟计算得到的分形维数(引自 Sheppard 等，1999)

驱替过程	D	D_{min}	D_b
二维			
没有圈闭侵入渗流	1.8949±0.0009	1.129±0.001	1.642±0.004
有圈闭的结点侵入渗流	1.825±0.004	1.214±0.001	1.217±0.020
有圈闭的主流通道侵入渗流	1.825±0.004	1.2170±0.0007	1.217±0.001
三维			
没有圈闭侵入渗流	2.528±0.002	1.3697±0.0005	1.868±0.010
有圈闭的结点侵入渗流	2.528±0.002	1.3697±0.0005	1.861±0.005
有圈闭的主流通道侵入渗流	2.528±0.002	1.458±0.008	1.458±0.008

注：D 是驱替模式的分形维数；D_{min} 是最短路径的维数；D_b 是流动主通道的分形维数；IP 代表侵入渗流。

在两类渗流过程中，孔隙网络性质在跨系统连接时非常重要。第一种是非润湿相初始侵入多孔介质过程中的初始排驱，包括当第一滴原油从烃源岩向不渗透盖层岩石运动的初次原油运移，以及在储存 CO_2 在水层中上升形成的 CO_2 羽流。第二种是考虑不连通的驱替相时，这部分内容将在 4.6 节中详细介绍。

3.4.2　重力渗流驱替和梯度渗流驱替

上文所描述的初次排驱渗流理论，其应用包括非润湿相在重力影响下的运动。这意味着局部毛细管压力不是固定值，而是随深度的变化发生变化。如果已知孔隙空间(曲折的连通路径)连续相的密度 ρ，在流动引起的黏性压力梯度可以忽略的情况下，流体压力服从：

$$\frac{\mathrm{d}p}{\mathrm{d}z} = \rho g \qquad (3.38)$$

对两相而言，式中 z 是深度，其值随深度增加而增大。因此，毛细管压力或两相之间的压力差可以表达为：

$$p_c = \Delta \rho g(z_0 - z) = \Delta \rho g h \qquad (3.39)$$

式中：$\Delta \rho = \rho_w - \rho_{nw}$，是两相之间的密度差；见式(1.18)。

地面下基准深度 $z = z_0$ 定义为，非润湿相和润湿相压力相等，意味着毛细管压力为零。在某种程度上这是一个假设的深度，并不是在这个深度时必须存在非润湿相(油)。在施加有限入口毛细管压力之前，润湿相饱和度为 1。高度为 h，以 z_0 为基准计算，其值为 $z_0 - z$。

用式(3.27)和式(3.1)把渗流概率与毛细管压力关联起来，可以得到：

$$\frac{\partial p}{\partial p_c} = \frac{\partial p}{\partial r}\frac{\partial r}{\partial p_c} = \left[-\frac{G(r)}{r}\right]\left(-\frac{r}{p_c}\right) = \frac{G(r)}{p_c} \qquad (3.40)$$

上式整体为正号，表明可到达喉道部分的 p 随毛细管压力增加而增大。

然后，用式(3.39)可以把 p 和高度 h 关联起来：

$$\frac{\partial p}{\partial h} = \frac{\Delta \rho g G(r)}{p_c} \qquad (3.41)$$

用键数(Bond Number)或由孔隙级的浮力及典型毛细管压力引起的压力变化率来考虑重力作用下的驱替。在一个特征长度 l 上，密度差产生的压力差(局部毛细管压力的变化)为

$\Delta\rho gl$。毛细管压力由式(3.1)给出,是喉道半径 r 的函数。常规情况下,键数简单地使用 $r=l$(Meakin 等,2000),这种情况,毛细管力趋于估计不足,因为喉道半径将小于孔隙之间的典型距离。按照 Blunt 等(1992)的定义,键数为:

$$B = \frac{\Delta\rho glr_t}{\sigma\cos\theta} \tag{3.42}$$

如前文所述,因为喉道半径控制了排驱的前进前缘,用 r_t 表示特征喉道半径。对于排驱而言,式(3.42)中使用了后退接触角。

现在可以用 B 的形式把式(3.41)写出来:

$$\frac{\partial p}{\partial h} = B\left[\frac{G(r)}{r}\right]\left(\frac{r^2}{r_t l}\right) \tag{3.43}$$

在渗流临界值附近,$r \approx r_t$,式(3.43)可简化为:

$$\frac{\partial p}{\partial h} = B\left[\frac{G(r_t)}{r}\right] \tag{3.44}$$

在图 3.11、图 3.12 和图 3.14 中,在渗流半径附近,$r=r_t$ 时,$G(r)$ 的数量级为 1,所以在式(3.44)中,$\partial p/\partial h \approx B/l$。

典型情况下,与毛细管压力相比,孔隙级别的重力很小。考虑 Bentheimer 砂岩的例子,$l=79\mu m$,$r_t=r_c=24\mu m$。油藏条件下的油水系统,$\cos\theta_R \approx 1$,$\sigma=20mN/m$。油藏盐水和原油之间典型密度差约为 $300kg/m^3$,$g=9.81m/s^2$,根据式(3.42)计算可得 $B \approx 2.8\times10^{-4}$。也就是说,在孔隙级别叠加了浮力的毛细管压力变化很慢,相应的渗流概率随基准点之上高度的变化而逐渐变化。

在驱替的例子中,非润湿相的密度较小,上升并驱替密度较大的润湿相(或者可以考虑密度较大的非润湿相下沉)。当非润湿相连通后,会立刻向上运动。因此,任何位置的非润湿相都处于渗流临界状态。然而,毛细管压力的梯度给渗流模式增加了相关长度。因为非润湿相形成了一系列有限宽度的指进形式,在统计上具有相同的渗流模式,非润湿相上升过程中不断重复进行。非润湿相在压力 p 低于渗流临界压力时,无法前进通过孔隙介质,也不能获得较高的压力值,因为对于慢速流动来说,非润湿相趋于持续上升,而不是把更多润湿相向下驱替。当非润湿相在向上运动的障碍下聚积时,非润湿相会在多孔介质中逐渐增加,形成较高的饱和度(较大的 p)。

可以用渗流理论预测相当于指进宽度的相关长度。具有梯度的侵入渗流,已经用数值方法和实验方法进行了广泛研究(Wilkinson,1984,1986;Birovljev 等,1991;Blunt 等,1992;Meakin 等,1992)。在距离 ξ 上用式(3.44),可获得 $\Delta p \approx B\xi/l$,那么用式(3.30)就可以得到如下关系式:

$$\xi \sim l\left(B\frac{\xi}{l}\right)^{-\upsilon} \tag{3.45}$$

从上式可以得出:

$$\xi \sim l\,B^{-\upsilon/(1+\upsilon)} \tag{3.46}$$

其中,$\upsilon/(1+\upsilon) \approx 0.47$(Wilkinson,1984,1986)。对于 Bentheimer 砂岩,用式(3.46)可得 $\xi/l=136$,或者相关长度约为 11mm,具有最小饱和度,根据式(3.29),$L=\xi$,约为 9%。

图 3.17 为显示重力指进的示意图,用透明的多孔介质进行了重力不稳定排驱实验

（Frette 等，1992；Meakin 等，2000）。非润湿相以指进的方式上升，其宽度可以用渗流理论预测。此外，统计的相似模式可以用侵入渗流算法进行模拟，以局部压力 $p-Bh/l$ 临界值为基础，对临界压力进行分级，其中可以根据式（3.27）得到 p，h 是基准点之上的高度，当 h 为最大时有利于喉道的充填。从物理上来说，这个过程可以在水渗流进入憎水的土壤中时观察到，其中水为非润湿相。这个问题进行了实验和理论研究（Bauters 等，1998，2000）；在 4.3 节中讨论润湿相侵入时，将对这个问题进行详细的讨论。

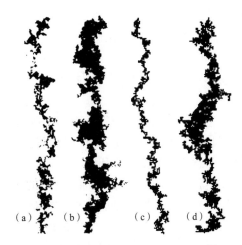

图 3.17　重力指进示意图（引自 Lenormand 等，2000）
（a）和（b）表示由浮力驱动的非润湿相侵入的驱替模式，染色的非润湿相通过透明的三维多孔介质，键数分别为 0.40 和 0.046。（c）和（d）表示三维梯度非稳定侵入渗流模型的驱替模式投影图，其键数值相似

对于稳定重力驱替中密度较大的相的上升情况，如图 3.16 所示，相关长度也是由式（3.46）计算，其指示了非润湿相前进前缘的摆动比例。观察到非润湿相向上推进至深度 ξ，且可以在其上升的顶部观察到自相似推进；向下观察，局部的渗流部分有所增加、相关长度降低以及非润湿相饱和度随深度增加而逐渐增加。

不管驱替过程如何，当非润湿相饱和度增加至超过了渗流临界值，且充填半径小于临界值喉道时，孔隙网络开始充填，循环和分支的相关长度下降。尽管这种方法也能够解决其他问题，接近渗流临界值的尺度方法是一种有效的方法，可以对几何形态、流动和流体运移性质进行比较合理的分析和预测（Larson 等，1981；Sahimi，1993；Sahini 和 Sahimi，1994；Stauffer 和 Aharony，1994；Hunt，2001；Hunt 和 Ewing，2009；Sahimi，2011）。还需要对基本排驱继续进行讨论，因为我们还对很多问题感兴趣，如油气藏的完全充填、盖层下能够储存的 CO_2 量，或者很多情况下，非润湿相的连通性很好，由于 $\Delta p \sim O(1)$，$\xi \approx l$，使该渗流理论的应用受到了限制。

3.4.3　侵入渗流、正常渗流和流动

在侵入渗流过程中，注入相以低饱和度连通整个岩石［式（3.29）］，即使考虑到重力因素导致的有限相关长度，非润湿相在整个系统中的饱和度约为 10% 或更低，参见式（3.46）。在 6.4.4 节中将对由黏滞力引起的有限相关长度进行说明，将计算相似最小饱和度。当注入相以侵入渗流情况前进时，以低饱和度快速通过流动通道，而被驱替相以很慢的速度通过较窄的区域。如果注水或气驱替原油时，这种现象对油气开采非常不利。

相反，当角部的层流在整个孔隙空间驱替时，是一般的渗流驱替，这个问题将在下一章考虑渗吸时讨论。在渗流临界值时，仅观察到注入相具有较高的饱和度时存在明显的连通性，注入相占据已经充填的孔隙和喉道的流动通道。这意味着侵入相在达到渗流临界值以前，都具有非常低的流动传导性（被层流限制）。这阻碍了推进，允许驱替相逃脱，并且更有利于恢复。

这是一个重要的概念，仅在这里简要阐述，但却是本书讨论的重要理论。原油开采主要

受是否具有侵入渗流或类似的侵入渗流前进控制，因为注入相连通整个岩石时，饱和度有根本性区别，如图 3.15 所示。

3.5　最终饱和度和最大毛细管压力

在达到部分最大毛细管压力，或达到初始润湿相饱和度以前，初始排驱会持续进行。在压汞实验中，因为真空总是可以被驱替的，润湿相饱和度(具有足够大的毛细管压力)可以降低至任意值，如图 3.8 和图 3.9 所示。

在实验室的两种液体(如油和水)的实验中，总会出现一个最小润湿相饱和度。主要有三个原因。第一个原因是润湿相可能被圈闭于孔隙空间。一般假设润湿相驻留于粗糙面，粗糙面全部相互连通，而位于光滑表面的水相是不能被驱替的。这种现象已经在压紧的玻璃珠实验中观察到了：光滑玻璃珠残余饱和度约为 9%，水呈环状被圈闭；这些现象已经通过成像技术进行了证实(Turner 等，2004；Armstrong 等，2012)。然而，当玻璃珠在酸液中被侵蚀变得粗糙，经过长期排驱后，虽然驱替很慢，但是随着驱替的持续进行，最终润湿相饱和度接近 1%(Dullien 等，1989)。第二个原因是只能达到有限毛细管压力。第三个原因也是最显著的原因，润湿相被驱替的时间不足。

在初始排驱实验接近结束点时，润湿相饱和度很低，达到毛细管平衡需要的时间非常长，这是宏观和局部毛细管压力不同的另一种情况。可以施加较大的外部毛细管压力进行加速。在局部情况下，水仍然驻留于角部，局部毛细管压力很低。非润湿相饱和度较高，占据了大部分较大的孔隙和喉道。然而，润湿相连通性很差，只有微弱的导流能力。如果局部毛细管压力低于外部毛细管压力，非润湿相压力为常数，那么局部润湿相压力高于外部润湿相压力。这为润湿相向系统外部运动提供了驱动力；然而，如果导流能力很小，要观察饱和度较明显的变化将需要非常长的时间。在实验条件下，产生这种情况的原因往往被解释为终止测量过早，导致润湿相被圈闭饱和度较高早。当在第 6 章介绍流动时，将介绍典型的平衡所需要的时间。在大部分实验条件下，等待这么长时间使实验达到平衡一般来说是不可行的。

例如，在实际情况下，在考虑初始原油运移时，有充足的时间达到平衡，因为这个过程是在地质时间(几百万年)尺度下发生的。在这种情况下，驱替仅受施加的毛细管压力限制。如前文所述，在静止情况下，流体受到的压力随深度 z 增加而增加，按照式(3.38)计算，毛细管压力可根据式(3.39)计算。

现在讨论一下毛细管压力的典型值。油气田位于自由水面(毛细管压力为零)之上的静油柱高度变化非常大，典型情况下为几十米：这里考虑 z_0-z 在 $10\sim100$m 的范围，储层盐水和原油之间的密度差约为 300kg/m³，毛细管压力为 $0.03\sim0.3$MPa。这些典型值不能与图 3.8、图 3.9 和图 3.13 中测量的毛细管压力相比，因为压汞的界面张力和接触角并不能代表油气田的现场情况。

对于大部分的地下初始排驱过程而言，已经认识到了粗糙水湿表面的侵入，其后退接触角 $\theta_R\approx0$。油/盐水的界面张力保持在 20mN/m。那么利用式(3.1)可知，代表 0.04μm 或 20nm 喉道半径的毛细管压力为 1MPa。或者，1MPa 的压汞毛细管压力代表的油/水压力仅为 0.061MPa。

油田现场最大毛细管压力 $0.03\sim0.3$MPa 代表的侵入喉道半径约为 $1.3\sim0.13$μm。相应的压汞毛细管压力范围为 0.49 ~ 4.9MPa。如果储层由 Bentheimer 砂岩组成，那么根据图 3.13，将意味着其最小饱和度小于 5%：岩石几乎完全被油相所饱和。相反，对于图 3.8 中的 Ketton 石灰岩，最小水相饱和度范围为 45% ~ 55%，微孔隙中仍然含有盐水。在具有很多小孔隙和喉道的复杂岩石中，所有地下的孔喉将会被油（或 CO_2）侵入的观点将会引起争论，因为这所需要的毛细管压力非常大，这不具有现实可行性。

　　根据式（3.39），饱和度分布是自由水面之上高度（$z_0 - z$）的函数，重新给出毛细管压力的数量级：饱和度—高度函数的形状与毛细管压力相同。这个内容将在 6.2.3 节中介绍 Leverett J 函数时进行更详细的介绍。

　　如 2.3.3 节所述，一旦初始水饱和度稳定下来，由于固相表面对油相的表面活性组分的吸附作用，润湿性会发生改变。润湿性是初始饱和度和距自由水基准面高度的函数，随着距离自由水基准面高度的增加，岩石的油润湿性增加，水润湿性降低，这种现象有两个原因：第一个原因，大部分固相表面与油相接触，因此发生了润湿性转换，随着距离自由水面高度的增加，油湿表面占比增加（或至少发生了润湿性改变）；第二个原因，形成了足够高的水分子保护膜破坏力，使毛细管压力自身影响润湿性的变化。因此，水膜的存在更类似于保护表面不发生润湿性改变，越靠近自由水面，水饱和度越高；越靠近油柱顶部，发生润湿性改变越少。这种饱和度和润湿性的变化趋势如图 3.18 所示。如上文所述，自由水面的毛细管压力定义为零。然而，一旦毛细管压力超过 p_c^*，油饱和度仅为有限值，传统上，代表了油/水接触面的位置，或者代表孔隙空间油相达到可观察量的位置。随着距自由水面高度的增加，水饱和度降低，油饱和度增加，可能达到一定的最小（圈闭的）值 S_{wc}，其中 c 代表储层中共存水饱和度，或束缚水饱和度。在实例中，由 Bentheimer 砂岩组成的储层可能会达到这个值，但碳酸盐岩（例如 Ketton 石灰岩）的微孔隙可能达不到这个值。油饱和度随距自由水面高度发生变化的区域被称为过渡带，有很多储层（即使不是大部分储层），过渡带可能扩展至整个油柱高度。储层中润湿性的变化趋势：油/水接触面附近为水润湿，过渡带为混合润湿性，靠近储气顶部油湿程度更高。

　　图 3.18 给出了含油储层中，水饱和度随距自由水面高度变化的典型示意图，但是如果用来解释真实数据会产生误导。储层中的流体压力可以在井筒中进行测量，操作者可以根据压力测量值确定自由水位。但是储层的含水饱和度可以通过电阻率测量值进行推测，而不能直接进行测量。电阻率随深度急剧降低可解释为含油层至含水岩石之间的过渡层指示。正常情况下，可用首次探测到的原油的位置来定义油/水接触面：即相应于 p_c^* 的位置。然而，所得到的这个值既不是储层岩石毛细管压力的准确值，也不是饱和度准确值，所以在某种程度上，这只是一个理论定义。在实际应用中，油/水接触面是孔隙空间中含水饱和度快速降低的指示，位于靠近压力临界值 p_c^* 的位置，且经常是略高于这个位置。

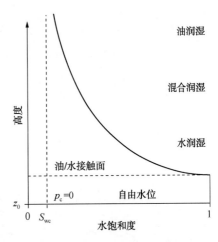

图 3.18　油藏中的饱和度和润湿性变化

　　根据式（3.39）可知，饱和度随高度的变化为重新缩放的毛细管压力曲线。z_0 是毛细管压力为 0 时自由水位的深度。常规的油水接触面位于孔隙空间中首次观察到油的位置。典型的油水过渡带可以扩展至整个油柱高度,保留了部分可动水的区域:理论含水饱和度可能达到最小值 S_{wc},尽管这个值非常不明确。储层中的润湿性经常具有这样的变化趋势:油/水接触面附近为水湿,过渡带为混合润湿,油柱顶部油润湿性更强。

此外,储层岩石具有非均质性,其毛细管压力在空间上是变化的。因此,饱和度并不是随距自由水位的高度均匀下降,其具有明显的不稳定性。例如,具有致密孔隙空间的岩层趋于具有较高的含水饱和度,即使它们位于自由水面以上很高的位置。在靠近油/水接触面的有限区域内尝试确定过渡带时,传统做法都是忽略观察到的含水饱和度的变化。

另一个模糊不清的概念是束缚水饱和度(Irreducible Water Saturation)S_{wc}。随着毛细管压力上升,越来越多的水被挤出孔隙空间,但总有部分致密的孔隙空间或较窄的裂隙或粗糙面保留了水,这些水可以被有限驱替,但具有非常大的毛细管压力。因此,在自由水面以上的某个高度,水饱和度可以达到某个固定值,但是这种说法只是一种容易产生误导的武断概念。这一特点与储层中无法避免的非均质性相结合,导致在一般情况下 S_{wc} 为常数只是一个虚构的概念。在所有的油田中,含水饱和度在整个油柱范围内都是变化的。

在几个油藏的生产实际中都观察到了润湿性的趋势性变化,如图 3.18 所示,包括阿拉斯加北海岸海上的普拉德霍渗油藏,该油藏是美国最大的在产油田(Jerauld 和 Rathmell,1997)。这一特点对随后注水过程中的流体驱替和原油生产具有重要意义(Jackson 等,2003),将在第 5 章和第 7 章进行讨论。正如下一章所要讨论的,即使固相没有显著的润湿性变化,例如在气田中,或者在二氧化碳储存的地方,初始水饱和度的变化仍然会对非润湿相的俘获产生影响。

4 自吸与圈闭

植物根系能够吸收渗入土壤的水分，面巾纸能够擦掉溅出的污渍，甚至是婴儿尿布被水充满的现象，都是日常生活中常见的自吸现象的例子。这是驱替的逆向过程，即润湿相侵入非润湿相。初始自吸是指一种润湿相侵入最初被非润湿相完全饱和的多孔介质中，比如水在干砂中的运动。在水运动通过孔隙空间的中心之前，固相周围润湿膜和润湿层的形成使这一过程变得复杂（Dussan，1979；de Gennes，1985；Cazabat 等，1997；de Gennes 等，2003），后文的许多情况下润湿层流可忽略不计。在润湿相进入多孔介质后，其中已有部分润湿相分层存在，占据一次排水后形成的孔隙空间较小区域，此时二次自吸较为常见。排驱自吸在水驱油藏、CO_2 在水层迁移或是地下水位升高过湿润的土壤时，总是会出现这种情况。

在本章将对这两种截然不同的过程进行介绍，这两种过程之间的竞争决定了驱替的性质。第一种过程是润湿层的膨胀，由此导致了流体的卡断，其中的非润湿相会被捕获于较大的孔隙中，被处于狭窄区的润湿相包围。这对原油采收率、CO_2 的安全储存以及饱和面捕获的气体体积有重大影响。第二种过程是活塞式推进，或者从相邻充满润湿相的孔隙中直接填充到孔隙或喉道中，这是排驱作用的逆向过程。然而，这与孔隙的填充方式有微妙的关系，下面对其进行讨论。单纯的活塞式推进会使流体推进平缓，并且捕获的流体较少。

假设水是润湿相，而油是非润湿相，这减少了描述的抽象性，将注意力集中在石油采收率上。也将会讨论 CO_2 的储存，其中 CO_2 为非润湿相，并有水浸入土壤中。在假设中，允许润湿性的改变和接触角滞后现象的存在，但全部表面仍然是接触角小于 90° 的水润湿。表面不是水润湿的情况将会在第 5 章中讨论。

4.1 层流、膨胀和卡断

在一个油藏中，其原始排驱或原油初始运移所持续的时间超过成百上千年甚至达到数百万年。正如在 3.5 节所提到的，假设流体处于毛细管压力平衡的状态下是合理的；那么在整个岩石的一小部分区域里面，油和水之间的界面曲率就是恒定值。流体在孔隙空间的角部和固相表面的粗糙区将会出现弧形弯月面（AM），而在贯穿一个孔隙或喉道时将出现末端弯月面（TM）。宏观和微观毛细管压力将是相同的，其值将由自由水位以上的高度决定。

原始排驱在水驱之后，水通过注水井注入储层中来驱替原油，从而使得原油从油井中产出。在注入井附近，注入压力大、流体流速快；而在油层的中间部位，流速通常会小很多。油井之间的典型距离在几百米到几千米的范围内变化，水驱过程一直会持续数十年，直到整个油藏都被水驱波及。在一些离油井较远的地方，含水饱和度增加得相当缓慢，可达到数月或数年。可以假定在水压和含水饱和度逐渐增加的过程中，伴随着毛细管压力不断下降的过程。

如果孔隙起初的毛细管压力很高，那么作为非润湿相的石油会占据大多孔隙空间的中间位置，把水限制在角部、粗糙面以及一些较窄的孔隙区域。假设这些层是贯穿整片岩石且具有连通性的,随着水压的增加,这些层会膨胀。虽然这一过程进行得很缓慢,但在这使得整个体系中的含水饱和度发生均匀增加。首先,设想一个比较极端的例子,即地层中只有水。这样水无法直接从相邻充水孔隙中替换石油。因此水层会继续膨胀,以至于不能够形成水、油、固相的三相界面。在这里,水会自动地填充到卡断的孔隙空间中心位置。这种机制对流体分布以及石油(或其他非润湿相)的采收率有重大影响。卡断会发生在孔隙空间最窄的区域(喉道),随后导致两相邻孔隙部分填充。

　　图4.1和图4.2以单一孔隙空间作为理想区域阐述了此过程。如前文中所强调的,孔隙空间的横截面是三角形,而喉道已不必保持这个形状。喉道的基本特征是横截面并不平整,以致非润湿相占据中心位置时,润湿相会残留在角部或粗糙部分,并且横截面的尺寸(或内切半径)会有一些变化。

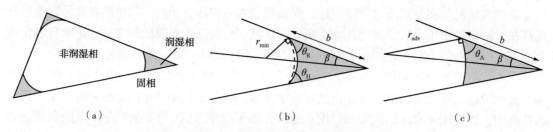

图4.1　孔隙空间角部的润湿相

(a)在原始排驱结束时贯穿一个孔隙或喉道的横截面,其中位于角部的水为润湿相(阴影表示),位于中心位置的油为非润湿。(b)角部的局部放大图,表明了角部半角 β 和后接触角 θ_R 拥有共同的曲率半径 $r_{\rm rmin}$,角部存在一段接触面长度为 b 的水界面。随着毛细管压力的减小,原始水、油和固体之间被固定,它们不能移动。曲率半径随接触角的增加而增大。虚线表示铰接触角 θ_H 的接触面。(c)接触线只有在前进接触角达到 θ_A,曲率半径 $r_{\rm adv}$,其中 $r_{\rm adv} > r_{\rm min}$ 时才移动

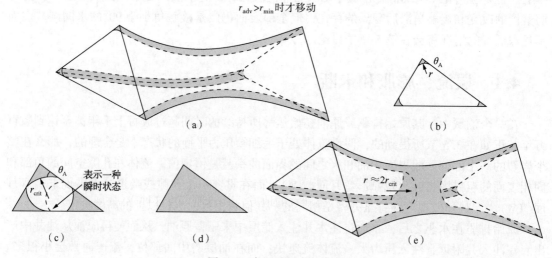

图4.2　自吸过程中的卡断

润湿相水在层中膨胀,其占据了孔隙空间的角部,如图4.1所示。(a)润湿相(阴影部分)的初始状态。(b)最窄处喉道的横截面,表示弧形弯月面曲率半径,弧形弯月面 AM 和前进接触角 θ_A,在润湿层膨胀时的状态。(c)当两种液相和固相之间的三相接触消失之后,存在临界曲率 $r_{\rm crit}$。这种现象最先发生在孔隙空间最窄处的喉道部分。AM 会迅速地填满喉道——虚线部分表示一种瞬时状态。(d)卡断完全充满喉道。(e)一旦卡断出现,并形成了两处末端弯月面(TM),根据式(4.7)得出的毛细管压力,并且能够迅速地在孔隙空间更窄的位置达到新的毛细管压力平衡:新的曲率半径大约为 $2r_{\rm crit}$,由 TM 向两个方向弯曲

在刚开始水驱时，水残留于孔隙空间角部曲率半径为 $p_c^{max}=\sigma/r_{min}$ 的位置，其中 p_c^{max} 是原始排驱后的最大毛细管压力，r_{min} 是相对应的平均曲率半径。图 4.1 显示孔隙空间的横截面：如果图中固相表面（以及其与液相的接触面）在与其垂直面方向的曲率小，那么 r_{min} 是在图平面上喉道中 AM 的曲率半径。接触角（或后退接触角）为 θ_R，由于润湿相的分布是通过驱替形成的。当水压增加时，水、油和固体的三相接触面并不会移动，直到接触角变为 θ_A，此时会有更大的推动力；这是因为接触角小于该值时水不能在表面移动。毛细管压力降低（水压增加），同时曲率半径增加，可是接触点不变。

三相接触面固定，保持所施加毛细管压力不变的接触为铰接角 θ_H，其中 $\theta_A \geq \theta_H \geq \theta_R$。铰接角大小对应着相对的毛细管压力 $p_c^{max} \geq p_c \geq p_c^{max}$。

$$\theta_H = \cos^{-1}\left[\frac{p_c}{p_c^{max}}\cos(\beta+\theta_R)\right]-\beta \tag{4.1}$$

式中：b 是原始排驱（图 2.29）之后角部接触水的长度，来自式（3.6）。

$$r_{min}=\frac{b\sin\beta}{\cos(\beta+\theta_R)} \tag{4.2}$$

或者

$$b=r_{min}(\cos\theta_R\cot\beta-\sin\theta_R) \tag{4.3}$$

在原始排驱过程中，毛细管压力达到最大值时，$p_c^{max}=\sigma/r_{min}$，方程（4.3）则变形为：

$$b=\frac{\sigma}{p_c^{max}}(\cos\theta_R\cot\beta-\sin\theta_R) \tag{4.4}$$

当压力达到 $p_c^{max}=\sigma/r_{adv}$ 时，润湿相在小层表面移动时小层会膨胀，其中 r_{adv} 是曲率半径，此时铰接角会增大到 θ_A。这时，随着水压的增加，接触角保持在 θ_A，同时 AM 会在喉道处移动更远的距离。润湿层开始推进时，曲率可通过式（4.2）得到：

$$r_{adv}=r_{min}\frac{\cos(\beta+\theta_R)}{\cos(\beta+\theta_A)} \tag{4.5}$$

或毛细管压力：

$$p_c^{adv}=p_c^{max}\frac{\cos(\beta+\theta_A)}{\cos(\beta+\theta_R)} \tag{4.6}$$

随着水压的进一步增加，润湿层的体积随着水—油—固体接触面从角部向外移动而增加，如图 4.2 所示，曲率半径 r 由 $p_c=\sigma/r$ 得到，并且随着时间的推进不断增加。在某一临界曲率半径 r_{crit} 下，在两角相遇得到三相界面时，会出现一个临界点。这种情况会发生在孔隙空间最窄的区域——喉道，还没有充满水的地方，其他地方的这种接触可能会被分割。

当水压（和角部体积）进一步增加时，又会发生什么呢？目前，孔隙中的流体处于一个不稳定的状态，因为再多加水会导致两角部的弯月面无法在表面处接触：只有在曲率半径随着毛细管压力增加而减小时才会实现。假设油相（非润湿相）的压力不变，局部的毛细管压力增加导致水压力的急速降低。水会从高压区流至低压区，迅速地转移到喉道中并将其完全充满。在这种情况下，由于水漫过喉道会形成两个末端弯液面（TM），这个水充满喉道及其毗邻孔隙狭窄区域的过程受到末端弯液面的约束，反过来会进一步导致局部毛细管压力的瞬间增加。随后，如果以相同的局部压力，刚好在卡断形成之前建立毛细管压力平衡关系，那么平均曲率等于 $1/r_{crit}$。然而，由于 TM 在两个方向上都是弯曲的——形状大体为半球形，对于圆形喉道交界面的曲率半径大约为 $2r_{crit}$，意味着 TM 能够迅速推进入孔隙空间更大的区域。在考虑能量或受力平衡的情况下，可以对任意形状孔隙的曲率半径进行更精确的计算。

有时可能会发生这样的情况，TM 被限制于更窄的区域，其曲率大于 $1/r_{crit}$，这导致了局部毛细管压力的增加。这将在以后考虑自吸填充动力学时继续讨论。

这个过程就是卡断，最初由 Pickell 等(1966)提出，用来解释自吸过程中的滞留。这是由 Lenormand 及其同事在开创性的微模型试验中的孔隙尺度下直接观察到的(Lenormand 等，1983；Lenormand 和 Zarcone，1984)。然而，Lenormande 等(1983)的论文发表在著名的出版物《流体力学杂志》中。强烈建议仔细研究一下 Lenormand 和 Zarcone(1984)的会议记录论文，因为这些文章更具发散性和启发性。微模型是一个方形的矩形玻璃管道，可以在显微镜下直接观察驱替过程。自 Lenormand 和 Zarcone(1984)、Mohanty 等(1987)的研究工作之后，有几位学者从数值和理论方面提出了对卡断的解释。

几何参数可以用来计算卡断时的临界曲率半径和相应的毛细管压力。在此假设，将 AM 与喉道在垂直面上的曲率忽略不计：曲率半径和不同非圆形横断面喉道的更详细分析已经由 Deng 等(2014)提出。

如果一个喉道的角部角全部为 β，侧边长为 $2l$，发生卡断时的毛细管压力可经式(4.3)得出，通过将 b 换成 l，θ_R 换成 θ_A，并定义 $p_c = \sigma/r_{crit}$，得到：

$$p_c = \frac{\sigma}{\iota}(\cos\theta_A \cot\beta - \sin\theta_A) \tag{4.7}$$

喉道的内切角为 $r_t = l\tan\beta$，因此可以重新将式(4.7)写为：

$$p_c = \frac{\sigma\cos\theta_A}{r_t}(1 - \tan\theta_A \tan\beta) \tag{4.8}$$

考虑两个简单的例子。第一个是长方形截面的孔。这里 l 代表短边长度的一半：喉道内切角的半径 $r_t = l$。$\beta = 45°$ 且 $\cot\beta = 1$，得到：

$$p_c = \frac{\sigma\cos\theta_A}{r_t}(1 - \tan\theta_A) \tag{4.9}$$

而对于一个等边三角形的孔隙，$\beta = 30°$，得到：

$$p_c = \frac{\sigma\cos\theta_A}{r_t}\left(1 - \frac{\tan\theta_A}{\sqrt{3}}\right) \tag{4.10}$$

其中，$\tan(30°) = 1/\sqrt{3}$。

当在下面章节比较毛细管压力和活塞式推进的卡断时会用到这几个公式。现阶段，需要注意两个特点。首先，这些方程的前置因子不包括 2，因为在 AM 中只有一个曲率，不像用 TM 直接前进的表达式，其中有两个有限的曲率半径，见式(1.16)。这使得在水驱过程中的临界毛细管压力更低，或者说更不亲水(需要更强的水压)。其次，只有在凹陷的 AM 和正向的毛细管压力下才会发生卡断，否则小层会脱离或保持铰接状态。自吸过程中，AM 只能在正向毛细管压力下移动，表明是一种亲水介质。从式(4.7)可得出卡断只会在 $p_c > 0$ 时发生，如果 $\tan\theta_A \tan\beta < 1$ 或

$$\theta_A + \beta < \frac{\pi}{2} \tag{4.11}$$

卡断只会在小接触角和尖的角部同时存在时才可能发生。

卡断会导致喉道以及相邻孔隙窄区域的快速填充，但这只限于孔隙空间中比较小的区域。这似乎与排驱中的驱替正好相反，一旦 TM 通过狭窄的喉道，就会造成一系列更深的孔隙和喉道的填充。然而，正如下面所展示的（虽然通常没有这么戏剧性），卡断也可以在外部施加毛细管压力时通过直接填充相邻孔隙和喉道来形成进一步的驱替。

卡断最重要的作用是能够在喉道截面生成 TM，来阻止石油的流动。如果孔隙四周的全部喉道都被充满并且卡断，那么留在孔隙中的油就会被圈闭，不能为进一步的水驱所驱替（假设黏性力忽略不计，流速很慢）。这就是石油被圈闭于油气层，也是阻止 CO_2 在水层中运移的基本机制。

注意：卡断没有考虑能量平衡，如果 TM 存在于相邻的孔隙中，喉道会在较低的水压下（更亲水、更高的毛细管压力）以活塞式推进的方式充满，这一内容将在本章介绍。对于卡断来说，驱替事件代表界面能方面的离散变化。

Roof（1970）直接在与海恩斯跳跃有关的理想化排驱过程中直接观察了卡断，如图 4.3 所示。一旦非润湿相侵入喉道，它将迅速进入相邻的孔隙，如图 3.1 所示。当这种情况发生时，局部毛细管压力会下降，使得孔隙角部的润湿层膨胀。这可能是由于毛细管压力的降低幅度足够大，使之达到了喉道中卡断的临界毛细管压力，因此喉道会自动充水（Ransohoff 等，1987）。这是一个发生于驱替过程中的局部自吸过程，因为整体上非湿润相的饱和度增加。如图 4.3 所示，固相圆弧线中已经形成的 3 个 TM 已经达到了新的毛细管压力平衡位置；形成于卡断之后的部分会以前进接触角 θ_A 与表面重新接触，然而最深入孔隙的 TM 的接触角为 θ_R，局部毛细管压力比之前低，TM 会有更大的曲率半径。

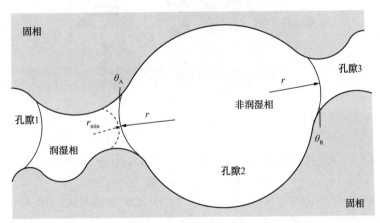

图 4.3   排驱过程中 Roof 卡断示意图

非润湿相进入喉道，如图 3.1 所示。末端弯月面（TM）的临界曲率半径为 r_{min}。一旦通过喉道，非润湿相会迅速地充满相邻的孔隙空间。这会导致局部毛细管压力降低；如果低于卡断的临界值，那么喉道会被非润湿相以接触角 θ_A 再次侵入。一个新的局部流体毛细管压力平衡状态会在 TM 处以曲率半径 r 建立起来。在孔隙空间中会残留非润湿相的。如果局部毛细管压力比之前低，则 $r > r_{min}$；随着外部施加的毛细管压力不断增加，更多的非润湿相被注入介质，这会再一次入侵喉道，并将被圈闭的液滴连接起来

每当通过孔隙最宽处的毛细管压力低于喉道中发生卡断的临界值时，这个过程就会自然发生，发生的速度取决于流体能够多快地达到新的平衡位置（Ransohoff 等，1987；Kovscek 和 Radke，1996）。当孔隙直径是相邻喉道直径的两倍时，卡断才能移动至孔隙空间。在考

虑长孔隙或成组孔隙时，同样需要计算由于流体快速流动所引起的局部毛细管压力的变化量。在这种情况下，分析变得更加复杂，并且需要对快速演化流场进行精确的计算。

最终非润湿相的液滴会被圈闭于孔隙中，非润湿相被滞留而不能移动。众多学者对该过程的动力学进行了详细的研究；这一过程即使在孔隙空间的角部没有润湿层时也会发生——非润湿相的卡断依然会穿过圆形横截面喉道的薄膜(Roof，1970；Gauglitz 和 Radke，1990)。

在岩石中，初始排驱中收缩和卡断的动力学过程很复杂，其中海恩斯跳跃中的多孔隙填充事件会导致整个系统中非润湿相收缩。使用快速 X 射线成像技术，能够直接观察到孔隙级的动力学过程(Berg 等，2013；Armstrong 等，2014b；Andrew 等，2015；Bultreys 等，2016a)。举例来说，图4.4为在鲕粒灰岩孔隙中将 CO_2 注入盐水中的图像。图像已经被分割，因此只能看到非润湿的 CO_2 相。在海恩斯跳跃过程中，一系列孔隙可以在较低的毛细管压力下被填充进入。如图4.4所示，为了能够快速地提供 CO_2，CO_2 快速地从较窄区域的孔隙空间收缩，这能导致形成非润湿相卡断和不连续。注意，与图4.3中所示不同，被圈闭的非润湿相不一定会部分填充于孔隙空间中，也可以在较远的其他地方发生填充。在一个排驱过程中分为两种类型的卡断：局部卡断——非润湿相在其刚进入的孔隙中是不连续的；末端卡断——发生在更远的地方，如图4.4所示。

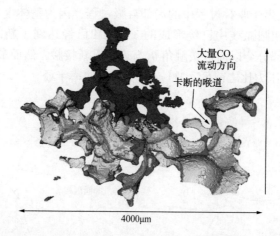

图4.4　原始排驱中的卡断显示了作为非润湿相的 CO_2 驱替了 Ketton 石灰岩
中的盐水(引自 Andrew 等，2015)

实验在储层条件(10MPa 压力和 50°C 温度)下进行，CO_2 为超临界相。使用同步辐射 X 射线束对岩石和流体成像：以大约 45s 的时间延迟拍摄一系列图像。仅显示了 CO_2 相。岩石的孔隙结构如图 2.6 所示。最浅的区域代表 CO_2 在海恩斯跳跃之前的分布。最深的区域表示跳跃后侵入孔隙空间的 CO_2，而灰度居中的区域表示 CO_2 缩回的位置，是局部自吸事件的标志。注意，卡断可以将没有直接参与海恩斯跳跃的非润湿相隔离出来一个区域

图4.5详细地显示了图4.4的内容，其中末端卡断发生在非润湿相的搁浅区域，图上已经将流体曲面的曲率绘制出来。卡断之后，曲率下降，表示局部毛细管压力下降，并达到了新的平衡位置。随后，驱替继续进行，局部毛细管压力会再次增加，喉道再次让非润湿相进入，重新将搁浅的节点连接起来。然而，这种重新连接不是立即完成的，直到局部毛细管压力重新达到新的最高值，整个样品才会发生显著的进一步驱替。

通过微秒级的三维 X 射线扫描仪分析，整个岩石样品中一系列孔隙的填充会持续 1s 左

右(Armstrong 等，2014b)，而单个填充的情况会更加迅速。孔隙尺度的动力学特征已经通过高速摄影模拟微模型实验进行了研究。同样地，发现了局部的毛细管压力下降，局部流速高达 1000m/d，与储层中的典型平均流速为 0.1m/d 相比，孔隙填充能够在几微秒之内被完成(Armstrong 和 Berg，2013)。通过在微模型中使用孔隙成像测速仪，同样也对孔隙尺度的流速进行了确定，这要比施加外力时快上千倍(Kazemifar 等，2016)。以上研究表明，即使注入速度很慢，由于海恩斯跳跃中的局部平衡状态扰动，流体能够快速流入孔隙空间，这将会在第 6 章进行讨论并进一步量化。

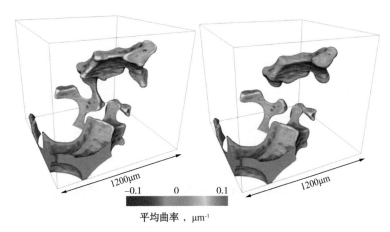

图 4.5　图 4.4 中一部分的详图，展示了 CO_2 在一系列孔隙填充之后，非润湿相的不连续情况，显示了 CO_2 界面的曲率(引自 Andrew 等，2015)

负曲率代表与膨胀进入非润湿相的 Ketton 颗粒接触的 CO_2。正曲率区域表示 CO_2 与盐水之间的流体/流体界面。应注意到在卡断之后，曲率下降，表示局部毛细管压力下降。当局部毛细管压力在驱替过程中再次增加时，CO_2 将重新连通

有人提出，通过对海恩斯跳跃过程中最小毛细管压力的仔细测量，研究者可以推测与孔隙(对照喉道)尺寸和体积(Yuan 和 Swanson，1989)相关的数据。然而，尽管研究者通过低速率微模型试验，在分析压力信号方面，做了一些成功的尝试(Furuberg 等，1996)，但是由于喉道的填充会影响流体在较远位置的排列分布，这在微动力学方面有点难以解释。在岩心尺度实验中，只有外部施加的宏观毛细管压力可被测量，这并不总是与局部毛细管压力相同，甚至在只考虑慢流速时也是如此，并且(如前文所说)在海恩斯跳跃过程中，流体大量重新排列的波动很大。

4.2　活塞式推进和孔隙填充

4.2.1　活塞式喉道填充

从本质上来说，自吸驱替阶段的第二种类型是排驱的逆向过程，末端的弯月面穿过最开始为非润湿相的孔喉。将采用和 3.1.2 节相似的能量平衡法，来求解毛细管压力的临界值。如果不存在接触角迟滞现象，即 $\theta_A = \theta_R$，或者湿润层开始膨胀[式(4.6)中 $p_c \leqslant p_c^{adv}$]，可以通过类推方程(3.10)来求得毛细管压力的临界值。

$$p_c = \frac{\sigma(1+2\sqrt{\pi G})\cos\theta_A F_d(\theta_A, G)}{r_t} \equiv \frac{C_{It}\sigma\cos\theta_A}{r_t} \tag{4.12}$$

定义系数 C_{It}，式中 $2 \geq C_{It} \geq 1$。

但是，如果润湿层依旧固定在拐角处，毛细管压力的计算将变得更为复杂。根据式(3.5)，考虑到自由能的平衡，对于长度为 l 并且具有 n 个拐角的喉管，可以得出下式：

$$\frac{\Delta A}{r} - \Delta L_{wnw} - 2n(l-b)\cos\theta_H = 0 \tag{4.13}$$

其中，ΔL_{nws} 与式(3.5)一致，是指非润湿相和固体表面之间由于驱替产生的长度变化，每个拐角为 $2(l-b)$，其中 b 由式(4.3)给出；该式并不是曲率 r 的函数。

与式(3.7)相似，在驱替前 AM 的长度为：

$$L_{AM} = 2r\left(\frac{\pi}{2} - \theta_H - \beta\right) \equiv S_{LIr} \tag{4.14}$$

从式(3.8)中可以得出拐角处润湿相的面积为：

$$A_{AM} = r^2\left[\frac{\cos\theta_H\cos(\theta_H+\beta)}{\sin\beta} - \frac{\pi}{2} + \theta_H + \beta\right] \equiv S_{AI}r^2 \tag{4.15}$$

其中，S_{LI} 和 S_{AI} 为几何系数。θ_H 可从式(4.1)中得出，代入 σ/r 可得出 p_c 为：

$$\theta_H = \cos^{-1}\left[\frac{\sigma}{rp_c^{max}}\cos(\beta+\theta_R)\right] - \beta \tag{4.16}$$

对于排驱可以采用同样的方法，通过式(4.13)至式(4.15)可以得到如下表达式：

$$A_t - nS_{AI}r^2 - nS_{AL}r^2 - 2n(l-b)\cos\theta_H = 0 \tag{4.17}$$

根据式(4.16)可知，θ_H 是 r 的函数，不可能得到 r 乃至 p_c 的封闭形式表达式：需要采用迭代法来求得方程组的解(Øren 等，1998)。鉴于计算的复杂性，如排驱过程，当 θ_A 较低时，圆形孔隙较大的情况下式(4.12)中 $C_{It} \approx 2$，而情况更为普遍的毛细孔隙情况下为 $C_{It} \to 1$。

应注意到，式(4.12)中当 $\theta_A > \pi/2(\cos\theta_A < 0)$ 时，C_{It} 可以为负，表明在正毛细管压力下可以自发填充，即使接触角意味着表面对水为非润湿体(Ma 等，1996；Øren 等，1998)。物理上的解释是，当水的 TM 增加至拐角的 AM 时，形成了水对水的驱替，此时接触角为 0°；使得与完全充满油情况相比，孔喉具有更强的亲水性。最终的结果是，填充水的孔喉只表现出了亲油性，接触角大于 90°。自发性驱替的最大接触角为(Øren 等，1998)：

$$\cos\theta_A^{max} = -\frac{4nG\cos(\theta_R+\beta)}{p_R^{max}r_t/\sigma - \cos\theta_R + 12G\sin\theta_R} \tag{4.18}$$

对于多边形孔喉，n 条边所对应的形状因子为 G，拐角的半角为 β。注：在原始排驱期间最大毛细管压力 p_R^{max} 趋于无穷大，孔喉具有完全的油饱和性，并且 $\theta_R^{max} = \pi/2$ 或 90°；但是孔喉充满水的拐角越多，产生的亲润现象使得接触角变得越大。

图 4.6 表明在初始含水饱和度变化时，不同形状孔喉自发性推进的最大接触角，定义为在原始排驱后拐角里初始水域面积占总截面面积的比值：nA_{AM}/A_t，见式(4.15)。应该注意到，如果初始时刻角部有一定量的水，则驱替时接触角有可能达到 130°。

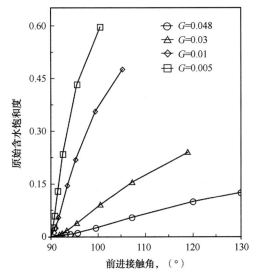

图 4.6　自主式孔喉填充(正的毛细管压力临界值)最大前进接触角曲线图(引自 Øren 等，1998)

孔喉具有不同的形状因子 G，并且形状因子为原始含水饱和度的函数，原始排驱后孔隙角部水域面积占整个横截面积的比值。需注意，在角部具有大量水的情况下，自发性驱替有可能使接触角明显高于90°

4.2.2　协同性孔隙填充

因为降低了自吸过程中的毛细管压力，所以在填充过程中保持最高的毛细管压力是最有利的。因此，在流体通过孔喉推进时，优先填充具有相同接触角和形状系数的相邻孔隙。但是实现这一过程的前提条件是相邻的孔隙必须填充有润湿相，否则唯一可能的填充机制在于卡断。一般来说，活塞式推进的效果常常要好于卡断。

因此，在自吸过程中，孔隙空间填充的阻碍因素往往是孔隙而不是孔喉。可再一次在几何结构上采用能量平衡法，计算 TM 穿过孔隙中心(在最宽地方)情况下所需的毛细管压力临界值：有必要找到 TM 运动过程中的最大曲率半径。临界压力不仅仅取决于孔隙的尺寸和形状，也取决于水的分布——尤其是在孔喉边界也充满水的情况下。图 4.7 显示了在孔隙有一个或两个边界孔喉，喉道内充满非润湿相的情况。

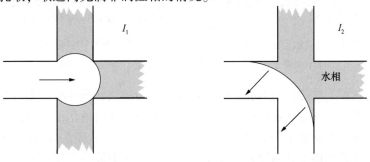

（a）孔隙与一个充满非润湿相流体的
喉道相连的示意图

（b）孔隙与两个充满非润湿相流体的
喉道相连的示意图

图 4.7　自吸过程中孔隙填充示意图

临界毛细管压力取决于通过孔隙中心的末端弯月面的最大曲率半径。半径较小的情况下(对整个过程更为有利)，只有一个临近孔喉填充了非润湿相时为 I_1，当有两个临近孔喉填充了非润湿相时为 I_2。参考了 Valvatne 和 Blunt(2004)

在 Lenormand 等(1983)研究基础上的工作成果

Lenormand 等(1983)以及 Lenormand 和 Zarcone(1984)等专家学者将这种孔隙填充机理称为 I_n,式中 n 表示与该孔隙相连并且不含有非润湿流体的孔喉数量。由于在这种情况下孔隙中的非润湿相被水环绕和捕获,不可能出现 I_0;由于没有连接出口,所以不可能被驱替。I_1 是临界毛细管压力下的最优解,可通过下式近似得出:

$$p_c = \frac{C_{Ip}\sigma\cos\theta_A}{r_p} \tag{4.19}$$

式中:r_p 为孔隙的内切圆半径。

与式(4.12)类似,C_{Ip} 是一项取决于孔隙几何参数和接触角度的系数,圆形孔隙情况下该系数为 2,裂缝形状情况下该系数为 1。已知,C_{Ip} 可以通过能量守恒推出,具体步骤同孔喉填充,如有必要可以从式(2.15)或式(4.13)开始推算。

I_2 较少使用,当 TM 穿过孔隙并且移动到边界孔喉附近时,临界或最大的填充曲率半径要比 I_1 大(图4.7)。I_3 同样较少使用,甚至十分少见,这是因为在这种情况下(至少是图4.7所示的几何情况下),在推进过孔隙的过程中,润湿相一定会侵入非润湿相中,如图4.8所示。在润湿相出现在孔喉中的情况下,曲率为临界曲率。此外,临界压力也取决于充满水的孔喉的位置,即使对同一孔隙来说,如在 I_2 或其他填充条件下,依旧可能具有不同的临界压力。

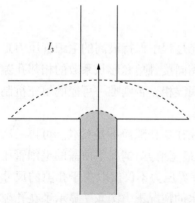 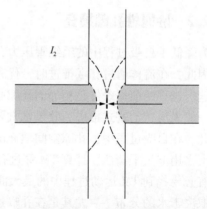

(a)在 I_3 条件下穿过孔隙所需的最小毛细管压力为负值:与图4.7所示的 I_1 和 I_2 过程不同,前进相的压力超过了驱替相(交界面向外突出)

(b)I_2 驱替的极限曲率,前进相从孔喉的反方向接近孔隙。此外,最小毛细管压力为负,其数值与(a)中一致。如图4.7所示,在填充相邻的孔喉时,相对于 I_2,这种情况较少

图 4.8 即使前进接触角小于 90°(此处 $\theta_A = 45°$),孔隙填充时临界毛细管压力为负值

当末端弯月面接触或到达孔隙的另一端时,最大水压力点或最大负曲率用阴影表示

孔隙填充的临界毛细管压力对孔隙的几何形状较为敏感,当孔喉填充有润湿相并且考虑其排列方式时,难以精确地确定这些压力值。迄今为止,在网格化模型中已经提出了十分简化的经验公式,可用来确定这些临界压力(Blunt,1997b;Øren 等,1998);如上所示,从原理上来讲,这些计算采用了几何结构的能量平衡,临界压力取决于使 TM 穿过孔隙的最大曲率半径。

此处列出文献中关于 I_n 填充过程的近似表达式,以供参考。Jerauld 和 Salter(1990)率先提出了一般三维系统下关于该问题的定量描述,他们指出:

$$p_c(I_n) = \frac{2\sigma}{nr_p} \tag{4.20}$$

其中，n 为充油的孔喉数量，并假设接触角 $\theta_A \approx 0°$。在 I_1 条件下，式(4.19)中的圆形孔隙形状系数假设为 $C_p = 2$。

考虑到接触角的各种情况，Øren 等(1998)提出以下公式：

$$p_c(I_n) = \frac{2\sigma\cos\theta_A}{r_p + \sum_{i=1}^{n} b_i r_{ti} x_i} \tag{4.21}$$

式中：r_{ti} 为充油孔喉的内切圆半径；b_i 为无量纲系数；x_i 为介于 $0 \sim 1$ 之间的随机数。

如果假设式(4.19)中的 $C_{Ip} = 2$，则 $b_1 = 0$。但是从式(4.21)可以看出，充油孔喉越多，越不利于填充，在这种情况下不允许毛细管压力呈现负数，如图 4.8 所示。

Blunt(1997a)提出了一个相似的理论，如果将模型稍微简化，则有：

$$p_c(I_n) = \frac{2\sigma\cos\theta_A}{r_p + \sum_{i=1}^{n} b_i x_i} \tag{4.22}$$

式中：b_i 是具有长度单位的系数，其数值等于标准孔喉尺寸；x_i 和上式相同，为介于 $0 \sim 1$ 之间的随机数。

该表达式也受到临界压力恒为正这一条件的约束。

Blunt(1998)对这一模型进行了改进，以允许出现负的临界压力，并排除了 I_1 和 I_2 情况外的自发性孔隙填充，其中极少出现 I_2 条件。

$$p_c(I_n) = \frac{2\sigma\cos\theta_A}{r_p} - \sigma\sum_{i=1}^{n} b_i x_i \tag{4.23}$$

式中：b_i 为系数，除 b_1 外，该系数大小近似等于孔喉平均半径的倒数，b_1 值假定为 0，与式(4.19)相同，$C_{Ip} = 2$。

以上所有模型均是近似的，虽然它们可以描述驱替的定性特性，但无法对自吸过程进行精确的定量描述表征，而这对理解孔隙填充过程十分重要。此外，应该注意到这些模型都假设在 I_1 条件下可以实现有效填充，而这一条件的前提假设是孔隙具有较大的圆形横截面。

当接触角大于一些临界值时(通常假定为 90°，取决于孔隙的几何形状)，侵入孔隙时的毛细管压力不再取决于邻近的充油孔喉的数量，可以对该排驱过程进行描述。在这种情况下，可以假设下面的简单表达式，

$$p_c = \frac{2\sigma\cos\theta_A}{r_p} \tag{4.24}$$

一旦孔隙完成填充，TM 将快速通过边界孔喉。因为根据定义，假设孔喉接触角是相似的，这种情况下需要更大的(同时也是最有利的)毛细管压力。相比于卡断，这种模式被称为活塞式推进。在这种条件下，毛细管压力可以由式(4.12)计算得出，正如上面所讨论的，这种情况对排驱而言是优于卡断的。但是，在任何连接润湿相的孔喉中均有可能出现卡断，而只有当邻近孔隙中出现润湿相时才可能出现活塞式推进。

单独的孔隙填充将导致圈闭很少。实际上，I_n 的机制促使润湿相产生一个较扁平的前缘推进。润湿相的凸起不利于 I_{z-1} 填充，其中 z 为孔隙的配位数。与之相反，任何凹陷都有利

于 I_1 过程的填充，仍然可以通过旁路来捕获非润湿流体。其中的前缘推进十分重要，这为环绕在孔隙空间中某处区域的润湿相提供了一种钳形运动的可能。

图 4.9 显示了协同性孔隙填充，这说明 I_3 和 I_2 在规则晶格中的组合是如何在没有缺陷的情况下导致了宏观上的扁平推进，并且没有形成圈闭。在多相系统中，推进前缘更为粗糙，但是仍几乎不存在圈闭，下面将对此进行讨论。

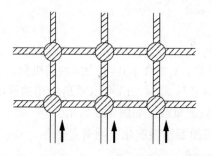

（a）水、润湿相（白色），驱替非润湿相，如箭头所示　　　（b）孔隙——最小的孔隙——在 I_3 条件下填充

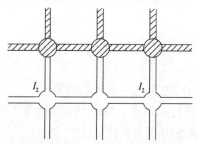

（c）之后进行一系列更有效果的 I_2 填充，产生扁平地前缘推进，并且没有形成圈闭

图 4.9　自吸过程中协同性孔隙填充示意图

根据 Blunt 等（1992）的研究成果绘制

4.2.3　卡断和协同性孔隙填充的竞争

驱替的特性和形成圈闭的非润湿相数量取决于活塞式填充和卡断之间的竞争。首先考虑的是在同一孔喉中利用式（4.8）和式（4.12）得出卡断和活塞式推进的临界毛细管压力比值：

$$\frac{p_c^{snap}}{p_c^{piston}} \equiv p_{cR}^t = \frac{1-\tan\theta_A\tan\beta}{C_{it}} \tag{4.25}$$

$p_{cR}^t \leqslant 1$（由于 $C_{it} \geqslant 1$），这表示在可能的情况下活塞式推进总是比卡断更具备优越性。

通过式（4.8）可以得出孔喉中卡断的临界压力比值，通过式（4.19）可以得出更有效的 I_1 孔隙填充机制。

$$p_{cR}^I = \frac{r_p}{C_{Ip}r_t}(1-\tan\theta_A\tan\beta) \tag{4.26}$$

如果比值大于 1，则卡断更具优势；否则优先选择孔隙填充。从理论上来说，该比值可以应用在系统中的任何一个孔喉或孔隙上；但是该比值的最大意义在于考虑了孔隙最大孔喉边界上的 I_1 孔隙填充和卡断，从而对圈闭进行了控制。

在此主要在自吸驱替的情况下考虑该比值，但是也可以用相似的标准来确定在排驱过程中卡断是否出现在海恩斯跳跃之后。在这种情况下，将产生活塞式推进对后退接触角进行抵消（非润湿相将穿过孔隙，但是考虑在这之后对孔喉卡断）。因此，应选取一个介于对孔喉中的卡断进行描述的式(4.8)和描述排驱时穿越孔隙的活塞式推进的式(3.13)之间的合适比值，并用 r_p 代替 r_t。

$$p_{cR}^D = \frac{r_p}{r_t}\frac{\cos\theta_A}{\cos\theta_R}\frac{(1-\tan\theta_A\tan\beta)}{C_D} \tag{4.27}$$

式中，当 $p_{cR}^D > 1$ 时，出现卡断。由于忽略了黏性流体产生的较大的冲击，而这种冲击对局部的毛细管压力形成了干扰，因此这是一种近似的分析方法。但是，这是一种很好的指导理论，可以用来解决可能出现的 Roof 卡断问题。

回过头来分析自吸问题，从式(4.26)可以看出，卡断越多（对于大多数孔隙来说，$p_{cR}^I > 1$）导致非润湿相的圈闭越多。有 4 个特性可以对此进行控制。

第一，为了利于形成卡断，孔喉半径 r_t 必须小于孔隙半径 r_p 的一半，使得 $C_{Ip}=2$。一般将孔隙和孔喉的半径之比称为纵横比。

对于纵横比有多种不同的定义。对于一个给定的孔隙，纵横比为该孔隙半径和边界孔喉半径平均值的比值。可以进而定义平均纵横比，是指在该网络中所有孔隙的纵横比的平均值。

纵横比大于 2 是出现卡断的前提条件。严格意义上来说，最大边界孔喉的半径必须小于孔隙半径的一半（假设孔隙大部分基本几何要素为圆形），因为对最后一个孔喉的填充将决定圈闭的形成——只有当所有孔喉边界填充之后非润湿相才可以形成圈闭；如果用 I_1 替代将更有效果，当填充了绝大部分孔喉并且只有一个孔喉未被填充时，润湿相将会侵入孔隙，同时非润湿相将会从最后的且也是最大的孔喉中溢出。

第二，如果孔喉具有锐角[式(4.26)中 $\tan\beta$ 值较小]，则卡断起到更大的作用：这很容易理解，因为岩层中的润湿相将有助于孔喉的填充。由于在穿过裂缝时 TM 只有一个方向是弯曲的，忽略了其他方向上的曲率，因此当 $C_{Ip}\approx 1$ 时，应考虑裂缝形状的孔隙和孔喉的极限约束；可参考式(1.17)。同样的，通过式(4.8)可以求出在 $\beta\to 0$ 的极限条件下卡断所需要的临界压力，得到下式：

$$p_{cR}^I = \frac{r_p}{r_t} \tag{4.28}$$

这表明在相同尺寸要素下活塞式推进和卡断时产生的毛细管压力相同。在排驱驱替时会有少许的接触角滞后现象，由于这两种过程的毛细管压力相近，从而可能导致在同一孔喉中活塞式填充以及卡断交替出现。从式(4.27)中可以得出，毛细管压力的比值为：

$$p_{cR}^D = \frac{r_p}{r_t}\frac{\cos\theta_A}{\cos\theta_R} \tag{4.29}$$

得出 $C_D=1$。

第三，因为 θ_A 的值较小，润湿条件下更有可能出现卡断。对于多孔介质，如果其孔隙尺寸相较于孔喉较大时，圈闭的精确数量对 θ_A 值非常敏感。

第四，尽管仅在式(4.26)中有所隐含，但因为非润湿相可能在自吸过程中溢出，所以对于任何含有较多边界孔喉的孔隙来说，在连接良好的孔隙空间中卡断几乎不可能形成圈闭。如上所述，它是决定非润湿相是否形成圈闭的最大边界孔喉：在许多相互连接的孔喉中，有一个孔喉可能是最大的，利用 I_1 填充将具备更好的效果。因此，希望产生较小的圈闭，以形成较大的配位数，或 Euler 示性数，即式(2.12)中的 χ。χ 量化了结构中冗余循环的数量，如图 2.24 所示。$\chi_V = \chi/V$ 为单位体积内的 Euler 示性数。对于连通良好的孔隙空间来说，该数值($-\chi_V$)为正，大致可以解释为没有连接非润湿相的单位体积内通过卡断进行填充的孔喉数量。该数值越大，在非润湿相形成圈闭之前产生的卡断越多。

4.2.4　不同填充方式的频率

通过孔隙尺度模型，能够对不同的驱替过程进行量化处理。这有助于说明不同填充机制之间的竞争，并且对不同孔隙结构和接触角的变化进行解释。对比一些网络模型中的驱替统计数据，表 2.1 列出了这些网络模型的具体特性。使用式(4.23)处理孔隙填充问题时，$15000\mathrm{m}^{-1}(1/67\mu\mathrm{m}^{-1})$ 的 I_n 填充时权重为 b_n，当 $n \geqslant 2$ 时，任何情况下 $b_1 = 0$。

以 Bentheimer 砂岩为例，演示一个标准示例，见表 4.1。无论接触角为多少，最常见的驱替过程均为孔喉的活塞式填充：当一个孔隙完成填充后，其相邻的孔喉也可能完成填充。在这一过程中，存在 I_1 孔隙填充和卡断之间的竞争，可以估计，当接触角越大时孔喉中出现卡断数越少。虽然可以看到更多孔隙卡断，当接触角接近 90° 时，如果有较大的接触角并且缝隙较小时，由于毛细管进口压力的作用，相比于邻近的孔喉，卡断对孔隙的作用效果更好。当接触角接近 90° 时出现卡断现象，这表明孔隙具有非常锋锐的边角。但是，随着接触角增加，并没有观察到 I_1 随之增加；相反，在 $n>1$ 情况下 I_n 条件比卡断具有更好的效果。

表 4.1　Bentheimer 砂岩自吸过程中的驱替统计

接触角范围，(°)	0~30	30~60	60~90	90~120
未侵入的孔隙	9492	7525	7328	21217
孔隙卡断	155	1184	2286	0
I_1孔隙填充	9993	8154	6786	474
I_2孔隙填充	6735	7616	7005	975
I_3孔隙填充	1834	3110	3658	1200
I_4+孔隙填充	392	1012	1538	4735
未被侵入的孔喉	6436	8444	9896	45259
孔喉卡断	18687	16957	12211	0
活塞式孔喉填充	29618	29340	32634	9482
残余油饱和度	0.52	0.46	0.36	0.27

注：本表显示了在不同接触角下不同自吸过程的数量。网络统计见表 2.1。

当接触角范围从 0°~30° 转变到 60°~90° 时，残余(圈闭)油饱和度从 52% 降低到 36%。但是，从未被侵入的元素数量来看并不明显。虽然孔隙中被圈闭的流体较少，但是随着接触角变大，未被侵入的孔喉数量随之增加。当接触角达到最小值时，大量的元素形成圈闭，同时孔隙的填充状况受到了孔隙尺寸的约束。由于孔隙形状存在差异，导致一系列接触角的存在，在这些接触角接近 90° 时，进口压力的顺序不同于尺寸的顺序，更倾向于在较圆的孔隙和具有较大的接触角的孔喉中寻找圈闭。因此，当选择更为中性的湿润条件时，圈闭不再优先存在于较大的元素中，并且圈闭的总体积有所下降。如图 4.10 所示，图中标绘了在注水

结束后所有被圈闭的(油填充)元素(孔隙和孔喉)所占有的体积分数,可以看出体积分数是
内切曲率半径的函数。可以在其他示例中观察到同样的现象:当接触角较低时,填充主要由
内切圆半径约束,圈闭多局限于较大的元素,并且残余油饱和度达到了最大值。当接触角增
大时,圈闭可能出现在一些较小的元素上,并且残余饱和度降低。

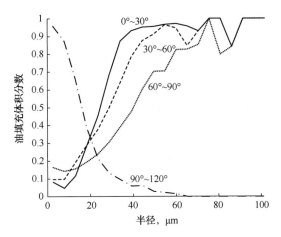

图 4.10　水驱结束后 Bentheimer 砂岩网络模型中油填充(圈闭)的孔隙和喉道的
体积权重系数,是元素内切圆半径的函数

值得注意的是,随着接触角增大,发现颗粒分离的严密性有所降低,导致残余饱和度下降;见表 4.1。当接触角超
过 90°时,圈闭更有可能出现在最小的元素上

　　作为参考,表 4.1 最后一列中所有接触角均略大于 90°。现在以一个排驱过程为例,采
用与 I_n 完全不相关的孔隙填充条件,并且没有卡断现象发生。还看到了大量未被侵入的孔隙
和孔喉中形成了明显的圈闭现象,比如在油相被水包围后,在润湿岩层中无法溢出。只有系
统具备更强的亲油性时才会出现这种情况,具体内容将在第 5 章中讨论。但是,当圈闭出现
在较小的元素上时,如图 4.10 所示,残余油饱和度将略微降低到 27%。

　　在 Berea 储层中的大体趋势基本相同,见表 4.2。随着平均接触角逐渐接近 90°,观察到
残余油饱和度急剧降低,伴随着大量的圈闭转变和频繁的卡断现象。这使得可以对 4.6.2 节
和 7.1.3 节中的圈闭和流体特性做一个十分严谨的解释(和匹配)。

表 4.2　Berea 砂岩自吸过程中的驱替统计

接触角范围,(°)	0~30	30~60	60~90	90~120
未侵入的孔隙	5107	4233	3477	635
孔隙卡断	14	39	140	0
I_1孔隙填充	2274	1646	1437	650
I_2孔隙填充	2889	3319	3674	2252
I_3孔隙填充	1810	2682	3183	5645
I_4+孔隙填充	255	430	438	3167
未被侵入的孔喉	6880	9239	7926	3074
孔喉卡断	7679	7447	6711	0

接触角范围, (°)	0~30	30~60	60~90	90~120
活塞式孔喉填充	11587	9460	11509	23072
残余油饱和度	0.49	0.47	0.30	0.02

注：本表显示了在不同接触角下不同自吸过程的数量。网络统计见表2.1。

表4.3列出了Mount Gambier石灰岩样本参数特性，虽然大部分具有开放式结构，但是其平均配位数较低，仅为2.86，发现石灰岩具备同样的特性。样本上面不仅有连通性较好的较大孔隙，也有一些只与一两个孔隙相连通的较小孔隙。如果这种小孔隙存在较大的接触角，可能在孔隙中频繁地出现卡断现象。如果接触角超过90°，残余饱和度将会上升，这样将会获得大量的圈闭元素。

表4.3 Mount Gambier石灰岩自吸过程中的驱替统计

接触角范围, (°)	0~30	30~60	60~90	90~120
未侵入的孔隙	35760	31978	30900	53666
孔隙卡断	227	1688	3317	0
I_1孔隙填充	18125	16182	14500	2292
I_2孔隙填充	9352	11022	10707	2086
I_3孔隙填充	2411	4284	5070	1841
I_4+孔隙填充	404	1125	1785	6394
未被侵入的孔喉	22761	24842	26813	77720
孔喉卡断	28285	25454	18363	0
活塞式孔喉填充	44382	44432	49502	16958
残余油饱和度	0.45	0.40	0.28	0.32

注：本表显示了在不同范围的推进接触角作用下，不同注水过程中的事件数量。网络统计见表2.1。

在Estaillades和Ketton石灰岩中也发现了同样的特性，分别见表4.4和表4.5。此外，随着接触角的增大，卡断和向孔隙填充转移的现象出现频率降低，这与已经被侵入的孔喉数量无关。由于被圈闭的元素不再必须为最大的孔隙或孔喉，因此残余饱和度随之下降。Estaillades石灰岩和Mount Gambier石灰岩的配位数相似，但是其开放式孔隙空间较少，孔喉尺寸比Mount Gambier石灰岩小一个数量级，如图3.12所示。Estaillades石灰岩连通良好的孔隙较少，并且孔喉半径值分布较为广泛。观察到较多的圈闭以及极少数的孔隙填充，而在大多数孔隙中被侵入的孔喉都含油。Ketton石灰岩孔隙尺寸较大，在相同的物理尺度下，网络中的元素数量相对较少。此外，该石灰岩还具有较大的配位数，并且其较大孔喉的分布区域更为集中(图3.11)，从而降低了圈闭量。

表4.4 Estaillades石灰岩自吸过程中的驱替统计

接触角范围, (°)	0~30	30~60	60~90	90~120
未侵入的孔隙	65700	63280	64576	74414
孔隙卡断	550	606	1558	1

续表

接触角范围，(°)	0~30	30~60	60~90	90~120
I_1孔隙填充	8736	7526	5337	992
I_2孔隙填充	5956	6736	5512	1407
I_3孔隙填充	2056	3396	3522	1476
I_4+孔隙填充	601	1528	2567	4782
未被侵入的孔喉	74791	77523	84052	108221
孔喉卡断	18380	14268	8362	1
活塞式孔喉填充	27696	29075	28453	12645
残余油饱和度	0.59	0.57	0.56	0.30

注：本表显示了不同范围的推进接触角作用下，不同注水过程中的事件数量。网络统计见表2.1。

表4.5　Ketton石灰岩自吸过程中的驱替统计

接触角范围，(°)	0~30	30~60	60~90	90~120
未侵入的孔隙	664	538	466	1281
孔隙卡断	23	95	137	0
I_1孔隙填充	701	635	648	40
I_2孔隙填充	425	473	497	81
I_3孔隙填充	95	156	150	141
I_4+孔隙填充	8	19	18	373
未被侵入的孔喉	580	644	521	2711
孔喉卡断	1062	938	812	0
活塞式孔喉填充	1861	1921	2170	792
残余油饱和度	0.42	0.35	0.20	0.37

注：本表显示了不同范围的推进接触角作用下，不同注水过程中的事件数量。网络统计见表2.1。

　　这个演示表明了仅仅对单一情况进行分析并不能完整概括网络状态的全貌。当对接触角的分布进行研究时，观察到了两个意料之外的偶发现象。首先，观察到当相邻的孔喉进口压力较低时，弱亲水系统出现孔隙卡断现象。其次，随着平均接触角的增加，残余油饱和度逐渐下降，造成这一现象的原因并不是卡断所产生的抑制作用，而是较大元素中的圈闭所带来的偏移。

　　从计算角度来说，网络模型所采用的算法与侵入渗流所用的算法相同，在此基础上对毛细管压力进行排列。选择最有利的情况（毛细管压力最高），并更新列表，以反映网络中新相的占比，并更新I_n填充条件的压力。然而，一个可以通过非润湿相颗粒团来识别的新特征，可以阻止圈闭油液的侵入。Hoshen和Kopelman（1976）开发了一种识别渗透过程中颗粒团的标准算法，可以对网络实现单一扫描，Al-Futaisi和Patzek（2003a）对该算法进行了扩展，可以识别出不规则的晶格。但是每次驱替完成之后，没有必要确定整个系统中的颗粒团；相反，应采用燃烧算法对圈闭进行测验。首先标记要被填充的元素，之后将所有与之相邻的含油元素进行标记（这行相邻元素可能是孔隙的边界孔喉或孔喉的相邻孔隙）。之后找到这些元素的相邻元素，并以此类推。根据这套流程，最后可能到达网络的外部边界，并驱替原油或找到新的相邻元素。对于后一种情况，可以对圈闭中的一个颗粒团进行标记，并且将这套标记流程应用于所有已经确定的元素。如果每填充(或考虑填充)一个元素就要扫描整个网络，那么需要进行 n 次计算，其中 n 为元素的数量，这使整个计算需要进行 n^2 次操作，而不是侵入渗流没有圈闭存在时的 $n\ln n$ 次。但是，燃烧算法非常迅捷，计算机只需花费几秒钟的时间就可以模拟出数百万元素的驱替过程。

4.2.5　填充的动态特性

与海恩斯跳跃相似，但不同于自吸，对单一孔隙进行填充可能导致相邻的孔隙或孔喉生成大量的填充沉淀物，并产生较高的临界毛细管压力，直到形成新的毛细管平衡。除非对油液形成圈闭，否则孔隙填充也可能导致油液从所有的相邻孔喉中被驱替出来。与之类似，在孔喉处形成卡断将更有利于自发地形成孔隙填充。孔喉充填导致与其相邻孔隙的临界毛细管压力发生改变。如果孔隙最初只含有 n 个充油孔喉，则卡断之后驱替的临界值从 I_n 变为 I_{n-1}，这对填充更为有利，因此可以在目前的宏观毛细管压力基础上进一步完成填充。

任何局部毛细管压力的增加都有可能导致水从已经填充的区域中回缩，产生排驱现象，此时局部毛细管压力达到一个较高的压力平衡点(水压较低)。当再次注水时，先前出现回缩现象的孔隙空间将再次填充。

从总体上来说，因为孔隙中已经存在润湿相，一些狭小的孔喉已经得以填充，并且在驱替过程大体按照孔隙尺寸大小的顺序进行，并通过卡断实现填充，所以相比于排驱，这种层叠式的填充模式更为平缓。因此，存在一些更为独立且尚未被填充的孔隙空间供润湿相填充，这些孔隙保持了适当的局部毛细管压力值。上文体现出润湿层的重要性，保证了驱替具有贯穿整个孔隙空间的能力，与排驱相比，其填充仅限于已经连接的、被侵入的以及非润湿相颗粒团邻近的区域。

图 4.11 显示了孔隙尺度下的填充动态特性，显示了 Ketton 石灰岩卡断前后非润湿性流体的结构。卡断将切断非润湿相的残余油滴，但是无论对于残余油滴还是已连接相，局部毛细管压力并未造成明显变动，并且没有证据表明润湿相出现了回缩现象。在测量单一驱替的声学信号记录时，与排驱相比，观察到的较大的爆发音较少，这也证明了海恩斯跳跃不利于自吸(DiCarlo 等，2003)。

上述讨论似乎与图 4.9 中所描述的填充顺序原理图有所矛盾，也就是在单一的 I_3 填充条件下，如果在一个规则晶格中采用 I_2 填充条件，那么就会形成爆发音。当润湿层中有极少或者没有流体流动时，有可能出现这种现象，并且如下一小节所讨论的那样，这种现象在不规则的介质中依旧会出现。

此外，在 Bentheimer 砂岩中也观察到局部毛细管压力出现变动。局部弯月面曲率的波动将导致连续卡断(自吸)，并且出现重新连接(排驱)现象。可以通过研究排驱过程中式(4.8)中的卡断相对于式(3.13)中的活塞式推进在临界压力上的比值来对这一现象进行量化。

$$p_{cR}^{ID} = \frac{\cos\theta_A}{\cos\theta_R} \frac{(1-\tan\theta_A\tan\beta)}{C_D} \tag{4.30}$$

$p_{cR}^{ID} \leqslant 1$(由于 $C_D \geqslant 1$，并且 $\theta_A \geqslant \theta_R$)；但是对裂缝式孔喉来说，这一比值趋近于 1，并且当接触角为 0°时会造成些许滞后。

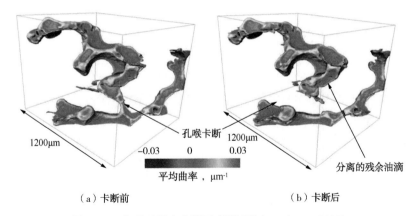

（a）卡断前 （b）卡断后

图4.11 自吸过程中卡断示意图（引自 Andrew，2014）

非润湿相为 CO_2，实验条件与图4.4中所描述的相似。对比卡断前后的图像，非润湿相的残余油滴出现了分离。
与排驱相反，卡断并不会明显改变已连接或未连接相的曲率，这表明局部毛细管压力为恒定量。润湿体岩层使得
局部毛细管平衡随着驱替过程的推进而平稳地展开

可以观察到一个更具动态性的驱替过程，即在临时切断的残余油滴之间交换非润湿相，而不是在具有恒定毛细管压力的毛细管控制下达到的稳定状态（Rücker 等，2015）。当式（4.30）中的 p_{cR}^{ID} 接近1时，该过程将会发生。

图4.12举例说明了驱替的连续性（Rücker 等，2015）。可以通过连续的卡断和活塞式排驱实现非润湿相的切断和重新连接。如图4.13所示，可以从局部毛细管压力变化上予以解释，代表了图4.12中下面的概念性图解。最开始，油液占据了孔隙空间的中心，包括图4.12中标记为1和2的孔喉。随着毛细压力的降低，最有效的填充出现在位置2处的卡断（图4.13所示的事件 A）。为了便于论证，假设孔喉具有一个裂纹型的横截面。因为初始 TM 具有两个方向上的曲率，局部毛细管压力增加。为了提升近似精度，由于 TM 首先形成于孔喉处，卡断后局部毛细管压力瞬间提升至活塞式推进的临界值，在这种情况下系数 $1/p_{cR}^{t}$ 将上升并接近1，其中 p_{cR}^{t} 值可以由式（4.25）求出。当对比两个自吸过程的驱替时可以使用这个比例。

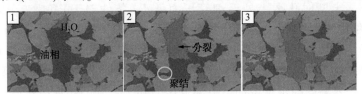

（a）对砂岩进行自吸试验期间的油液、非润湿相、润湿相以及水的序列图像。
体素大小为2.2μm，图像每隔40s采集一次。水侵入孔隙空间（图1和图2），
但这造成了局部排驱事件，其中非湿润相重新连通（2），然后随着驱替的
进行再次断连（3）

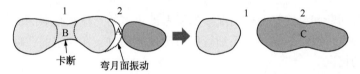

（b）解释了这一过程的原理，先在位置2出现的卡断（现象 A），之后出现在
位置1（B），最后在位置2（C）孔喉重新连接

图4.12 驱替次序实例（据 Rücker 等，2015）

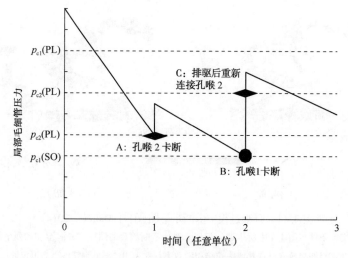

图 4.13   图 4.12 中驱替序列的局部毛细管压力变化

随着进入系统的水量增多，局部毛细管压力下降。第一个填充事件是孔喉 2 中的卡断，即时间 A，从而在极短的
时间内将压力提升，并形成了两个末端弯月面。假设毛细管压力在一个合理的范围内阶跃跳动。下一个填充事件 B
为在孔喉 1 处的卡断。在这种情况下压力得以显著提升，使得在孔喉 2 处出现排驱现象，也就是事件 C，重新连接
了非润湿相。观察到非润湿相的断开和再连接，甚至观察到在毛细作用宏观控制下极低流速形成的驱替现象

随着注入系统的水量进一步增加，局部毛细管压力再次降低，并且 TM 流向孔隙空间中较为宽阔的区域。应该注意的是，毛细管压力的升高并不一定代表图 4.13 所标记的 p_{c2}(PL)值，因为这是在 $\theta_R \leqslant \theta_A$ 情况下排驱过程中活塞式推进的临界值，所产生的压力高于自吸过程中的活塞式推进：该值可用系数 $1/p_{cR}^{ID}$ 表示，高于卡断填充条件，式中的 p_{cR}^{ID} 可以通过式(4.25)计算得出，并且 $p_{cR}^{ID} \leqslant p_{cR}^t$。

图 4.12 所示的下一个填充为位置 1 处的卡断，也就是图 4.13 所标记的事件 B。此外，随着 TM 的形成，局部毛细管压力瞬间增大。在这种情况下，假设存在更多的圆形孔喉。这意味着式(4.25)中的 $1/p_{cR}^t$ 值大于(2 倍于)孔喉 1，当 TM 形成时压力急剧增大。可以很容易地举出一个例子，卡断时孔喉 1 处毛细管压力低于(条件差于)孔喉 2，即 p_{c1}(SO)$<p_{c2}$(SO)，但是孔喉 1 处活塞式推进临界压力高于孔喉 2 处，即 p_{c1}(PL)$>p_{c2}$(PL)。这意味着局部毛细管压力的增加量足以在孔喉 2 处形成排驱，引发活塞式填充，即事件 C。通过一系列的卡断和再连接，实现图 4.12 所示的孔喉再连接，并将非润湿相向右侧转移。在这一过程完成之后，随着进入系统的水量增加，毛细管压力随之下降，并且在孔喉 2 处再次形成卡断，最终切断非润湿相。

需要注意的是，即使在驱替流速极低的情况下，该过程仍会发生；在卡断之后局部毛细管压力将不可避免地出现不稳定的情况。这一现象使驱替过程中非润湿相连通性出现变动，残余油滴可能出现切断和再连接两种情况。如果考虑更多的孔隙和孔喉的驱替过程，可以对这个观点进行扩展。可以设想在局部毛细管压力出现波动时，在特定的孔喉处出现的卡断与再连接反复循环的情况。

4.2.6   一系列亚稳定状态下的驱替

经过上述讨论将获得一个关于驱替过程的简洁概念图，该概念图由 Morrow(1970)首先提出，之后由 Cueto-Felgueroso 和 Juanes(2016)进行了进一步发展，并建立了更为严格的理论基础。如图 4.13 所示，发现两种毛细管压力的变化情况。首先是局部毛细管压力随着时间平稳变化，这表明相对应的饱和度正逐渐发生改变。这是一个可逆的过程，可以在不改变流体流型拓扑结构的前提下，改变流动方向，并使弯月面回缩。如果接触角没有滞后，则在这一过程中将不会出现任何毛细管压力阶跃现象。Morrow(1970)将这一过程命名为 isons：当注入相压力达到局部极大值时，在注入速率较低的情况下，这些点表明宏观和局部的毛细管压力相等。在自吸和排驱过程中均有可能出现 isons 现象，并且可以用作注入进孔喉的 TM 或润湿层中膨胀的 AM 的表征。在 isons 过程中，可以获得局部毛细管平衡的状态。

第二个过程被命名为 rheon，对应于固定饱和度时局部毛细管压力出现的急剧变化。由于局部毛细管压力不平衡，流体在孔隙空间中重新排列：流体排列的拓扑结构可能发生变动，并且这一过程是不可逆的。在卡断和海恩斯跳跃后流体出现重新排列的现象就是 rheon 的一个具体特征。

驱替可以被认为是毛细管平衡和亚稳态之间的过渡状态，在从一个状态转移到另一个状态的过程中会出现跳跃或 rheon 情况时，也可能伴随着一系列的驱替过程(Cueto-Felgueroso 和 Juanes，2016)。这是产生毛细管压力滞后现象的根本原因，这也是宏观毛细管压力在自吸和排驱过程中作为饱和度函数不同的原因所在。在局部上，观察到一系列不可逆的过程，而宏观压力仅记录 Isons 过程中的局部最大值(排驱过程)或局部毛细管压力的最小值(自吸过程)。

在用毛细管压力的大规模测量来说明毛细管压力滞后现象之前，应首先区分驱替模式的类型，因为在某些情况下，平滑变化的毛细管压力不能被定义为饱和度的函数。

4.3 自吸过程中的驱替模式

根据卡断和孔隙填充之间的冲突，在自吸过程中可以观察到不同模式。介绍 4 种一般的模式类型——圈闭渗透、侵入渗流、前缘推进和簇状生长，这 4 种类型建立在 Chandler 等(1982)、Lenormand 和 Zarcone(1984)以及 Cieplak 和 Robbins(1988，1990)的研究工作基础上。参考正方形网格中孔隙和孔喉的二维模拟，并将这些案例归纳在图 4.14 中进行解释(Blunt 和 Scher，1995)。

图 4.14(a)为点渗流。按照尺寸大小顺序完成整个孔隙的填充。在裂缝中流动的流体可填充系统中任何位置的孔隙或喉道。图 4.14(b)为点侵入渗流。类似于普通的渗透，不同之处在于没有缝隙中的流体流动，因此只能填充与之相邻的正对面的孔隙。图 4.14(c)为扁平式前缘推进。协同性孔隙填充允许流体可以均匀地向前推进。图 4.14(d)为簇状增长。与前缘推进相似，不同之处在于裂缝中的流体可以填充任何位置的孔隙和喉道，这些早期被充填的孔喉起到了成核点的作用，以便周围的孔隙被簇状充填，图中所描述的时刻正位于突破之前。最大的充填簇将持续生长，最后将填充整个系统。

4.3.1 圈闭渗透

对具有高度非均质性的介质来说，孔隙和喉道具有极大的差异性。正如在图 3.12 中描述的那样，在采石厂得到的碳酸盐岩中的不同孔喉半径相差可达 4 个数量级，而储集岩的差异性可能更大。在这些情况下，为了得到第一近似值，自吸可以使孔隙空间按照尺寸顺序依

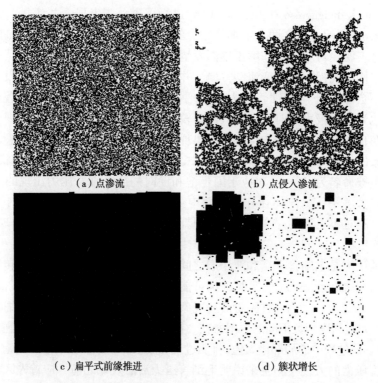

（a）点渗流 　　　　　　　　（b）点侵入渗流

（c）扁平式前缘推进 　　　　　　（d）簇状增长

图 4.14　在 200×200 正方形网络中模拟多种类型的润湿相侵入。在突破时孔隙填充有润湿性流体
（引自 Blunt 和 Scher，1995）

次填充，其中最小的区域将首先被填充。角部几何形状的微小变化，或者说孔隙填充流体的确切分布，是影响在该临界压力下内切圆半径的次要决定因素。在这种情况下，虽然根据定义，相比于邻近的孔隙，喉道更为狭窄，但从尺寸分布的角度讲，两者之间互相重叠，因为许多较小孔隙的尺寸要小于部分喉道的尺寸。

如果允许所连接的润湿层在整个样本中流动，则润湿相的填充可以由卡断来进行。这将允许润湿相对最小的孔隙进行填充，并且更倾向于在较大的孔喉上进一步形成卡断。大体来说，孔隙填充基本按照其尺寸顺序进行，伴随着与之相关的孔喉填充和卡断现象，从而使得整个流程逐步推进。润湿相可以将非润湿相圈闭在孔隙空间中，只要存在一个连接到出口的通道就可以形成驱替现象，该现象是带有圈闭的点渗流。由于目前是孔隙（渗透的节点）——而不是喉道（连接处），所以以点渗流为主。小孔隙对润湿相的推进形成了阻碍，并且影响的程度可以在大体上按照尺寸大小顺序排列。可以考虑该过程的一种变形，所有的孔隙尺寸都大于喉道，并且卡断是唯一的驱替过程。在这里将自吸作用和孔喉结合起来了，并且按照大小顺序进行填充，而非润湿相被圈闭在各种尺度的孔隙中。但是，在大多数的自然系统中，都有一定程度上的孔隙填充；如果没有，则被捕获的非润湿相的饱和度将十分高。

这种类型的渗透驱替模式的重要特点是可以在系统中的任何地方进行填充，通过孔隙尺寸控制层流的顺序来调节发生的部位。该过程在油藏环境中最为常见，比如水驱和 CO_2 通过含水层的运移，以及通过湿土的水侵。当孔隙的尺寸范围较广并且在孔隙空间中具有一定的初始润湿相饱和度时，该过程很容易发生。

在注水采油方面，孔隙中的圈闭是一种不利因素，但是渗透式推进的本质决定了除非达到渗透的临界值，否则水的连通性依旧很差，从而阻碍了水的推进，但是有利于提高石油的采收率，如3.4.3节所述。正如随后即将要讨论的那样，圈闭和较差的水连通性之间的平衡是原油采收率的主要影响因素。

4.3.2 带有圈闭的侵入渗流

相反，如果不允许层流的存在，由于在一个完全干燥的岩石或土壤或者一个由平滑颗粒组成的介质（比如压紧的球体）上进行原始自吸过程，润湿层无法与系统连通，因此没有观察到卡断现象。在这种情况下，推进只有可能出现在已经填充有润湿相的孔隙和喉道中，并通过孔隙空间的中心与入口相连接。由于润湿相仍然可以按照孔隙空间大小的顺序进行填充，所以侵入渗流过程仍将发生，但是这个过程是从润湿体前缘开始的。

虽然这里讨论的是侵入渗流，但是这个过程与前一章所描述的排驱过程并不一样，原因有二。首先，由于受到较宽孔隙的限制，狭窄区域更有利于推进，这与排驱过程相反，排驱过程更有利于在较大的孔隙中推进，而喉道是其主要的限制因素。因此，可以确认为这是点侵入渗流，而在排驱过程中观察到的是边（孔喉）侵入渗流。

其次，该过程中非润湿相形成了圈闭，然而对于排驱过程中的侵入渗流，润湿相可以通过岩层逃逸。因此，这一过程可以称为带有圈闭的点侵入渗流（Dias 和 Wilkinson，1986），正如3.4节中的讨论结果，当侵入相推进时，侵入渗流将发展成一种分维模型，具有各种几何性质和流动性质的比例规律。表3.1列出了该过程的部分分形维数。自吸过程中的圈闭明显抑制了二维方向上的填充，降低了初始颗粒团的分形维数（渗透临界值时的颗粒团分形维数）以及其他相关特性，比如支撑骨架和最小路径尺寸。但是从三维角度来看，该问题明显的关注焦点是其结构具有更高的开放性，并且无论是否存在圈闭，从模拟结果上看，并不能发现侵入渗流比例性质之间的任何不同点（Sheppard 等，1999）。

4.3.3 前缘推进

现在要处理非均质性较弱的情况，此时孔隙填充是主要的影响因素。这意味着整个样品孔隙尺寸的波动不再是造成不同 I_n 过程临界压力差异的主要原因。在图4.14中，考虑过这样一种正方形网络，即每个 I_2 驱替有助于形成卡断以及 I_3 过程；而在无序网格中的特性将在接下来进行讨论。

如果不允许层流存在，并抑制卡断现象出现，那么将发现一种相互连接的前缘推进现象。可以对这种情况举出一些例子来加以说明，比如海水漫过干燥的沙子，或者将纸巾浸入水中，具体原理将在图4.15中进行详细解释。与第二种模式一样，在点侵入渗流过程中，润湿相必须从入口通过多孔介质推进，并且只能采用活塞式填充方式。不同之处是，润湿相的推进取决于自身的局部排列，而不是孔隙尺寸，这有利于对推进前缘进行加密（I_1 过程），并抑制了具有明显分支的推进（I_{z-1}）。在规则网格中，比如在实验和仿真模拟中所使用的方形网络中，将有可能出现平滑的表面侵入，形成一个 I_3 过程，在网络一行行的填充过程中具有一系列 I_2 填充过程，如图4.9所示。这种情况下不会存在圈闭现象。即使是在一个不规则的孔隙空间中，圈闭的数量也非常少。

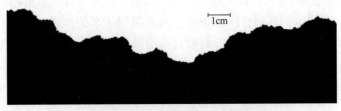

（a）该数码照片具有约1200像素点的水平清晰度，
其中暗黑色和浅灰色被增强至黑色和白色

（b）一定灰度等级下小样本（宽度约0.8cm）的
高分辨率扫描图像（每厘米1000像素点）

图 4.15　无序多孔介质中前缘推进的示例——黑色墨水在纸巾中的湿润前缘(Alava 等，2004)

4.3.4　簇状生长

最后一种模式为簇状生长，其与前缘推进相似，不同之处在于填充以多孔介质本身为核心，促使润湿相成片推进，而不是从入口向内推进。为了应对这种情况，必须保证介质中的润湿层具有流动性，并具有一些孔喉发育。同时润湿相要通过卡断进行填充，或者在原始排驱结束时的孔喉中具有初始的润湿相填充物，这些因素共同作用可以帮助启动该过程。在这种情况下，如果拐角流存在，那么与孔隙填充相比对通过卡断进行的孔喉填充更为不利。例如，这种情况可能出现在尺寸和喉道相近的孔隙空间中。在这种情况下，虽然在这些区域合并时可以绕过一些非润湿相，但几乎不存在润湿相对非润湿相的圈闭。

4.3.5　毛细管控制驱替的相图

这4种自吸模式具有本质上的区别，有的存在大量圈闭，而有的几乎没有，并且各相之间的连通性也迥然不同。因此，有必要知道在特定的驱替完成注入后介质的具体状况。迄今为止，已对这4种模式做了一定程度上的定性区分，主要取决于孔隙空间的几何形状和层流的可应用性。探索这4种模型更具统计学意义的特征，并对所推定的相图进行讨论，按照不同状况对流动进行分配。

　　Robbins 及其同事已经对第二种和第三种模式做了定义——这两种模式以在没有层流的情况下可以具备连通性的推进为特点，在二维仿真和微观模型实验的基础上采用统计学上的尺度变换（Cieplak 和 Robbins，1988，1990；Martys 等，1991a，1991b；Koiller 等，1992）。图 4.16 显示了流体在规则正方形网格中排列着不同尺寸的圆盘间推进的仿真效果。图 4.16（a）解释了排驱侵入渗流模式(通过推进流体测量的接触角几乎为180°)，在这种情况下，驱替可以通过最宽的孔隙空间，并可以自相似的结构进行分枝状或指状分布，如 3.4 节所讨论的。如果降低接触角，并且在相同的多孔介质中逐步提升润湿条件，此时会发生什么情况？
虽然依旧能观察到排驱驱替现象，并且接触角大于90°，但由于较宽的区域依旧更有利于填
充，因此在这种情况下依旧具有相似的特性。但是当接触角首次低于90°，并且在技术上采
用自吸过程时，并没有在流动模式中观察到不连续过渡的情况。对于 TM 来说，复杂的孔隙
空间意味着在 TM 局部推进时总是存在一系列临界毛细管压力。一般而言，在 $\theta = 90°$ 时不会
观察到毛细管压力从正值迅速翻转到负值，但是会出现一些平稳的变换。相反，当接触角较
小时，润湿相倾向于在孔隙空间较小的区域内侵入，并且协同填充，也就是由局部流动排列
所决定的侵入变得更为重要。

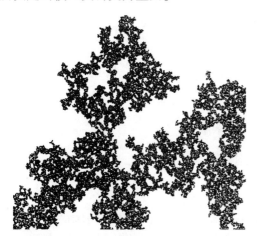

（a）接触角为179°的侵入渗流　　　　　　　　　（b）指状宽度更大的润湿相推进，接触角为58°

图 4.16　弯月面在随机分布的二维圆盘中的推进仿真(引自 Cieplak 和 Robbins，1988)

局部协同填充的结果是产生指状流动模式，推进相更有可能推进到前缘被填充的小凹坑
处，而不会出现在穿透孔隙空间的狭窄的凸缘处。如图 4.16 所示，此时接触角较低，为
58°，在这种情况下，推进逐渐变成块状模式，具体形态为宽度极宽的指状，并且几乎不存
在圈闭。虽然尺度大于指状宽度 W，但是从统计学意义上来说，其依旧小于系统尺寸，因此
依旧还有一个具备自相似性结构的侵入渗流模式。该情况下指状宽度比标准的孔隙尺寸大，
并且在一般情况下前者要明显大于后者。接触角细微的变动可能明显改变指状推进的厚度，
并极大地削弱了圈闭的程度。

存在一个可能使指状宽度发散的临界接触角，并且可以凭此接触角将侵入渗流模式转换
成具有连通性的前缘推进。如上所述，前人普遍认为这是一种不同的模式，具备不同的尺度
特征，并且非润湿相圈闭的数量显著降低。临界接触角取决于多孔介质的几何特征，虽然在
这方面还没有直接的研究成果，但是孔隙空间的无序性和非均质性可以导致接触角的降低，
因此可以从侵入渗流到前缘推进的转变中看到类似的转换现象。

在前缘推进模式中，突破时的簇状生长并没有形成分形结构，进而被用作孔隙空间有限
形态(事实上符合大多数情况)的紧密填充物。对于不规则的多孔介质，润湿相的前缘并不
光滑，如图 4.14 所示，但是具有更多的锯齿状结构，如图 4.15 所示。

侵入模式具有自仿射的特点，虽然整体结构并不具备自相似或分形的特点，但是在这种
情况下，相互连通的前缘具有一定的尺寸特性。可以定义 $h(x)$ 为前缘到位于 x 处入口的高

度(或最小距离),在三维驱替的情况下可以用来定义曲面,或者在二维情况下用来定义曲线,如图 4.17 所示。之后用<f>表示函数 f 的平均值,即

$$< |h(x+r)-h(x)| >\sim |r|^H \tag{4.31}$$

式中:r 为某个驱替距离;H 为 Hurst 或粗糙度指数。

对于自仿射表面,$0 \leqslant H \leqslant 1$;在这种特殊情况下,驱替的 H 为 0.81(Martys 等,1991b)。这意味着虽然推进紧凑并且圈闭量很少,但是其前缘粗糙,并且具有全尺寸上的结构。

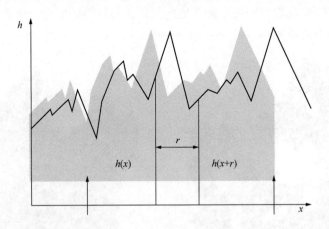

图 4.17　自仿射表面的原理示意图

阴影区域为润湿相,沿着图示箭头方向推进。与侵入渗流不同,协同性孔隙填充将在少量或没有圈闭情况下的连通性前缘推进过程中产生。但是在无序的媒介中,润湿相和非润湿相的交界面并不平滑。$h(x)$ 为入口到交界面的距离,为距离 x 的函数,在三维情况下将 $h(x)$ 描述成一个粗糙的曲面。如果观察驱替 h 在 r 中的差异,那么 $| h(x+r)-h(x) |$ 的平均值可作为式(4.31)中 r 的幂数的度量,并且其粗糙度指数为 H

在实验中已经观察到这种自仿射结构,如图 4.15 所示。图 4.18 给出了另一个例子,自吸过程中的推进前缘呈碎片化,由两个粗糙的玻璃板组成。在这种情况下,观察到一种无序的二维多孔介质。推进前缘呈锯齿状,并且与过程仿真结果所得的粗糙度相同,即 $H = 0.81$(Geromichalos 等,2002)。

如图 4.19 所示,同排驱过程一样,驱替过程中产生了一系列爆裂,如果在较高的毛细管压力(较低的水压)情况下完成了一系列填充,那么这种爆裂不利于之后的填充。也观察到了爆裂尺寸呈指数分布,如式(3.36)所示,但是相对于侵入渗流,其指数较低。在这种情况下,$\tau' = 1.125 \pm 0.025$(Martys 等,1991b)。

自吸过程中连通性的推进只是众多生长模式中的一种,可形成粗糙的推进表面。对于这一流程在动态特性和结构方面统计学描述的具体内容,可参考 Vicsek(1992)和 Meakin(1993)的研究工作成果。Alava 等(2004)提出了自吸过程动态特性的综述,重点介绍了交界面运动的尺度分析和数学模型。

在大多数自然环境下,如果具有良好的水湿条件,并且孔隙和喉道的尺寸分布较为广泛,那么则可以观察到驱替基本上由卡断和 I_1 孔隙填充决定。因此,这种情况属于圈闭渗透。但是,局部的协同孔隙填充可以控制具体的填充顺序。类比连通性推进,可能预计观察到具有有限指形宽度的渗透过程,这意味着驱替模式从孔隙尺度转化到指形宽度下,并且只有在较大的尺度下才能观察到分支结构;这种模式类似于渗透过程中的颗粒团,在渗透临界

值上具有相似性，其长度方向上的尺寸超过了指形宽度。这种情况表明，虽然在该尺度下单一孔隙中几乎不存在圈闭，但是在较大的颗粒团中依旧存在较为明显的圈闭。事实上，驱替模式比所讨论的过程更为复杂，对于所有尺度上的结构，最小尺度可到单一孔径尺寸，结构的细节基本由孔隙空间局部几何结构的具体性质所决定；在后面更加深入地描述圈闭时，这些驱替方面的概念将有助于我们解释一些特性。

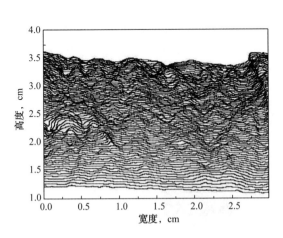

图 4.18　两个粗糙玻璃板之间润湿相的上升前缘，
在一系列等间距的时间内平均分离度为 10μm
（引自 Geromichalos 等，2002）
连续两次曝光之间的时间间隔为 10s

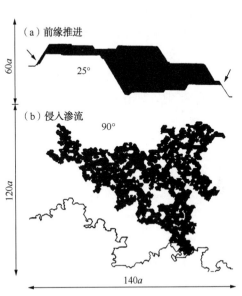

图 4.19　被侵入区域（引自 Martys 等，1991a）
图中黑色部分为不稳定的单一末端弯月面。接触
角如图所示。对于前缘推进和侵入渗流，根据
式（3.36）可知，爆裂尺寸均呈指数分布，但是两
者的具体指数不同。a 为孔隙之间的距离

　　通过构建相位图或状态图来验证这些观点，以表明对于不同的接触角和孔喉尺度差异程度，哪种模式类型是符合预期的。图 4.20 指出了当润湿层没有流体流动的情况下可能存在的相位图。随着接触角的增加，润湿相将从前缘推进转换成侵入渗流。在这种情况下的临界接触角是多孔介质结构的函数，当处理更规则结构下的问题时需要采用更大的角度。随着临界角接近侵入渗流状态，指形宽度 W 将逐渐增加，并在模式发生转换时发散。从理论上来说，如果采用完全规则的结构，临界毛细管压力不随驱替过程发生任何变化，那么只需一个单独的推进便可以实现完全填充。无论接触角为多少，都将以前缘推进的形式充填。对于更不均匀的岩石，其孔隙尺寸分布范围较广，因为侵入完全由孔隙尺寸控制，与协同性填充无关，因此无论接触角为多少，推进形式都将为侵入渗流。虽然状态图具有一定的指导意义，但依旧无法对非均质性做一个精确地定量描述。从严格意义上讲，在这种情况下需要对比不同孔隙和喉道的临界毛细管压力变化值与单个孔隙中 I_n 压力之间的差异。当前者占据主导地位时，观察到侵入渗流；当后者具有更大的影响时，可以观察到前缘推进。此外，在任何真实系统中都存在一定范围的局部接触角，因此在一个足够大的长度尺度下进行观察时，侵入的模式可能会发生变化。选取这类接触角的一些合适的平均值，可以用来描述驱替过程的基本特征。

如图 4.21 所示，可以将这种处理方法扩展到层流或者卡断状况。如前文所述，考虑了全范围的推进接触角。而层流和卡断的发生要求接触角低于某些临界值。对于完全均匀的结构，将此临界值定义为 θ^*，该值取决于所考虑的是什么规则结构。例如，如果在一个正方形横截面上发现孔隙和喉道，根据式(4.11)，$\theta^* = \pi/4$ 或 45°；当横截面为三角形时，$\theta^* =$ 60°。随着介质的非均质程度增加，β 角具有较宽的范围，可以假设观察到沟槽、角部和裂缝，并且允许一些层流以更大的角度流动。在岩石表现出极度非均质性的极限情况下，可以预见在孔隙结构上会有非常尖锐的沟壑，其中 β 值接近 0，允许出现层流或卡断时接触角可以达到 $\pi/2$(90°)。因此，对于任何程度上的非均质性来说，可以根据是否允许出现层流(出现接触角小，不出现接触角大)，在相位图上划分不同区域。当不存在层流时，相位图与图 4.20 相似，即在较大接触角和(或)介质更不均匀的情况下，前缘推进转换成侵入渗流。

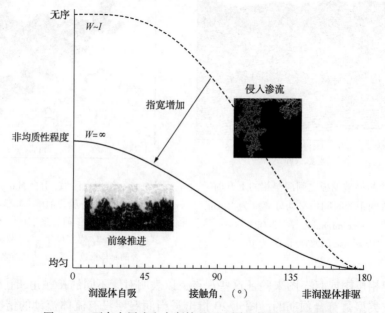

图 4.20　不存在层流和卡断情况下不同驱替状况的相位图

图 4.20 中所能观察到的情况不是侵入渗流就是前缘推进，具体情况取决于接触角和多孔介质的非均质性。侵入渗流有利于降低侵入流体的润湿性(较大的接触角)，并且介质将变得更加不均匀，比如流体的推进特性主要由孔隙和喉道尺寸决定。在小接触角情况下，观察更规则或更为有序的系统，可以发现前缘推进主要取决于协同性孔隙填充。随着润湿相向前缘推进发生转换，侵入渗流的指形宽度 W 发散。图 4.20 同时指出了可能存在的轮廓，标明了指形宽度近似等于孔隙尺寸。

当允许出现层流时，假设指状宽度不同，但是与不允许层流出现的情况具有相同的接触角和非均质性程度，这时会有一种区域或模式的变化，现在所观察到的是圈闭渗流模式转换成簇状生长模式。可以按照非均质性和接触角度的不同将整个范围分为 4 种可能的模式，如图 4.21 所示。

可以估计两种渗流模式对应的指形宽度。当向簇状生长和前缘推进转换时，$W \to \infty$。但是，当从渗流转换成侵入渗流时，指形宽度依旧为有穷数。此外，虽然不存在层流，接触角的减少也促使了协同性孔隙填充的发生，并导致了指形宽度的增加；在存在层流的情况下，较小的接触角也有助于形成卡断，从而导致更狭小的指形和更多的圈闭。因此，在渗流区域中，某些情况下也必须保证指形宽度随着接触角增加而增加。一种可能存在的 W 值的趋势如图4.21所示。

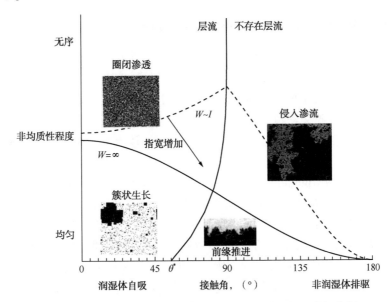

图4.21　允许出现层流和卡断现象时不同驱替状况下的相位图

由图4.21可见，可能存在 4 种驱替模式——圈闭渗流、侵入渗流、簇状生长和前缘推进，这些模式取决于接触角和多孔介质的非均质性。在图中无论层流是否存在，因为主要决定因素为接触角，所以在沿着运行的垂直方向上存在着分层现象。对于均匀网格来说，转换一般发生在接触角为 θ^* 时，当系统无序性增加时，临界角度增加至 $\pi/2$。可以通过对没有层流情况下的相位图叠加求得这一临界值，如图4.20所示。当观察到层流时，流动模式只能是簇状增长或圈闭渗流中的一个。两种渗流模式的指形宽度均为有穷数，在转变成簇状生长或前缘推进模式时，该指形宽度将发散。虽然随着侵入渗流的接触角降低，指形宽度随之降低，但如果允许层流存在，较低的接触角有利于形成卡断和圈闭，并且有进一步降低指形宽度的趋势。

这些相位图与其他作者所提出的观点不同，例如 Lenormand 和 Zarcone(1984)，因为在此处仅考虑了受毛细管控制的驱替。流动模式仅取决于孔隙结构和接触角，并且不考虑流速和黏滞力；这两个因素将在 6.6 节中加以考虑。

虽然这些相位图或状态图有助于阐明流动模式的演变条件，但到目前为止尚未有直接实验对它们的结构加以验证。这可能是未来的主要研究方向之一，尤其是在孔隙尺度下的三维成像方面的研究，这有助于理解不同类型的流动模式以及观察相对应的条件。

对于大部分示例来说，在有关原油采收率、CO_2 储存和近饱和面处的流体方面，总是在润湿相侵入之前就确定了原始含水饱和度，并且几乎在所有实际情况下，多孔介质均具备高度的非均质性(或者至少比微观模型或玻璃珠人造岩心具有更高的无序度)。因此，对于润湿相的侵入(接触角低于90°)，可以观察到圈闭渗流，而对于非润湿相的推进(严格意义上来说是排驱过程),能观察到侵入渗流。

通常只有在样本的初始状态完全干燥的情况下,才能真正实现没有卡断和少量圈闭的连通性推进;这种情况一般发生在雨水侵入干旱的土壤时,这也是接下来要讨论的重要的流动模式。

4.3.6 重力作用下的渗流或者不稳定的自吸

雨水通过土壤向饱和面移动的过程称为渗流。这是一个在重力作用下受毛细管控制的自吸过程,与3.4.2节所描述的排驱过程类似。驱替模式的性质取决于润湿层的存在形式。如果土壤是潮湿的,当注入更多的水分时,润湿层开始膨胀,可能发生卡断现象,并且润湿相饱和度变得更为均匀和稳定,将产生渗流形式的驱替模式。但是,如果土壤完全或几乎完全干燥,润湿层不存在流动现象,这意味着驱替模式只有可能是侵入渗流或前缘推进中的一个。

在3.4.2节中讨论了重力作用下的侵入渗流,并且观察到了水渗入疏水土壤的情况,在该土壤层中水是非润湿相(Bauters 等,1998,2000),指状前进相向下移动穿过系统。可以通过式(3.46)所描述的渗流理论来预测向下运动的指形宽度[需注意,该宽度不同于(并且略大于)受先前所讨论的协同性孔隙填充控制的指形宽度]的相对长度,驱替与侵入渗流类似,具有从孔隙尺度到相关长度上的自相似特征。从理论上来说,如果观察到侵入渗流的流动模式,即使水浸湿了非均质系统中的土壤,也能观察到相同的模式。在这个过程中存在有两个中等的长度尺度:向下移动的指形宽度 ξ(其为根据渗流理论预测的相对长度)以及结构本身的指形宽度 W(该宽度是接触角以及孔隙结构基本特性的函数)。而在长度 x 方面,当 $W \geqslant x \geqslant l$ 时,可以观察到一种紧凑的模式;当 $\xi \geqslant x \geqslant W$ 时,可以观察到具有自相似性的侵入渗流;而当 $x > W$ 时,可以观察到向下的指状渗流。

相对长度 ξ 可以从式(3.30)的修正形式中求出,即

$$\xi \sim W\Delta p^{-v} \tag{4.32}$$

之后代入 $\Delta p \approx B\xi/l$,根据式(3.42)定 B,得出:

$$\xi \sim W\left(\frac{BW}{l}\right)^{-v(1+v)} \tag{4.33}$$

对于亲水介质的实验和模拟,通常倾向于在相对均质的系统中进行,通常采用玻璃岩心或填砂模型,因此不可能观察到侵入渗流模式。与之相反,观察到不稳定状态的前缘推进,其中填充有润湿相的连通性流体呈指状向下移动。该过程如图4.22所示。润湿相起始于一个连通性的前缘推进,但是对于位于较低位置的孔隙填充更为有利(水压随着缓速流动的流体深度的增加而增加),因此可以观察到一种不稳定的驱替现象,并且一个润湿相的饱和尖端向下推进。

这个过程对农业有着重大意义:浇灌干燥的土壤并不会均匀地润湿地下土层,所以给农民的建议是绝对不要让土壤在最开始就变得很干燥。在其他许多情况下,都可以观察到这种重力作用下的不稳定现象。Hill(1952)最先对这一现象进行了分析,主要涉及糖类的精炼。自 Parlange 和 Hill(1976)的水文学研究文献中,通过实验室中的实验及其他实地调研(Glass 等,1989c;Glass 和 Nicholl,1996;DiCarlo 等,1999;DiCarlo,2004)对指形物加以解释,并进行了相关的理论分析(Glass 等,1989a;Selker 等,1992;DiCarlo 等,1999);参见 Di-Carlo(2013)的综述。

　　指状物的两个重要特征将在后文中讨论。首先，虽然前进相的尖端几乎完全被水饱和（润湿相饱和度接近1），但是尖端后部的饱和度却比较低。在前缘推进模式期间，观察到完全的润湿相饱和和少量圈闭，虽然可能有些不稳定，但是已经很接近先前所进行的讨论。当指状物向下移动时饱和度降低，需要排驱水驱替。可以根据自吸和排驱的临界毛细管压力差异（毛细管压力迟滞现象）来加以解释（Glass等，1989a）。随着指形物尖端的高度增加，水压逐渐降低，由于密度大于空气，这意味着毛细管压力，或大气压和水压之间的压力差随之增加。现在来考虑含有润湿相指形物经过区域的毛细管压力变化。初始毛细管压力非常高，因此润湿相饱和度较低（请注意没有观察到层流）。随着水开始移动，毛细管压力随着水压的上升而下降，显而易见，观察到了自吸过程。

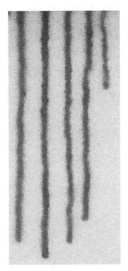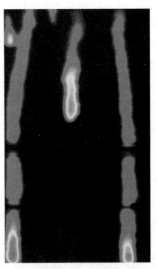

（a）水　　　　　　　　（b）在一个板坯室中利用光透射来
可视化地展示自吸过程

图4.22　渗透的指形物显示不稳定的湿润前缘穿过初始状态为干燥的多孔介质的过程（引自 DiCarlo，2013）水被染成了蓝色，正穿过玻璃珠人造岩心。地层直径介于1~1.3mm，平均指形宽度约为0.8cm。图片由 Abigail Trice 提供。染色区域为流道；颜色越深表示对应的含水饱和度越高。应注意到，指形物顶端的饱和度要高于更深一层

　　前缘推进所需的毛细管压力为p_c^a。在这种压力下，几乎可以完全浸透土壤。但是对于垂直方向上的驱替，这代表了指形物底部的空气和水之间的压力差。随着水进一步向下移动，固定位置处的毛细管压力将会增加。在没有流体流动的情况下，毛细管压力将为$p_c^a + \Delta\rho gh$，式中$\Delta\rho$为密度差，h为距离指形物底部的距离。h随着时间的变化逐渐增大。这就是一个排驱水过程，与空气侵入已经水饱和的土壤有关。因此空气侵入孔隙空间，导致前缘之后的水饱和度要低于尖端。因为需要保证地表的渗透速率，所以不能将空气和水直接切断。此外，在没有层流的情况下，水不会向侧边渗透以使指形物散开，此时需要毛细管压力p_c^a远低于一般情况下的数值，这意味着水压过低，不会发生任何进一步的自吸。这就是毛细管压力滞后现象，将在下一节中更为详细地讨论：自吸过程中毛细管压力较低，通常远远低于排驱时的压力。

　　与指形物相关的第二个特征是它们的持久性（Glass等，1989b）。如果降雨持续下去，水将会在由含有渗透物的指状物构成的通道中流动。即使水最终浸透了整个系统（有充足的

时间建立润湿层，并使指状物之间的土壤局部饱和)，或者如果该土壤部分干燥，这种情况也会发生：进一步的渗透将会使水流动，并通过与之前相同的指状区域。这也是毛细管压力滞后的结果。在平衡状态下，预计可以观察到毛细管压力随着饱和面以上的高度升高而增加，可以参考式(3.39)的情况。但是这并不意味着含水饱和度为常数。在指状物之间的土壤中，可以通过自吸来构建这种饱和状态，然而由于指状物本身位于前缘之后，因此可以通过排驱达到饱和状态。对于给定的毛细管压力，排驱所能达到的饱和度远远高于自吸(或者为了填充孔隙空间中的给定区域，排驱所需的临界压力远高于自吸)。这意味着指状物中的含水饱和度远高于指状物之间的饱和度，这为接下来的降雨提供了优先级和导流能力较高的流道。

对于干燥的土壤来说，这意味着降雨并不会均匀地润湿整个系统。与之相反，雨水将会形成具有优先级且持久稳定的流动通道，这将大大减少植物根系能够获得水分的土壤体积。

也可以观察到一个相反的过程，密集的润湿相稳定地向上推进，该情况下的两个示例如图 4.15 和图 4.18 所示。在这里，只能观察到自吸现象，鉴于液体受到重力的稳定影响，可以采用尺度变换的方法来定义前缘宽度的最大波动(Geromichalos 等，2002)。

如果要在宏观尺度上对渗透进行讨论，那么需要定义自吸作用的宏观尺度压力，并与排驱对比，将在下一节讨论这一问题，在 6.5.1 节对该现象做进一步讨论。

4.4 宏观毛细管压力

对于原始排驱，可以针对自吸过程定义宏观毛细管压力 $p_{cm}(S_w)$。即使在低流量或毛细管压力以无穷小的速度下降，在系统达到平衡状态时，毛细管压力达到新的局部最小值。但是与排驱过程不同的是，润湿层的存在可以为整个系统提供侵入相，并抑制填充过程中填充物的剧烈跳跃以及随之产生的驱替相的收缩。

需要着重强调的是，如果流动模式是渗流或者侵入渗流，只能观察到宏观毛细管压力，并且压力随着饱和度平滑地变化。在这些情况下，可以定义岩层的某些区域，其中饱和度随着毛细管压力变化而发生变化。但是对于前缘推进和簇状生长两种模式，毛细管压力基本上只有一个宏观值：当压力为 p_c^a 时，润湿相可能形成推进，并抑制一些小的波动，压力随着饱和度的上升而上升，从 0(或接近 0)增加至接近于 1(因为几乎不存在圈闭)。因此，基于饱和度平滑函数特性的连续谱描述这种类型驱替的宏观描述是存在缺陷的，在第 6 章讨论流体流动时将解决这一难题。

通过从孔隙空间中缩回汞，可以测量初次排水后的自吸毛细管压力。排驱自吸但是由于侵入相为真空，因此不能在局部位置上施加正压(负的毛细管压力)，例如几乎不太可能通过 I_2 或 I_3 过程开始填充孔隙。此外，不能对汞本身做真空处理，因此当毛细管压力为正值并且等于大气压(大约 $10^5 Pa$)时，驱替过程将停止。因此，驱替过程完全由卡断控制，并且具有非常高的非润湿相饱和度(一般远远大于 50%)，这不能代表地下地质条件下的流体驱替情况。因为润湿相为真空，卡断并不需要层流，但是当汞柱的压力低于驱替过程中临界毛细管压力时，该过程为一个空化过程。

图 4.23 显示了一个退汞(吸收)测量毛细管压力的示例。Ketton 石灰岩和 Guiting 石灰岩样本中的原始排驱毛细管压力分别如图 3.8 和图 3.9 所示。如上所述，在有限的毛细管压力

下，可以人为地停止驱替过程，遗留在孔隙空间中的非润湿相的组分(比如汞)较大。

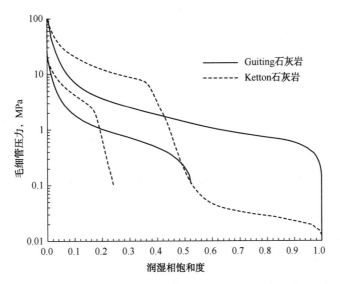

图4.23　基于汞液的注入和回缩式 Guiting 石灰岩和 Ketton 石灰岩毛细管压力测量
(引自 El-Maghraby，2012)

该图与图3.8和图3.9相似，这两种情况下较低的曲线显示的退汞时的毛细管压力，这是一个自吸过程。应该注意到，当孔隙空间中有很大一部分依旧充满着非润湿相时，有限的驱替可能受毛细管压力的阻碍，在这种情况下该过程由卡断控制，在大多数孔隙中形成非润湿相圈闭

　　虽然退汞实验很容易进行，但是不一定能在流体(比如油和水)自吸时采集到毛细管压力。在这种情况下有必要进行驱替实验，因为必须在排驱和自吸(注水)实验期间测量平均饱和度，建立毛细管平衡点，所以该实验将会耗费较长的时间。在图4.24中举例说明采用离心法(Fleury 等，2001)对油和水进行测量得到的 Voges 砂岩曲线(另外一个例子是具有良好连通性孔隙空间的采石厂毛料)。在这里应注意，在原始排驱结束时所施加的最大毛细管压力，应保证润湿相饱和度大约为20%。即使当毛细管压力下降到0时，几乎一半的孔隙依旧含有油液。在负的毛细管压力下(比如一些孔隙填充过程)，可能会发生进一步的驱替现象，但是这一过程并没有被记录下来。

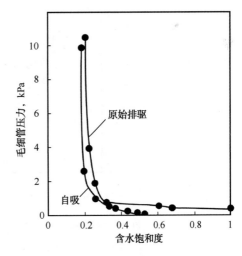

图4.24　采用离心技术对 Voges 砂岩中油和水在原始排驱和自吸过程中毛细管压力的测量
(引自 Fleury 等，2001)

残余饱和度近似为0.45

　　图4.25给出了另外一个例子，即粗砂在不同温度和压力条件下对 CO_2/水系统进行测量。曲线相互叠加，这意味着温度和压力不会对流体系统的润湿性产生显著影响，在下一节将考虑 CO_2 的毛细管圈闭现象，这将对这一结论进行验证。通过多孔板技术可以测得这些曲线，

多孔板是一个具有水润湿性的陶瓷圆盘，上面带有微小的孔隙空间(较高的毛细管压力)，只允许水通过，毛细管的入口压力降有助于防止非润湿相通过。因此，可以将数量可控的非润湿相(以 CO_2 为例)注入岩心样品中。

在饱和度相同的情况下，自吸过程中的毛细管压力通常低于(一般来说远远低于)原始排驱过程中的毛细管压力。这是一种毛细管压力迟滞现象，产生原因有三：

(1)接触角迟滞现象。即使对于相同区域的孔隙空间中相同的驱替类型，临界毛细管压力仍然较低，原因在于自吸过程中前进接触角 θ_A 要大于排驱过程中后退接触角 θ_R。无论临界毛细管压力的确切表达式为何种形式，在所有情况下这种压力都随接触角增大而下降。

(2)差异填充过程。在自吸过程中，观察到驱替主要受卡断和协同性孔隙填充两个过程控制。这两个过程一般不会发生在排驱过程中，即使不存在接触角迟滞现象，在同一个孔隙和喉道上的临界压力也较低。在通过卡断进行喉道填充时，自吸过程中所需要临界压力一般低于排驱过程中活塞式推进所需要压力的一半，如式(4.26)所示。这种情况在图4.23中表现得很明显。自吸过程中的毛细管压力为排驱过程中的 $1/10 \sim 1/3$，这是受卡断控制的润湿相驱替过程的特征。与此相反，图4.24中毛细管压力变化较为平缓，表明对于相近尺寸孔隙和喉道下更为均质的介质来说，其水驱过程绝大部分受 I_1 孔隙填充过程控制。如4.2.6节所述，造成排驱和自吸过程中填充顺序存在差异的主要原因是一系列毛细管平衡亚稳态迟滞现象的热力学解释。

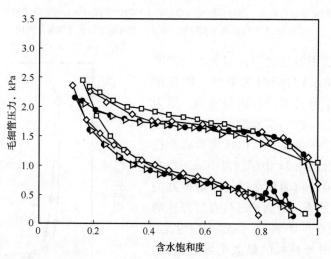

图4.25 在不同温度和压力下对粗砂测量 CO_2/水系统和 N_2/水系统的毛细管压力

(引自 Plug 和 Bruining, 2007)

上面的曲线为原始排驱过程，下面的曲线为自吸过程。最小润湿相饱和度大约为15%，但是存在非常少的圈闭，残余饱和度仅约为10%。对于填砂模型来说，这是一种典型的现象，表明驱替过程主要受协同性孔隙填充控制。而毛细管压力随饱和度的平滑变化，则表明了侵入模式为渗流而不是前缘推进，这将使得研究者可以在绝大部分的饱和度范围内给出单一的毛细管压力

(3)圈闭。当需要返回到一个完全饱和的系统中时，润湿相无法替代所有非润湿相，其原因在于非润湿相开始在孔隙空间中形成圈闭，或滞留在孔隙空间中，此时非润湿相周围被润湿相包围。这并不会直接降低毛细管压力，但是与排驱过程相比，自吸过程的曲线向左移

动。相比于排驱过程，自吸过程中相同的孔隙或孔喉填充时的润湿相饱和度较低，饱和度之间的差异代表了所圈闭的非润湿相的不同。在 4.6 节中将更为详细地对圈闭进行讨论。

4.5　界面面积

在前面的章节中引入了宏观毛细管压力的概念。该压力不仅是饱和度的函数，也是驱替路径的函数，但是在排驱过程和自吸过程中的函数并不一样。正如将在 6.5.3 节中讨论的，有人建议应该对毛细管压力做更为完善的描述，应考虑饱和度以及与流体之间的界面面积的作用。当仅以饱和度作为函数来描述 p_{cm} 时，所观察到的表面上的迟滞现象可能有所减弱，甚至完全被消除。此外，在溶液或液/液相反应过程中的质量传递速率也受界面面积控制。

可以通过添加并记录优先存在于交界面的表面活性剂的吸收来测量两种流体表面之间的界面面积（Kim 等，1997；Saripalli 等，1997；Schaefer 等，2000；Jain 等，2003）。但是，添加表面活性剂将改变界面的张力，并且可能进一步改变接触角的大小。目前该方法的应用范围有限，只适用于非固结系统。此外，一种岩心尺度上的技术采用了核磁共振来确定玻璃珠人造岩心中所圈闭的残余油滴的表面积相对于体积的比值（Johns 和 Gladden，2001）。

孔隙尺度下的直接成像技术的出现为研究者提供了一种测量界面面积的灵活且有效的方法，该技术可以记录孔隙空间的分段图像和孔隙中的流体相。Culligan 等（2004）在水润湿性颗粒填料（Culligan 等，2006；Brusseau 等，2007；Costanza – Robinson 等，2008；Porter 等，2010）的基础上进一步研究，并第一个提出了排驱和自吸过程所对应的结论。

图 4.26 显示了一系列玻璃珠人造岩心的排驱和自吸循环过程中测量的毛细管压力，人造岩心的颗粒半径介于 0.6~1.4mm。在此将讨论两种流体系统，即油/水（OW）以及空气/水（AW）系统；界面张力之间的差异性导致了毛细管压力量值的不同，当孔喉半径为 0.3mm（最小珠子直径的一半）时，对于接触角为 0° 的空气/水系统，一般情况下其毛细管压力大约为 470Pa，或者使用式（3.1）计算可得水面高程大约为 4.8cm，与图 4.26 中所标记的数值一致。当在自吸和排驱过程中存在明显的迟滞现象时，相同驱替过程中的不同循环依旧具有相近的毛细管压力。如图 4.25 所示，圈闭的非润湿相饱和度大约为 10% 或以下，与非固结介质下的结果相近。油/水实验中残余水的饱和度明显较高，这表明存在被圈闭的润湿相的摆动环，润湿条件（较大的接触角）要低于空气/水系统，防止出现层流并完成润湿相的驱替过程。

相对应的界面面积如图 4.27 所示。图中显示的是比表面积，即为单位体积多孔介质内两相流体间的面积。单位为 $1/l$（长度的倒数），如果在孔隙空间中观察到了弯液面，则一般情况下该值约为 $1/l$，其中 l 为具有代表性的孔隙长度。在这个例子中，珠子直径大约为 1mm，预计比表面积的数量级为 $1mm^{-1}$，这与观察到的结果相符。

面积和非润湿相饱和度呈线性上升关系，其原因在于随着更多的油液侵入，孔隙空间中的末端弯月面数量增加。在含水饱和度约为 0.3（非润湿相饱和度为 0.7）时达到最大值，此时在孔隙空间较大区域中的非润湿相以及较小孔隙和喉道中的润湿相之间发现大量的末端弯月面。如果含水饱和度进一步下降。面积也将随之急剧下降。在这种情况下，非润湿相甚至可以侵入较小的喉道，并移除弯月面，但是层流的作用可以保证润湿相溢出。在同一个饱和

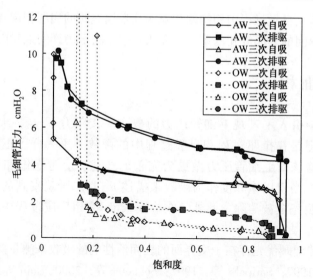

图 4.26 基于玻璃珠人造岩心的空气/水和油/水实验的毛细管压力曲线(引自 Culligan 等，2006)

1cm H_2O 大约相当于 98Pa。该结果与图 4.25 所示的结果定性上相似。

在油/水实验中的最小润湿相饱和度较高，表明在这种情况下水润湿性条件较低

度下，油/水系统在排驱和自吸过程中总面积相近，发现这两种驱替过程均为渗流模式，其指形宽度接近孔隙尺寸。但是，在空气/水系统的实验中自吸过程中的面积相对较低。出现这种现象的原因在于自吸过程的影响，由于采用了具有较强水润湿性的均质填料，可能存在着明显的协同性孔隙填充，并存在较大的指形宽度。如图 4.21 所示，相较于排驱过程中更加纤细的侵入渗流结构，数量更多的块状指状物将具有较小的界面面积。与油/水系统相比，空气/水系统的面积更低，与整体上更为紧凑的流体在孔隙尺度下的结构一致。正如所预计的那样，在实验中，气相被困在更少、更大的团簇中，而油液更多地被圈闭在数量较多但体积较小的团簇中(Culligan 等，2006)。

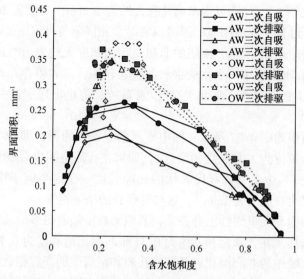

图 4.27 空气/水和油/水实验中每单位体积下的界面面积是含水饱和度的函数(引自 Culligan 等，2006)

空气/水系统较低的界面面积以及明显的滞后现象与自吸过程中较大的指形宽度和更多的块状侵入模式一致

但是，这些实验受到图像分辨率的限制，不能捕捉到角部中弧形弯月面或相与相之间的交界面，并且不能反映出孔隙空间的锯齿结构。相比于基于表面活性剂吸收测量方式，Brusseau 等（2007）的研究表明，由于没有考虑分层问题，成像法确实对面积有所低估。如果考虑到这些因素，界面面积将持续上升，以降低含水饱和度，其原因在于由于细节得以改善，弧形弯月面可以覆盖更多的孔隙尺度下的锯齿结构（Schaefer 等，2000；Brusseau 等，2007）。

Or 和 Tuller（1999）提出了液体/蒸气系统界面面积和毛细管压力模型，该模型考虑了润湿层和薄膜吸收的影响。他们指出，这些孔隙空间缝隙中薄膜和润湿层对总面积的贡献比跨过孔隙空间的末端弯月面的贡献高两个数量级。

末端弯月面之间存在一定的区别，也就是块状流体通过孔隙和喉道时，弧形弯月面被封闭在固体表面附近。在润湿相饱和度较低的情况下，弧形弯月面主要受液/液界面的面积控制，但是难以对其进行精确测量。直接成像是一种具有发展前景的技术，虽然在采用最好的解决方案的情况下，可以观察到一些弧形弯月面，但是现有技术手段在捕捉末端弯月面方面还存在着极大的制约性，如图 3.5 所示。

正如本节开始时所描述的，界面面积控制着溶液和反应过程中的质量传递速率，该参数对于不能流动的圈闭相来说更加重要；当然，该参数最重要的作用是反映出存在多少圈闭。

4.6　毛细管圈闭和残余饱和度

4.6.1　颗粒团圈闭直接成像技术和渗流理论

在相关的文献中，孔隙尺度下的非润湿相的圈闭分布问题获得了广泛的关注。在早期的实验中，研究者采用了二维微观模型，直接分析流体分布（Chatzis 等，1983；Lenormand 和 Zarcone，1984；Mayer 和 Miller，1993）。为了将研究成果扩展到更具现实意义的系统中，在岩心驱替实验中采用苯乙烯作为非润湿相，巧妙地设计了实验。在水驱后，被圈闭的苯乙烯聚合成固体，通过酸可以将其萃取出岩石颗粒，利用显微镜可以观察到残余相。

最近，利用直接三维微米分辨率的 X 射线成像技术可以对圈闭相在原始位置进行观察。该项研究采用不同的流体、不同的温度、不同的压力条件，研究了从珠状充填体到砂岩、碳酸盐岩等多种多孔介质，适用于采油、二氧化碳储存、冻融循环、土壤和气体在液下边缘的封存（Coles 等，1998；Kumar 等，2009；Karpyn 等，2010；Suekane 等，2010；Iglauer 等，2010，2011；Singh 等，2011；Wildenschild 等，2011；Chaudhary 等，2013；Georgiadis 等，2013；Herring 等，2013；Andrew 等，2013，2014c；Geistlinger 和 Mohammadian，2015；Geistlinger 等，2015；Herring 等，2015；Kimbrel 等，2015；Mohammadian 等，2015；Pak 等，2015）。对圈闭相的研究也采用了其他成像方法，比如共聚焦显微镜（Krummel 等，2013）或对岩层采用纳米分辨率 X 射线成像技术（Akbarabadi 和 Piri，2014）。经实验证实，在所有情况下，孔隙空间中均包含被圈闭的非润湿相。

展示两种标准岩石的非润湿（超临界 CO_2）相圈闭的例子，这两种岩石分别是 Bentheimer 砂岩和 Ketton 石灰岩，分别如图 4.28 和图 4.29 所示。在这些实验中，实验对象的尺度从单一孔隙到几乎覆盖了整个系统的多孔孔隙，残留的非润湿相和所有尺寸下的颗粒团占据了孔隙空间的 1/3。通过这些实验,观察到二次自吸过程,在水驱之前孔隙空间初始存在着大量的润湿相。这意味着将会出现润湿层流现象,将可能的流动模式限制为自吸式或簇状生长。

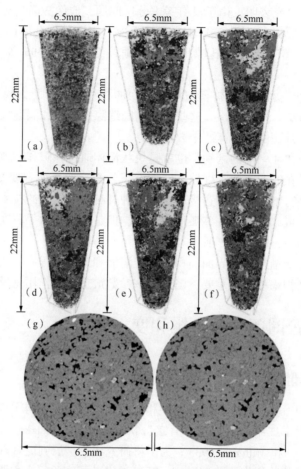

图 4.28　体素大小在 6μm 左右的 Bentheimer 砂岩中作为非润湿
超临界相 CO_2 的显微 CTX 射线图像(引自 Andrew 等,2014c)

图(a)至图(c)显示了排驱后 CO_2 的分布,蓝色簇是连通的,而过程结束时的卡断存在,其他颜色簇也显示出了一些断连。图(d)至图(h)显示了盐水驱替后捕集的 CO_2 的分布,每种颜色表示单个簇。在同一块岩石上重复进行试验,虽然在不同实验中圈闭的具体位置不同,但是其统计学特性近似一致,比如圈闭总量和颗粒团尺寸分布等。大约 1/3 的孔隙空间中含有残留的非润湿相。图(g)和图(h)分别为排水过程和水驱过程之前的原始图像。每张图片均包含了超过 30 亿的立体像素

　　研究者可以用渗流理论来预测自吸过程中的残余油滴、非润湿相颗粒团或圈闭的分布情况,以及整体上的圈闭饱和度,在这之后可以根据直接成像实验的结果进行测试(Iglauer 等,2010,2011)。到目前为止,已经考虑到了注入相的渗流问题。但是也应考虑防护和驱替过程中的非润湿相。渗流概率 $p_{nw} = 1-p$,式中 p 为润湿相的渗流概率。此外,当非润湿相发生第一次连接后或者随着驱替过程的进行,p_{nw} 从较高的值逐渐降低,此时应存在 p_{nw} 和 p_c 的临界值,同样当非润湿相第一次断开连接时也应存在对应的临界值。Larson 等(1981)首次提出了这一概念的原始应用方案,他们建议利用式(3.25)估计相近孔隙直径的相对均质介质的渗透临界值,该值与残余饱和度相接近:即 $S_{nwr} \approx p_c$。随后的工作重心将集中在建立

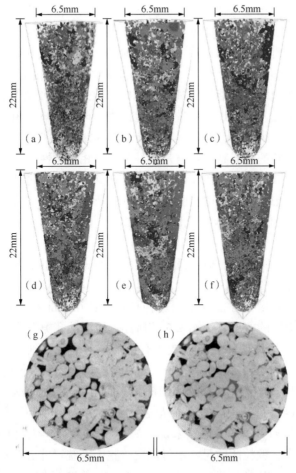

图 4.29　与图 4.28 相似，不同之处是该图片展示了 Ketton 石灰岩中的圈闭情况（引自 Andrew 等，2014c）体素大小约为 4μm。此外，观察到大量的圈闭和全尺寸的颗粒团

残余饱和度和孔隙空间特性之间的关系，比如连通性以及纵横比（孔隙相对于孔喉的尺寸）（Chatzis 等，1983；Jerauld 等，1984；Jerauld 和 Salter，1990；Mayer 和 Miller，1993；Coles 等，1998；Wildenschild 等，2011）；这样可以扩展非润湿相本身的拓扑结构，并利用 2.2.4 节所介绍的 Minkowski 函数确定圈闭数量（Herring 等，2013，2015）。

　　从微观视角来看，圈闭的数量受卡断控制，并且比活塞式推进和协同性孔隙填充更容易实施。如式（4.26）所示，这是接触角的函数（假设存在层流，接触角越低圈闭数越高），其中配位数和 Euler 示性数[与式（3.25）一致，连通性良好的孔隙空间中圈闭数较低]、纵横比（如果孔隙尺寸远远大于孔喉，则圈闭数较多）以及润湿层流动数量受角部的半角大小控制。原则上，如果知道接触角和孔隙结构，就可以利用本章介绍的临界毛细管压力对一系列驱替进行仿真，从而预测圈闭的数量。将通过下文所列的一些系统进行举例说明。但是，由于这些参数的确定取决于卡断和协同性孔隙填充之间微妙的平衡，因此没有直接的方法来量化这些关系。主要的控制因素是自吸模式的类型，相比于前缘推进，渗流驱替将形成更多的圈闭。在本节中，研究的重点集中在对可能出现的流动状态进行评估，并在合适的时候应用渗流理论。利用三维成像技术可以获得大量的颗粒团尺寸分布信息，用以支持将要进行的评估工作。

在渗流过程中，润湿相侵入并完成了协同性孔隙填充，侵入的润湿相具有有限的指形宽度 W。虽然从较大的尺度上看，可能观察到类似于渗流的特征，从孔隙尺度上来看，流体的排列将更为紧凑，填充有润湿相的孔隙可能与其他已填充的孔隙或喉道相邻。但是将不可避免地对圈闭中的颗粒团形成约束，少数尺寸小于 W 的油滴可以通过 $W=l$ 进行预测，式中 l 为孔隙尺寸。出于这个原因，不能使用过于简单的参数来预测残余饱和度，比如式(3.25)；相反，应首先对驱替的性质和指形宽度进行量化，之后再考虑被圈闭的颗粒团总体分布。

可以对最终的驱替进行设想，假设最后所有的非润湿相都将断开。在此之前，必须获得单一非润湿相颗粒团生长的临界状态：这是一种具有自相似特性的分形模式，具有和3.4节中所讨论的侵入渗流模式相同的统计学特性。但是在这个颗粒团之外也会形成一些其他的非润湿相圈闭。之后要考虑这种最终的自吸条件，并且所有非润湿相均已被圈闭，其由颗粒团(残余油滴)所组成，并且尺寸呈指数分布，见下式：

$$n(s) \sim s^{-\tau} \tag{4.34}$$

其中，$n(s)$ 为 s 个孔隙中所包含的颗粒团数目，此处的 τ 为 Fisher 指数，在三维尺寸下该值为 2.189±0.002(Lorenz 和 Ziff，1998)。

只有在有限的长度尺度下才能观察到这种指数规律(Blunt 和 Scher，1995)。其界限较低，是润湿相单个指形物的宽度。如4.3.5节所述，协同性孔隙填充将决定孔隙空间局部填充位置，并且只有宽度大于 W 时渗流模式才有可能被明显观察到。在纯渗流过程中 $W=l$，根据式(4.34)，当 $s<1$ 时可得界限 $n(s)=0$。如果指形宽度较大，依旧可以圈闭一些较小的颗粒团。图 4.28 和图 4.29 已给出了直观的图像，可能出现单孔气泡，但是在 s 较小的情况下，$n(s)$ 值将低于式(4.34)所预测的值。从纯渗流角度来看，指形宽度 W 为最小的外观孔隙长度；对于尺寸为 $s \approx (W/l)^d$ 的孔隙来说，最小颗粒团为 W/l，这定义了一个近似下限 $n(s)$。其次，对于上限，颗粒团的尺寸不可能覆盖整个系统尺寸 L，否则颗粒团之间将会形成连接。如果设定一个相关长度 ξ，其中 $\xi=L$，或者被施加一些外力，比如重力[如式(4.33)]，那么在 $s>(W/l)^d(\xi/W)^D$ 时 $n(s)\rightarrow 0$，式中 D 为分形维数(三维空间下该值为2.52；见表3.1)。

指数分布的下限或阶段是非常重要的，因为控制着整体圈闭量。可以通过式(4.34)来计算残余非润湿相饱和度，因为孔隙总数为 $(L/l)^d$。

$$S_{\text{nwr}} \approx \left(\frac{l}{L}\right)^d \int_0^\infty sn(s)\,\mathrm{d}s \tag{4.35}$$

但目前这仅仅是个近似值，因为假设所有的孔隙具有相同的空间体积。之后使用式(4.34)中的比例法则，为了便于论证，必须精确地确定 $n(s)$ 的上下限。

$$S_{\text{nwr}} \approx \int_{\left(\frac{W}{l}\right)^d}^{\left(\frac{W}{l}\right)^d\left(\frac{\xi}{W}\right)^D} sn(s)\,\mathrm{d}s = \frac{1}{\tau-2}\left[s^{2-\tau}\right]_{(W/l)^d}^{(W/l)^d(\xi/W)^D} \tag{4.36}$$

并估计界限：

$$S_{\text{nwr}} \approx \frac{1}{\tau-2}\left(\frac{W}{l}\right)^{-d(\tau-2)}\left[1-\left(\frac{\xi}{W}\right)^{-D(\tau-2)}\right] \tag{4.37}$$

对于一个大系统的界限，$\xi\rightarrow\infty$，式中 $\tau>2$。

$$S_{\text{nwr}} \approx \left(\frac{W}{l}\right)^{-d(\tau-2)} \tag{4.38}$$

　　该值不受系统总体尺寸的影响，而是受局部指形宽度控制，W 值越大，残余饱和度越小。指数 $d(\tau-2)$ 大约为 0.57。可以从润湿体协同性孔隙填充的三维模拟中观察到残余饱和度和指形宽度的比例（Blunt 和 Scher，1995）。

　　图 4.30 显示了对图 4.28 和图 4.29 所示的两个示例以及图 2.3 所示的另外 3 个示例进行测量得出的颗粒团圈闭分布，排驱过程毛细管压力如图 3.8 和图 3.9 所示。这是对 5 个岩石样本进行 5 次重复实验得到的结果，其中每次实验所得到的图像具有大约 30 亿个立体像素。从实验角度来看，这种分析方式比直接模拟更为可行。虽然可以在孔隙尺度上建立圈闭模型，但是目前的计算机技术并不支持这种大规模计算分析；参见 6.4.9 节相关内容。观察到的残余油滴尺寸分布大约为两个数量级，并且具有明确的小尺度界限。

　　以 Bentheimer 砂岩分析结果为例。大约 10^5 立体像素残余油滴尺寸以上的分析表明，其结果都很好地符合了渗流式的指数分布。6μm 的立体像素尺寸对应 $2\times10^7\,\mu m^3$ 的体积。已经确定了孔隙之间的平均距离 $l=79\mu m$（见第 3 章），平均孔隙空间体积为 $\phi l^3 \approx 10^5\,\mu m^3$，可将其定义为孔隙度（这种情况下 $\phi\approx0.2$）。这不仅提供了对渗流进行标定的起始点（对大约 200 个残余油滴尺寸的综合分析），也代表了 $W\approx0.5mm$ 大约跨越 6 个孔隙尺度的指形宽度。

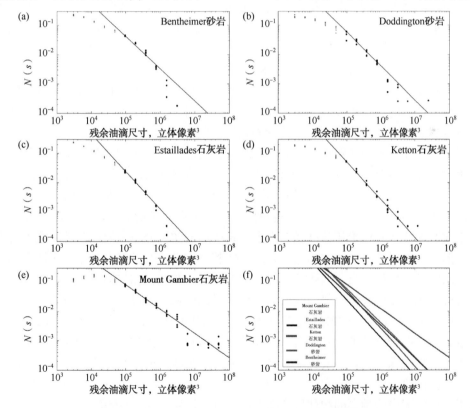

图 4.30　在 5 个岩石样品上测量的被捕获的团簇大小分布：

图 4.28 和 4.29 显示了两种情形（引自 Andrew 等，2014c）

$N(s)$ 是大小为 s 的体素的簇的相对频率（不是孔隙）；然而，比例关系式(4.34)仍应保持相同的指数。在所有情况下都可以观察到被截断的指数分布，其幂数 τ 介于 2.1 和 2.3 之间，与渗流理论基本一致（估计指数为 2.19）。对于 Mount Gambier 石灰岩来说，指数为 1.8；该岩石为多孔介质，并具有开放式的孔隙结构（图 2.3 和图 3.12）

　　较小的颗粒团圈闭是存在的，实际上，较小的颗粒团数量要多于较大的颗粒团，但要少于通过渗流理论所预测的数量，如图 4.30 所示，其原因在于协同性孔隙填充抑制了非润湿相的局部卡断。如果将预测值代入式(4.38)中，通过计算可得残余饱和度为 35%，接近实际测量值 32%(Andrew 等，2014c)；考虑到这是一种近似的计算方式，从某种程度上来说，虽然该参数具有一定的偶然性，但是可以通过强调这种尺度变换的方法来评估圈闭的趋势和可能的数值。对于其他情况也可以做类似的分析，在极大的尺度下，可以观察到类似渗流的一些特征，但是最小的颗粒团明显不具备代表性，因此无法进一步控制地层整体的残余饱和度。

　　虽然没有做直接的试验，但是前面对流动模式的仿真分析结果表明，圈闭量对接触角可能具有一定的敏感性。对于连通性推进，降低接触角可能增加指形宽度，从而降低圈闭量，当观察到层流时，较低的接触角更有利于形成卡断现象，并且能观察到更多的圈闭，其尺寸 W 更小，如图 4.21 所示。

　　从物理学角度来看，虽然这种确定残余饱和度的转换方法十分吸引人，但从实际的角度来看，这种方法只能产生取决于指形宽度的近似表达式。这也解释了为什么大量的工作都集中在研究孔隙几何形状和圈闭量之间的关系上了。下一步的工作是为图 4.21 所示的推测原理图提供更高的精度，这有助于描述与接触角和孔隙结构相关的流动模式、指形宽度和圈闭的系统性特征。

　　并非所有圈闭的颗粒团分布测量实验都表现出了渗流特征。图 4.30 所示的 Mount Gambier 石灰岩样本的最佳匹配幂数为 1.8，与预计值 2.2 不一致，并且对于足够大的系统来说，由于 $\tau<2$，其总体的残余饱和度并不是由小规模的卡断控制的，而是由极大的、尺度几乎跨越整个样本的颗粒团控制，见式(4.37)。在实验中，最大的单一颗粒团可以占到总体积的 26%，对于其他岩石来说，可能为 6% 或者更低。类似地，在玻璃珠人造岩心的实验中，发现了一个完全不同的颗粒团尺寸分布现象，大部分残余饱和度包含于一个尺寸较大并且较为重要的残余油滴中(Georgiadis 等，2013)或者是在极大的残余油滴中(Krummel 等，2013)。在这些情况中，岩石为均质的多孔介质(玻璃珠人造岩心)或具有相当开放性的孔隙空间(Mount Gambier 石灰岩)。之后通过协同性孔隙填充几乎能完全控制自吸过程。在实验中，由于在开始注水时润湿相就已经在整个系统中形成初期分布，所以驱替模式不可能是前缘推进。但是，可以从已经注水的区域开始，在整个多孔介质中连续进行协同性孔隙填充，促进有核的颗粒团生长。当这些颗粒团相遇并融合时，非润湿相将形成圈闭，但是从总体上看，没有观察到渗流过程，一般的残余油滴尺寸可以由颗粒团尺寸确定，可能远远大于孔隙尺寸。即使在 Georgiadis 等(2013)进行的玻璃珠人造岩心实验中，也观察到了圈闭颗粒团尺寸呈指数分布，符合渗流理论；但是，整体的残余饱和度是由最大的残余油滴所决定的。其他已经公布的玻璃珠人造岩心实验中，绝大部分圈闭被较小的颗粒团饱和，尽管实际的渗流效果低于渗流理论的估计，当颗粒团体积为 V、表面积为 A 时，$A \sim V^{0.84}$(Karpyn 等，2010)，这不同于三维渗流中所预测的线性尺度变换(Stauffer 和 Aharony，1994)。

　　仅根据孔隙结构很难评估圈闭特性，Geistlinger 和 Mohammadian(2015)对玻璃珠人造岩心进行了大量的圈闭实验，他们发现实验结果完全符合渗流理论以及其他填砂模型和二维尺度下的微模型(Geistlinger 等，2015)。他们采用了空气/水系统，并且仔细清洗了玻璃珠，使其具有较强的水润湿性，允许出现层流并有利于卡断。他们也测量了流体相之间的表面积，结果显示，对于开放式的分形结构来说，表面积与其体积呈线性关系，与 Karpyn 等

(2010)的实验结论相反。通过在玻璃珠人造岩心上进行一些颗粒团生长实验，结合在其他样本上进行的渗流实验，结果表明，这种渗流的差异性与系统的水润湿性强度、润湿层流动能力和卡断数量有关。

这个例子表明了一般类型的驱替模式如何在不同类型的圈闭中通过定性描述表现出来，这对提高原油采收率和非润湿相驱替起到了显著的作用。在颗粒团生长状态中，圈闭的实际性质是由原始排驱后润湿相的数量和所处位置决定的，并从此时开始进行孔隙填充。如果最开始时样品为干燥状态，可以预计观察到前缘推进和少量的圈闭。这表明圈闭量是由初始润湿相饱和度决定的，并不受润湿性（接触角）和孔隙结构控制，而孔隙结构决定了自吸模式和指形宽度，如图 4.20 和图 4.21 所示。在下一节中将对此做进一步讨论，渗流式驱替可以看作圈闭初始饱和度的决定因素。

4.6.2　初始饱和度的影响因素

在宏观（厘米尺度）实验中，可以在自吸阶段结束时测量残余非润湿相饱和度。该饱和度是岩石中初始存在的润湿相饱和度的函数，在原始排驱结束时形成。可以定义圈闭曲线 $S_{nwr}(S_{nwi})$，式中 S_{nwr} 为残余饱和度，S_{nwi} 是初始饱和度（自吸过程开始时）。在一些情况下，这种关系十分重要。如 3.5 节所表述的，在初始阶段储层中存在含水饱和度一般在自由水面之上呈下降趋势。在随后的注水驱替石油的过程中，被水圈闭的油滴数量（无法采集）取决于初始饱和度的分布。在初始饱和度较低的实验中，如果仅仅根据所测得的残余饱和度分析圈闭程度，可能高估了圈闭程度，进而因此低估了原油采收率。在天然气田中观察到了相似的现象，无须注水，但是当气体压力降低时，水可能从蓄水层中流入储层。天然气圈闭将降低采收率，并且圈闭量是初始状态下水量的函数。

第二个重要的应用领域是在 CO_2 的储存上，注水后的 CO_2 运移是排驱过程和自吸过程的组合。在原始排驱期间，羽流前缘的 CO_2 驱替蓄水层中的盐水。但是在后缘，盐水驱替 CO_2，这是一个自吸过程，留下了大量的非润湿相圈闭。因为 CO_2 可以溶解或者与母岩发生反应，但是不能流动或从蓄水层中逃逸，因此这种特征很利于长期储存。

第三个应用领域是在饱和面附近形成天然气圈闭：饱和面的上升和下降代表了自吸过程和排驱过程的循环；气体圈闭量对毛细管边缘的化学和生物过程起到了重要的控制作用，而气体圈闭量本身受前一个排驱驱替过程期间形成的非润湿相饱和度控制。

图 4.31 显示了测量圈闭曲线所需要的毛细管压力变化顺序。通常来说，如果在原始排驱实验中持续加压直到润湿相饱和度降低到一个较小的值 S_{wc}，那么该值通常被认为不可继续简化或合并，如图 4.31 中所标绘的 A 点。此处采用的润湿相为水，作为自吸过程中的注入物。自吸过程的毛细管压力比排驱过程低，具体原因如上所述，并且当非润湿相形成圈闭时，在点 B 结束。但是，为了测量圈闭曲线，需要调整这一顺序，并进行一系列实验，需要通过原始排驱过程达到中等饱和度，之后开始新的注水过程。这些实验所测得的非润湿相饱和度并不相同，将这些值作为初始饱和度的函数，如图 4.32 所示。对于类似渗流的自吸模式，一般情况下圈闭是由卡断控制的，圈闭数量随初始饱和度的增加而增加（注入的非润湿相越多，所形成的圈闭量越多）。当然，所形成的圈闭量不可能多于初始状态下的饱和度，所以该曲线一定位于 $S_{nwr}=S_{nwi}$ 所表示的直线下方。但是，正如接下来即将展开讨论的，在较低的饱和度条件下，所形成非润湿相圈闭量的比例 S_{nmr}/S_{nwi} 可能接近 1。

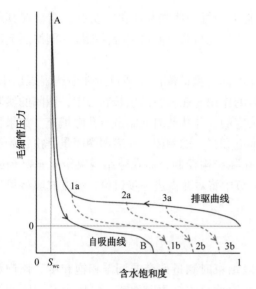

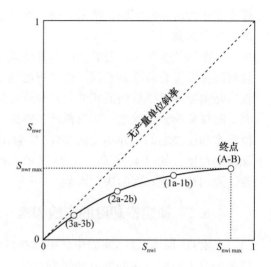

图 4.31 毛细管压力扫描曲线(引自 Pentland，2011)
通常情况下，一个实验性质的原始排驱实验保持着较高的毛细管压力值，即 A 点，使润湿相饱和度接近原生或残余水饱和度 S_{wc}。然后进行水驱，自吸毛细管压力降低，并到达 B 点，得到较大的残余非润湿相饱和度。这一顺序发生的过程定义了边界毛细管压力曲线。为了确定圈闭曲线，需要进行实验，并在达到中等含水饱和度时停止原始排驱，之后进行水驱，如虚线所示，使得圈闭量降低

图 4.32 在图 4.31 所示的一系列毛细管压力下所测得的圈闭曲线(引自 Pentland，2011)
观察到残余饱和度随着初始饱和度的增加而增加，曲线必须位于单位斜率之下，表示不存在非润湿相的驱替

在 3 个采石厂砂岩样本上利用多孔板方法测得油/水系统的一些毛细管圈闭曲线：Berea 砂岩，其原始排驱毛细管压力如图 3.8 所示，其他两种具有良好连通性的砂岩样本为 Stainton 砂岩和 Clashach 砂岩(Pentland 等，2010)。图 4.33 同时也显示了在孔隙尺度下的建模效果，从 3 个岩石显微 CT 扫描图像中提取了网络信息，结合对原始排驱和自吸过程的仿真分析，并假设了本章节中描述驱替过程的孔隙尺度(Valvatne 和 Blunt，2004)。如前所述，圈闭量主要取决于卡断和协同性孔隙填充之间的竞争，同时对接触角的变化也较为敏感。无法直接获知岩石样品中的接触角，必须对此做出假设，并匹配对应的数据。在这种情况下，需要假设一个水润湿性非常强的环境，对孔隙和喉道随机分配在 0°~30° 之间的接触角。但是不足之处在于，这种假设过高估计了卡断引起的圈闭量。更具有实际意义的分配方式是允许出现较大的有效值，把粗糙面以及孔隙几何形状的复杂性考虑在内。在这种情况下，介于 35°~65° 的接触角可以合理地拟合实验测量数据。这表明可以重复进行实验，但不能立刻解释为什么会观察到这种趋势。

利用本章前面所介绍的孔隙尺度分析的内容来解释实验结果。采用渗流理论以及式(3.25)的扩展形式来确定圈闭曲线，根据一些配位数 Z_{nw}，创建初始润湿相网络，该网络略小于整体的孔隙空间。然后，使用这个较小的值通过公式 $S_{nwr} \approx p_c$ 来估计 p_c 和残余饱和度(Larson 等，1981)。但是这种方法具有一定的局限性，如上所述，驱替的特性比简单的渗流更复杂。在这里可以利用渗流和拓扑学参数来解释这些特征，尽管不一定能得出对于圈闭量的定量推测。

　　为了整理这些参数，需要确定自吸过程中的拓扑结构和填充顺序，以及其余排驱过程中驱替顺序之间的关系。图4.33为4×4正方形网格上原始排驱结束时的驱替模式原理说明图。如果非润湿相高于但不是远高于渗透临界值，则该结构将由回路、悬垂端以及连接入口(而非出口)的孤立簇组成。如果对海恩斯跳跃过程中的驱替进行快速摄像，在孔隙空间中间也可能存在孤立的非润湿相颗粒团。但是，通常在施加最大恒定外部毛细管压力时停止排驱过程，此时假设这些颗粒团已经重新连接。

　　现在来考虑自吸过程，从图4.33所示的流体分布开始，一般以卡断和I_1孔隙填充的组合形式进行。在图4.34中，虚线表示悬垂式末端的孔隙和喉道。这些路径可通过一系列I_1孔隙填充来完成，处于入口处的孔隙将被润湿相所驱替，一直到最后一个喉道为止，下一个孔隙的填充过程与之类似。即使结构中存在分支，当两个分支都完成驱替时，位于连接处的孔隙也可以通过I_1过程完成填充。其余的非润湿阶段由主干组成，从内向外具有环形结构，并且不能通过这种方式进行驱替。因此，如果仅观察到I_1填充过程(或者至少I_1填充过程占据较为主要的部分)，并且没有发现卡断现象，那么可以在不形成圈闭的前提下对所有悬垂式末端完成驱替，在相当均质的介质中可以观察到这种现象，比如填砂模型中。

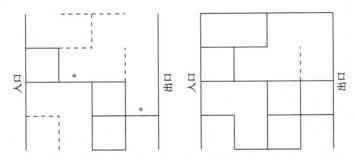

图4.33　二维正方形网格中流体侵入示意图，解释了自吸驱替的拓扑结构及其对圈闭的影响
直线表示在原始排驱结束时喉道中填充的非润湿相。位于连接处的孔隙，所有与已经填充的喉道相邻的孔隙也都填充有非润湿相。实线表示颗粒团的主干，虚线表示悬垂式的末端，它们均可以在自吸过程中通过I_1孔隙填充被驱替，并且不会产生圈闭。相比之下，那些标有＊的孔喉就是所谓的红键。如果其中一个通过卡断形成驱替，所有的非润湿相将会断开连接。左边是初始非润湿相饱和度较低模式，具有许多悬垂式末端和部分红键；大部分非润湿相将快速形成圈闭。右边的图像具有较高的饱和度，不存在红键并且存在较少的悬垂式末端。因为初始自吸过程无法切断非润湿相，此处将会圈闭小部分初始饱和度

　　如果考虑较低的初始非润湿相饱和度，那么可以使用渗流的概念。非润湿相的初始分布具有低于某些相关长度ξ的自相似分形结构，见式(3.30)。参考表3.1，注意到整体结构的分形维数大于主干处，这表明绝大多数非润湿相滞留在悬垂端。通过对Euler示性数的研究，发现出现环状结构的情况相对较少。这实际上是在排驱过程之后出现的非润湿相图像上直接观察得到的，例如在Bentheimer砂岩中，当非润湿相饱和度低于40%时，Euler示性数为正，这表明孤立的非润湿相颗粒团数量要多于环状结构，参见式(2.10)(Herring等，2013)。

　　因为所有悬垂式末端都将通过I_1填充过程而逐渐被蚕食，因此这个观点意味着在较低初始饱和度的情况下，可能不能观察到圈闭。但是忽略了卡断现象的存在。除悬垂式末端外，也观察到了所谓的红键，如果任意悬垂式末端通过卡断填充，由于非润湿相将不会从入口处连通到出口处，因此将形成非润湿相圈闭。如式(3.35)所示，如果在渗透临界值情况下存

在有限数量的此类临界喉道，即使是上述的 p_c，如果切除每个相关长度 ξ 产生的网格红键，仍然能够完全断开非润湿相。因此，少量的卡断条件足以在较低的初始饱和度下切断非润湿相，从较低的 Euler 示性数也可以观察到这一现象。

因此，在较低的初始非润湿相饱和度情况下，在自吸阶段捕获了大部分的初始饱和度：S_{nwr}/S_{nwi} 接近 1。

现在考虑另一种极端情况，在初始非润湿相饱和度较高情况下，大部分喉道已经被填充。显而易见，排驱过程中被填充的最后一个喉道应该是尺寸最小的一个。现在考虑自吸。由于少数喉道依旧充斥着润湿相，因此必须通过卡断进行驱替。什么样的孔喉会最先出现卡断现象？显而易见是最小的孔喉，事实上，在排驱过程中最小的孔喉在最后被填充。尽管临界毛细管压力不同(事实上该压力值非常低)，但是驱替位置是相同的。可以继续利用这个结论来考虑尺寸最小的孔喉中出现的一系列卡断的现象，在排驱期间将以相反的顺序复现填充过程。孔隙填充是什么情况？在排驱过程中，一旦喉道完成填充，相邻的孔隙将随之被填充。在具有良好连通性的网络中，尺寸最大的喉道最先被填充；当尺寸最大的喉道被填充完成后，开始填充孔隙，之后按照尺寸大小顺序依次填充其余喉道。现在开始考虑自吸过程，发现与上述驱替顺序相反，在每个孔隙周围，通过卡断填充最小的孔隙。在这之后将形成 I_1 孔隙填充条件，水将通过最大的孔喉推进。在排驱过程中，总体上没有出现圈闭，因为非润湿相必须在一段时间内连接入口，以进入孔隙空间。如果自吸过程的顺序正好是逆向驱替顺序，那么也不会形成任何圈闭。

这个观点再次证明了自吸过程中没有圈闭。海恩斯跳跃存在一定的复杂性，在排驱过程中，在填充相对狭窄的喉道之后，流体将填充一系列较宽的孔隙和孔喉。在自吸期间，该过程是不可逆的。相对狭窄的孔喉首先被填充，之后可能通过 I_1 填充过程对相邻的孔隙进行填充，如图 4.11 所示，在排驱过程中层流将会抑制局部毛细管压力的急剧变化，这使得驱替过程在系统中的其他位置发生，比如具有相近的临界毛细管压力的孔隙或喉道中。这种排驱破坏了驱替和自吸的对称性，在自吸过程中较为严格地遵守与尺寸大小相反的填充顺序，孔隙空间较大区域将被填充物包围。根据渗流理论可以预测形成圈闭的残余油滴尺寸呈指数分布，如图 4.30 所示。

在排驱过程中，圈闭主要通过海恩斯跳跃出现在孔隙空间中，在排驱过程早期这一现象十分重要，因为这可以降低非润湿相饱和度。这符合先前的讨论结果：当饱和度较低时，可以对大部分的初始饱和度进行圈闭。当饱和度较高并远高于渗透临界值时，孔隙空间中的非润湿相具有良好的连通性(具有较大且为负数的 Euler 示性数)，并且在排驱过程中，按照尺寸大小的顺序，通过海恩斯跳跃对孔喉进行填充。在自吸过程中，润湿相按照相反的顺序对这些孔喉(或者一些孔隙)进行填充，并形成少量的圈闭。比值 S_{nwr}/S_{nwi} 随着 S_{nwi} 的降低而降低。对于具有较小纵横比(相对于喉道的孔隙尺寸)的均质结构，协同性孔隙充填起到了重要的作用，在符合条件的情况下总是出现 I_1 填充，对所有非润湿相的悬垂式末端进行驱替；在这些情况下，预计 S_{nwr} 值大约稳定在某个临界饱和度之上，因为自吸过程严格按照与排驱过程相反的顺序进行，并且不存在圈闭。在下面的填砂模型实验中，也将观察到该现象。

最后，应注意图 4.34 中孔隙网格的仿真结果，在初始饱和度非常高时，如果不是实验数据，残余饱和度有所降低。这似乎有违直觉，因为系统中初始分布的非润湿相越多，形成的圈闭量越多。此处的解释与用于匹配数据的有效接触角有关：对于最大(固定)角度，孔隙填充中的临界毛细管压力可以为负。这种填充顺序更有利于较小孔隙的填充，首先对较大孔隙驱替，在此过程中临界压力虽然为负数，但数值并不是很大。因此，对于较高的初始非润湿相饱和度，流体更倾向于填充一些较大的孔隙（在具有更强的亲水系统中将会形成圈闭）。这就解释了为什么圈闭量较少时接触角较小并且卡断情况较少，圈闭更可能出现在一些较小而非较大的孔隙中的情况，参见 4.2.4 节。在初始饱和度较大的情况下，如前所述，圈闭量下降的原因主要是初始分布的非润湿相连通性较差，导致大量圈闭转化为不同的填充顺序。这主要是由原始排驱后建立的接触角分布决定的，圈闭将出现在那些毛细管压力最低的孔隙中，并进行填充。这种可润湿性带来的影响将在下一章讨论。

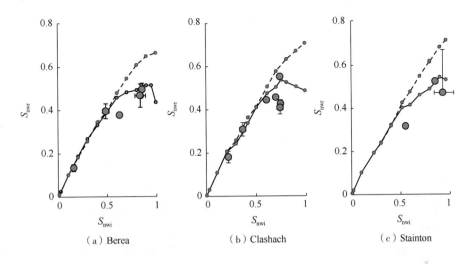

图 4.34　Berea、Clashach 和 Stainton 岩心圈闭曲线 $S_{nwr}(S_{nwi})$ 的
测量值（圆）和预计值对比（引自 Pentland 等，2010）

采用了 Valvatne 和 Blunt（2004）所提出的孔隙网络模拟器进行预测，假设固有接触角分布介于 0°~30°（虚线）和
35°~65°（实线）之间。对于 Berea 砂岩，测得的数据大致对应表 4.2 所列的结果，即 $S_{nwi}=0.76$

图 4.35 总结了与亲水系统中圈闭相关的文献资料。对于非固结介质，如填砂模型等，可以观察到最小的圈闭量，此时最大残余饱和度仅为 10%~15%。如上所述，此处的驱替主要由协同性孔隙填充和相对较少的卡断控制。此外，观察到残余饱和度增加到部分临界初始值以上，这与先前所提出的结论一致：自吸过程的第一阶段指数按照与填充顺序相反的顺序排驱，并不会形成圈闭。对于具备更高的固结度的岩石或其他低连通性的多孔介质，可以观察到较大的残余饱和度，最大值可达到 50%或更高，并且随着初始饱和度增加而有上升趋势。

2.2.4 节介绍了多孔介质的拓扑结构分析以及在介质中通过的流体，提出了一种预测残余饱和度的方法，至少可用来寻找残余饱和度和孔隙结构之间的相关性。实际上，网络建模已经证明了圈闭量对孔隙空间连通性的细节具有一定的敏感性（Sok 等，2002），而后者又是由岩石的成岩史控制的（Prodanovic 等，2013）。但是到目前为止，岩石样品仅仅被用来测量孔隙度并确定其残余饱和度。如图 4.36 所示，尽管孔隙结构和（未知的）接触角之间的相关性相当分散，但是与较大孔隙度的样本相比，较低孔隙度样本的孔隙度与最大残余饱和度之间的相关性更差。

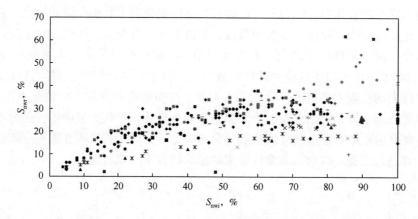

图 4.35　不同水润湿性多孔介质残余和初始非润湿相饱和度相互关系的文献资料总结

（引自 Al Mansoori 等，2010）

每一个样本代表了一个不同的实验数据集。通过研究不同系统，从填砂模型到具有更高固结程度的岩石，

发现了广泛差异性的特征，前者具有较少的圈闭量，后者具有较高的残余饱和度

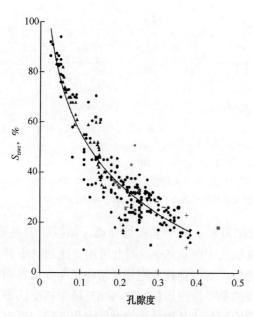

图 4.36　作为孔隙度函数的残余饱和度

最大测量值的文献资料

（引自 Al Mansoori 等，2010）

与所预计的一样，样本的孔隙度越低，连通性越差，残余饱和度越高。然而，这种关系具有相当大的分散性，与所研究介质的孔隙结构和接触角之间的差异性有关。每一个样本代表了一个不同的实验数据集。Jerauld(1997)提出了对数形式的趋势线

虽然可以通过定性讨论的方法来解释圈闭量，但如果不对所研究的多孔介质的驱替过程做明确的仿真模拟，无法做出一个定量的估计。即使在这些情况下，仍需要对接触角做独立评估，尽管这些评估通常不容易实现。出于建模的目的，经验法得到的圈闭曲线可以取代直接观察，尽管这些函数式并不具备一些物理学基本含义。最常用的模型是由 Land(1968)提出的，最初是为了量化水侵入期间气体圈闭情况而开发的：

$$S_{nwr} = \frac{S_{nwi}}{1 + C\dfrac{S_{nwi}}{1 - S_{wc}}} \qquad (4.39)$$

单个拟合参数 C 被称为 Land 常数。在这个表达式中，必须要确定原始含水饱和度 S_{wc}；通常认为，这是原始排驱期间所能达到的最小饱和度。

第二种经验式是在网络化模型预测的基础上开发的，并可以应用在 CO_2 储层和混合润湿储层中，见第 5 章（Juanes 等，2006；Spiteri 等，2008）。

$$S_{nwr} = \alpha S_{nwi} - \beta S_{nwi}^2 \qquad (4.40)$$

其中，α 和 β 两个参数需要与数据相匹配。这是一个双参数拟合，在考虑下一章的混合润湿模型时，残余饱和度将不随初始饱和度单调增加，如图 4.34 所示。

第三种经验形式适用于未固结的介质中，可以观察到 S_{nwr} 与 S_{nwi} 之间呈近似线性上升关系，直至达到某些临界值，超过临界值后残余饱和度将为恒定值(Aissaoui，1983)：

$$S_{nwr} = aS_{nwi} \qquad S_{nwi} \leqslant S_{nwr}^{max}/a \tag{4.41}$$

$$S_{nwr} = S_{nwr}^{max} \qquad S_{nwi} \geqslant S_{nwr}^{max}/a \tag{4.42}$$

式(4.41)中有两个可调节的参数：a 和最大圈闭饱和度 S_{nwr}^{max}，如前所述，可以很好地匹配非固结介质中的圈闭(Al Mansoori 等，2010；Pentland，2011)。

最近，大量文献集中研究如何在储层中圈闭 CO_2。如果初始饱和度的主要部分(在注入 CO_2 后)形成圈闭，则限制了 CO_2 注入后的运移，基本不可能产生泄漏。但是，在一些岩心尺度的实验中，在地下盐水层中 CO_2 并不是非润湿相，正如在下一章所论述的(Plug 和 Bruining，2007；Kneafsey 等，2013)，这意味着几乎不会形成圈闭。图 4.37 总结了文献中关于 CO_2 圈闭相关的实验数据(Krevor 等，2015)；Pentland 等(2011)，Akbarabadi 和 Piri(2013)以及 Niu 等(2015)也做过相关研究。根据式(4.39)所示的 Land 模型拟合结果：总体而言，在不同的温度和压力以及不同盐水组分条件下对 Berea 砂岩的实验结果体现出了明显的一致性，残余饱和度接近(或者可能略低于)油/盐水系统的实验测量值，如图 4.34 所示。

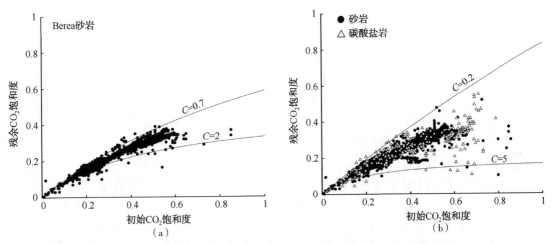

图 4.37　Berea 砂岩以及不同砂岩和石灰岩之间 CO_2 圈闭曲线测量数据总结(引自 Krevor 等，2015)

这些曲线根据式(4.39)所述的 Land 模型进行拟合，其具有不同的 C 值。对于 Berea 砂岩，在不同温度和压力以及不同的盐水组分条件下进行多组实验，其结果具有相同的趋势。对各种类型的岩石进行圈闭实验，因此图(b)中展示的曲线之间存在着较大的差异

当进行不同砂岩或碳酸盐岩的实验时，实验数据具有较大的差异性，如图 4.37 所示。这是所采用的孔隙结构类型不同造成的结果。但是与砂岩相比，碳酸盐岩中的圈闭不具备根本性或一般性的不同趋势。在这两种情况下，残余饱和度取决于相同的物理和拓扑结构的约束。在所有情况下，相当一部分的 CO_2 可以在孔隙空间中形成圈闭，表明渗流状态下的亲水系统与接触角的直接测量值一样(Iglauer 等，2015)。

虽然这一结论在 CO_2 储存中有较大的应用价值，可以在孔隙尺度下保证 CO_2 安全地形成圈闭，但是在原油采收方面的应用十分有限。这是因为随着初始水饱和度的变化，可以观察到润湿性的变化趋势，如 3.5 节所述，更低的含水饱和度与较强的亲油性有关。为了解决这一问题，需要分析混合润湿系统在孔隙尺度上的分布和驱替过程，以及这一系统对毛细管压力和残余饱和度的影响，这也是下一章所讨论的主题。

5 润湿性与驱替路径

5.1 油/水毛细管压力定义及其循环

现在考虑在原始排驱阶段结束后，侵入相不一定是润湿相的驱替过程。这种情况更接近油田的实际，正如2.3.3节中所描述的，在水驱过程中，储层岩石中亲水孔隙和亲油孔隙是同时存在的。不同驱替过程接触角的分布取决于：岩石表面的矿物特性和粗糙度、油和盐水组分，以及原始排驱结束时的毛细管压力和含水饱和度；不同孔隙的接触角存在差异。

前文中将渗吸过程定义为前进接触角小于90°的驱替过程，虽然这种定义对于简单情形较为适用，但该定义既不精确，也不适用于孔隙内的驱替过程，究其原因有以下两个：首先，接触角不是固定的，许多岩石既有小于90°的接触角，又有大于90°的接触角；其次，如4.2.2节所述，对于协同孔隙填充过程，即使接触角小于90°，驱替过程的毛细管压力阈值也可能为负值，这意味着视润湿相需要比非润湿相高的压力才能进入孔隙。笔者通过宏观孔渗实验测量了外部要施加的毛细管压力的大小，但是该结果无法将前进接触角小于90°的情形(负毛细管压力)与接触角大于90°的情形进行区分。

从现在开始，根据毛细管压力变化的符号和方向，本书将采用更实用的渗吸和排驱定义来描述多孔介质中的宏观驱替过程。油/水毛细管压力定义为：在非常小的渗流量下，作用于油和水的外部压力之差。$p_{cm} = p_1 - p_d$，其中下标 d 表示密度较大的流体相，下标 l 表示密度较小的流体相，与第1章中接触角的定义方法相同。至此，排驱驱替是指 p_{cm} 为正且不断增加的过程(密度较大的流体相——通常是水的饱和度不断降低)。吸入是指 $p_{cm} > 0$ 并且正在减小，代表密度较大的流体相(水)的饱和度增加的过程。那么如何定义毛细管压力为负的情形呢？如果 $p_{cm} < 0$ 且密度较大的流体相的饱和度正在增加，则为排驱，而如果 $p_{cm} < 0$ 并且密度较大的流体相饱和度正在减小，则为吸入过程。

为了更清楚地解释这一点，如2.3.3节所讨论的那样，大多数储层岩石在原始排驱后会经历一定程度的润湿性变化，使一些原来的亲水性表面转变为亲油性表面。这种情况下驱替毛细管压力可以为负，例如对于大于90°的接触角 θ_A，流体活塞状通过孔喉[式(4.12)]。如果在这种情形下注水，水的压力高于油，则该过程为排驱驱替(二次排驱)。而油将在孔隙空间内通过 $p_{cm} < 0$ 的孔隙空间的亲油区域推进，此时油压低于水压为吸入过程。换句话说，排驱是前进相的压力大于后退相的驱替过程；如果前进相的压力低于后退相，则为吸入。

在石油工业应用中，工程师们往往无论毛细管压力的符号如何，将所有注水过程都称为吸入，然后将所有油的侵入过程称为排驱。这是多余的(因为它们有时指的是同一现象)并且具有误导性。然而为了避免混淆，在正毛细管压力下的水驱替(水压低于油压，因此不会被驱入孔隙空间)称为自发吸入。而当毛细管压力变为负值时，这个过程往往不被称为排驱，这是为了与注油过程进行区分，称为强制注水(水压高于油压)。对于油的推进，如果毛细管压力为正，则为排驱，当 $p_{cm} < 0$ 时称为自发油侵。对于水驱后重新地注油，则被称为

二次驱替过程，其中 $p_{cm}>0$。

　　图 5.1 为驱替顺序示意图，其显示了原始排驱、自发吸入、强制注水、自发油侵和二次排驱等几个不同的过程。本章将从孔隙的尺度对流体结构和驱替顺序进行分析，从而解释并分析图 5.1 中的宏观行为。在本章中为了简化计算，提到的毛细管压力就是指宏观值，并略去下标 m。此外，假设 p_c 是可测量的，并且仅是饱和度和驱替历史的函数。

　　考虑的驱替顺序有 5 个步骤：第 1 步是原始排驱（第 3 章），假设孔隙空间最初是亲水的。如 2.3 节所述，在原始排驱结束时，岩心达到最小含水饱和度，孔隙空间中与油接触的部分可能会改变润湿性。原始排驱阶段结束后是水侵阶段，这首先在正压力下进行（步骤 2），水占据了大部分亲水的孔隙和喉道空间。这是第 4 章所述的自发吸入。之后水压超过油压，强制驱替过程发生（步骤 3）。当岩心中的油含量降低至残余油饱和度时，强制驱替过程结束，最后可能发生再次油侵。在吸入过程中，亲油的孔隙和喉道被油填充（步骤 4），称为自发油侵，然后是当油压超过水压时的二次排驱（步骤 5）。大多数情形下，在施加足够大的正毛细管压力后，饱和度将恢复到原始排驱结束时的值；然而，正如在下面将要讨论的那样，水作为非润湿相可能会被孔隙空间所圈闭。

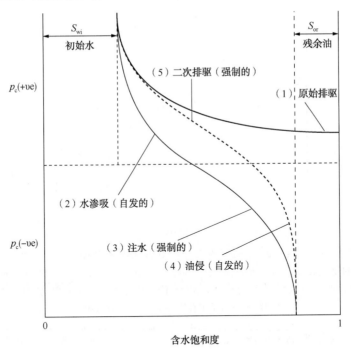

图 5.1　部分亲水、部分亲油系统中的毛细管压力

最初，多孔介质完全充满水（饱和度为 1）。然后进行原始排驱，即粗实线（步骤 1），假设原始系统是亲水的。在原始排驱结束时，与油接触的那些岩石表面的润湿性可能会发生变化。在随后的水侵过程中，毛细管压力可以为正并发生自发吸入（步骤 2），这表明油从亲水孔隙中被驱替（步骤 3），即毛细管压力为负，水在排驱过程中被迫进入孔隙空间内的亲油区域，称为强制注水。在水驱结束时，孔隙中的油达到残余油饱和度。还可以考虑二次油侵（由虚线表示），其中油被再次引入系统。可以看到毛细管压力值为负的自发油侵（步骤 4）以及毛细管压力值为正的二次排驱（步骤 5）

　　图 5.1 所示的侵入顺序不是饱和度变化唯一可能的过程。如前一章所讨论的，原始排驱可能会在某个饱和度的中间状态下结束，随后的注水可能会导致残余油饱和度存在差异，从

而使得油再次侵入的初始条件不同。此外，还可以考虑其他的水侵和油侵周期。虽然这种情况在油田生产中较为少见，但在岩土中由于降水导致的地下水位高度的波动会导致这种持续的振荡，该过程可能在任意中等饱和度处开始和结束。

前进相饱和度在最小值和最大值之间变化的驱替毛细管压力曲线称为边界曲线，如图 5.2 中的粗线所示，表示水驱和二次注油。水驱和二次注油周期的饱和度范围界于束缚水饱和度和残余油饱和度之间。如果在该注入顺序中岩石润湿性没有发生变化，则其他驱替周期的毛细管压力曲线(较淡的线)将界于这些曲线之间。扫描曲线位于边界曲线之间，从某个中等饱和度开始，代表注水或油侵过程：油侵毛细管压力将始终高于水驱毛细管压力，如图 5.2 所示。从扫描曲线开始，更复杂的驱替顺序也是可能的。同样，由于第 4 章讨论的毛细管压力滞后，无论样品的润湿性如何，水驱的毛细管压力总是低于再次油侵的毛细管压力。

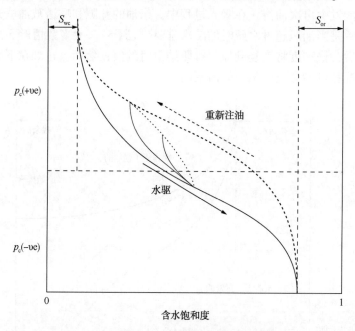

图 5.2　类似于图 5.1 所示的扫描驱替顺序曲线

粗线为驱替在残余饱和度和束缚饱和度之间进行的全过程的边界曲线。实线表示水驱过程(水饱和度增加)，而虚线表示注油过程(水饱和度降低)。浅色的点线为边界毛细管压力曲线之间的过渡，它在中等饱和度处开始并结束。在所有情形下，油侵毛细管压力高于注水毛细管压力

现在用两个数据集来说明这些概念。第一个是在亲水填砂模型上测量的(图 5.3)，最小润湿相饱和度约为 30%。但是这并不是真正的束缚饱和度，而是最高毛细管压力下测得的饱和度值。驱替顺序为原始排驱，自发渗入，然后是二次排驱。在这种情形下，不存在水的强制侵入或油的自发渗入，被圈闭的饱和度不到 10%。

第二个例子，如图 5.4 所示，显示了 Berea 砂岩的毛细管压力曲线。首先要注意的是，即使施加很大的毛细管压力，在原始排驱后仍有饱和度超过 30% 的大量残余水相。这是由于岩石中存在的黏土仍然是充满水的。这个样本被认为是亲水的，因为它没有在原油中老化，在本章的后文中将讨论一种更具亲油性的情形。然而，在水驱过程中存在大量的负毛细管压力驱替过程，这表明若要把水注入岩样中驱替出所有流性油，需要比油更高的压力。对

于一些孔隙填充驱替和在粗糙岩石表面上有效前进接触角大于 90°的孔隙和喉道的情形，可能需要负的毛细管压力。

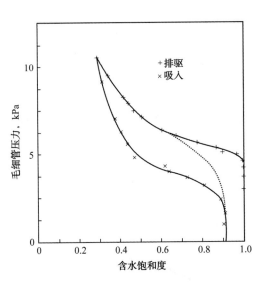

图 5.3　毛细管压力显示以水饱和度为自变量的原始排驱，自发吸入和二次排驱（虚线）的过程（引自 McWhorter，1971）
这适用于不存在捕集作用且不存在水的强制驱替采收的亲水砂岩

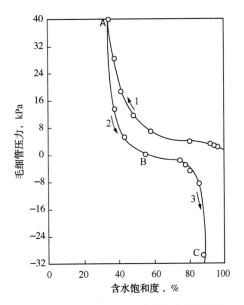

图 5.4　在 Berea 砂岩上测量的原始排驱和水驱毛细管压力曲线（引自 Anderson，1987a）
类似于图 5.1 所示的，该驱替顺序主要包括原始排驱（步骤 1 至 A 点）、水的自发吸入（步骤 2 至 B 点）和强制注水（步骤 3 至 C 点）。为了达到残余油饱和度，需要施加负的毛细管压力，强制注入过程中，水压高于油压

与毛细管压力相关的还有其他两种复杂性。首先，在强亲油介质的二次注油过程中，水可能作为非润湿相被捕集，并且当水为润湿相时，该残余水饱和度可能高于原始排驱之后达到的束缚水饱和度。其次，发端于原始排驱的扫描曲线可以彼此交叉并且位于边界曲线之外。其原因的解释需要仔细考虑捕集、分层、润湿性变化，这是下一节的主题。

5.2　油层和水层

在图 5.1 和图 5.4 中所示的毛细管压力曲线中，水驱分两步进行：首先，如前一章所述，在吸入过程中，在正毛细管压力的作用下，孔隙空间内的亲水区域被驱替。但不同之处在于，在毛细管压力成为负值之前，并非所有的孔隙和喉道都可被填充。随后，更具亲油性的部分以驱替所需的水增压顺序被填充。

5.2.1　固定水层和强制卡断

在吸入过程中，虽然驱替过程与第 4 章中描述的相同，但是如果孔隙空间中存在亲油的孔隙和喉道，则存在一些差异。首先，在较大的毛细管压力范围内，水在亲油单元的角部保持铰接状态。可以使用式（4.6）求得润湿层开始从角部移出时的毛细管压力：如果 $\beta+\theta_A>\pi/2$，则通常得到一个很大的负值毛细管压力。

固体表面上的油和水之间的接触保持铰接状态,铰接接触角如图 5.5 所示,对于毛细管压力 $p_c^{max} > p_c > p_c^{adv}$,其中 $\theta_A > \theta_H > \theta_R$,类似于式(4.1)所示的渗吸过程,可以得到铰接角,但现在可以得到 $p_c < 0$:

$$\theta_H = \cos^{-1}\left[\frac{p_c}{p_c^{max}}\cos(\beta+\theta_R)\right]-\beta \tag{5.1}$$

从式(4.4)可知,当达到毛细管压力时,$\theta_H = \theta_A$。

$$p_c^{adv} = p_c^{max}\frac{\cos(\beta+\theta_A)}{\cos(\beta+\theta_R)} \tag{5.2}$$

此时润湿层开始在表面上推进(Mason 和 Morrow,1991),这将首先发生在孔隙空间最尖锐的角中(具有最小的半角 β)。这是 $\theta_A \leqslant \pi-\beta$ 时的极限毛细管压力。对于 $\theta_A > \pi-\beta$,当达到最小可能(负)曲率半径时,驱替过程开始进行:

$$p_c^{adv} = -\frac{p_c^{max}}{\cos(\beta+\theta_R)} \tag{5.3}$$

在两种情形下,曲率半径 $r = -\sigma/p_c^{adv}$,忽略图 5.5 中曲线平面外的曲率。

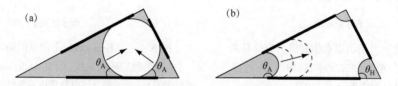

图 5.5　当油接触的固相(粗线)不一定亲水时,水层在喉道中推进并卡断
(引自 Valvatne 和 Blunt,2004)

(a)如 4.1 节所述,如果岩石表面是亲水的,润湿层前进接触角为 θ_A,在式(4.6)给出的压力下穿过表面。当弯月面相交时,会发生卡断并且喉道以水填充。(b)对于亲油表面,水层以角 θ_H 铰接,直至达到较大的负毛细管压力为止。一旦角落中的水层可以越过表面推进,正如在一个角落内所显示的,驱替过程将变得不稳定并且喉道以水填充,这就是强制卡断

与亲水系统或至少与 p_c^{adv} 为正的系统不同,一旦润湿层通过在固体表面上流动而开始膨胀,局部毛细管压力将会增加,进而导致曲率半径增加,这反映出局部较低的水压。水将会从高压处流向低压处,并且迅速填充喉道。这是一个卡断过程,但是这是在负毛细管压力下发生的,并且不需要弯月面相交;相反,一旦弯月面能够流动,它将迅速填充喉道。

这个过程称为强制卡断(Valvatne 和 Blunt,2004)。然而,正如式(5.2)和式(5.3)中所显示的那样,这仅接近强制注水结束,并且毛细管压力为非常大的负值时才发生。通常到那时大部分喉道已经被类活塞的前进式驱替过程所填充,该过程将发生在更高(负值更小)的毛细管压力下。因此,这种驱替机制并不常见。

更重要的观察结果是,对于较大范围内的毛细管压力,润湿层在孔隙空间的角部保持铰接状态:当水可能膨胀到油中时,水量仍然很低。这与亲水系统形成对比,其中水层可能在整个自发吸入过程中膨胀。与亲水的孔隙和喉道中的体积较大的水层相比,铰接水层仅能容纳非常小的渗流量。确切地说,容纳渗流量的多少,以及在强制卡断期间喉道充填的阈值压力,是由原始排驱期间达到的最大压力 p_c^{max} 控制的。据了解,这对渗流行为具有相当重要的影响,如第 6 章和第 7 章所述。

5. 2. 2　强制注水和油层形成

如前所述，注水期间第一个发生的且最有利的驱替将是毛细管压力最高时进行的驱替，如果存在亲水的孔隙和喉道，那么这些孔喉将被活塞式推进和孔隙填充卡断。如第4章所述，在 $\beta+\theta_A<\pi/2$ 的任何亲水孔喉中可以自发地发生卡断。然而，协同孔隙填充发生的可能性更加有利，因为最有利的过程 I_1 只有在所有周边喉道(除了其中一个喉道之外)都被水填充时，才有可能发生。如果其中所有喉道都是亲油的，那么直到毛细管压力为负值时才会发生这种情况。此外，一旦孔隙被填充，只有亲水喉道会被侵入，更准确地说是阈值毛细管压力等于或大于孔隙填充压力的那些喉道。对于部分亲水、部分亲油系统，最终导致自发吸入主要受到卡断作用的限制，其中孔隙填充量很有限。孔隙和喉道大致按大小顺序填充，最小的孔隙先填充，最大的孔隙最后填充。

当毛细管压力变为负值时，填充顺序反转，对于较大的孔隙和喉道，驱替更有利，随着毛细管压力的负值变得更大，填充的元素逐渐变小。填充较大的孔隙以获得较低的毛细管压力(当 p_c 为正时填充亲水孔隙，而当 p_c 为负时填充亲油孔隙)。这导致饱和度发生较大的变化，而毛细管压力的变化很小，并且孔隙体积较小时，在 S_{wc} 和 $1-S_{or}$ 的终点附近填充孔隙的变化较小。这解释了水驱毛细管压力曲线的形状，其中 dp_c/dS_w 较小，接近 $p_c=0$，并且在驱替的开始和结束时分别更大(负值更大)，如图5.4所示。

强制注水是一种排驱过程，如第3章所述，作为一系列活塞式驱替，通过喉道推进限制，其中相邻孔隙的填充(相同的接触角)在毛细管压力较低处(负值较小处)进行。

然而，强制水侵和原始排驱之间存在两个显著差异。首先，水可以通过分布在整个孔隙空间的层相连接，并且在原始排驱后将占据一些较小的孔隙和喉道。此外，在部分亲水、部分亲油系统中，自发吸入会使一些亲水的孔隙和喉道被水填充。因此，排驱可以从任何相邻的填充水的单元开始。这与原始排驱不同，原始排驱只允许从侵入簇推进：这里水不需要通过孔隙和喉道的中心连接到入口；相反，水是通过水层来保持连通性的。其结果是水通过渗流式驱替填充整个孔隙网络，填充程度由孔喉大小和接触角控制，与侵入渗流相反。

第二个区别是在孔隙或喉道中心被水侵入之后，在孔隙空间中形成油层。如图5.6所示，在水驱期间，孔隙或喉道的侵入可导致整个单元被完全填充(如在自发驱替期间发生的那样)。然而，如果单元是亲油的，则水是非润湿相并且可以填充孔隙中心，留下润湿油层附着到固体的亲油部分，夹在角部的水和孔隙中心的水之间。局部毛细管压力为负，弯月面膨胀进入油中。

可以使用几何参数来约束何时可以形成油膜。图5.6显示了可能存在的流体分布：

$$\theta_A-\beta>\frac{\pi}{2} \tag{5.4}$$

与润湿层形成标准类似，见式(3.3)。

注意，把水相限制在角落的弯月面 AM，以前进接触角 θ_A 与固体界面接触。通过式(5.1)可以计算出水相固定在角部 AM 弯月面的铰接角。在驱替过程中，毛细管压力负压逐渐增大，角部的 AM 被压制且接触角连续变化，而靠近中心位置的 AM 接触角维持在 θ_A，并进一步向角部移动。在某种情况下，油/水层两侧的两个 AM 将会接触，在这一阶段，油/水层将失去稳定性并开始分解。

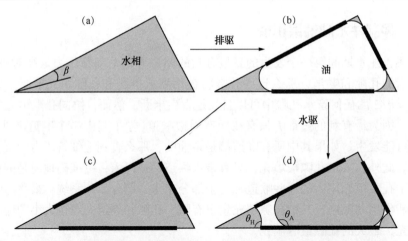

图 5.6　水驱期间的孔隙和喉道填充过程(引自 Valvatne 和 Blunt，2004)

(a)最初，在原始排驱开始时，孔隙或喉道由水填充。该单元由以弧度测量的角部横截面显示。β 为角部半角。

(b)在原始排驱期间，图 5.1 中的步骤 1，油已进入单元内，将水封闭在孔隙空间的角内的一层中。当油与岩石表面直接接触时，用粗线表示，接触角可能会改变(图 2.29)。(c)在水驱过程中，图 5.1 中的步骤 3 和步骤 4，水可以完全填充空间。(d)如果孔隙或喉道现在是亲油的，则仅在强制注水期间进行填充(步骤 4)。水可以作为非润湿相进入单元的中心，留下一层油夹在角部的水和中心的水之间。毛细管压力为负值，因此水膨胀到油中

　　式(5.4)是油层形成的必要条件，但不是充分条件。一些孔隙尺度模型可使用该几何标准来评估油层是否存在，使用式(5.1)计算两个 AM 接触的压力以确定油/水层是否分解，如果可以根据一般的毛细管压力和接触角进行描述，那么油/水层依旧存在(Blunt，1997b；Øren 等，1998；Patzek，2001；Valvatne 和 Blunt，2004)。但是，油水层仅存在于一个更受限制的毛细管压力范围内，也就是当毛细管压力更倾向于以热力学或能量形式存在时；因此图 5.6 中的流体分布(d)比分布(c)具有更低的自由能。可以利用代数方法对这一问题进行完整讨论，但在概念上很容易理解，也就是前几章所述的能量守恒，根据式(3.5)可以求得局部毛细管压力、孔隙几何形状和接触角等参数(Helland 和 Skjæveland，2006a；van Dijke 和 Sorbie，2006b；Ryazanov 等，2009)。

　　可能存在 3 种类型的驱替或分布变化。从含油的中心位置和含水的角部位置的横截面开始讨论：如图 5.6 分布(b)。然后通过水的驱替作用使横截面完全被水填充，如分布(c)所示，或用油层中的水填充中心部位，如分布(d)所示。第三个驱替过程是油层的分解，或者是从分布(d)到分布(c)的过渡。这些驱替过程可能发生在孔隙空间中的每个角落。在每种情况下，可以通过能量守恒来计算驱替的临界压力(van Dijke 和 Sorbie，2006b)。在孔隙模型中，随着系统亲油性增强，毛细管压力进一步降低，在分解之后可以观察到更多油层形成；当接触角接近 90°时，油层只能在非常尖锐的角部形成(Ryazanov 等，2009)。

　　举例说明，图 5.7 显示了不同驱替情况下的无量纲化临界毛细管压力与接触角(弧度)之间的函数关系。对于给定的几何形状、接触角和毛细管压力，存在一种更具有能量优势的独特分布。示例中角部半角为 30°，原始排驱结束时最终毛细管压力是进入压力的 10 倍，此时后退接触角为零。为了便于对比，此处附上几何标准。在所有情况下，修正后的热力学计算比该标准更为严谨，因此如果孔隙空间存在油水层，该标准无法量化毛细管压力。该标准可用于计算驱替序列的可能性。例如，对于所示的两种情况，当接触角较低时，第一个有

效的驱替出现，此时毛细管压力降低并与线 B 相交，表示出现水侵现象，但没有形成油层。当接触角较大时，亲油性增强，第一次驱替出现在与线 A 相交时，表明出现水侵现象，并形成油层。当与线 C 相交时，油层将分解。

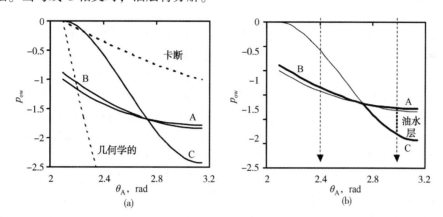

图 5.7　在强制注水期间的不同驱替过程中，恒定横截面喉道填充的无量纲化毛细管压力
是的前进接触角（以弧度表示）的函数（引自 van Dijke 和 Sorbie，2006b）

图（a）实线为不同驱替下的临界压力。线 A 表示形成油层的水侵。线 B 表示非油层中的水完全填充横截面。线 C 表示油水层分解。虚线表示油水层存在的几何标准：该标准比修正后的热力学计算（线 C）容许度更高。虚线以下的毛细管压力标记为卡断，孔隙空间中可能存在弧形弯月面，这是油层形成的必要条件。图（b）显示了当毛细管压力降低时的两个驱替序列的示例。第一个示例中接触角较低，当越过线 B 时，没有形成油层，在此种情况下继续形成驱替；当驱替越过线 A 时，形成角度较大的油水层，当毛细管压力穿过线 C 时，油水层坍塌

　　油层的主要作用是赋予油相一定的连续性，即使在孔隙和喉道的水侵过程中，油液仍然可以通过油层流动，虽然流速可能较低。正如在下面将讨论的内容，这种机制可以有效防止圈闭导致的较低的残余油饱和度（Salathiel，1973）。不同于亲水系统，当水驱替油液时，水可以完全填充孔隙和孔喉，切断油与相邻元素之间的关联。

5.2.3　驱替过程概述

　　现在已经提出了完整驱替序列的驱替过程和流体分布：原始排驱（第 3 章）、自发吸入（第 4 章）和强制注水。如果重新注入油相，可采用合适的接触角，再次利用与先前相同的驱替机制和过程。一些研究人员采用了这种逐个孔隙驱替的概念，成功计算了亲水、亲油和部分亲水部分亲油系统的侵入顺序和毛细压力（McDougall 和 Sorbie，1995；Blunt，1997b；Dixit 等，1998b；Øren 等，1998；Patzek，2001；Al‐Futaisi 和 Patzek，2003b；Øren 和 Bakke，2003；Valvatne 和 Blunt，2004）。在此做一下回顾，使用图 5.1 所定义的步骤，得到序列如下：

　　（1）原始排驱。多孔介质在原始排驱初始状态下具有完全的水饱和度，$S_w = 1$。非润湿相以接触角 θ_R 侵入孔隙空间（定义此处的默认流体为油、天然气或 CO_2）。假设 $\theta_R < 90°$，通常来说，如果有一个初始的亲水界面，则 $\theta_R \approx 0$ 是合理的。侵入过程中，喉道处受到局部毛细管压力的抑制，根据式（3.13）可求出局部毛细管压力。侵入过程中，驱替形式为活塞式推进，如图 4.21 所示。油与固体表面的直接接触可能改变润湿性，导致随后的注水和注油过程中的接触角不同，驱替过程中接触角通常随孔隙尺度变化而变化。在驱替过程结束时，水将保留在孔隙空间较小的区域中并在角部形成水层，可反映出粗糙度。

(2) 自发吸入。如果孔隙空间中存在一些亲水区域，且 $\theta_A < 90°$，注水过程开始时会伴随出现卡断现象[式(4.8)]以及协同性孔隙填充现象[式(4.19)至式(4.23)]。在完成孔隙填充后，通常来说，相邻喉道的填充更倾向于采用活塞式推进[式(4.12)]。油相可以被圈闭在被水包围的孔隙空间中。

(3) 强制注水。此时毛细管压力为负值，在毛细管压力从正到负的转变过程中，接触角不一定从 90° 以下增加到 90° 以上，而后者是通过不同驱替过程的临界压力加以确定。即使 $\theta_A < 90°$，也可能需要一定的负压来完成孔隙填充。驱替伴随着活塞式孔喉填充过程[式(4.12)]，该式与自发型吸入过程相同，但 $\cos\theta_A$ 可能为负值；参见式(4.19)至式(4.23)，或者如果接触角足够大，请参见式(4.24)。可能出现强制性卡断现象，但比较少见。当水侵入孔隙或喉道的中心时，可能会留下一层油液。油层可以保持油相的连通性并避免出现圈闭。如果毛细管压力负压足够大，这些层又将分解。

(4) 自发性油侵。油相重新进入多孔介质中。由于接触角迟滞现象，过程中接触角将小于 θ_A，但如果润湿性存在一定程度上的变化，则接触角将大于原始排驱的接触角 θ_R。将该二次排驱过程中的接触角定义为 θ_{R2}，其中 $\theta_A \geq \theta_{R2} \geq \theta_R$。如果观察到 $\theta_{R2} > 90°$，则油为润湿相，并且可能在负毛细管压力下自发地进入孔隙空间(由于油压低于水压，因此油相不是被强制性地注入系统中的)。根据观察，该过程与自发性吸入过程相同，即存在卡断和协同性孔隙填充现象，随着油压上升，驱替过程持续进行，这表明毛细管压力正随之增加。在此过程中，由于孔隙空间中的油层形成和膨胀，从而产生了卡断现象。临界毛细管压力的表达式与步骤 2 中的相同，但 θ_{R2} 可用 θ_A 代替，此时毛细管压力负压值最大，情况更为有利。

(5) 二次油相驱替。该过程与强制注水类似，此时油相为非润湿相。与先前的步骤一样，可以使用与步骤 3 中相同的临界毛细管压力和公式来量化驱替序列，但是需用 θ_{R2} 来代替 θ_A。在孔隙空间的中心，水有可能形成圈闭，并被油层包围且占据相邻元素的中心空间。该中心位置的水和孔隙空间中其他位置的水和角部位置的水层相互隔离。这种圈闭过程通常被忽略，如图 5.1 所示，但是可以给出被圈闭的水饱和度，该饱和度大于原始排驱后的含水饱和度。

5.3 毛细管压力和润湿性指数

岩石的可润湿性由接触角的分布决定。然而，尽管直接孔隙成像技术最近得到了极大进展，被称为确定这些角度的主要方法(图 2.32、图 2.33)，但这不是常规的测量方法。此外，无论在何种情况下，这种方法都需要详细的表征水平，主要关注驱替的有效角度，而这取决于孔隙的流动方向、孔隙几何形状和孔隙甚至亚孔隙级别的矿物学特征。

更为常见的方法是通过宏观测量毛细管压力来判定可润湿性(Anderson，1986)。由于毛细管压力和接触角之间没有明确的关系，因此量化方式上具有一定的模糊性。目前有两种广泛使用的量化方法，即 USBM 指数法(Donaldson 等，1969)和 Amott 指数法(Amott，1959)。这些方法主要根据注水和油相再注入循环期间的驱替来定义润湿性，如图 5.8 所示。就 Amott 测试来说，采用岩心样本进行测试，测试起始点为注水过程达到剩余油饱和度之时；然后，对油相自发性侵入期间($\Delta S_{os} = S_o^* - S_{or}$)和强制注入期间的饱和度变化($\Delta S_{of} = 1 - S_{wi} - S_o^*$)进行测量。之后，随之进行的是(第三次)排驱，$\Delta S_{ws} = S_w^* - S_{wi}$，这表示水相自发性渗吸过程中的饱和度变化($\Delta S_{wf} = 1 - S_{or} - S_w^*$)，强制注水过程中的变化($\Delta S_{os} + \Delta S_{of} = \Delta S_{ws} + \Delta S_{wf} +$

ΔS_{wt})。其中，上标 * 表示毛细管压力为零。

Amott 水湿指数定义为：

$$I_w = \frac{\Delta S_{ws}}{\Delta S_{wt}} \tag{5.5}$$

一个含油指数：

$$I_o = \frac{\Delta S_{os}}{\Delta S_{wt}} \tag{5.6}$$

$0 \leqslant I_w \leqslant 1$ 且 $0 \leqslant I_o \leqslant 1$；亲水系统为 $I_w \approx 1$ 和 $I_o = 0$，当 $I_w \approx I_o \approx 0$ 时，具备中性可润湿性；而混合润湿岩石情况下，$I_w > 0$ 且 $I_o > 0$。亲油介质为 $I_o > 0$，但 $I_w = 0$。

Amott 是为数不多的能以正确的术语描述强制性驱替和自发性驱替过程的作者之一；他没有混淆自发性渗吸注水和油相注入排驱。遗憾的是，后来的研究人员很少以他的做法为范例。如果这种方法还不够清楚，对于那些无法区分这两个过程的人来说，通常会使用一个值来表示可润湿性，被称为 Amott-Harvey 指数（Morrow，1990）。

$$I_{AH} = I_w - I_o \tag{5.7}$$

其中，$-1 \leqslant I_{AH} \leqslant 1$。虽然这种方法很方便，但不应该在没有参考 Amott 指数的情况下引用，如果单独使用会产生不必要的信息损失，例如在中性润湿系统中 $I_w \approx I_o \approx 0$，而混合润湿系统中 $I_w \approx I_o > 0$。假设岩石只有单一的润湿接触角，对于这一点无须证明，不可能同时自发地吸入油相和水相，因此 Amott 指数必须为零。

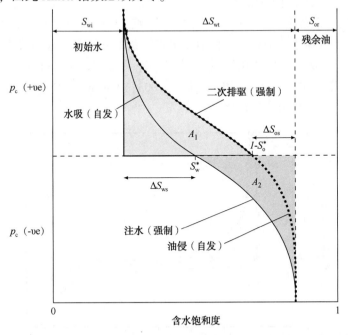

图 5.8　注水和油相再注入过程的毛细管压力曲线

参见图 5.1，其中定义了 Amott 和 USBM 润湿指数。Amott 测试从水驱过程中残油液开始。油湿指数是自发性油相驱替过程中的饱和度变化，是 ΔS_{os} 除自发性和强迫性侵入的饱和度变化所得结果（$\Delta S_{wt} = 1 - S_{or} - S_{wi}$）。在随后的注水过程中，水分指数是自发性吸水过程中饱和度变化（ΔS_{ws}）占总饱和度变化量的比值。在 USBM 测试中，统计强制注油过程毛细管压力曲线所围面积（A_1）和强制注水过程毛细管压力曲线所围面积（A_2），可润湿性指数为 $\lg(A_1/A_2)$。

Amott 测试的优点是可以在不测量毛细管压力的情况下表征可润湿性；相反，自发排驱期间的饱和度变化是通过测量被水或油包围的岩心而得到的，没有注入过程，类似于质量变化的记录，随后测量强制注入后的饱和度变化。

相比之下，USBM(美国矿业局)指数要求测量强制注水和注油过程中的毛细管压力，单独使用其中任意一条毛细管压力曲线几乎没有价值，没有引用完整的毛细管压力曲线将会导致信息丢失。这个指数将通过图 5.8 中所示的两个区域的比率来确定，定义如下：

$$A_1 = \int_{S_{wi}}^{1-S_o^*} p_{c2o} dS_w \tag{5.8}$$

其中，p_{c2o} 是二次油侵过程的毛细管压力。

$$A_2 = -\int_{S_w^*}^{1-S_{or}} p_{cw} dS_w \tag{5.9}$$

p_{cw} 是注水过程中的毛细管压力，则 USBM 指数可定义为：

$$I_{USBM} = \lg(A_1/A_2) \tag{5.10}$$

$-\infty \leqslant I_{USBM} \leqslant \infty$。对于亲水岩石，$A_1 > A_2$，且可润湿指数为正；而对于亲油岩石，$A_2 > A_1$，且可润湿指数为负。然而，这种表征没有考虑水或油的自发性驱替，因此无法区分中性润湿和混合润湿系统；两种情况下都有 $I_{USBM} \approx 0$。这个问题加上测量毛细管压力的必要性，使得该指数与 Amott 试验相比价值有限。

亲油性岩石的毛细管压力示例如图 5.9 所示(Hammervold 等，1998)：没有水相吸入现象($I_w = 0$)，但存在大量的自发性油侵($I_o \approx 0.7$)。

几位作者研究了润湿性对毛细管压力的影响(Killins 等，1953；Anderson，1987a；Morrow，1990)；定量描述的困难在于目前无法将测量的孔隙尺度接触角与宏观毛细管压力联系起来。然而，可以使用孔隙尺度模型研究这种关系(McDougall 和 Sorbie，1995；Øren 等，1998；Dixit 等，2000；Øren 和 Bakke，2003；Valvatne 和 Blunt，2004；Zhao 等，2010)，这一问题在以下两节中有所涉及。

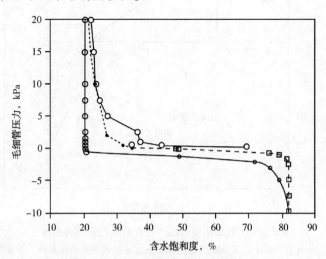

图 5.9　亲油性砂岩毛细管压力曲线示例(引自 Hammervold 等，1998)

原始排驱(上曲线)后紧接着进行注水操作。毛细管压力为正时没有排驱过程：水相被挤进孔隙空间，从而驱替出油相(下曲线)。之后进行油相自吸(虚线，正方形)和二次排驱(虚线，实心点)。此时 $I_w = 0$ 和 $I_o \approx 0.7$，这表示了亲油性

5.3.1 润湿性趋势和指数之间的关系

Amott 和 USBM 润湿性指数表明了岩石的不同特征，因此结合起来可以揭示有关孔隙内接触角分布的信息，但很难对此直接进行研究。图 5.10 显示了由 Dixit 等（1998a，2000）编写的 Amott-Harvey 和 USBM 润湿性指数的文献汇总（Donaldson 等，1969；Crocker，1986；Sharma 和 Wunderlich，1987；Torsæter，1988；Hirasaki 等，1990；Yan 等，1993；Longeron 等，1994）。文献还显示了在孔隙尺度下建模的预测结果，有助于对这些结果进行解释。如果较大的孔隙具有亲油性，则 USBM 指数比 Amott-Harvey 指数更倾向于表示亲水性条件，因为这些孔隙的强制水侵发生在毛细管压力负压值较低的情况下，因此 A_2 值比亲油性的孔隙小。该观察结果可用于确定润湿性改变是有利于更大的孔隙，还是更小的孔隙。然而，实验验证结果是不确定的，对实验分析表明，无论对于较大还是较小的孔隙都是优先亲油的。

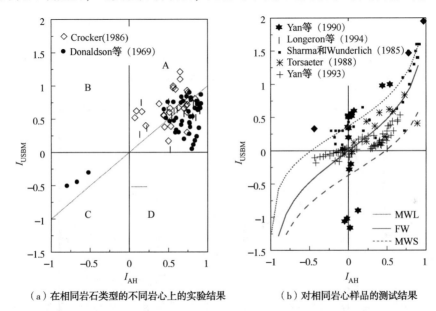

（a）在相同岩石类型的不同岩心上的实验结果　　　（b）对相同岩心样品的测试结果

图 5.10　Amott-Harvey 和 USBM 润湿指数的文献数据汇编对比（引自 Dixit 等，1998）
图（b）右边的曲线表示通过孔隙尺度建模得到的两个指数之间的预测关系。MWL 指混合润湿系统，较大的孔隙逐渐产生亲油性；当较小的孔隙变得具有亲油性时为 MWS，而 FW 是指部分润湿性，其中接触角随机分配，与尺寸无关

如 3.5 节所述，油田中的润湿性变化趋势可能是位于自由水位以上的岩心高度的函数。例如，图 5.11 显示了位于阿拉斯加北部海岸附近的普拉德霍湾岩心的海平面深度与 Amott 润湿性指数之间的关系（Jerauld 和 Rathmell，1997），这是世界上最大的砂岩储层之一。该储层主要为混合润湿，但在深度更高的地方将具有较强的亲水性，其中较多的岩石表面保持水饱和状态，且润湿性可适度地改变。

世界上最大的油田是沙特阿拉伯的 Ghawar 碳酸盐岩油田。此外，可以观察到相同的润湿性变化趋势，越靠近油水交界处，亲水性越强。随着含油高度提高，自发性水相吸入现象变少，亲油性将较为明显（Okasha 等，2007）。Arab-D 油田（包括该油田的主要部分）该趋势的示意图，如图 5.12 所示。在 7.2.3 节中，将从流体流动的角度重新审视普拉德霍湾和 Ghawar 的这种特性。

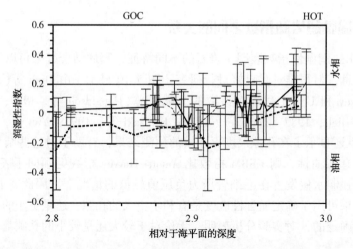

图 5.11　普拉德霍湾油田的润湿指数与海底深度的关系(引自 Jerauld 和 Rathmell，1997)

重点是 Amott-Harvey 润湿指数，如式(5.7)所示，视误差条表示单独的 Amott 润湿指数；上面的误差条表示水相润湿指数误差，下面的误差条表示油相润湿指数误差(符号发生了变化)。在出现气顶的情况下，GOC 是油气界面，而 HOT 是指储层底部的一层重油层。大多数样品是混合湿润的，同时存在水相和油相自发渗吸过程，其中 $I_w>0$ 且 $I_o>0$

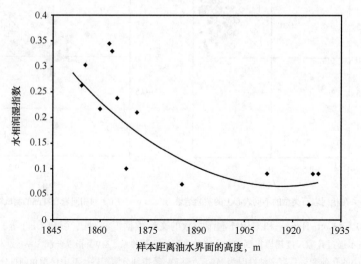

图 5.12　测量岩心得到的水相润湿指数(引自 Okasha 等，2007)

如式(5.5)所示，水相润湿指数是与油水界面相对高度的函数，随着高度增加，水相润湿指数逐渐减小。
图中数据点是通过实验数据的趋势线进行测量的

借助润湿性指数，可以从宏观角度描述不同的润湿性状态，见表 5.1。对比表 2.3 的通过单个接触角的定义，所有天然岩石的接触角均有一定的不同，但一般来说，无法量化这些不同点；相反，通过岩心尺度测量实验定义润湿性更有效，亲水性的岩石只吸收水，亲油性的岩石只吸收油，混合湿润的岩石同时吸收油和水，而中性湿润的岩石不吸收任何相。

表 5.1　基于对 Amott 润湿指数测量的润湿性定义

润湿性状态	Amott 水润湿指数 I_w	Amott 油润湿指数 I_o
完全水润湿	1	0

润湿性状态	Amott 水润湿指数 I_w	Amott 油润湿指数 I_o
亲水性	>0	0
中性润湿	0	0
亲油性	0	>0
完全油润湿	0	1
混合润湿	>0	>0

5.3.2　混合润湿系统的驱替统计

对注水过程中混合润湿性和亲油性孔隙网络的不同孔隙和喉道填充过程的驱替统计结果进行分析。补充了 4.2.4 节关于亲水系统的讨论，并用于说明网络中不同尺度孔隙填充过程之间的竞争关系。使用的模型与之前的相同，但现在要考虑在原始排驱后，转变成亲油性的孔隙和喉道占全部油填充的孔隙和喉道的比例(f)。初始含水饱和度仅为 2% ~ 3%。亲油性区域接触角范围为 120° ~ 150°，而亲水性区域接触角范围为 30° ~ 60°。亲油性斑块将聚集成颗粒团，相对长度接近 7 个孔隙。这个特性进一步表明了实验阶段的连通性，将在 7.2 节（Valvatne 和 Blunt，2004）中进一步讨论。在达到 $-4 \times 10^5 Pa$ 的最小毛细管压力之前，持续进行注水过程。还记录了润湿性指数和剩余油饱和度。从理论上来说，在吸入过程的仿真模拟中，润湿相将按照一定顺序对具有一系列毛细管压力的孔隙进行填充。也可以通过颗粒团算法来研究圈闭现象，该算法考虑将油层是否存在纳入了考虑范围中。

表 5.2 显示了 Mount Gambier 网络中的驱替数。与表 4.3 中所示的统计数据做对比，随着油亲油性占比增加，卡断现象较少且圈闭量较低。在孔隙中存在卡断现象，周围的喉道具有较小的毛细管进入压力（这些毛细管具有亲油性或接触角较大）。在亲油性孔隙和喉道中可以形成油层。当亲油性区域分布于整个孔隙网络时，所能达到的残余饱和度将低于 10%。当 $f = 1$ 时，能观察到的圈闭量最少：虽然仍有许多未填充的元素，但都是些极小的孔隙和喉道。由于接触角的分配具有一定的空间相关性，因此亲水性和亲油性单元很容易在整个网络中具有连通性。亲水性区域通过自发性吸入过程完成填充，而亲油性区域通过油液吸入过程完成填充。Amott 润湿指数大致可反映亲水性和亲油性元素所占的比重：$I_w \approx 1-f$ 和 $I_o \approx f$。

表 5.2　Mount Gambier 石灰岩注水过程驱替统计

亲油性空间百分数	0	0.25	0.5	0.75	1
未侵入的孔隙	31978	35102	31182	29059	28668
孔隙卡断	1688	1618	1490	1216	0
I_1孔隙填充	16182	15182	17721	18432	15224
I_2孔隙填充	11022	9547	9033	8293	8044
I_3孔隙填充	4284	3623	3640	3732	5063
I_4+孔隙填充	1125	1207	3213	5547	9280
未被侵入的孔喉	24842	29991	25304	24385	29257
孔喉卡断	25454	24758	21956	16622	5

亲油性空间百分数	0	0.25	0.5	0.75	1
活塞式孔喉填充	44382	39929	53671	65416	58154
残余油饱和度	0.40	0.29	0.14	0.08	0.06
Amott 水相润湿指数	1	0.80	0.44	0.20	0
Amott 油相润湿指数	0	0.16	0.55	0.80	1
USBM 指数	∞	0.95	0.059	−0.50	−5.4

注：本表针对不同部分的亲油性元素显示了不同过程的事件数。网络属性见表2.1，而表4.3则显示了水润湿性情况下的驱替统计。

在强制注水期间，较大的孔隙首先被填充，这些孔隙可能只与一个相邻的水饱和的喉道相连。在被水填充的孔隙和喉道横跨整个孔隙空间之前，水饱和度将大幅增加(大孔隙具有较大的体积空间)，但连通性和电导率的增加量可以忽略不计，这是一种渗流式的推进过程。如果岩石完全或基本上具备亲油性，此时出现一种特殊的情况：在初始时刻，几乎不存在被水填充的元素，没有形成有核填充，因此从入口处通道上的孔隙和喉道中的侵入渗流受到了限制。这样水可以更快地连通，并能更好进行流动传导，对流动特性具有重要影响，具体问题将在7.2.4节讨论。

对于 Estaillades 石灰岩来说，仅当 $f>0.5$ 时，亲油性元素占据整个系统并与油层连接，此时水相可能被驱替到较低的饱和度(表5.3)。从 Amott 亲油性指数中看出，仅当 $f=0.75$ 时才会发生大量油相的自发性侵入。在完全亲油性的情况下，剩余饱和度低于10%，仍有许多圈闭发育于孔喉中，但是这些都是最小的孔隙和喉道。虽然数量巨大，但体积很小，参见图3.12。

表5.3 Estaillades 石灰岩注水过程中驱替统计数据

亲油性空间百分数	0	0.25	0.5	0.75	1
未侵入的孔隙	63280	65113	67144	62108	57495
孔隙卡断	606	725	761	639	0
I_1孔隙填充	7526	6823	6146	8160	7883
I_2孔隙填充	6736	6028	5231	5622	5567
I_3孔隙填充	3396	3021	2558	2939	4039
I_4+孔隙填充	1528	1362	1232	3604	8088
未被侵入的孔喉	77523	80789	84453	79369	79629
孔喉卡断	14269	14185	13966	11732	7
活塞式孔喉填充	29075	25893	22448	29766	41231
残余油饱和度	0.57	0.56	0.53	0.35	0.05
Amott 水相润湿指数	1	0.91	0.80	0.28	0
Amott 油相润湿指数	0	0.09	0.20	0.72	1
USBM 指数	∞	1.5	1.0	−0.22	−5.3

注：本表展示了占比不同的亲油性元素在不同过程中的驱替数。网络属性见表2.1，而表4.4则显示了水润湿性情况下的驱替统计。

Ketton 石灰岩、Bentheimer 砂岩和 Berea 砂岩的统计数据相近(表5.4 至表 5.6),表明岩石具有良好的连通性。与 Mount Gambier 石灰岩一样,当亲油性孔隙中生长出颗粒团并出现由活塞式喉道填充控制的排驱式驱替时,几乎观察不到圈闭,当具有完全亲油性时,将产生明显的 I_3 和 I_4+。

表 5.4　Ketton 石灰岩注水过程中的驱替统计

亲油性空间百分数	0	0.25	0.5	0.75	1
未侵入的孔隙	538	599	441	376	309
孔隙卡断	95	86	74	51	0
I_1 孔隙填充	635	608	633	605	508
I_2 孔隙填充	473	433	408	357	268
I_3 孔隙填充	156	145	180	205	310
I_4+ 孔隙填充	19	45	180	322	521
未被侵入的孔喉	644	743	562	542	486
孔喉卡断	938	951	850	664	0
活塞式孔喉填充	1921	1809	2091	2297	3017
残余油饱和度	0.35	0.21	0.07	0.03	0.02
Amott 水相润湿指数	1	0.84	0.47	0.23	0
Amott 油相润湿指数	0	0.15	0.51	0.74	1
USBM 指数	∞	0.86	0.028	−0.49	−5.9

注:本表针对不同部分的亲油性元素显示了不同过程的事件数。网络属性见表2.1,而表4.5 则显示了水润湿性情况下的驱替统计。

表 5.5　Estaillades 石灰岩注水过程中驱替统计数据

亲油性空间百分数	0	0.25	0.5	0.75	1
未侵入的孔隙	7525	10101	6307	5300	4657
孔隙卡断	1184	1084	940	696	0
I_1 孔隙填充	8154	7287	9473	9709	7926
I_2 孔隙填充	7616	6564	6489	5755	4899
I_3 孔隙填充	3110	2639	2716	2799	3470
I_4+ 孔隙填充	1012	926	2672	4342	7649
未被侵入的孔喉	8444	12322	7707	7119	9554
孔喉卡断	16957	16627	14947	11691	0
活塞式孔喉填充	29340	25792	32087	35931	45187
残余油饱和度	0.46	0.40	0.07	0.03	0.01
Amott 水相润湿指数	1	0.97	0.48	0.23	0
Amott 油相润湿指数	0	0.02	0.50	0.76	1
USBM 指数	∞	1.8	0.08	−0.44	−5.5

注:本表显示了占比不同的亲油性元素在不同过程中的驱替数。网络属性见表2.1,而表4.1 则显示了水润湿性情况下的驱替统计。

表 5.6　**Berea** 砂岩注水过程中的驱替统计

亲油性空间百分数	0	0.25	0.5	0.75	1
未侵入的孔隙	4233	4960	1323	593	242
孔隙卡断	39	40	44	43	0
I_1孔隙填充	1646	1468	3142	3059	783
I_2孔隙填充	3319	3082	3529	3224	2246
I_3孔隙填充	2682	2409	3112	3587	5839
I_4+孔隙填充	430	390	1199	1843	3239
未被侵入的孔喉	9239	9512	3234	1659	1335
孔喉卡断	7447	8072	8395	6899	0
活塞式孔喉填充	9460	8562	14517	17588	24811
残余油饱和度	0.47	0.46	0.08	0.02	0.01
Amott 水相润湿指数	1	1	0.46	0.23	0
Amott 油相润湿指数	0	0	0.54	0.76	1
USBM 指数	∞	2.8	0.06	−0.44	−5.1

注：本表针对不同部分的亲油性元素显示了不同过程的事件数。网络属性见表 2.1，而表 4.2 则显示了水润湿性情况下的驱替统计。

5.4　混合润湿和亲油介质中的圈闭

　　油层的存在及其稳定性决定了孔隙空间亲油区域中的圈闭量。当存在油层时，水层可保持油相的连通性，允许水被驱替到较低的饱和度；当油层分解时，油相可能会被圈闭。

　　图 5.13 显示了位于得克萨斯州一块油田的混合润湿性砂岩样品中的残余油饱和度，是注入水的孔隙容积数的函数（如果岩石体积为 V，孔隙度为 ϕ，那么一个孔隙体积是 ϕV）。应注意，油饱和度可以降低到 10% 以下，这与上一节中的孔隙网络模型结果相一致，低于在亲水性样品中所观察到的数值（图 4.36），但这种情况仅限于在注入大量水之后。

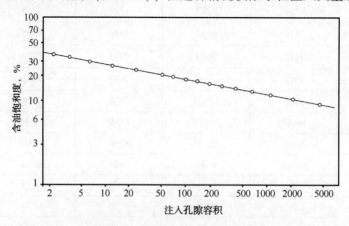

图 5.13　亲油性砂岩岩心中残余油饱和度是注入水孔隙容积的函数（引自 Salathiel，1973）

当注入足够多的水时，残余油饱和度降低到 10% 以下

　　图 5.14 为相关的文献数据汇总，从中可以发现，对于润湿性发生改变的不同样品，其残余(或剩余)含油饱和度是初始饱和度的函数，表 5.7 中提供了所研究的岩样和老化液的相关数据。由于使用了不同的岩样，并且其润湿状态会发生改变，因此所得到的数据相当分散。在许多情况下，尚不清楚是否为真实残余饱和度，还是在注入一定量水之后的剩余饱和度。但是就总体而言，与润湿性不改变的亲水系统相比，发现较少的圈闭和较低的残余饱和度，如图 4.35 所示。尽管只出现在大量样品处于混合湿润而不是完全亲油的情况下，但是该饱和度值与前面所述的网络模型结果一致。对于二氧化碳系统来说，相比于亲水性填砂模型，在亲二氧化碳填砂模型中能观察到的圈闭量更少(Chaudhary 等，2013)。

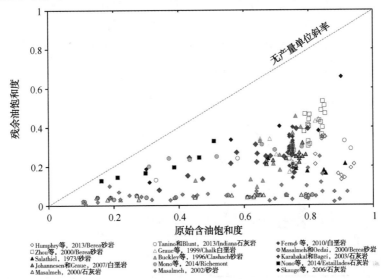

图 5.14　润湿性可改变的岩石圈闭数据汇总，可以看出残余油饱和度是初始饱和度的函数
(引自 Alyafei 和 Blunt，2016)

表 5.7 提供了不同实验研究的详细信息。由于所研究的岩石样品种类不同，并且润湿性发生变化，
因此得到的数据相当分散。但是，从总体上来说，相比于亲水系统，能观察到的圈闭量更少

表 5.7　用于图 5.14 所示的润湿性改变的岩石圈闭数据的岩石和流体

参考文献	岩石	老化液
Salathiel(1973)	砂岩	原油
Buckley 等(1996)	Clashach 砂岩	原油
Graue 等(1999)	白垩岩	原油
Masalmeh 和 Oedai(2000)	Berea 砂岩	原油
Masalmeh 和 Oedai(2000)	石灰岩	原油
Zhou 等(2000)	Berea 砂岩	原油
Masalmeh(2002)	砂岩	原油
Karabakal 和 Bagci(2004)	石灰岩	矿物油
Skauge 等(2006)	石灰岩	原油
Johannesen 和 Graue(2007)	白垩岩	原油
Fernø 等(2010)	白垩岩	原油

续表

参考文献	岩石	老化液
Humphry 等(2013)	Berea 砂岩	原油
Tanino 和 Blunt(2013)	印第安纳(Indiana)石灰岩	有机酸
Nono 等(2014)	印第安纳(Indiana)石灰岩	原油
Nono 等(2014)	Estaillades 石灰岩	原油

图 5.15 为最终的数据收集,可以看出,对于老化系统中的有机酸来说,剩余油饱和度是初始饱和度的函数。假设在原始排驱后,大多数岩石表面在油的接触下转变成亲油性,而含水的孔隙区域仍然保持着亲水性。需要注意其中的两个特性。首先是随着注入的水越来越多,油饱和度持续下降,但速度较慢。其次,残余(或剩余)油饱和度相对于初始饱和度存在非单调变化趋势:首先捕获量上升,之后先下降再上升。

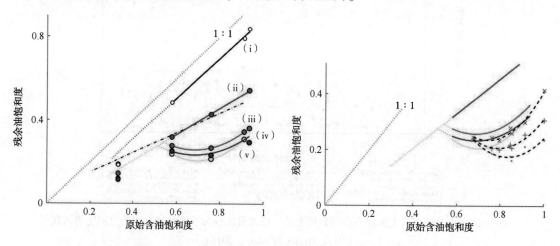

图 5.15 残余油饱和度是混合湿润条件下初始饱和度的函数(引自 Tanino 和 Blunt,2013)

(a)显示了以下情况后的残余油饱和度:(ⅰ)自发性吸入;(ⅱ)在强制注入期间额外注入 0.7 倍孔隙容积的水;(ⅲ)注入 23~25倍孔隙容积的水;(ⅳ)注入 99~101 倍孔隙体积孔隙容积的水;(ⅴ)注入 193~217 倍孔隙体积的水。实线是实验数据拟合的结果。虚线表示在亲水性条件下的残余饱和度。(b)对 Salathiel(1973)实验结果进行重新编辑所得到的数据。在分别注入 1 倍、5 倍和 20 倍孔隙容积的水后测量得到这些数据。虚线是数据的拟合结果,而实线是图(a)的数据,用来进行对比

5.4.1 油层连通性是原始含水饱和度的函数

将从孔隙尺度对图 5.13 和 5.14 中所示特性进行解释,孔隙空间中油层起到了注水过程中保持油层连通性的作用(图 5.6)。这种情况类似于原始排驱中的残余水饱和度,在这两种情况下都考虑了润湿相的驱替作用:这仅代表在施加无穷大的毛细管压力或无限流动时间下,或者两者都不符合的情况下的真实圈闭量。在实际环境中,只能有效地注入有限量的水,因此注水后的油饱和度可能明显不同于真实的残余油饱和度。将在第 9 章中详细讨论这一概念,但要着重强调的是,在混合性的亲油系统中的残余饱和度不是首要的指标,甚至不是一个特别相关的产油指标,对于大部分油田级别的驱替来说,很难达到理想的残余油饱和度。

　　虽然上文解释了一般的亲油性系统比亲水性系统具有更低的残余饱和度以及仅在注入大量水后才达到饱和状态的原因，但并没有对图 5.15 所示非单调圈闭曲线做出解释。这个问题可以从不同初始含水饱和度下润湿层稳定性的角度加以解释（Spiteri 等，2008），如图 5.16 所示。假设在原始排驱后，与油相直接接触的岩石表面将具有亲油性，而在角部中含水孔隙区域将保持亲水性。如果原始排驱中最终毛细管压力很大，则会迫使水进入角部，孔喉中的含水饱和度将很小，初始含油饱和度接近 1。如前所述，当通过注入水来驱替油时，其作为非润湿相占据孔隙中心，存在油层夹在角部位置的水和孔隙中心的水之间的情况。如果原始含油饱和度较高，则油层较厚，并且毛细管压力可在较宽范围内稳定分布，这保持了油相的连通性，孔隙中的油也可以被驱替到较低的残余饱和度。相反，如果原始排驱后的最终毛细管压力较低，初始含水饱和度较高且初始含油饱和度低，则油层较薄。其原因在于位于角部的水将占据更大体积，并且更加靠近位于孔隙中心的水。在强制驱替过程中，油层将更快地分解，油将滞留在孔隙空间中，并将残余油饱和度进一步提高。

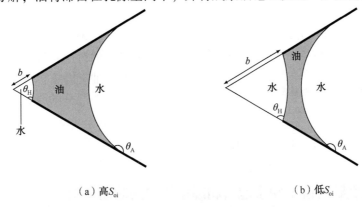

（a）高S_{oi}　　　　　　　　　　　　　（b）低S_{oi}

图 5.16　原始排驱结束时不同毛细管压力下的油层示意图

考虑一种孔隙系统，在原始排驱结束时与油直接接触的岩石表面将转变成亲油性（粗体所示）。在随后的注水过程中，水进入孔隙空间的中心，油层被夹在位于孔隙中心和角部的水之间，如图 5.6 所示。在图（a）中，在孔隙空间的角部观察到了油层，其中最大毛细管压力较大，迫使油进入角部；*b* 较小，初始含水饱和度较低或初始含油饱和度较高。油层相对较厚并且在强制注水期间毛细管压力在较宽范围内保持稳定。图（b）显示了最大毛细管压力较低的情况，对应的初始含油饱和度较低。如图所示，油进入较小的角部，留下更多的亲水性空间并使油层变薄。在强制注水期间，该油层将很快分解，使得油相被圈闭，残余饱和度比图（a）更高。这个观察结果貌似与直觉不符，即较高的初始含油饱和度将导致较低的残余油饱和度

　　在孔隙尺度建模研究中首次观察到残余饱和度和初始饱和度之间的非单调变化关系（Blunt，1997b，1998；Spiteri 等，2008），并且符合圈闭的经验公式，即式（4.40）。这似乎违反了直觉，因为在油量较多的情况下较少的油相被圈闭；其原因很简单，较高的初始含油饱和度迫使油接触了更多的固体表面，这使得固体表面具有亲油性，并提升了油层的稳定性。

　　当达到最高原始含油饱和度时，残余（或至少剩余的）油饱和度再次增加。这仅仅是油层稳定性竞争的结果（较高的原始饱和度导致较低的残余饱和度），即在原始含油饱和度较高的情况下，更多的油将会被圈闭。油被迫进入较小的孔隙和喉道；在注水过程结束时，亲油性空间内更容易出现圈闭现象。孔隙尺度下的网络建模也能预测到类似特性（Blunt，1997b）。

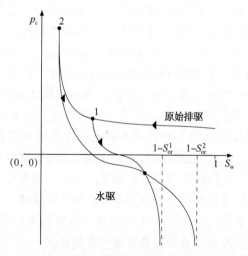

图 5.17 表示残余饱和度和原始饱和度之间非单调依赖性
如何导致毛细管压力扫描曲线在所示点相交叉

第 1 点和第 2 点的原始排驱之后是注水过程。原始含水饱和度
越低，强制注入时油层越稳定，圈闭量越少($S_{or}^1 > S_{or}^2$)，如
图 5.16所示。虽然在传统的经验模型中没有发现这种现象，
但这是原始排驱结束时不同润湿性状态的表现。对于过渡区
域的油藏而言，这种特性是可以预计的，其中原始饱和度随着
位于自由水位之上高度的变化而变化，如图 3.18 所示

这种非单调圈闭特性产生的后果之一是毛细管压力曲线将会发生交叉，如图 5.2 所示。对于已给定的饱和度和毛细管压力来说，不存在一个仅仅取决于含水饱和度增减趋势的独特饱和过程，而是由先前全部的驱替所决定的。如果初始状态下原始含油饱和度较高，则注水饱和过程将与一个较低原始饱和度曲线相交，如图 5.17 所示。虽然在毛细管压力迟滞效应经验模型中未能证实这一特性（Killough，1976；Carlson，1981），由于孔隙尺度下流体分布和接触角不同导致了润湿性变化，从而引发了这一物理现象。正如稍后将在第 9 章所进行的讨论，该特性对过渡区储层的水驱采油有着重要意义，其中位于自由水面以上部分的原始含油饱和度有一定的差别（Jackson 等，2003），如图 3.18所示。

5.4.2 从孔隙尺度上观察混合润湿系统中的圈闭现象

借助孔隙尺度成像技术研究了润湿性改变后多孔介质中的流体分布（Prodanovic 等，2006；Al-Raoush，2009；Iglauer 等，2012；Murison 等，2014；Herring 等，2016；Rahman 等，2016；Singh 等，2016）。这项工作证实，在亲水性和亲油性（或混湿）系统中，圈闭相的形态是不同的。如 4.6 节所述，对于亲水性岩石来说，油（非润湿相）被圈闭在较大孔隙空间的中心位置，孔隙尺寸范围包括从单个孔隙到整个岩心的全部，并和渗流理论具有一样的幂律分布，如式(4.34)所述。相对而言，对于亲油性系统，油更可能黏附在孔隙空间的亲油性表面的油层中。这些油层可能会分解，但毛细管压力并不一定相同，因为毛细管压力临界值取决于孔隙的几何形状和角部水的初始排列状态。因此，围绕分布在这些区域上的油层断开连接后，油可以被圈闭在油层或者较小的孔隙和喉道中。结果是被圈闭的油呈片状分布，总体来说，相比亲水性岩石具有更少的圈闭量。很难直接采用成像技术进行分析，因为根据定义，这些右侧的尺寸小于孔隙本身。然而，与亲水系统相比，可以观察到明显的形状差异，这表明水相呈现出较大的暴露性结构。

例如，图 5.18 显示了亲油性砂岩中的残余油性颗粒团与等效的亲水系统中的油性颗粒团之间的比较（Iglauer 等，2012）。这些颗粒团尺寸不同，但最大的颗粒团比亲水性岩石中的小，而且往往具有更为平坦的结构，并具备更多的分支。总体而言，总圈闭饱和度为 19%，低于从亲水系统中观察到的 35%，与较大岩心样品的试验数据一致，如图 5.14所示。

在混合润湿岩心的孔隙空间中可以直接观察到油层，夹在角落的原始水和位于孔隙中心

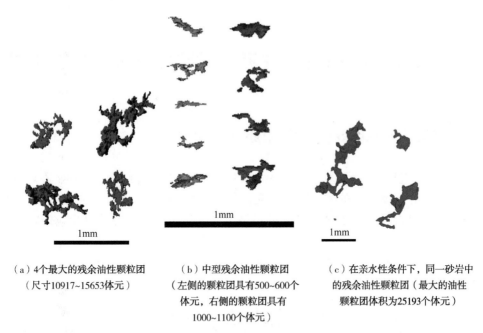

（a）4个最大的残余油性颗粒团
（尺寸10917~15653体元）

（b）中型残余油性颗粒团
（左侧的颗粒团具有500~600个
体元，右侧的颗粒团具有
1000~1100个体元）

（c）在亲水性条件下，同一砂岩中
的残余油性颗粒团（最大的油性
颗粒团体积为25193个体元）

图5.18　亲油性砂岩中圈闭颗粒团示意图（引自 Iglauer 等，2012）
亲油性岩石中的残余颗粒团具有较平坦的片状结构，呈层状分布，并填充小孔隙，
而亲水性岩石中的颗粒团较宽，占据孔隙空间的中心位置。体素尺寸为 $9\mu m$

的水之间，这些水是侵入过程的非润湿相（Singh 等，2016）。虽然这些油层的三维形态比之前的描述复杂得多（图5.16），但在概念上具有相似性；它们位于孔隙空间的含水部分之间，并可以保证油的连通性。

在毛细管平衡概念基础上，现在已经完成了本书的前半部分。然而，任何驱替都需要流体流动，这会在其宏观描述和孔隙尺度解释中引入黏性力及其他详细细节。在以下章节中将使用动量和质量平衡原理，量化描述多相流通过孔隙空间的过程。

6 Navier–Stokes 方程、达西定律和多相流

6.1 Navier–Stokes 方程和质量守恒

到目前为止，已经描述了多孔介质毛细管平衡中静止的流体结构；然而，在讨论从一个平衡状态到下一个平衡状态的驱替时，还没有介绍流体是如何渗流的。在这一章中，将首先提出单相流体在孔隙尺度和宏观尺度上的渗流，在量化多相渗流之前对相应的物理量进行平均。

渗流受到 Navier–Stokes 方程的控制，此处给定的流动适用于不可压缩牛顿流体，黏度 μ 为定值(Batchelor，1967)：

$$\mu \, \nabla^2 v = \left(\frac{\partial v}{\partial t} + v \cdot \nabla v\right) + \nabla p - \rho g \tag{6.1}$$

式中：v 为矢量速度场；p 为流体压力；g 为重力加速度。

如杨氏—拉普拉斯方程，Navier–Stokes 方程是以首次提出这个思想的一个法国人和他的英国搭档命名的，该方程是牛顿第二运动定律($F=ma$)的引申发展，适用于连续流体：流体的驱动力是压力梯度和重力[式(6.1)中每单位流体体积的力为$-\nabla p + \rho g$]，运动流体的总加速度 $a \equiv \mathrm{d}v/\mathrm{d}t$ 由 $\partial v/\partial t + v \cdot \nabla v$ 给出。涉及黏度的项表示的是单位体积阻止渗流的黏性力。在固体力学中，使用广义胡克定律(Hooke's Law)来求出应力与应变之间的线性关系。对于流体来讲，类似地，物理方面主要考虑的是假定应力与应变的变化率成正比(流体的应变或位移本身可以无限大)。严格来讲，Navier–Stokes 方程中，黏性项是应力张量的散度。

Claude Navier 首先推导出流体的运动方程，并提出了固体表面的滑移条件(Navier，1823)；另一位法国科学家 Siméon Poisson 提出了黏性流体的概念(Poisson，1831)；而之后在剑桥大学卢卡斯数学教授职位上任职 54 年的 George Stokes(也是艾萨克·牛顿、保罗·狄拉克、查尔斯·巴贝奇和史蒂芬·霍金曾经担任的一个职位；现任教授是 Michael Cates)再以类似于今天使用的形式重新推导了纳斯方程，并提出了下面讨论的无滑移条件(Stokes，1845)。传统上来讲，认可以 Navier 和 Stokes 命名式(6.1)的贡献[而不是 Poisson 和其他人；然而，Poisson 提出了自己的方程($\nabla^2 \phi = \rho$)]。

式(6.1)是适用于压力和三坐标速度的矢量方程，需要援引质量守恒的另一个方程来对其进行完全求解。如果考虑以曲面 S 为边界的任意流体体积 V，那么穿过表面的质量流量是流体速度乘以密度的法向分量的积分，这必须等于体积内质量的变化率。数学形式为：

$$\int \frac{\partial \rho}{\partial t} \mathrm{d}V = \int \rho v \mathrm{d}S \tag{6.2}$$

采用高斯定理将该曲面积分转换成一个相同体积 V 的体积积分：

$$\int \frac{\partial \rho}{\partial t} \mathrm{d}V = \int \nabla \cdot (\rho v) \mathrm{d}V \tag{6.3}$$

由于该关系式适用于任何任意的空间体积，因此被积函数必须相等，于是有：

$$\frac{\partial \rho}{\partial t} = \nabla \cdot (\rho v) \tag{6.4}$$

相比于储层条件下压降为几十兆帕，孔隙两侧的压降一般是几帕（见 6.4.2 节）。在这些条件下，孔隙尺度下的密度变化相对于密度本身是较小的，即使是气体也是这样。若假设密度 ρ 为常数，则

$$\nabla \cdot v = 0 \tag{6.5}$$

速度场则是适用于不可压缩流体的无源场。这个假设可以提供一个用来计算流体压力和速度的附加方程。

现在讨论孔隙介质中的流体渗流。为了达到讨论的目的，考虑一个刚性孔隙介质，在固体表面上流体速度的法向分量和切向分量均为 0。这是真实情况的简化；然而，我们不对本书范围以外的情况进行讨论（Neto 等，2005）。若考虑非常小通道中的低密度气体或液体，通道内切圆半径相当于或小于分子平均自由行程，则需要考虑滑移效应。更重要的是，若流体速度为 0，则就不可能产生多相位移，这是因为这会不可避免地涉及流体的运动或流体接触固体的运动。这可以通过曲面附近分子尺度下某种程度的滑移来进行协调，这里将其忽略。其他边界条件规定了所关注系统曲面上的压力和（或）渗流速度。

Navier-Stokes 方程公式（6.1）结合质量守恒定律公式（6.4）或式（6.5）（适当时）和曲面能量守恒定律正常代入杨氏—拉普拉斯方程公式（1.6）中构成了描述孔隙介质中流体结构和运动的表达体系，其适用的边界条件为（尽管很复杂）：固体表面上无渗流和确定的接触角。然而，现在已经清楚，对这个问题的仔细探究揭示了更多复杂问题的答案。

6.1.1 管流

在给出多相流的一些细微之处之前，通过一个解析解的推导来说明 Navier-Stokes 方程的使用，这将在之后用到。考虑的模型简化为半径为 R 的圆形横截面的圆柱体，假设该圆柱体与水平面对齐，这样渗流不会受到重力的影响。对管进口施加压力 p_{in}，管出口保持与之相比较小的压力 p_{out}。将渗流看作稳态流，$dv/dt = 0$（表示层流，非紊流），所以得到的解为沿管长的定值压力梯度，$\nabla p = -(p_{in} - p_{out})/L$，式中 L 为管长。压力梯度为负值，流动方向为高压到低压。若将沿管长的坐标定为 x 方向，那么从对称性来讲，压力梯度和流动方向只能在沿 x 方向是一致的。然而，速度 v_x 是径向坐标的函数，其中 $r = 0$ 是圆柱体的中心，$r = R$ 确定圆柱体的边界。施加的无滑移边界条件为：$v_x(r) = 0$ at $r = R$。

对于不可压缩流体，体积守恒公式（6.5）的要求是 $dv_x/dx = 0$，所以 v_x 仅为 r 的函数。Navier-Stokes 方程（6.1）简化为：

$$\mu \frac{1}{r} \frac{d}{dr}\left(r \frac{dv}{dr}\right) = \nabla p \tag{6.6}$$

式中项 $v \cdot \nabla v = 0$，可以写成 $v \equiv v_x$。对式（6.6）进行两次积分，可以获得：

$$v = \frac{\nabla p}{4\mu} r^2 + a\ln r + b \tag{6.7}$$

$r = 0$ 处的 v 须为有限值，因此 $a = 0$；$r = R$ 处，$v_x = 0$，得到：

$$v = -\frac{\nabla p}{4\mu}(R^2 - r^2) \qquad (6.8)$$

注意 v 总为正,因为 ∇p 是负值。流动方向为高压到低压,对于负压力梯度来讲,v 也为正值。总是可以看到负压力梯度下的正向流动,所以重要的是将这个概念理解清楚。

考虑通过圆柱体的渗流量 Q 是很有用的:

$$Q = \int_0^R 2\pi r v(r)\, dr = -\frac{\pi R^4}{8\mu}\nabla p \qquad (6.9)$$

该公式被称为泊肃叶流动方程(Poiseuille flow),它是以首次发表这个表达式并且用实验证明其正确的法国科学家命名的(Poiseuille,1844);该公式有时也被称作哈根—泊肃叶流动方程(Hagen-Poiseuille flow),这是为了纪念独立发现相同公式的法国科学家 Hagen 而命名的。

平均速度定义为 $\bar{v} = Q/A$,式中 A 为横截面积,此处为 πR^2。

$$\bar{v} = -\frac{R^2}{8\mu}\nabla p = -\frac{A}{8\pi\mu}\nabla p \qquad (6.10)$$

需要特别指出的是,总渗流量与半径的四次方或横截面积的平方成正比[式(6.9)]。

若考虑圆柱体线圈中的电流,半径增大 1 倍会增加面积 4 倍,因此电流和电导率会增加 4 倍;比较而言,式(6.9)中半径增加 1 倍,渗流量会增加 16 倍。电子使得电流以给定的速度流动,与施加的电势梯度成正比。若将面积增加 1 倍,电流会增加 2 倍;增加 4 倍的面积会增加相同比例的电通量,但是流体流动规律是不同的。在固体边界处施加的渗流速度为 0,如式(6.8)所述,越远离固体,速度越大。若加大半径,管道中的速度就会随之提高。因此,在流量加倍的情形下,会得到更大的面积和速度。

将流体流动概念化的最简单方法是 2.2.1 节中交通图的类比。四车道上的最大交通流量并不是单车道路面的 4 倍,实际流量的提高情况要比 4 倍高得多。这是为什么?因为在更加宽敞的公路上,车辆的速度可能更快。发现流体流动也是如此:较大的孔隙允许更快的渗流,那么通过孔隙介质的渗流速度与其尺寸有极大的关系。

这在单个岩样的喉道半径中达到了 4 个数量级的范围,如图 3.12 所示。若每个这样的喉道有相同的压力梯度,在平均流速中就相当于 8 个数量级的变化,见式(6.10);在总渗流量中就有 16 个数量级的变化,见式(6.9)。这确实是在模拟通过孔隙空间的流动时会遇到的问题。流速的真实范围甚至更加明显,因为其也会受到孔隙和喉道连通性的影响。而且,在讨论多相渗流时,封闭在次级网络中的单相仅占据了一定比例的孔隙空间,并且黏附在固体壁面附近,甚至会看到更大的变化,这也是油水或 CO_2 和水相对运动所导致的。

在继续之前,可以利用 3.1.2 节中毛细管压力所采用的相同方法来对喉道恒定但非环形横截面的情况进行广义分析。对于稳态流,y 和 z 为喉道平面方向的坐标,式(6.6)的扩展式为:

$$\mu\left(\frac{\partial^2 v}{\partial x^2} + \frac{\partial^2 v}{\partial y^2}\right) = \nabla p \qquad (6.11)$$

其中,可以推导出正方形和等边三角形的解析表达式(Patzek,2001)。然而一般来讲,需要对式(6.11)进行数值求解;然后,在整个横截面上对速度求积分来求解总渗流量。

可以定义无量纲的流导率 g 如下：

$$Q = -\frac{gA^2}{\mu}\nabla p \qquad (6.12)$$

$$\bar{v} = -\frac{gA}{\mu}\nabla p \qquad (6.13)$$

其中，A 为横截面积。对于不等边三角形，g 几乎完全与形状因子（横截面积与周长平方之比）成正比［式（2.2）］，如图 6.1 所示（Øren 等，1998）。等边三角形所适用的比例常数解析值为 3/5，正方形为 0.5623，环形为 0.5（$g=1/8\pi$）。

本节的最终求解适用于沿长度方向横截面积缓慢变化的管。假设截面形状保持不变（g 为定值），则流动仅着通过管中心轴 x 方向上保持一致。按照体积守恒，渗流速度 Q 为常数。根据式（6.12），可以得到：

$$\frac{\partial p}{\partial x} = -\frac{Q\mu}{gA^2(x)} \qquad (6.14)$$

其中，沿管长 L 的总压降为：

$$\Delta p = -\frac{Q\mu}{g}\int_o^L \frac{1}{A^2(x)}\mathrm{d}x \qquad (6.15)$$

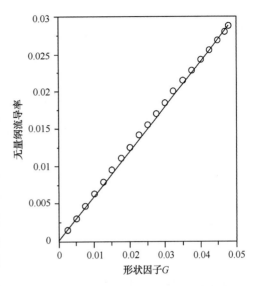

图 6.1　通过不等边三角形确定横截面喉道的渗流无量纲流导率 g 为形状因子 G 的函数，即横截面积与周长平方之比［式（2.2）］（引自 Øren 等，1998）可以从稳态流 Navier-Stokes 方程（6.11）的数值求解来求得结果

可以写出与式（6.12）类似的表达式，但是其中含有有效平均面积 $\bar{A}$：

$$Q = \frac{g\,\bar{A}^2\,\nabla p}{\mu\,L} \qquad (6.16)$$

定义：

$$\bar{A}^2 = L/\int_0^L \frac{1}{A^2(x)}\mathrm{d}x \qquad (6.17)$$

用电流来类比，这相当于串联电导率，其中每个元件的电导率与横截面积的平方成正比。这只是流体渗流的近似情况，但当流体内部的变化发生在长尺度上时，$\mathrm{d}r/\mathrm{d}x\ll1$（Zimmerman 等，1991），也可作为一种合理的表达。

总渗流量受到管最狭窄部位的控制，此处式（6.17）中的积分最大。由于 $A\sim r^2$，其中 r 为管的内切圆半径，可以看到总流动阻力受到平均半径的限制（半径的负四次方）。为了进行合理的近似，通常假设最小限制确定渗流量：从网络分析中可知，最小限制即为喉道的位置。孔喉面积 $A_t = \min[A(x)]$，并且可估计：

$$Q \approx \frac{gA_t^2}{\mu}\frac{\Delta p}{L} \qquad (6.18)$$

6.1.2　Washburn 方程

在圆柱管中引入两相来研究渗吸的动力学。考虑一根进口处（$x=0$）充满润湿相和出口处（$x=L$）充满非润湿相的管，通过系统的压降为 Δp，无一般性损失，设定 $p(x=L)=0$。通过管的末端弯月面 TM，其压差为 $p_c = p_{nw} - p_w$。TM 处于 t 时间，某个位置 x，如图 6.2 所示。可以利用式(6.13)写出以下渗流方程：

$$\bar{v} = \frac{dx}{dt} = \frac{gA}{\mu_w}\left[\frac{\Delta p - p_w(x)}{x}\right] = \frac{gA}{\mu_{nw}}\left[\frac{p_w(x) + p_c}{L - X}\right] \tag{6.19}$$

可将 $p_w(x)$ 代入式(6.19)进行求解(经过几次代数运算)：

$$\frac{dx}{dt} = gA\left[\frac{p_c + \Delta p}{x(\mu_w - \mu_{nw}) + L\mu_{nw}}\right] \tag{6.20}$$

该式可进行积分，利用 $x(t=0) = 0$ 来进行求解：

$$gA(p_C + \Delta p)t = \mu_{nw}Lx + \frac{(\mu_w - \mu_{nw})}{2}x^2 \tag{6.21}$$

这就是 Washburn 方程，描述了单毛细管中的多相流。严格来讲，这是 Washburn(1921) 进行原始推导的一种变形；忽略了固体壁面处的滑移，但是非润湿相的黏度为有限值。式(6.21)为距离随时间函数的二次方程。会进行四次观察，而不是艰难地通过更多的代数运算来得到一个 $x(t)$ 方程。

首先，在非润湿相黏度可以忽略的限制处(比如，渗吸到一个原来充满空气的管)，式(6.21)的右侧第二项起到控制作用，可以求得：

$$x = \sqrt{Dt} \tag{6.22}$$

其中：

$$D = \frac{2gA(p_c + \Delta p)}{\mu_w} \tag{6.23}$$

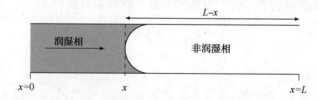

图 6.2 单毛细管(长度为 L)中的渗吸简图
末端弯月面已达到位置 x。Washburn 方程(6.21)描述了该过程的动力学

渗吸距离与时间的平方根成正比，在固定压差下，润湿相会出现压力下降。因此压力梯度与移动距离成反比，润湿相在前进的过程中速度会慢下来。

甚至在广义情况 $\mu_w \neq \mu_{nw}$ 时，润湿相填满系统的时间($x=L$)与 L^2 成正比。根据式(6.19)可以得到：

$$t = L^{2/D} \tag{6.24}$$

与式(6.23)不同，现在有：

$$D = \frac{2gA(p_c + \Delta p)}{\mu_w + \mu_{nw}} \tag{6.25}$$

填充孔隙的时间与孔隙长度的平方成正比，并且与两种流体黏度的平均值成正比，将在 9.3 节再次回顾这种比例关系。

第二次观察考虑的是不同规格管的渗吸速度，仅在自吸时成立：$\Delta p = 0$。根据式(6.21)

可知，驱替的时间尺度与 gAp_c 成反比。若喉道的内切圆半径为 r_t，那么根据式（4.12）可知，$p_c \sim 1/r_t$，而根据简单的几何理论，$A \sim r_t^2$，因此 $t \sim 1/r_t$，即喉道内切圆半径越大，渗吸越快。这似乎与第4章中的所有理论存在矛盾，在第4章中假设亲水单元按照尺寸大小的顺序填充，最小的最先填充。解决这个矛盾的前提是要区分单管中的渗流和孔隙介质中的流动。这对于一组不同半径并排放置（图3.10）并且进口处的水相毛细管压力为0的管来说是正确的，流体会按照其尺寸对管进行填充，尺寸最大的最先填充，这恰恰与观察到的毛细管控制的位移顺序相反。

主要有两个方面的原因：第一，将渗吸描述成毛细管压力缓慢降低的过程，这意味着初始的 Δp 为一个较大的负值，然后慢慢增大到 0；仅在 $p_c < -\Delta p$ 时，才允许任何速度的渗流发生，重新开始按照顺序填充，最小的单元最先填充。第二，仍然在孔隙介质中最先填充最小的单元，即使是宏观边界条件突然变化到毛细管压力为零时也是这样（如在前文中描述 Amott 测试所采用的）。这是因为渗流的驱动力 p_c 在孔隙空间的最小区域中是最大的，对于给定横截面的单管，流导率与其面积成正比，而对于岩石来说，流导率受到所有从进口到特定单元的那个瞬时进行填充的孔隙和喉道控制。因此，流导率不可能仅与局部半径有关，为了得到良好的近似解，流导率对于每个进行填充的单元都是大致相同的（非常接近进口的少数单元除外），这就意味着较小的孔隙先填充，因为它们有较大的毛细管压力。在微流体试验中，已经直接观察到分支网络中较小管的填充速度要快于较大管（Sadjadi 等，2015）。

第三次观察发现孔隙填充的时间尺度是迅速的：微秒到毫秒级。如果考虑自发事件，如海恩斯跳跃或发生卡断后填充，流体运动的驱动力与毛细管压力有相同的数量级，这样才能促成该事件的发生。例如，如图4.5所示，可以看到局部毛细管压力有较大的波动。

为了获得一个数量级的估计值，考虑在半径 r_t 的圆柱管中由压力 $\sigma/r_t = p_c + \Delta p$ 驱动，移动 $x = L$ 所消耗的时间。进一步假设流体黏度是相同的：$\mu_w = \mu_{nw} = \mu$。根据式（6.21）以及 $A = \pi r_1^2$ 和 $g = 1/8\pi$，可以获得：

$$t = \frac{8\mu L^2}{\sigma r_t} \tag{6.26}$$

基于之前对 Bentheimer 砂岩的分析，现在可以估计孔隙填充的时间尺度。已经确定了喉道之间的平均距离为 $79\mu m$（见第3章）。典型喉道半径（至少为毛细管压力分析结果的众数，如图3.9所示）大约为 $24\mu m$。考虑油水位移，两种流体的黏度为 $1mPa \cdot s$。那么，利用 $L = 79\mu m$，$r_t = 24\mu m$ 和储层条件 $\sigma = 20mN/m$，可以以式（6.26）得到 $t \approx 100\mu s$。然而，该分析在某种意义上来说是近似值，会遇到一系列与局部孔隙几何形状和尺寸以及毛细管压力不平衡有关的时间尺度，合理的计算应表明单孔隙填充事件是一种次秒级现象，而喉道填充事件则一般是一种次毫秒级现象。这非常重要，在油田尺度上，孔隙空间某个小区域中的整体饱和度变化可能需要几周到几年不等，然而每个单孔隙填充事件的发生则要快得多。目前获得的X射线照片表明，仪器并不能捕捉到填充时间的动力学变化，即使采用最快的层析成像技术，仪器也仅能记录到位移间局部平衡的位置。声学测量可更快速地探测到位移，填充事件确实是在毫秒间发生的（DiCarlo 等，2003）。填充时的流速为 $L/t \approx 1.3m/s$ 或每天数千米，这比在微观实验中看到的更快。

最后的观测结论是，注意到式（6.21）对于具有环形横截面或有初始渗吸的管才是严格正确的，这是因为已经忽略了润湿层中渗流会出现在不规则喉道的孔隙空间中。该渗流不是本例中填充行为的主要因素，但是这种渗流可以是维持某相流通性的重要方式，接下来对其进行讨论。

6.1.3 润湿层中的渗流

现在将润湿层中的渗流速度定量化。首先，通常在孔隙尺度模型中，即使在不占据整个横截面的情况下，通过式(6.12)和在单相流中相同的表达式给出的 g(但是 A 现在为该相流体占据的横截面积)来近似求解孔隙空间中心某一相流体的流导率。若水占据了孔隙空间的中心和角部，则式(6.12)仅能解释中心处的水；润湿层单独作为平行的附加流动单元考虑。

对于润湿层本身，流导率的表达式依据的是稳态 Navier-Stokes 方程的数值求解，适用于固定的和预定义的孔隙空间几何形状和多相流体结构。对于给定横截面的喉道，式(6.11)可用于流体界面处具有合适边界条件的各相。类似于式(6.12)，可以写出单润湿层中总渗流量的如下表达式(Ransohoff 和 Radke，1988)，

$$Q_1 = -\frac{A_{AM} r^2}{\mu \beta_R} \nabla p \tag{6.27}$$

式中：A_{AM} 为润湿层的横截面积[边界为弯月面 AM，见式(3.8)和式(4.15)]；r 为流体界面的曲率半径(假设喉道横截面恒定，$p_c = \sigma/r$)。

式(6.27)定义了一个无量纲的润湿层阻力因子 β_R。该式适用于角部的润湿层和亲油孔隙中的油层，但是 β_R 有不同值。在这个描述中就会产生一个复杂的问题：两种流体界面处边界条件的设置。

黏性应力张量 T(对于给定黏度的不可压缩流体)采用爱因斯坦求和约定(Batchelor，1967)：

$$T_{ij} = \mu \left(\frac{\partial v_i}{\partial x_j} + \frac{\partial v_j}{\partial x_i} \right) \tag{6.28}$$

黏性应力的切向分量在流体界面上是连续的(Batchelor，1967；Li 等，2005)，法向分量的连续性可推导出杨氏—拉普拉斯方程(1.6)。对于稳态流，该分析可通过考虑界面法向和切向上的流动进行简化。由于界面位置保持不变，因此法向速度为 0。使式(6.28)中界面上的非 0 切向分量相等，可以得到：

$$\mu_1 \frac{\partial v_{t1}}{\partial n} = \mu_2 \frac{\partial v_{t2}}{\partial n} \tag{6.29}$$

其中：n 和 t 分别表示法向和切向；下标 1 和 2 表示两种流体相。为了表示连续性，需要 $v_{t1} = v_{t2}$。

这里有两种限制情况。首先是当主流流体 2(占据孔隙或喉道中心的流体相)的黏度要比润湿层中流体相 1 的要大得多。这种情况下，黏度较大的流体相是基本静止的，于是有 $v_{t1} = v_{t2} \approx 0$。若油的界面活性分量残留在流体界面处，则其边界条件就是无滑移或无渗流，从而形成较大的界面黏度。

第二种限制是所谓的自由边界条件或无应力边界条件，见气液界面(可忽略表面黏度)。若流体相 2(气体)与液体相比，其黏度可以忽略，则式(6.29)中 $\mu_2 \approx 0$，那么可以得到：

$$\frac{\partial v_{t1}}{\partial n} = 0 \tag{6.30}$$

在流体界面处没有黏性应力。

在更多应用中，流体界面处假定无渗流的边界条件，这就使得另外的流体相等同于固体和有限润湿层渗流；然而，这对于气体流动或如 CO_2/水驱替来说，不是一个非常好的近似求解方法。若两相出现黏度耦合，其中一相的运动会影响另一相的运动，这在 6.3 节有关宏观性质的内容中进行讨论。

表 6.1 和表 6.2 给出了式(6.27)中的 β_R 计算值，其为角部半角和接触角的函数（Ransohoff 和 Radke，1988）。其他工作已经根据式(6.11)的解得到了润湿层（包括亲油系统）流导率的经验表达式或近似解析表达式，其准确性已经进行了实验验证（Zhou 等，1997；Firincioglu 等，1999）；然后，这些表达式用于计算孔隙尺度网络模型中的流导率（Øren 等，1998；Patzek，2001；Valvatne 和 Blunt，2004）。不规则横截面的毛细管中渗流量的实验测量值表明，自由或无应力边界条件适用于空气/液体界面，而采用无渗流边界条件可获得精确的油水润湿层中的流量值（Zhou 等，1997；Firincioglu 等，1999）。

表 6.1 不规则喉道中渗流的计算阻力因子 β_R [式(6.27)] 为角部半角的函数（接触角为 0）（引自 Ransohoff 和 Radke，1988）

孔角半角，rad	β_R（无应力边界）	β_R（无渗流边界）
$\pi/18$	9.981	13.60
$\pi/12$	12.95	19.91
$\pi/6$	31.07	65.02
$\pi/5$	46.67	108.1
$\pi/4$	93.93	248.8
$\pi/3$	443.0	1411
$\pi/2.5$	3185	11390

表 6.2 式(6.27)中计算的阻力因子 β_R 为接触角的函数（引自 Ransohoff 和 Radke，1988）

接触角，rad	β_R（无应力边界）	β_R（无渗流边界）
0	31.07/93.93	65.02/248.8
$\pi/36$	30.89/93.99	65.64/253.2
$\pi/18$	31.94/100.2	68.24/270.8
$\pi/9$	38.10/139.0	81.58/374.9
$\pi/6$	54.09/290.7	115.9/782.8
$\pi/5$	75.20/698.2	161.3/1,881
$\pi/4$	165.2/—	355.5/—

注："/"前面的数值适用于等边三角形横截面的喉道；"/"后面的数值适用于矩形横截面的喉道。

相同的方法可用于计算部分亲油、部分亲水介质和亲油介质中油层的流导率，见 5.2 节。在这种情况下，采用式(6.27)的近似表达式，阻力因子 β_R 可被用来解释孔隙中心和角部中水相曲面边界的存在（Ransohoff 和 Radke，1988）。采用封闭形态的经验表达式，可以方便地计算适用于任意组合接触角、角部几何形状和毛细管压力的流导率（Zhou 等，1997）。

提供两种计算方法，利用传导率来估计在自吸过程中填充孔隙或喉道所需的时间，并与通过喉道中心的流体进行比较, 如式(6.26)。得到了润湿相完全填充孔隙的时间, 流体是由润湿层渗流所提供的, 如图6.2所示, 但是考虑的是闭端孔隙并且润湿相必须通过润湿层提供。式(6.27)给出的渗流速度, 孔隙尺度级压力梯度 $\sigma/[r_t(L-x)]$ 如之前一样是渗流的驱动因素, 忽略了任何填充有润湿相的孔隙空间区域的压力梯度和任何非润湿相中的流动阻力。那么, TM会以一定的渗流量进行移动:

$$\frac{\partial x}{\partial t}=\frac{A_{AM}}{\beta_R A_t}\frac{r^2}{r_t(L-x)}\frac{\sigma}{\mu_w} \qquad (6.31)$$

如前述, 喉道长度为 L, 面积为 A_t。取 $x(0)=0$, 对式(6.31)进行积分, 当 $x=L$ 时, 得到时间:

$$t=\frac{\beta_R A_t}{2A_{AM}}\frac{r_t L^2}{r^2}\frac{\mu_w}{\sigma} \qquad (6.32)$$

以等边三角形横截面的喉道为例, $\mu_w=10^{-3}$, 界面应力张量 $\sigma=20mN/m$。首先考虑强亲水情况, $\theta_A=\theta_R=0$, 内切圆半径为 $24\mu m$ 的喉道(图3.9), 长度 $L=79\mu m$(喉道间的平均距离, 表示孔隙长度)。将润湿层中的局部毛细管压力设定为 $20kPa$, 或 $r=10\mu m$。利用式(3.8), $\theta_R=0$ 来求解 $A_{AM}=r^2(3\sqrt{3}-\pi)$(此为角部三层润湿层的面积)并且 $A_t=3\sqrt{3}r^2$。若假设流体/流体界面无渗流时, $\beta_R=65.02$, 见表6.1。式(6.32)得出的时间大约为25ms。注意该值比通过喉道中心的渗流进行填充的时间要慢两个数量级, 但是仍然比1s小得多。

第二个例子是铰接润湿层所在的地方。大约30m油柱和 $300kg/m^3$ 油水密度差的典型最大毛细管压力为 10^5Pa 的数量级, 或原始排驱末端的最小曲率半径 $r_{min}=0.2\mu m$ 时, $\sigma=20mN/m$, 见3.5节。对于 $\theta_R=0$ 的等边三角形, 角部润湿相的长度 b 大约为 $0.34\mu m$[式(3.6)]。然后利用式(4.16), $r=10\mu m$(如前)来求解 $\cos(\beta+\theta_R)=\sqrt{3}/100$, 其值接近 $0(\theta_H\approx\pi/3$ 或 $60°)$。在利用式(4.15)求解润湿层的面积, 这是一个比较好的润湿层占据等边三角形面积(边长 b)的近似解。发现对于三层这样的润湿层, $A_{AM}\approx(9\sqrt{3}/4)r_{min}^2$。然后利用边长为 b 的三角形喉道求解流导率的表达式[式(6.12)], $g=0.6G=\sqrt{3}/60$。这种情况下, 填充时间的求解表达式可利用式(6.12), 而不是式(6.27), 根据式(6.32)可得到:

$$t=\frac{A_t L^2 r_t}{2gA_{AM}^2}\frac{\mu_w}{\sigma}=\frac{160}{27}\frac{r_t^3 L^2}{r_{min}^4}\frac{\mu_w}{\sigma} \qquad (6.33)$$

注意3种长度尺度: L 为孔隙长度(填充距离); r_t 为控制填充体积和驱动毛细管压力的喉道半径; 而 r_{min} 控制附着润湿层内的渗流速度。

获得了大约16000s或超过4h的时间尺度。注意现在这个值要比通过孔隙中心填充的等效时间大很多个数量级。由于流导率与面积的平方或半径的四次方成正比, 根据式(6.26)和式(6.33), 则通过铰接润湿层的填充时间 t_{AM} 与通过孔隙的填充时间 t_{pore} 如下:

$$\frac{t_{AM}}{t_{pore}}\sim\left(\frac{r}{r_{min}}\right)^4 \qquad (6.34)$$

式中: r_{min} 为原始排驱的最小曲率半径; r 为注水时控制主要毛细管压力的典型孔隙或喉道半径。例子中, $r=r_t\approx100r_{min}$, 得到通过铰接润湿层而不是通过孔隙中心提供足够的渗流量来填充孔隙的1亿倍的时间差。若润湿层并未铰接, 尽管该层的膨胀和时间尺度差可以较为显著[式(6.32)], 但是并非十分巨大。

该计算可帮助解释排驱和渗吸的复杂动力学原因，特别是顶端和远端卡断的本质。当毛细管压力局部有较大的梯度时，流体可以发生运移的速度受到流体结构的控制，通过孔隙中心的渗流要比润湿层中的流动快许多个数量级。因此，流体回缩和重新布局不一定发生在直接相连的单元(渗流通道可能有较低的连通性，如通过润湿层，但是更远的孔隙和喉道可更快地提供流体)。

这些渗流特性对宏观多相流有着重大的影响，因为润湿层的连通性和流导率会控制润湿相从孔隙空间中运移的难易程度。由于在计算中需要对薄润湿层进行解析，那么多相流的直接模拟具有一定的困难。在进一步拓展这些想法之前，回到单相流和 Navier-Stokes 方程的简化形式中。

6.1.4 雷诺数和 Stokes 方程

对适用于多孔介质中缓慢稳态渗流的式(6.1)进行两次简化。雷诺数为：

$$Re = \frac{\rho vl}{\mu} \tag{6.35}$$

其表示的是渗流中惯性力和黏性力之比。v 为典型流速；l 为特征长度尺度，对于我们的应用领域，其表示的是孔隙尺度(一种特征孔隙长度，或孔喉之间的距离)，而不是系统总尺度上的测量值。

式(6.1)中，雷诺数为非线性项 $\rho v \cdot \nabla v$ 和黏度耗散 $\mu \nabla^2 v$ 的特征比。继续求导，因为这对确定孔隙介质渗流中物理量的数量级很有帮助。对 ∇v 与 v/l 的函数关系进行估计，式中 l 为长度尺度，在长度尺度上期望看到流速有显著的变化。该长度应与孔隙尺度有关，因为已经从解析解中了解到，流速从固体壁面处的 0 直到孔隙中心为最大值的变化。这并不是根据渗流方程求解的精确计算，但是这有利于对不同项的尺度进行快速评估。采用这种思想，$\rho v \cdot \nabla v$ 有一个可能的大小 $\rho v^2/l$，$\mu \nabla^2 v$ 有一个典型值 $\mu v/l^2$，雷诺数就是这些项中第一项和第二项的比值。

没有标准化的方法来确定孔隙尺度 l，因为我们正在处理一个复杂的孔隙结构，其孔隙半径可跨越几个数量级(图 3.12)。传统上，对于一个颗粒系统，$l=d$ 为平均粒径；这对于玻璃珠人造岩心和填砂的描述较为方便，但是对于固结介质，特别是有复杂成岩历史的碳酸盐岩来说，这样的定义就会有很大的问题，因为在很多情况中颗粒不能够被识别。例如，图 2.3 中 Ketton 石灰岩(忽略微缩孔)、填砂和 Bentheimer 砂岩的颗粒结构比较明显，但是对于其他 5 种情况，并不是那么容易地界定颗粒结构。

在 3.4 节对渗流理论的讨论中，估计了喉道之间的距离 l，是按照孔隙空间图像中提取的一个网格进行计算的，其为该网格中每单位体积的喉道数的立方根。这是一个合理的方法，但是需要对孔隙空间进行网络分析，这也许是不可能的或者不必要的。现在引入以图像为基础的特征长度定义(Mostaghimi 等，2012)，先观察等尺寸球体的均匀立方体填砂，$d = \pi V/A$，式中 V 为系统的体积(孔隙和颗粒)，A 为球体的表面积。然后，通过计算孔隙介质分段图像中颗粒和孔隙之间的表面积，将相同的方程运用到更广泛的条件中。

$$\iota = \pi \frac{V}{A} \tag{6.36}$$

该定义与图像的体素尺寸有关，因为在高分辨率的情况下可以捕捉到孔隙—颗粒界面处的微小特征，增加计算的表面积。然而，这是一种用来确定已成像孔隙的长度尺度的简便方法。

例如，基于图2.3利用式(6.36)对 Bentheimer 砂岩计算得到：$l=140\mu m$；相较之下，利用每单位体积的喉道数计算得到 $l=79\mu m$。考虑到两种方法相关联的简化形式，以及 l 本身并非是准确定义的，这两个值都可用作为典型孔隙长度尺度的特征测量值。

为了用式(6.35)具体说明雷诺数，需要获得孔隙空间中的平均速度。局部速度有许多个数量级的变化。然而，可以基于平均流速进行估计。例如在油田中，采用注水来驱替油：井间渗流一般距离可达几百米，油需要20年或30年的时间才能被大部分驱替。这等同于大约10m/a，3×10^{-6}m/s 的平均流速或至少是典型流速。近井或裂缝中的流速可能要大得多，但是地层中间的平均值则在这个数量级之内。天然地下水在粗粒度的浅沉积物中的流速最高为1m/d，在用于如 CO_2 封存的较深含水层中，流速可能为1m/a或更慢；其原因就是在 CO_2 注入之后，水流通过渗吸作用可将其封闭起来。这些数值给出了流速的范围，$10^{-7}\sim10^{-5}$m/s。

现在可利用该数据来估算雷诺数。还是采用 Bentheimer 砂岩的例子，$l=79\mu m$，$v=10^{-6}$m/s，水渗流时 $\rho=1000$kg/m^3 和 $\mu=1$mPa·s，得到 $Re\approx10^{-4}$。若考虑在砂岩中更快的流速 $v=10^{-5}$m/s，$l\approx1$mm，得到 $Re=10^{-2}$；然而，对于孔隙尺寸比 Bentheimer 砂岩小的岩石($l=10\mu m$)中流速最慢的情况时，$Re=10^{-6}$。可以在所有情况中得到 $Re\ll1$。这意味着惯性作用相比于黏性耗散要小，不像其他的流体动力学应用领域，如海上的波浪、经过建筑物的风和飞机周身的空气流，孔隙介质中有更低的速度和更小的特征长度，因此不会看到湍流，湍流仅发生在 $Re\gg1$ 时。

对于 $Re\ll1$ 的情况，可忽略式(6.1)中的惯性项：

$$\mu\nabla^2 v=\rho\frac{\partial v}{\partial t}+\nabla p-\rho g \tag{6.37}$$

此式为 Stokes 方程。在此前的例子中，假定了 Stokes 流动，由于问题的对称性，惯性项始终为0。

第二个近似求解是假定为稳态流，忽略式(6.37)中的时间相关项，这意味着 v 仅为空间的函数。结果是与通过较小孔隙介质区域的渗流相关的时间尺度和饱和度显著变化的时间有很大的不同。在之前讨论过的快速驱替过程中，看到在从一个毛细管平衡状态到另一个平衡状态的快速跳跃期间，毫秒运动范围内随时间演化的渗流场。由薄层介导的渗流会越来越慢，该薄层自身很大程度上保持静止，并且其很可能会被破坏，在多数情况下通过孔隙中心的渗流来实现局部毛细管平衡。在驱替事件之间，流体结构保持不变。因此为了得到在任意时刻比较好的近似解，考虑通过流体固定排列的稳态流。如向油层注水，在油田尺度上，水会在一系列的孔隙尺度驱替事件中驱替油(并非所有的水，顺便提一下，其中部分水仅会在储层中流动，然后从生产井中出来)。水会驱替近井地带大部分的流性油，然而，远井地带的水饱和度将会降低。尽管如此，但也可以在饱和度局部或近似不变的范围内定义长度尺度，并且流体相在该长度内渗流时，流体相的位置不会随时间发生改变。例如，大多数实验室渗流实验的尺度为几厘米。流体在典型渗流速度 10^{-6}m/s 下几个小时内横穿过系统：在稳态驱替实验中，饱和度相比之下会在几天甚至几个月的时间内发生变化。现在考虑油田中心立方厘米尺度的岩石。合理地假设在水流过该区域的时间范围内，由于驱替过程往往持续几年，孔隙尺度的流体结构很大程度上保持不变。流经该区域的水会驱替储层其他地方的油，但仅有很小部分的油会参与该岩石截面中的运移，油运移到此区域并不是由于注水井的驱替作用。这个概念是比较合理的，但是当进一步考虑孔隙尺度的动力学时会遇到困难，在第 9 章中给出渗流方程的解时还会提及。

现在来了解一下稳态流的 Stokes 方程：

$$\mu \nabla^2 v = \nabla p - \rho g \tag{6.38}$$

该方程对于单相流和多相流均适用：对于多相流，还必须解释流体界面上的压力变化。现在考虑在孔隙介质中由式(6.38)控制的平均渗流特性。

6.2 达西定律和渗透率

本节中假设孔隙介质中仅有单相流。由式(6.38)控制的稳态 Stokes 流动使得压力梯度和流速呈线性关系。为了明白这个关系，可以想象一下 $v = v_0$ 时的速度求解。利用固体壁面无渗流和整个系统施加的某个压力梯度来获得该解。现在考虑乘上某个任意因子 a 增加力项 $\nabla p - \rho g$。因此，整个系统施加的压力梯度会增加 a 倍。对上式稍微简化一下，可以看到 $v = a v_0$ 为式(6.38)的解：速度与压力梯度成正比。可以应用相同的参数来得到速度与黏度成反比的结果。因此，可以写出：

$$v = -\frac{f(x)}{\mu} (\nabla p - \rho g) \tag{6.39}$$

其中，f 是位置 x 的某个正函数，其仅与孔隙介质的几何形状有关，与流体性质或渗流驱动力无关。式(6.39)中的负号表示流体从高压向低压流动。

就其本身而言，式(6.39)不是特别有用，因为 f 的确定需要原方程(6.38)的解。现在回到体积平均和表征单元体(REV)的概念。会发现宏观渗流集中在某些包含许多孔隙的空间特征体中。采用两种方法中的一种来定义平均速度 q。一种是某个特征单元体 V 中的平均，见式(2.1)。

$$q = \frac{1}{V} \int v \mathrm{d}V \tag{6.40}$$

或某个区域的平均流通量，$A = \int \mathrm{d}A$：

$$qn = \frac{1}{A} \int v \cdot \mathrm{d}A \tag{6.41}$$

其中，n 为曲面 A 的单位法向矢量。在这两个积分中包括速度有限的孔隙空间和速度为 0 的固体。q 为每单位时间内每单位面积的流体体积。

还可以对式(6.39)中的其他项进行平均，但是压力 p 不能直接进行平均。在式(6.1)中，压力被分配到孔隙空间中的任意点，但是在固体中的并未定义。可再次考虑如式(2.1)中适用于孔隙度的体积平均，需要定义平均压力梯度。有鉴于此，获得局部梯度的空间平均并不太合适；传统上利用基于实验测量的压力梯度来定义。传感器可记录较小空间区域的流体压力并且进行有效的点测量，压力梯度按照宏观距离内记录的差值进行计算。不会在这里继续进行讨论，可将压力梯度定义为两点在宏观长度内的压力差值(Whitaker, 1986)。更多详情，请见 Gray 和 O'Neill(1976)描述的一种用于体积平均的严谨体系：由 Gray 等(2013)发表的体积平均方法综述。

最后，需要对式(6.39)中的函数 $f(x)$ 进行平均，这会得到一个与孔隙结构有关的数。但是为了发现与 q 的关系，需要得到式(6.39)整个右侧的平均数，然后将其分解成与平均压力梯度和某些岩石性质相关的项。

在这里只需要构造一个与宏观或平均流体性质相关的等式，不会进行精确的推导，已经有几位作者发表了与此相关的内容(Bear，1972；Gray 和 O'Neill，1976；Whitaker，1986，1999；Gray 等，2013)。

对式(6.38)进行正确的平均可推导出达西定律，这是一个由法国工程师 Henry Darcy (Darcy，1856)提出，用来描述净化水在滤砂层中渗流的经验关系式，这里所写出的是由 Nutting(1930)和 Wyckoff 等(1933)首次提出的该公式的广义形式：

$$q = -\frac{K}{\mu}(\nabla p - \rho g) \tag{6.42}$$

式中：q 为达西速度。

请注意，q 被定义为渗流场的体积平均数。不是一个真实的速度，而是每单位孔隙介质面积流体渗流的体积(这个区域包括固体和孔隙)。∇p 不再是一个微观孔隙级数量，而被定义为尺度包含孔隙介质的一个表征单元体(REV)的距离范围。

K 为渗透率，是系统孔隙结构的固有属性，其单位为长度的平方，或国际制单位中的 m^2。传统上，渗透率的单位为 D。但令人费解的是，达西的定义并非从国际制单位转换而来，而是由 Wyckoff 等(1933)在一篇描述小岩样中首次渗透率的测量值而提出的：在 1atm 的压差下，若各边长为 1cm 的立方体岩石允许 $1cm^3/s$ 的渗流，那么该岩石的渗透率为 1D。由于 $1atm \approx 10^5 Pa$，因此 $1D \approx 10^{-12} m^2$。更准确地转换为：$1D = 9.869233 \times 10^{-13} m^2$。在后面会了解到不同岩样的渗透率一般会有几个数量级的变化，空间跨度范围从厘米到千米：$1D = 10^{-12} m^2$ 这种简便的转换对于工程用途也能保证足够的精度。

K 与两个矢量 q 和 $(\nabla p - \rho g)$ 有关，因此它是一个张量。在分量形式中，达西定律(6.42)可写成：

$$q_i = -\frac{k_{ij}}{\mu}\left(\frac{\partial p}{\partial x_j} - \rho g_j\right) \tag{6.43}$$

这种处理比较简单，在其他经典文章中已经对达西定律和渗透率进行了比较充足详细的介绍，如 Bear(1972)。然而，在讨论基于孔隙空间图像直接计算渗流和多相流之前，会提到一些渗透率的物理解释和毛细管压力的尺度。

6.2.1 毛细管束的渗透率

在 3.3 节中，介绍了不同规格毛细管束中的驱替概念，如图 3.10 所示。如果有大小在 r 和 $r+dr$ 之间的管尺寸为 $f(r) dr$，如图 6.3 所示，并且假设管截面为环形，那么可利用式(6.9)得到毛细管束的长度 L。

$$Q = -\frac{\pi}{8\mu}\nabla p \int_{r_{min}}^{r_{max}} r^4 f(r)\, dr \tag{6.44}$$

总渗流量受到半径四次方的控制。鉴于之前所述的最小限制截面控制渗流量公式(6.16)和式(6.17)，此为平行渗流，并且沿管长的半径分布形成对比。

想象一下管中心按照一个距离为 d 的方形网格进行布置如图 6.3 所示。每根管（孔隙和固体）的横截面积为 d^2，孔隙占据的面积为 πr^2。管数量为：

$$n = \int_{r_{\min}}^{r_{\max}} f(r)\,\mathrm{d}r \qquad (6.45)$$

总面积 $A = nd^2$。然后假设 $d \geq r_{\max}$，孔隙度为：

$$\phi = \frac{\int_{r_{\min}}^{r_{\max}} r^2 f(r)\,\mathrm{d}r}{nd^2} \qquad (6.46)$$

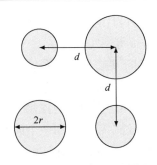

图 6.3　毛细管束的不同管径
(r) 的管横截面：管中心
按照一个距离为 d 的方形
网格进行布置

其定义为孔隙的横截面积与总面积之比。将式（6.44）与达西定律（6.42）对比，其中 $Q = q/(nd^2)$，利用式（6.46）可以得到：

$$K = \frac{\pi\phi}{8} \frac{\int_{r_{\min}}^{r_{\max}} r^4 f(r)\,\mathrm{d}r}{\int_{r_{\min}}^{r_{\max}} r^2 f(r)\,\mathrm{d}r} \qquad (6.47)$$

渗透率由喉道半径分布的 4 次方和 2 次方之比得到，那么该值也由此受到最大单元的控制。若毛细管为单半径细管，$f(r) = n\delta(r)$，那么式（6.47）变成：

$$K = \frac{\pi\phi r^2}{8} \qquad (6.48)$$

了解到典型孔隙或孔喉尺寸 r 与两个宏观量 ϕ、K 的关系：

$$r \sim \sqrt{\frac{K}{\phi}} \qquad (6.49)$$

6.2.2　典型渗透率值

渗透率具有面积维度，该面积的物理意义是控制渗流的喉道横截面积，如式（6.48）所示。然而，即使渗透率与典型喉道半径的平方成正比，这个比例的常量要远小于 1，这个值表明了孔隙空间的迂曲度和有限的连通性的存在。

在无直观图像和网络分析的情况下，很容易将颗粒系统的渗透率与颗粒直径关联起来。例如，Bourbie 和 Zinszner（1985）对于 $\phi > 0.0.08$ 的 Fontainebleau 砂岩提出了以下经验关系式（图 2.10）：

$$K = 4.8 \times 10^{-3} \phi^{3.05} D^2 \qquad (6.50)$$

式中：D 为颗粒半径。

也可以采用其他渗透率与具有一定迂曲度的孔隙度和粒径的关系式，其中最常用的称为 Kozeny-Carman 方程（Kozeny，1927；Carman，1956）。事实上，并不是迂曲度限制了渗流，而是因为流体需要通过许多狭窄喉道。对于等直径球体的填砂，其最简单的形式为：

$$K = \frac{\phi^3}{180(1-\phi)^2} D^2 \qquad (6.51)$$

对于孔隙度大约为 35% 的非固结系统，如填砂 $K \approx 6 \times 10^{-4} D^2$（Bear，1972），这与

式(6.51)计算的一致。该表达式还可适用于不同尺寸和形状的填砂,式中的 D 为平均直径(Garcia 等,2009)。

对于更多的固结系统,渗透率和一般未知粒径的关系就不那么有用了。在这些情况中,需要得到孔隙尺寸和渗透率的关系。然而,许多介质的孔隙或喉道跨越了许多个数量级,由于受到网络连通性的控制,并且与最受限制单元(流体必须通过)的流导率有很大的关系,因此渗透率就不能用一个简单的公式来表达,如式(6.16)和式(6.17)所示。在这里再一次用到前文交通的类比:一个城市进出的最大流通量和交通量,或一个复杂的公共交通网络中所运载的乘客数并不是简单地按照有代表性的街道或火车线路上车辆数或乘客数进行简单分析计算的,而是很大程度上取决于网络的连接方式和通过这些限制流量的连通网络(或瓶颈)的最大流通量;乘客和司机可以对这些拥堵路段了解得很清楚,但是如果仅仅从一张街道地图上进行检查,是看不出这些拥堵区域的。

即便如此,将渗透率和孔隙尺寸关联起来仍然是有益的。如前文所述,该喉道为流体通过系统必须要经过的最小喉道,利用渗流分析,这将是与 p_c^* 相关的孔喉尺寸(见3.4节)。或者从拓扑分析来讲,特征尺寸为 Euler 示性数首次变为正时的半径。在图2.25中,笔者对于砂和 Bentheimer 砂岩孔隙空间的连通性进行了很好的研究;然而,在对砂的研究中,在孔隙直径大约为 $600\mu m$ 或半径为 $300\mu m$ 处,Euler 示性数为 0(Vogel 等,2010),那么这个半径值就是控制渗透率的半径。砂粒有近似的均匀分布(粒径 0.6~2mm,平均直径 1.3mm)。但是不知道砂的孔隙度和渗透率,因此可以利用上述的关系式($K=6\times10^{-4}D^2$)来估算出渗透率大约为 $10^{-9}m^2$,对于具有相似尺寸粒径的非固结系统,孔隙度大约为 0.35。

对于颗粒系统,可以得到平均粒径 D 和孔隙尺寸之间的关系式 l(Whitaker,1999)。

$$\iota = \frac{\phi D}{1-\phi} \tag{6.52}$$

如果认为 $l \propto r_t$ 并且利用式(6.51),可以得到以下经验关系式:

$$K = a\phi r_t^2 \tag{6.53}$$

其中,a 为某个常数。这也与式(6.49)一致。$a \ll 1$ 这有助于解释孔隙空间的迂曲度和限制连通性。在上述的砂案例中,得到 $a=3.2\times10^{-2}(r_t=300\mu m)$。Hazen(1892)首次对填砂提出了与式(6.53)类似的关系式(无 ϕ 项)。

一般来讲,不能获得孔隙空间的拓扑(或网络)分析,对于固结介质也很难得到颗粒尺寸;然而,原始排驱毛细管压力的测量是便于实现的,见3.2节。因此,从测量值来推断出喉道半径众数,这近似对应于连通岩石所必需的最小半径。表6.3表示对本书中样岩的孔隙度和渗透率测量值(喉道半径众数从图3.11和图3.12中获得)在这种情况中,式(6.53)中的常数 a 要比适用于填砂的小[范围 $(0.9~2.3)\times10^{-2}$],这表明系统的固结程度高。尽管没有精准的方法来确定渗透率,我们的关系式可提供范围在 2 之内的估算。

一般性的结论就是渗透率与某些孔隙尺度级长度的平方成正比,或者更准确地说,与喉道半径的平方成正比。然而,比例常数一般会远小于1:若利用式(6.53),将道喉半径作为特征长度,可得到 $a \approx 10^{-2}$;若利用平均粒径,那么渗透率要比 D^2 小 $10^3~10^5$ 倍。例如,在表6.3中所记录的 $K \approx (5~18)\times10^{-5}\phi D^2$。若采用孔隙长度 l(或喉道间的距离),那么这个比例常数还是很小(大约为 1.5×10^{-3})。例如,对于 Bentheimer 砂岩,采用 $l=79\mu m$。

表 6.3 不同特征岩样的渗透率、孔隙尺寸和平均粒径（按照孔隙尺度图像中固体的水域分割确定）

（引自 El-Maghraby，2012；Tanino 和 Blunt，2012；Gharbi，2014；Andrew，2014）

岩石	D，μm	ϕ	K，$10^{-15}\,m^2$	r_t，μm	a
Doddington 砂岩	250	0.192	1040	18	1.7×10^{-2}
Bentheimer 砂岩	227	0.20	1880	24	1.6×10^{-2}
Berea 砂岩	—	0.224	40	10	2.0×10^{-2}
Ketton 石灰岩	500	0.234	2810	23	2.3×10^{-2}
Mount Gambier 碳酸盐岩	—	0.552	6680	32	1.2×10^{-2}
Estaillades 石灰岩	—	0.295	149	7.5	0.90×10^{-2}
印第安纳（Indiana）	—	0.186	278	12	1.0×10^{-2}
Guiting	—	0.287	3.85	0.9	1.7×10^{-2}

注：ϕ 为采用 Helium 吸附法测量的孔隙度。K 为渗透率测量值。r_t 为典型喉道半径，此处定义为按照原始排驱毛细管压力推断的喉道半径众数，如图 3.11 和图 3.12 所示。a 为经验关系式 $K=a\phi\,r_t^2$，式（6.53）中的常量。

表 6.3 中的岩样来源于采石场，其孔隙度和渗透率一般比许多油气储集岩的要高。大多数储层岩石的渗透率范围为 $1\sim1000mD$（$10^{-15}\sim10^{-12}\,m^2$），孔隙度为 $0.1\sim0.3$，相应的临界孔径为 $1\sim10\mu m$。在许多碳酸盐岩中，部分岩石仅有微米级（将其定义为小于 $1\mu m$ 的孔隙尺寸）孔隙的连通，这就使得这些岩石的渗透率非常低，通常是小至微达西范围，这对渗流的孔隙尺寸低至 $0.1\mu m$ 起了显著的作用。

黏土和页岩的孔径可达 $5nm$ 或甚至更小，页岩的孔隙度通常仅为百分之几。利用式（6.53），以及 $a=0.01$ 和 $\phi=0.04$，预测的渗透率大约为 $10^{-20}\,m^2$ 或 $10nD$。通常来讲，会遇到次表层细粒径或高固结的岩石，其渗透率低至 $10^{-24}\,m^2$。在其他极端情况下，如裂隙岩石孔径只有几毫米，或非固结介质粒径大约为 $1mm$，比如砂岩或分选好的土，它们的渗透率范围为 $10^{-11}\sim10^{-9}\,m^2$。

不同的岩石类型，从砂岩到页岩，其渗透率范围大约超过了 10 个数量级，一般主要受到喉道尺寸变化和孔隙空间连通性的控制。在单岩体较大的情况下，如油田或储水层中，黏土防渗层与砂岩通道之间或从几乎完全固结的碳酸盐岩到连接有溶洞（毫米或厘米级大孔隙）的区域，会遇到这样的大数量级渗透率。

6.2.3 Leverett *J* 函数

特征喉道半径和渗透率的关系可用于测量宏观毛细管压力曲线表征。Leverett *J* 函数定义如下（Leverett，1941）：

$$J(S_w)=\frac{1}{\sigma\cos\theta}\sqrt{\frac{K}{\phi}}\,p_c(S_w) \tag{6.54}$$

因此，毛细管压力为：

$$p_c(S_w)=\sigma\cos\theta\sqrt{\frac{\phi}{K}}\,J(S_w) \tag{6.55}$$

其中，$J(S_w)$ 为饱和度的无量纲函数。该关系式隐藏的概念来源于式（3.1），该方程可求出给定喉道半径的典型毛细管压力，然后利用式（6.53）将其与渗透率关联起来。通常这个比例适用于求解原始排驱毛细管压力，对于流体/流体驱替，$\theta \equiv \theta_R$ 一般假设为 0。相同的方法可用于求解注水毛细管压力，但是这种情况下的润湿性、协同孔隙填充、圈闭以及其他复杂性皆有不同。

对于未知润湿性的注水过程或接触角有显著变化的地方，可利用式(6.55)的简化形式：

$$p_c(S_w) = \sigma \sqrt{\frac{\phi}{K}} J(S_w) \tag{6.56}$$

当然，任何真实岩样中的喉道半径都是一个范围值，因此 J 的计算值会随着饱和度而显著变化；上述关系式可近似地与喉道尺寸无关，并且可通过实验证明该关系式。一组样品施加一组流体，该组样品再用其他流体进行实验，或者采用其他不同孔隙度和渗透率的相似岩石进行该实验。

例如，图 6.4 表示的是适用于 Berea 砂岩利用式(6.54)计算的 Leverett J 积分：压汞测试结果与在不同温压条件下，相应条件下的界面张力超临界 CO_2 驱替盐水实验结果相比较。在实验室允许的误差范围内，所有点都位于一条曲线上，这为该砂岩喉道尺寸提供了定量的范围。压汞法是一种快速、精确测量毛细管压力的方法，但是并不是按照油藏条件下的特征流体进行的实验，在图上并不明显。尽管如此，很难去做油藏条件下的流体驱替实验，因为不仅实验数据较少，而且一般缺乏准确性。图 6.4 表明，要确定油藏条件下的毛细管压力，可利用式(6.54)由 p_c 得到 J，然后油藏条件下的排驱 p_c 可由式(6.55)求解，但是现在利用 K、ϕ 和 $\sigma\cos\theta$ 的值(CO_2实验中，$\cos\theta = 1$)来求解所关注的饱和度。

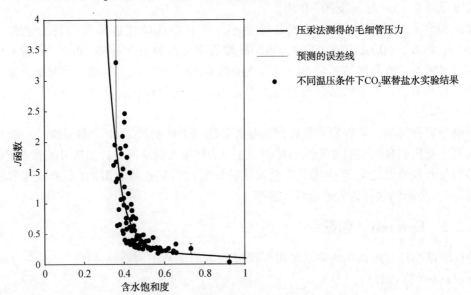

图 6.4 Berea 砂岩在不同流体情况下利用式(6.54)计算的 Leverett J 函数(Al-Menhali 等，2015)
在实验室误差范围内，所有点都位于相同曲线上。与图 3.8 所示的结果相比，
含水饱和度未能低于 30%，原因就是岩样中含有黏土

J 函数的第二个应用就是比较不同的岩石类型。例如图 6.5 和图 6.6 中，给出了样岩(图 3.8 和图 3.9 分别给出了毛细管压力)的 $J(S_w)$。在这些例子中，J 积分表示与喉道半径控制渗透率的标准值相比的毛细管压力变化。在图 6.5 中，渗透率由首个尺寸跨越岩样的较

大喉道控制。在所有情况下，J^* 的挤入值大约为 0.3（在非润湿相首次跨越系统时对应的毛细管压力），从式（6.53）和表 6.3 中可以看出。利用式（3.1）和式（6.55）中 $r \equiv r_t$，并且替换式（6.53）中的 K/ϕ，得到：

$$J^* \approx 2\sqrt{a} \qquad (6.57)$$

从表 6.3 中得到其相对于 Doddington 砂岩、Berea 砂岩和 Ketton 石灰岩为 0.3。图 6.4 中，挤入压力较低，大约为 0.2，这是因为岩石中的黏土成分使得该岩样的渗透率为 $2.1 \times 10^{-13}\,\mathrm{m}^2$，这要比表 6.3 中记录的 Berea 砂岩渗透率要小：颗粒间喉道尺寸相同，但是 J 的计算值要比利用式（6.54）求得的值小。

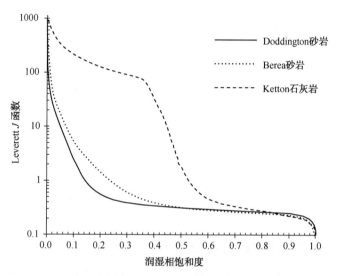

图 6.5　根据图 3.8 所示的毛细管压力曲线，利用式（6.54）计算的 Leverett J 函数

曲线形状得以保留，但是大小却由于与渗透率相关的典型喉道半径[利用式（6.49）]成一定比例。当非润湿相首次进入岩样时的无量纲 J 值对于所有岩样都类似，这表明喉道对渗透率起到控制作用。Ketton 石灰岩有着较大的 J 值，这表明半径小于 $1\mu\mathrm{m}$ 的鲕粒岩颗粒中具有微孔隙，如图 2.7 所示。这种微孔隙不会对渗透率起到太大的作用

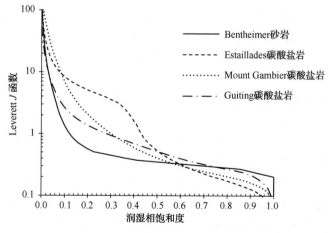

图 6.6　根据图 3.9 所示的毛细管压力曲线，利用式（6.54）计算的 Leverett J 函数

某些 J 值最低、喉道最大的岩样不一定就是连通性较好的岩样；渗透率受到具有较好连通性的较小单元网络控制

Berea 砂岩和 Doddington 砂岩岩样具有相对较窄的喉道尺寸单峰分布（图 3.11、图 6.4）：$J=1$ 时，大多数孔隙空间被非润湿相侵入，润湿相封闭在较小的孔隙空间、粗糙面和角部区域。Ketton 石灰岩含有微孔隙，颗粒间较大孔隙和孔道大约比颗粒内的孔隙大 100 倍。这些微孔隙不会显著地提高渗透率。在低润湿相饱和度下，较大的 J 值（100 或更大）可以表征这些微孔隙。

图 6.6 中，与 3 种碳酸盐岩（Mount Gambier、Estaillades 和 Guiting）相比，发现 Bentheimer 砂岩具有更广泛的特性。Bentheimer 砂岩也具有相对狭窄的喉道尺寸分布（图 3.12），J 的挤入值 $J^* \approx 0.25$，这与其他砂岩岩样类似：渗透率受到首个连通岩样的最大喉道控制，这大体上与式（6.57）一致。相比之下，石灰岩的挤入压力（$J^* < 0.1$ 时）表明岩石中含有较大的喉道，整体渗透率（表明大部分渗流发生）受到较小的喉道控制，这些喉道可提供具有较好连通性的网络。对于碳酸盐岩，岩石中也含有不影响渗透率的微孔隙，可以通过低润湿相饱和度下大于 1 的 J 值表征。

Leverett J 函数通过渗透率来衡量毛细管压力，为喉道尺寸范围提供了无量纲评估。$J < 0.1$ 表明岩石中有较大的喉道，它们可能跨越整体系统，但是不会产生具有良好连通性的网络。在碳酸盐岩中经常能够看到较大的孔隙或溶洞，然而这些单元不会控制渗透率。发现在 J 值大约为 0.3 时，这些喉道的填充会产生良好的连通性。$J=1$ 时，非润湿相已经填充了大部分影响整体渗流的单元：若其中存在不会显著影响渗透率的微孔隙，润湿相饱和度在此时则不需要很低。在第 7 章详细研究每一相的流导率和饱和度的函数时会再次回顾这个观点。

6.2.4 基于孔隙空间图像计算渗流场

基于孔隙空间图像，或者统计重构来标准化计算单相渗流场，进而从中来预测渗透率。首先，基于综合随机和分形孔隙介质，以及以 Fontainebleau 砂岩为代表（图 2.11）的采用了稳态 Stokes 方程（6.38）的数值解。在这里图像的体素用来确定有限差分解的笛卡尔坐标网格，方便求出孔隙空间中的压力场和速度场（Adler，1990；Lemaitre 和 Adler，1990）。这个工作可在之后进一步用来直接计算基于相同岩石的三维图像的渗透率，最大研究图像（84 个体素，每边均为 $10\mu m$ 的体素尺寸）的预测渗透率在按照较大岩心样品测量值的 30% 之内（Spanne 等，1994）。可以采用类似的方法利用流程导向的孔隙空间表征来预测不同砂岩（Øren 和 Bakke，2002）和大量具有成功实验对比的数字重构岩样的渗透率（Kainourgiakis 等，2005；Piller 等，2009）。

两种计算算法的开发和计算能力的提升，以及可用到的孔隙尺度图像使得我们可以常规性地预测渗透率，目前可对内含上亿体素的岩样进行计算（Muljadi 等，2016），这毫无疑问在未来还会得到提升。最近的一篇综述（Adler，2013）对上亿单元图像中的渗流直接求解能力进行了分析，这种能力意味着利用每个孔隙和喉道的流导率半解析表达式可首先提取一个网格，然后求出该网格的渗透率。需要注意的是，在微孔介质中，微孔可以促进渗流，但是单个图像并不能充分捕捉宏观孔隙和微观孔隙的特征（图 2.22）。如之后将讨论的，网格法的值主要用于计算多相流，可准确表征毛细管平衡和润湿层渗流。

有两种方法可用来求解渗流方程。第一种是传统方法，即对 Navier-Stokes 控制方程（6.1）（通常为稳态流）进行有限差分或有限体积离散：加入非线性项 $v \cdot \nabla v$ 不会导致非紊流和低雷诺数流的数值问题。这种方法生成的网格一般与底层图像相同，但是这是一种非结构化的网格，可以更精确地捕捉孔隙空间的几何形状或在较大孔隙中对网格进行粗化。此时固体边界严格的无渗流条件通常是施加在差分方程中的。最常用的算法利用了压力的初始估计值（一般是平均渗流方向上恒定的梯度），由该值可以计算与 Navier-Stokes 方程一致的速度。然后压力在遵守质量守恒的前提下更新，也会产生一个新的速度值（Patankar 和 Spalding，1972；Spalding 和 Patankar，1972；Issa，1986），这就是涉及大型稀疏矩阵操作的迭代过程。在公共领域现在可利用大量方法对这个过程有效地实施（OpenFOAM，2010；Bijeljic 等，2011，2013a，2013b；Mostaghimi 等，2013）。

　　第二种方法利用的是基于颗粒的方法，其统计平均特性就是 Navier-Stokes 方程的解（Rothman，1988，1990）。最受欢迎的技术就是格子玻尔兹曼法（lattice Boltzmann method），其可对一个格子中的一系列颗粒的运动进行追踪。该算法本身加入了复杂的孔隙空间几何形状，可完美地用于平行计算。想要完全了解该方法，请见 Chen 和 Doolen（1998）。许多研究人员采用该方法来计算渗流场和预测渗透率（Pan 等，2001；Keehm 等，2004；Okabe 和 Blunt，2004），更有人进一步研究了运移和反应问题（Kang 等，2006）。

　　例如，图 6.7 所示的 Fontainebleau 砂岩测量渗透率和预测渗透率随孔隙度函数的对比。对不同分布的岩样进行模拟得到测量值的趋势表明，可以对较小岩样（整体尺寸几毫米，图像分辨率大约 3×10^7 体素）进行可靠的预测（Arns 等，2004），这与图 2.12 中代表单元体的尺寸预测一致。还可以通过许多模拟来探索渗透率和压汞毛细管压力，以及孔隙尺度级的孔隙空间测量值，如具体的表面积之间的关系（Arns 等，2005）。

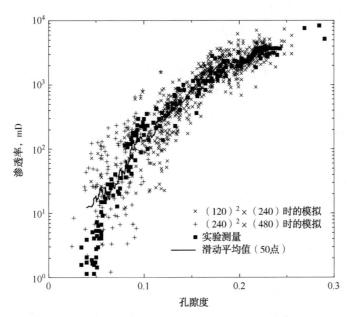

图 6.7　基于 Fontainebleau 砂岩岩样图像（显示的不同体素尺寸是孔隙度的函数）
的渗透率数值预测值与实验数据对比（引自 Arns 等，2004）

　　其他常用的拉格朗日法被称为光滑粒子流体动力学。同样，该方法也可适用于平行计算，但是在分配流体特性和颗粒间相互作用时与格子玻尔兹曼法相比有更大的灵活性。光滑粒子流体动力学首次由 Zhu 等（1999）应用到孔隙介质中，之后用于模拟单相渗流来预测渗透率(Jiang 等，2007a)。

然而，通常这些用来求解渗流方程的方法似乎带有类似宗教的色彩，很难理解计算本身要展现的东西，并且也没有十分充足的理由来选择一种计算方法，而不选择另外一种。在对格子玻尔兹曼法和有限体积法的比较中，这两种算法在相似的计算时间内可以产生类似的结果(Manwart 等，2002；Mostaghimi 等，2013)。Yang 等(2016)建立了网络模型，并基于网格模拟、格子玻尔兹曼模拟和光滑粒子流体动力学，比较了玻璃珠人造岩心中的渗流场和渗透率的预测值。首先，4 种方法得到的结果都比较相似，与预测渗透率相差±10%，但是网络法更快(完整的讨论，请见 6.4.9 节)；其次，利用了大量平行计算的格子玻尔兹曼模型。Andrä 等(2013b)提出了大量对比性研究的成果，并且表明格子玻尔兹曼模拟和有限体积 Stokes 求解器得到了相似的预测渗透率(尽管在有些情况下有 50%的差别)，这与大范围孔隙介质(从球体填砂到碳酸盐岩)的实验测量值基本上一致。

作为一般性的准则，基于精准捕捉到主渗流通道的高品质图像计算的渗透率可能在较大相同岩性岩样渗透率测量值的 2 倍之内(尽管存在图像尺寸和分辨率的敏感度)，如图 6.7 所示(Alyafei 等，2015；Shah 等，2016)。任何差异的原因包括不充分的图像或数值分辨率，或测量误差。极大的孔隙尺寸和连通性敏感度意味着，即使数值计算是准确的，其他相似岩样的渗透率也可能存在显著的不同。

表 6.4 表示基于毫米级图像渗透率(利用格子玻尔兹曼法、有限体积和网络模拟)和孔隙度计算值与 5 组岩样测量值的对比。对于两组渗透率和孔隙度更大的 Bentheimer 砂岩和 Clashach 砂岩岩样，图像可精准地捕捉孔隙空间，并且预测值的误差在测量值的 50%以内。Berea 砂岩岩心的结果不是很准确，该岩样含有大量阻塞孔隙的黏土(图 6.4)，所以图像并不能容易地捕捉到孔隙；事实上，孔隙度的估计值偏大，这表明部分黏土在计算中也被算成了孔隙空间。Ketton 石灰岩和 Estaillades 石灰岩岩样中较大孔隙度差异的原因是图像并没有捕捉到微孔隙，但是在这些情况下，这种未被分辨的孔隙空间似乎不会对岩石整体连通性造成显著的影响，该结论与 J 函数一致，如图 6.5 和图 6.6 所示。网络模型通过简化孔隙空间几何形状对 Berea 砂岩、Estaillades 石灰岩和 Ketton 石灰岩岩样的渗透率预测值偏大。尽管如此，可以通过调整每个单元的流导率来拟合直接模拟或实验的结果来提高预测值和测量值之间的一致性。

表 6.4 基于 1000^3 个孔隙空间图像(体素尺寸 4μm)，Navier-Stokes 方程求解的预测渗透率和不同典型渗透率岩样测量值的比较(引自 Andrew 等，2014a；Shah 等，2016)

岩石	ϕ	ϕ_{image}	K, D	K_e, D	K_e^{NM}, D
Bentheimer 砂岩	0.190±0.003	0.189	2.19±0.14	2.80	3.05
Clashach	0.110±0.002	0.113	0.365±0.116	0.434	0.437
Berea 砂岩	0.112±0.004	0.129	0.0175±0.007	0.209	0.421
Estaillades 石灰岩	0.256±0.009	0.074	0.0607±0.0026	0.042	0.381
Ketton 石灰岩	0.234	0.149	2.81	3.59	10.1

注：ϕ 和 K 分别为孔隙度和渗透率，成像所得的岩样和岩样测量值相同。结果值并不完全对应表 6.3 中的结果值，因为这里考虑了不同的岩心。ϕ_{image} 为按照分割图像而确定的孔隙度，K_e 为按照该图像计算的渗透率。K_e^{NM} 为利用 Dong 和 Blunt(2009)的方法，对提取出的网格计算的渗透率。利用有限体积法对 Ketton 石灰岩岩样的渗透率进行了计算；其他情况均采用了格子玻尔兹曼模拟。

这样做的目的并不是去进行渗透率的预测或者仔细探究渗流场，而是去了解当前的分辨能力。基于品质足够优良的图像，就有可能做出合理的预测。对于孔隙尺寸分布相对狭窄的砂岩，图像中大约有 10 个孔隙(或至少 100^3 体素)就已经足够了(Mostaghimi 等，2013)。对于更具有复杂性的碳酸盐岩，仅仅在图像捕捉到携载主要渗流的孔隙时，才能做出良好的预测，如表 6.4 中的 Ketton 石灰岩和 Estaillades 石灰岩。渗流场的相关结构被用来确定岩样大小是否适合被作为表征单元体(Ovaysi 等，2014)。

数值方法的优势在于，只要可以获取到图像，任意形状的较小岩样(不能进行渗流实验)都可以用于计算(Arns 等，2004)，并且通过所有 3 个方向产生渗流，就很容易去研究全局渗透率张量(岩样各向同性)。这也可以作为一种有用的基准来巧妙地计算多相渗流，详细内容将在之后被讨论。

然而，Navier-Stokes 方程解的主值在某种程度上并没有提高渗透率预测值的精度，而是探索了那些不适合直接测量的特征，如渗流场本身(Bijeljic 等，2011，2013b；Jin 等，2016)。图 6.8 表示 3 组岩样的孔隙空间、压力场和渗流场，岩样包括玻璃珠人造岩心、Bentheimer 砂岩和 Portland 石灰岩。对于玻璃珠人造岩心，可以看到相当均匀的渗流，通过孔隙空间的速度近似。对于 Bentheimer 砂岩，可以看到明显的通道，但是大部分孔隙空间都存在大量的渗流。然而，对于 Portland 石灰岩，从定性的角度来看，得到了不同的特性，多数孔隙空间由于少数快速通道的主要渗流而无渗流发生。在孔隙尺寸变化范围很大的其他碳酸盐岩中，也发现了类似的特性(Bijeljic 等，2013a)。

(a) 玻璃珠人造岩心的孔隙空间图像   (b) Bentheimer 砂岩的孔隙空间图像   (c) Portland 碳酸盐岩的孔隙空间图像

(d) 玻璃珠人造岩心在模型上的
单位压差下标准的压力场

(e) Bentheimer 砂岩在模型上的
单位压差下标准的压力场

(f) Portland 碳酸盐岩在模型上的
单位压差下标准的压力场

(g) 玻璃珠人造岩心的标准化渗流场   (h) Bentheimer 砂岩的标准化渗流场   (i) Portland 碳酸盐岩的标准化渗流场

图 6.8　玻璃珠人造岩心、Bentheimer 砂岩和 Portland 碳酸盐岩的孔隙空间图像、
在模型上的单位压差下标准的压力场和标准化渗流场(引自 Bijeljic 等，2013b)
其体素中心的速度大小除以平均流速之比(采用对数坐标，5~500)

在每个孔隙体素中心计算的速度分布如图 6.9 所示。由于在固体边界上没有施加渗流条件，所有任何孔隙介质必须表现出速度分布；通过解析确定的圆环管速度分布可表明均质系统的速度限制。玻璃珠人造岩心的速度分布接近这个限制，但也有些超出这个范围的值存在。Bentheimer 砂岩和 Portland 碳酸盐岩岩样则展现出更加广泛的分布，流速极大值和极小值之间可相差 8 个数量级，很大一部分的孔隙空间明显出现渗流停滞。

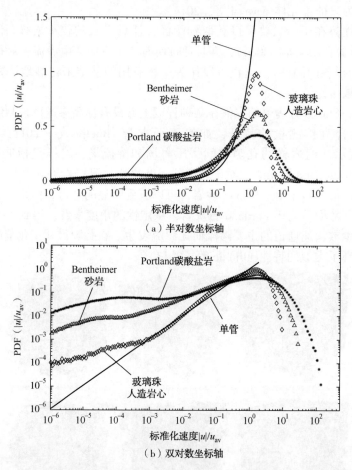

（a）半对数坐标轴

（b）双对数坐标轴

图 6.9　半对数坐标轴和双对数坐标轴上玻璃珠人造岩心、Bentheimer 砂岩和
Portland 碳酸盐岩速度分布的概率密度函数(引自 Bijeljic 等，2013b)
实线为单圆柱管的分布，表示有均一的速度限制

为了理解这种广泛分布所隐含的意思，可以用到 2.2.1 节的交通类比。传统上，孔隙介质中渗流和驱替的量化假定速度在均质介质中的分布相对狭窄。在该渗流场中流动的示踪剂，其平均速度会适度出现波动，这使得溶解物呈分散羽毛状。这里用到的交通类比是在美国开放式高速公路上的驾驶：假定平均车速为 55mile[❶]/h，但行驶中不可避免地会有些速度的变化。若假定旅行的距离为 110mile，那么可以合理地断定旅行时间大约为 2h±15min。当然流体在孔隙介质中的运移不会像这样直接，其实大多数真实的旅行也不会是这样的。那就

---

❶　1mile＝1609.344m。

请你想象一下伦敦旅行！旅行的平均速度在过去 100 多年来都没变过，大约为 11mile/h（现在把它转换成更能容易懂的单位：这大约是 18km/h，更纯粹一点的话就是 5m/s）。这个平均值尽管存在，但是在某一地点的分析上是没用的，因为旅行的速度非常不一致：大多数时候人们在走路、堵车或行动更慢，只有搭乘快速列车线时速度才很大。因此，某个平均值或该可靠平均值附近的速度变化对于实际位置的速度分析是毫无意义的：固定距离内的旅行时间由于路面状态和交通连接的影响会出现一个或多个数量级的变化，而且在任何时候都与公共交通的交通量或可靠性有关。

渗流场的真实复杂性不可避免地使溶解在流动相中的示踪剂呈现丰富的运移特性。本书内容关于这部分更注重于多相渗流，就这类有吸引力但通常有争议的话题，读者可参考优秀的综述和书籍，如 Berkowitz 等（2006）、Sahimi（2011）和 Adler（2013）。

如此急切地讨论渗流部分是要为多相驱替设定前提条件，其中流体相封闭在次孔隙空间中并且受到孔隙尺寸的控制（已经描述过）。回到旅行，这就好像把人行道和小路上的徒步旅行与航空旅行相比。然而，即便如此，这也没有深层次地抓住问题的变化：步行和航空飞行的速度相差至多 200 倍。比较火箭的速度和蜗牛的速度时，这就相差数百万倍了。这个结果就是会有大范围的局部渗流速度，其导致相对渗透率（每一相的渗透率，作为饱和度的函数）出现巨大变化，而通过直接测量去精确地捕捉到这个变化是非常困难的。在本节后面简要讨论多相渗流的模拟时，还会回顾这里介绍的计算方法。但是还是先要提出宏观渗流方程。

6.3　多相达西定律和相对渗透率

当孔隙空间中存在多相时，达西定律可扩展为适用于 p 相的：

$$q_p = -\frac{K_{rp}K}{\mu_p}(\nabla p_p - \rho_p g) \tag{6.58}$$

对于 p 相来说，K_{rp} 为 p 相的相对渗透率，表示孔隙空间中其他相限制的渗流量，为饱和度的函数。

多相达西定律[式（6.58）]与毛细管压力 p_c 一起构成了孔隙介质中渗流的宏观描述。

6.3.1　历史进程：Muskat、Leverett 和 Buckingham

石油工程师和岩土科学家们都在相对独立地拓展式（6.58）。本书给出的孔隙介质中多相渗流的方程形式首先由 Muskat 和 Meres（1936）提出：Morris Muskat 出的一本书，书名为《采油物理原理》，该书为油藏工程师建立了清晰的准则（Muskat，1949）。Wyckoff 和 Botset（1936）同时提出了大量非固结砂岩中气/油相对渗透率的测量值：在 7.1 节中给出这些结果。Leverett（1941）在石油工程中首次提出了毛细管压力为饱和度相关的函数这一概念。此外，他还提出了之前描述的 J 函数无量纲比例[式（6.54）]。他还公布了某些相对渗透率的首次测量值，并且将三相渗流作为其在麻省理工学院博士学位论文的研究内容，见第 8 章（Leverett，1939）。不仅如此，在为 Humble 石油公司（之后成为埃克森石油公司的子公司）工作期间，Miles Leverett 利用式（6.58）推导出多相渗流的守恒方程（Buckley 和 Leverett，1942），这将会在 9.2 节中讲到。战争爆发后，他加入了曼哈顿项目，并且将其余生都贡献到了核电事业中。他在 20 世纪 80 年代还保持着科研斗志，主要从事核安全工作(Leverett，1987)。

在土壤中水/空气结构的背景下仅讨论水的运动，这是在前述的水文学中提到的关于多相渗流的类似概念。Edgar Buckingham 提出了湿度或毛细管水位势(在本书中称为毛细管压力)的数学描述(Buckingham，1907)，Richards(1931)考虑了与饱和度相关的水导率(等同于水相对渗透率)，并且意识到滞后现象的重要性，推导出以他名字命名的一维渗流守恒方程。20 世纪上半叶，优秀的土壤科学综述文献请见 Philip(1974)。

6.3.2　多相达西定律内在的假设

下一节会详细讨论与饱和度相关的相对渗透率和不同孔隙结构及润湿性的滞后效应，在此首先检查和质疑式(6.58)中所做出的假设。假设每一相都在其孔隙空间的次网络中流动，不会受到其他相流动的影响。还忽略不同驱替过程的影响：仅仅考虑在某个表征单元体内，流体相具有静止结构的情况。流体布局会缓慢变化，从而影响 K_{rp} 值。确实，正如在前述章节中了解到的，流体的孔隙尺度模式与全局驱替历史有关，所以 K_{rp} 不仅是饱和度的函数，还是饱和度的历史，注水与原油侵入或原始排驱后的饱和度是不同的。但是，还是可以利用式(6.58)和相对渗透率进行分析，在测量毛细管压力时，只需要测量作为饱和度和驱替历史函数的 K_{rp}。

多相达西定律中内在的重要假设是与渗流类似的驱替模式，这样表征单元体内的平均饱和度在空间和时间上有很慢的变化。在该单元体内的渗流时间尺度内，饱和度近似不变(仅有少量驱替)，流体结构固定，且相对渗透率为每相的流导率，在原则上可利用之前介绍的表达式进行计算。但是如果把前缘推进考虑在内，就会发现相对渗透率并不是一个光滑的可微函数，因为其值会在孔隙尺度内从一个接近于 1 的数变化到一个接近于 0 的数。在之后介绍流型时，还会回顾这个重要的概念。

式(6.58)的传统形式同样忽略了每一相的黏度耦合：在孔隙尺度上，流体界面处为无渗流边界；那么对于给定的流体相，其他流体相表现出固体特性。若放松这个条件的限制，可以推出交叉项，并且可以写成：

$$q_p = -\lambda_{pq} K(\nabla p_q - \rho_q g) \tag{6.59}$$

式中：λ 为流动性($\lambda_{pp} \equiv K_{rp}/\mu_p$)；下标 p 和 q 表示流体相。

这里对流体相进行分量标记，所以可对式(6.59)中的 q 求和。该方程通过界面处黏性应力的连续性表征使每一相的渗流可以影响其他相的流动，见式(6.29)。一般来讲，这些影响可以忽略，但是如果假设界面是静止的，那么这对于气/液系统或两相间有较大的黏度差时并不是一个好的近似求解。

黏性应力对介质宏观流动特性的影响通过两相渗流进行了比对(Bourbiaux 和 Kalaydjian，1990；Kalaydjian，1990；Li 等，2005)，前人对比了在相同方向(平行流)和相反方向(反向流)渗流的理论和数值。这项工作表明，流体在界面上的移动是十分重要的，特别是在流体黏度差较大时；例如，润湿层中黏度相对较低的水可以驱使孔隙空间中心处黏度较高的油发生流动，这个过程明显增加了原油流动性。这就是要正确利用式(6.59)中交叉项 λ_{ow} 的原因。在 7.3.2 节中还将重新审视这个问题。

如果孔隙介质是各向异性的，单相渗流控制方程为式(6.43)，那么也可将式(6.58)或式(6.59)中的 K 当作一个张量。然而一般来说，多相渗流的方向不会与单相渗流的方向相同。因此，理论上，这使得相对渗透率是一个四阶张量，因为其与两个张量有关。可写出其广义形式：

$$q_{\mathrm{p},i} = -\Lambda_{\mathrm{pq},ij}\left(\frac{\partial p_{\mathrm{q}}}{\partial x_j}-\rho_{\mathrm{q}}g_j\right) \tag{6.60}$$

式中：下标 i、j 和 k 表示坐标方向，以及含 j 和 q 相加的 p 和 q 相；Λ 为流动性。

Λ 与渗透率张量的关系式如下：

$$\Lambda_{\mathrm{pq},ij} = \lambda_{\mathrm{pq},ijkl}K_{kl} \tag{6.61}$$

式中：下标 k 和 l 相加使得流动性（或相对渗透率）是坐标方向的四阶张量和流体相的二阶张量。

多相渗流方程的公式现在看来还比较复杂，并且也不会实际应用，因为每个分量自身是饱和度和驱替历史的函数；正如下章讨论的，在实验中不考虑交叉项或各向异性时，对于所关注的驱替过程，很难获得比较好的 K_{rp} 测量值。下文仅会考虑通过式（6.58）定义的相对渗透率。

最重要的是，这种数学式的反复忽略了最重要的与多相渗流相关的物理复杂性（与渗流速度有关），接下来会进行讨论。

6.4　毛细管数和孔隙尺度动力学

黏性力或渗流速度的影响都会对达西定律多相扩展的内在假设构成质疑。流体在稳态单相渗流中流动时，至少对于低雷诺数流体和牛顿流体来说，速度场不会随时间发生变化，可以将渗透率定义为仅与孔隙空间相关的函数。

常规意义上，相对渗透率解决的主要问题是一相驱替另一相的动态过程，因此不会得到真实的稳态变化和流型变化。两种方式可能会影响到相对渗透率：第一，流动改变了仅受毛细管力控制的流体宏观结构，使得相对渗透率与 q 有关，进而导致达西速度和压力梯度出现非线性关系；第二，即使宏观上的饱和度不发生变化，孔隙尺度的流体分布也会导致局部毛细管平衡发生区域性波动（高速孔隙尺度可视化实验中所示，见 4.2.5 节），所以真实的稳态是难以实现的，在下文中会依次考虑这两个潜在的问题。这两个问题包含众多细节和微妙话题，所以在对特性定量化之前，会首先对流型提供一种教学式说明。

6.4.1　渗吸宏观流型

首先回顾一些重要的基础概念，由于黏性效应被忽略了，因此只是做了隐含的假设，而不是严格的讨论。图 6.10 简要表示了考虑的 3 种长度尺度。这里主要考虑注水的情况，可以最明显地看到渗流速度的影响，即残余饱和度降低。以油田注水为例，井距通常是几百米，含水饱和度在这些长度范围内有明显的变化。注水井附近有最大的含水饱和度（$1-S_{\mathrm{or}}$），生产井的初始含水饱和度较低为 S_{wi}。将这定义具有梯度的岩体尺度宏观量，并且会发现黏性力影响下的显著压力变化。如果从概念上考虑这个油田中的小块区域，就可以考虑部分孔隙介质，认为在这种孔隙介质上宏观量或平均量（如饱和度）具有近似不变值。这就是单元体尺度的表征，并且通过岩样进行实验可在实验室进行复制：这就是包含许多孔隙毫米级至厘米级的宏观尺度。第三个最小的尺度就是孔隙，通常为微米级，分析了其中受到局部毛细管平衡控制的流体结构。

即使对于无限小渗流速度的驱替，也可在局部毛细管压力和宏观对应部分进行区别。在介绍渗流速度的影响前，会重新回顾这个概念。局部毛细管压力是孔隙尺度下经过流体/流体界面的压差。当该界面静止时，该压差受到曲率的控制，并且界面张力由杨氏—拉普拉斯方程(1.6)给出。宏观毛细管压力的定义就比较模糊了，可以被认为是局部毛细管压力的某个平均值。为了与达西定律采用的压力梯度定义一致，将其考虑为施加在孔隙介质样品外部的流体相压差。假设部分岩石两侧没有显著的饱和度梯度，这在图6.10中被定义为宏观尺度(至少与表征单元体一样大)。由于没有在地层尺度上施加压力，因此宏观毛细管压力在某种程度上仍然具有不明确的地层背景意义；通过假定宏观尺度上测得的毛细管压力和相对渗透率，可以在第9章给出控制守恒方程。

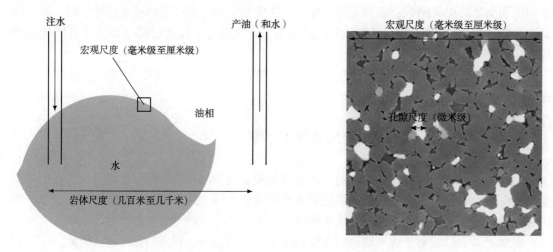

图6.10 孔隙介质渗流中的长度尺度

(a)岩体尺度驱替的动画，水注入油藏来驱替油；阴影部分表示高水饱和度区域，在现实中，水肯定是分布在整个油藏中的。水饱和度和压力在井距100m的范围内会有显著的变化。小方框表示一个选定的区域，(b)是其放大图。宏观尺度被定义为部分具有表征单元体尺寸的孔隙介质，可对平均特性(如饱和度)进行定义。在岩体尺度驱替期间，这些特性在该尺度上随时间和空间变化缓慢。宏观尺度一般是毫米级至厘米级，与实验室实验所采用岩样尺寸类似。毛细管力起到控制作用的孔隙尺度为微米级。特别在这种情况下，Bentheimer砂岩的微观CT图像在3mm的范围内显示有氮(亮色)和盐水

在实验中，宏观毛细管压力在驱替期间单调递增或递减，以此获得相间孔隙尺度毛细管平衡的局部新位置，该位置的毛细管压力与从外部施加的不同。若被隔离的残余油滴中出现这些局部压力，则其可能在驱替期间存在相当长的时间。当假设驱替期间达到一个新的局部最大(最小)毛细管压力时，局部和宏观毛细管压力(至少是每相的连接部分)在局部和外部都是相同的。这个概念使得孔隙尺度毛细管平衡与毛细管压力的宏观尺度测量可以被关联起来。

然而，当我们引出渗流速度这一概念时，系统范围内具有某个压力梯度，因此也存在毛细管压力梯度和饱和度梯度。为了解释上述内容，图6.11表示一系列影响深远的微观模型实验，其中润湿相(黑色)驱替非润湿相(亮色)(二维方格中)(Lenormand和Zarcone，1984)。显示的是三种渗流速度时的图像。

(a) 3×10^{-4}毛细管数处的流型　　(b) 1.4×10^{-5}毛细管数处的流型　　(c) 6×10^{-7}毛细管数处的流型

图 6.11　微观模型中的渗吸(引自 Lenormand 和 Zarcone，1984)

从左侧注入的润湿相显示为黑色，非润湿相为亮色。模型为含 42000 导管(喉道)的方格，连接处(孔隙)为 4mm

无量纲毛细管数 Ca 传统上定义如下：

$$Ca = \frac{\mu q}{\sigma} \tag{6.62}$$

式中：q 为注入相的达西速度；μ 为其黏度。

图 6.11 中，Ca 从 6×10^{-7} 到 3×10^{-4} 不等。尽管 Ca 很容易确定，但是其并不是孔隙尺度下黏度与毛细管效应的无量纲比：正如之后在 6.4.2 节中讨论的，有必要用 Ca 乘以某个几何尺寸和饱和度相关量(该值大于 1)来求得真实比值。这解释了即使在孔隙尺度下黏度效应非常明显的情况时，图 6.11 中 $Ca \gg 1$ 的原因。

首先讨论图 6.11(c)，也就是渗流速度最低的情况，流体孔隙尺度上的结构受到毛细管力的控制。由于系统范围内毛细管压力的变化(在注入端附近有较大的饱和度)，因此饱和度剖面是不均匀的。润湿层中的渗流会穿过大部分模型，在较小喉道中出现卡断。可以在注入端附近发现大范围的从单孔隙向上的活塞式推进和捕集，这使得非润湿相流体残留在孔隙空间中。可以想象含有几种孔隙的部分模型，其中饱和度保持不变，并且很大程度上按照孔隙尺寸顺序进行填充(如第 4 章所述)，会发现一种类渗流的驱替模式：这可定义图 6.10 中的宏观尺度，孔隙尺度是那种具有独立导管和岩体的尺度，但是对于全局模型本身没有明确的意义。

随着渗流速度增加，不仅受压模型(有人可能认为要施加更大的压力梯度)已填充和未填充的区域范围会发生改变，流体的孔隙尺度布局也会发生变化。卡断现象(最大渗流速度时基本上没有)和捕集现象更少。特别地，观察到捕集发生在较小的孔隙簇中，在以最大速度渗流时，圈闭仅发生在少量的单孔隙中。现在发现定义明显的宏观尺度更加困难了，因为流体结构是不同的。这表明渗流速度与流型(因此也与其渗流特性)有关，但是这并没有在多相达西定律公式(6.58)中表现出来。

定性地说，由于在润湿层中和通过孔隙空间中心的流导率(渗流与给定的压力梯度有关)有巨大差异，才可做此解释，见 6.1.3 节。由于润湿层渗流较慢，卡断、渗流介导的填充量与孔隙空间通过活塞式推进(由连通孔隙空间中心和注入端的流体驱动)可以填充的量相比会受到限制。若施加的渗流速度足够低，那么在活塞式推进之前，就有足够的时间通过卡断和润湿层渗流按照尺寸顺序来填充喉道。这种缓慢的渗流意味着整个系统的毛细管压力变化不大，可以定义整个系统的孔隙宏观分布，其中填充顺序受到毛细管控制。如果渗流较快，润湿相压力在注入端附近较大，就有利于其附近的填充，即使在不远处的较小喉道也会受到影响，受毛细管控制的驱替作用通过卡断对其填充。与前进更快的活塞式推进相比，受限的润湿层渗流不会由于卡断而填充介质单元。结果就是随着渗流速度增加，卡断会受到抑制，发生更少的圈闭和连通性更好的推进。

这种一般特性并不局限在二维微观模型实验中，Lenormand 和 Arcone(1984)曾在关于这些实验的书中说道：没有进行将刻蚀网络等同于真实孔隙介质的尝试。事实上，可以通过三维中的类似结果进行类比，图 6.12 表示三维烧结玻璃珠充填中的二次渗吸(Datta 等，2014b)；原始排驱实验的结果如图 3.3 所示。驱替模式与图 6.11 低渗流量实验(相同的毛细管数)中的相似：水最开始侵入润湿层中的系统，通过卡断填充孔隙空间的较狭窄区域。接近注入端并在较高水压时(较低毛细管压力)，水还会通过活塞式推进填充孔隙空间。这两种驱替作用的组合导致残余油滴被捕集。驱替进行时可以观察到残余油滴被捕集的过程。

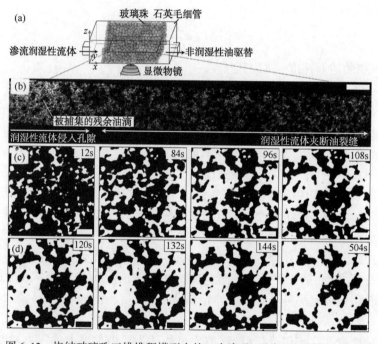

图 6.12 烧结玻璃珠三维堆积模型内的二次渗吸(引自 Datta 等，2014b)

(a)烧结玻璃珠充填的二次渗吸图像(利用共焦显微镜)；类似的排驱实验如图 3.3 所示。(b)部分介质的光学切片(比例尺为 500μm)，图片内容为毛细管数为 6.4×10⁻⁷时，润湿性流体驱替原油的过程。亮色区域表示润湿相。润湿性流体首次卡断角部的原油(如双头箭头横跨的区域)，然后突进到介质中的孔隙，最开始在注入端，受到活塞式推进作用(如单箭头横跨的区域)。如图所示，某些残余油滴保持被捕集状态。(c)-(d)按照时间顺序放大的共焦显微镜照片(比例尺分别为 500μm 和 200μm)。这些为二元图像，表示白色的润湿性流体最开始卡断原油(c)，然后进入孔隙(d)。最后一帧表示恒定的稳态；箭头表示被捕集的残余油滴

简要介绍影响渗流速度的 4 种情况，以下是其详细内容。

(1) 渗流诱导局部毛细管压力梯度，这有利于注入端附近的填充，促进受毛细管控制的

驱替作用，对孔隙和喉道填充顺序产生影响。

（2）通过润湿层渗流进行填充和通过活塞式推进进行填充也会形成竞争关系。这往往有利于较高渗流速度下的前缘推进。

（3）毛细管压力梯度导致系统中存在有限关联长度，大多数可见于渗吸过程中的最大被捕集残余油滴减少。在概念上与重力驱替导致的关联长度类似，见3.4.2节。

（4）还有一种可能，就是黏性力足够大，以至于被润湿相包覆的残余油滴可以被推出岩石。

6.4.2　毛细管数和渗流速度微扰效应

现在量化局部毛细管压力的变化来说明上述第一点。想象一下，通过在注入端外部施加毛细管压力，$p_c^I = p_o^I - p_w^I$，那么油水会从左至右流动。然后，可以求得出口端流体相的压力p^O，假设为一维渗流并且忽略重力影响，利用式（6.58）可以得到：

$$p_p^O = p_p^I - \frac{\mu_p q_p L}{K K_{rp}} \tag{6.63}$$

其中，L为样品尺寸。可以求得毛细管压力的变化：

$$\Delta p_c = \frac{L}{K}\left(\frac{\mu_w q_w}{K_{rw}} - \frac{\mu_o q_o}{K_{ro}}\right) \tag{6.64}$$

其中，$\Delta p_c = p_c^I - p_c^I$。若孔隙—宏观尺度上可以忽略掉黏性效应，那么就要规定渗流速度不会改变流体结构，反过来受到局部毛细管平衡的控制。式（6.64）表示毛细管压力会随着距离发生变化，这个变化与典型毛细管压力相比要小。

定义黏性力和毛细管力之比$R_{vc} = \Delta p_c / p_c$。为了得到毛细管压力与岩石和流体特性的关系式，利用 Leverett J 函数比例公式（6.56）。从式（6.64）可以得到：

$$R_{vc} = \frac{L}{\sigma J \sqrt{\phi K}}\left(\frac{\mu_w q_w}{K_{rw}}\right) - \frac{\mu_o q_o}{K_{ro}} \tag{6.65}$$

通过一般化公式（6.62）来定义单相 p 的无量纲毛细管数：

$$Ca_p = \frac{\mu_p q_p}{\sigma} \tag{6.66}$$

则式（6.65）变成：

$$R_{vc} = \frac{L}{\sqrt{\phi K} J}\left(\frac{Ca_w}{K_{rw}} - \frac{Ca_o}{K_{ro}}\right) \tag{6.67}$$

注意：黏性力和毛细管力之比为毛细管数[式（6.66）]乘以孔隙介质和饱和度相关的量（Hilfer 等，2015a）。现在来估算毛细管数的特征值，假设其对于两相都是类似的。对于注水，可采用大约10^{-6}m/s（大约30m/a）的达西速度，该值属于比较大的典型值。对于黏度10^{-3}Pa·s 和界面张力 20~25mN/m 的驱替，有 $Ca = (4~5) \times 10^{-8}$，通常的油田尺度值范围为$10^{-7} \sim 10^{-9}$。这些数很明显都远小于1，因此可直接推断出：在孔隙尺度上，可安全地忽略掉黏性效应，也可采用相同的方法利用低雷诺数，而忽略孔隙介质渗流中的湍动。然而，Ca 并不能正确地表示孔隙尺度的力平衡，这导致在分析中存在巨大的复杂性和微妙之处，这可从式（6.67）包含的其他参数中看出。这种复杂性和微妙之处还体现在图 6.11 中，当 Ca≪1

时，驱替模式和捕集角度发生了显著的变化。

接下来，考虑在毛细管力起到控制作用或至少是无毛细管压力梯度的正确假设下的饱和度。在稳态注水实验中，将油水按照预定渗流速度比注入岩样；对饱和度进行监控，直到其均匀分布。在这种情况下，通过作图，毛细管压力在系统中由于不考虑式(6.67)中的两项而保持不变。

在非稳态实验中，在如图6.11和图6.12所示的实验或油田背景中，注入一相来驱替另一相。R_{vc}为饱和度的函数，当没有求得饱和度的剖面在空间和时间上发生变化时，很难对R_{vc}进行精确的评估。这个问题将会在第9章中进行讨论，这里可以提出某些一般性的见解。正常情况下，施加的总速度定义为$q_t = q_w + q_o$，通过体积守恒定律，该速度在一维不可压缩流体驱替下不会随距离变化。往往忽略掉式(6.67)中的两项，但并非完全忽略，因为在稳态流中，还是要考虑驱替作用。

若饱和度大小比较适中，也就是油水两相有良好的连通性，那么相对渗透率(都小于1)就都不会很小。J的数量级为1，如图6.6所示。为方便讨论，假设$1/J(1/K_{rw} - 1/K_{ro}) \approx 10$，$Ca_o = Ca_w = 4 \times 10^{-8}$。若岩石为Bentheimer砂岩，则从表6.3中得到$\sqrt{\phi K} = 0.61 \mu m$。若将$L$作为初始的孔隙长度，即79$\mu m$，就可得到$R_{vc} = 5 \times 10^{-5}$。在孔隙尺度上，毛细管力控制流体结构。然而，为了对平均特性进行有意义的测量或计算，需要规定局部和宏观毛细管压力在某个包括几个孔隙的长度范围内是相似的。考虑岩样$L = 1cm$，将该值代入式(6.67)，得到$R_{vc} = 7 \times 10^{-3}$，这个值还是很小，局部毛细管压力的变化低于1%。作为一般性准则，在$Ca < 10^{-6}$时该过程在孔隙尺度上受到毛细管的控制，在长度足以合理精确地定义平均特性(如饱和度和相对渗透率)的范围内，局部毛细管平衡保持近似不变的压力。这与图6.11和图6.12中所示的流型类似。然而，由于在岩体尺度上存在饱和度梯度，在少量孔隙的尺度上，驱替受到毛细管的控制。

6.4.3　润湿层流导率和黏性效应

然而，在典型渗流速度下的孔隙长度范围内，R_{vc}也可能存在数量级为1的情况。考虑原始排驱末端附近的驱替，为了便于理解，想象岩样中从一面注入非润湿相，所有其他面都不能产生渗流。这时润湿相必须从注入面流出，这种反向流($q_t = 0$或$q_w = -q_o$)意味着式(6.67)中的两项有相同的符号。在驱替的末端，非润湿相饱和度较高，相对渗透率K_{ro}接近1，润湿相被封闭在较小的孔隙和润湿层中，连通性较差，相对渗透率较低。因此，R_{vc}受到润湿相渗流的控制，可写为：

$$R_{vc} = \frac{LCa_w}{K_{rw}\sqrt{\phi K} J} \tag{6.68}$$

另外一种可实现该条件的方法就是将一块低渗透多孔板放在出口端，非润湿相在多孔板中的毛细管挤入压力比岩样所需的饱和压力大，因此润湿相可通过该板，但是非润湿相不能够通过。这就可以施加较高的毛细管压力了(Plug和Bruining，2007)。

前文已经提出了喉道的流导率并将其与润湿层中大得多的阻力相比较。式(6.34)表示通过喉道中心填充孔隙的时间尺度与通过润湿层填充孔隙的时间尺度之比。这就是流导率的比值：

$$\frac{g_{AM}}{g_{throat}} \sim \left(\frac{r_{AM}}{r_t}\right)^4 \tag{6.69}$$

式中：r_t 为喉道半径；r_{AM} 为润湿层中弯月面的曲率半径。

若考虑在高非润湿相饱和度条件下，润湿相渗流很大程度上被限制在润湿层中，那么润湿层流导率决定了相对渗透率。反过来说，润湿层饱和度为1，渗流完全通过填充的孔隙和喉道，根据定义有相对渗透率为1。因此，对于由润湿层控制的渗流，流导率之比为相对渗透率之比。

$$K_{rw} \sim \left(\frac{r_{AM}}{r_t}\right)^4 \tag{6.70}$$

油田背景下，在原始排驱结束时，由于两相间重力压力施加的毛细管压力为 $10^5 Pa$ 这个数量级，r_{AM} 大约为 $1\mu m$ 或更低；考虑的最小半径为 $0.2\mu m$。现在，如果将 $r_t = 24\mu m$ 作为 Bentheimer 砂岩岩样的特征喉道半径，那么由式（6.70）可以得到 $K_{rw} \approx 4.8 \times 10^{-9} m^2$。当 $p_c = 10^5 Pa$ 时 $J = 15$，如图3.9和图6.6所示，这里必须要解释压汞法和现场数据中的界面张力差异：毛细管压力为 $10^5 Pa$ 时对应的压汞法 p_c 大约为 $1.6 \times 10^6 Pa$。L 与孔隙长度相等，那么在式（6.68）中有 $R_{uc} = 1.8 \times 10^9 Ca_w$。这表明即使在孔隙尺度下，对于除最慢的渗流之外的渗流来说，润湿相中黏性压力梯度要比毛细管压力大得多。

在现场和实验室测量中，小润湿层的低流导率导致了达到毛细管平衡的有限时间尺度，这是因为需要非常高的毛细管压力梯度来保持渗流状态。在我们的例子中，毛细管压力等于平衡饱和度，大约为2%，如图6.6中 $J = 15$ 时。考虑在 1cm 尺度的岩样上测定毛细管压力和饱和度关系的实验。施加的压差为 $10^5 Pa$，这与毛细管压力本身类似，通过作图来获得合理的表征结果，在 $L = 1cm$ 时有 $R_{uc} = 1$。可以利用多相达西定律公式（6.58）来计算渗流速度，其中 $\nabla p = -10^7 Pa/m$，$K_{rw}^* = 4.8 \times 10^{-9} m^2$；可求得 $q_w = 9 \times 10^{-11} m/s$（$K = 1.88D$ 时），此时表6.3中的 $\mu_w = 10^{-3} Pa \cdot s$。为了便于理解，可求得通过润湿层排驱，降低润湿相饱和度所必要的时间，比如说 $\Delta S_w = 1\%$，假设润湿层流导率保持近似不变：$L^2 q_w t = \phi L^3 \Delta S_w$ 或者 $t = 2 \times 10^5 s$ 或大约 2.6d（$\phi = 0.2$ 时）。然而，这种计算并不精确，仅仅得出了实验室中低饱和度的较小岩样达到平衡所需要的天数。此外，这实际上也是两相流体原始排驱实验的结果（Pentland 等，2011；El-Maghraby 和 Blunt，2013）。

现在尝试进一步增加毛细管力来驱替饱和度为1%或更小的流体相，这接近压汞实验中可以实现的最低饱和度。从图6.6中可知，这个过程需要10倍的毛细管压力，因此就是 1/10 的弯月面半径，这意味着由式（6.70）得出，相对渗透率有4个数量级的衰减。在饱和度仅变化1%时，润湿层渗流的时间尺度大约为70年，在实验室实验中不可能等待这么久。对于更加复杂或低渗透的岩石（含微孔隙），润湿层渗流所需的时间甚至更久。

这个计算解释了在利用流体的毛细管压力测定时，为什么即使施加了非常大的毛细管压力，润湿相饱和度总是会出现明显分界。因为实验中的时间，仅仅是人为决定的，勉强使得润湿层驱替到毛细管平衡位置。实际上，在岩样中施加了比较高的宏观毛细管压力，但是饱和度测量值表示不出平衡位置，这是因为留给润湿层渗流的时间不充分。因此，对于已给定的饱和度，毛细管压力估值过高，或对于给定的毛细管压力，测量的饱和度太大了。这对压汞测量法是一种验证：润湿相为真空，黏度为零，因此可以迅速达到非常低的饱和度。

在现场，毛细管平衡需建立在油柱高度上，在我们的例子中大约为 30m 高。在这种情况下，利用 $L=30m$，施加的压力梯度由浮力控制($-\nabla p=\nabla \rho g \approx 3000Pa/m$)。现在，对于饱和度变化，比如10%，那么时间尺度大约为700000年，这刚好与碳氢化合物残留在地层中数百万年的范围一致。请注意：尽管油柱高度非常高，平衡饱和度较低，润湿层排驱的时间尺度仍然是百万年，甚至可与地层年龄相当。尽管在假设中，油田中毛细管平衡在其最开始被发现时就已存在，但是这并不总是正确的。

相对渗透率与润湿层曲率呈四次方关系[式(6.70)]，这表明宏观毛细管平衡在渗流被润湿层限制时就很难实现，特别是那些与典型孔隙尺寸相比具有低曲率半径的润湿层。还有原始排驱末端处的渗流，也可以看到注水开始处的薄润湿层。这导致了显著的局部毛细管压力梯度变化，并且将卡断限制在前缘推进前方的较小区域中，如图6.11所示。

另外一个情况就是，在部分亲水、部分亲油的系统中，润湿层渗流是相当重要的。在注水开始端，润湿层在低流导率下出现铰接。若水相仅通过这些润湿层相连通，那么含水孔隙的填充会受到润湿层渗流的限制。这种限制可能改变单元填充的顺序，这与在4.1.1节中，海恩斯跳跃期间对卡断的研究中发现的情况类似。对于那些通过单元中心而不是润湿层的渗流(特别是沿着几个孔隙和喉道的润滑层渗流)，已经填充水的单元是有利于整体填充的，按照局部毛细管挤入压力的顺序进行填充的孔隙和喉道相对来说不那么容易填充。正如之前所证明的，孔隙通过润湿层填充水的填充时间要比邻近单元填充水的时间长几个数量级：即使在低渗流速度下，这种时间上的差异也会导致较大的局部毛细管压力梯度，而仅由局部毛细管压力控制的孔隙和喉道填充顺序也会因此发生变化。若考虑亲油单元的填充，结果就是某些较大、连通性差的单元填充会被抑制，有利于(水占据中心)孔隙和喉道建立连接通道，并且水填充到其中。这意味着在有限渗流速度下，水将会通过孔隙空间中心以较低的饱和度连接整个系统，而不是以极低的速度驱替，这可能导致在低水饱和度下出现较高的水相对渗透率。

最后的例子就是在亲油或部分亲油、部分亲水系统中，注水末端出现润湿层渗流控制驱替的情况。在这种情况下，驱替的控制因素为夹在角部和润湿层之间的薄油层以及孔隙中心的水层。薄油层的影响与原始排驱末端润湿层的影响类似，需要很长的时间使这些润湿层排驱到毛细管平衡的位置。在注水实验中，油水一般同时注入并且同方向渗流；对于相同的施加压力梯度，水渗流要比油渗流大得多。因此，需要注入大量的水来驱替相对少量的油：例如在图5.13中，需要注入几千个孔隙体积的水来降低油饱和度至10%以下，然而实际的残余饱和度甚至更低。

在某种程度上，这是多相渗流中一个具有重要影响的定性讨论。在这里会通过之前提出的关系式的一般化来定量确定与流量相关的润湿层渗流。若假设相对渗透率由式(6.70)给出，那么将式(6.53)中的 r_t 替换并将 $p_c=\sigma/r_{AM}$ 代入式(6.56)中。

$$K_r^{layer}=\frac{a^2}{J^4} \qquad (6.71)$$

该式可求得渗流受到润湿层限制的某相(油或水)相对渗透率：J 为控制这些润湿层尺寸的 J 函数值：要么为一般数值(原始排驱或注水油层渗流)，或者为在原始排驱期间的最大到达值(部分亲油和部分亲水，或亲油系统中的水渗流)。

根据式(6.68)，利用式(6.71)可以得到：

$$R_{vc}^{\text{layer}} = \frac{L\,\text{Ca}_p\,J^3}{a^2\sqrt{\phi K}} \tag{6.72}$$

式中，利用限制在润湿层中的 p 相（油或水）毛细管数。毫无疑问，不能单独从宏观测量的特性（如 J、K 和 ϕ）来估算这个比值，而是需要通过常数 a 来获得某些孔隙级信息。

可以重复 Bentheimer 砂岩岩样的计算，$J = 15$ 时，$\sqrt{\phi K} = 0.61\,\mu\text{m}$，$a = 1.6 \times 10^{-2}$（表 6.3）。那么在式（6.72）中，有 $R_{vc}^{\text{layer}} = 1.3 \times 10^{13}\,L\text{Ca}$，$L$ 的测量单位为 m。首先考虑在孔隙尺度下黏性力的影响，利用 $L = l = 79\,\mu\text{m}$ 来求得 $R_{vc}^{\text{layer}} \approx 10^9\text{Ca}$。因此，黏性对孔隙尺度下的润湿层渗流（渗流最小时）影响比较小时，需要的毛细管数要远小于 10^{-9}（如之前推导）。

但是分析中仍然有些不足之处：毛细管数适用于润湿层中的流体相，可能比利用总渗流速度或注入流速［式（6.62）］定义的要低得多。而且，在亲水系统中，润湿层可能因膨胀而增加其流导率。因此，在前缘推进和润湿层渗流之间存在一个微妙的平衡，这个平衡受到孔隙尺度的流体布局和岩体尺度上流型变化的控制。

这里提供一种确定渗流速度对驱替顺序影响的方法：通过回顾对填充时间尺度的讨论（6.1.2 节和 6.1.3 节），将其与注入水的推进量相比较。岩体尺度上流动的平均速度（图 6.10）在 q_t/ϕ 这个数量级；前进到孔隙尺度所需的时间为 $\phi l / q_t$ 这个数量级。为了便于计算，假设 $q_t/\phi = 10^{-6}\,\text{m/s}$ 或 $1\,\mu\text{m/s}$，那么水推进到一个孔隙长度的时间单位为分钟（具体对于 Bentheimer 砂岩岩样为 79s）。这种推进不是以该速度进行的前缘推进，而是一种局部逐渐增大的，通过饱和度变化在较大尺度上表征的，水从注入井到生产井的推进运动。通过孔隙中心的填充［式（6.26）］或润湿层膨胀［式（6.32）］的时间尺度为毫秒或更小。更快得多的是，获得局部毛细管平衡的位置要比获得平均渗流快得多。但是这只是另一种证明毛细管力在较小尺度上起到控制作用的方法。大多数时候，流体界面从一种稳定布局快速跳跃到另一种稳定布局而保持静止。对于铰接润湿层［式（6.33）］，发现以小时为单位的过程，这明显比平均推进时间长，并且由于速度太慢而对驱替没有显著影响。

上文表明对于薄润湿层渗流，流导率不足以使得远离连通的前缘发生大量填充。因此，为了研究与速度相关的驱替，需要考虑填充孔隙和喉道中心的类渗流侵入模式特性。

6.4.4 类渗流驱替的关联长度

黏性压差导致局部毛细管压力梯度的存在，毛细管力梯度反过来对于类似渗流的驱替形成了一个有限的关联长度，这在概念上与第 3.4.2 节中浮力推导出的长度类似。

可利用渗流理论来描述（非）润湿相的初始推进或非润湿相的捕集。在这两种情况下，当其他相占据大部分孔隙空间时，推进相或被捕集相处于或接近逾渗阈值，并且连通性较差。

推进非润湿相（接近逾渗阈值）的流导率或相对渗透率为：

$$K_{rnw} \sim (p - p_c)^t \tag{6.73}$$

$p - p_c \ll 1$ 时，$t \approx 2$（三维）（Stauffer 和 Aharony，1994），但是有证据表明这个指数并不是通用的，因为该指数在不同的系统有不同的值（Lee 等，1986）。然后，利用式（3.32），得到：

$$K_{rnw} \sim S_{nw}^{t/\beta} \tag{6.74}$$

低饱和度时，指数 $t/\beta \approx 4.8$。发现对于初始渗吸中润湿相的初始类渗流推进(忽略润湿层渗流)，或对于润湿相的已填充区域(忽略润湿层对流导率的作用)有相同的比例关系。

如之前所述，非润湿相推进中的黏性压降导致局部毛细管压力梯度的产生，由于局部渗流存在可能导致有限的关联长度。然而，由于推进相中的渗流速度取决于驱替的宏观变化，因此该关联长度的计算比较复杂(Wilkinson，1986)。接下来考虑非稳态流，如果通过注入一相来驱替另一相并且两相的流动方向相同，由于注入相填充孔隙空间的体积守恒，那么流体的流动速度大小为 $v = q_t/\phi$；更详细的讨论，请见第 9 章。在存在早期渗流团簇的推进前缘，再次利用体积守恒 $v = q_{nw}/(\phi S_{nw})$，若这些速度具有相同的大小，那么在前缘处 $q_{nw} \sim S_{nw} q_t$，S_{nw} 由式(6.74)得出。根据逾渗概率，$q_{nw} \sim \Delta p^\beta q_t$。

利用式(6.64)(油作为非润湿相)来确定毛细管压力梯度：

$$\frac{\partial p_c}{\partial x} = -\frac{\sigma \mathrm{Ca}_{nw}}{KK_{rnw}} \tag{6.75}$$

其中，x 为利用式(6.66)确定的渗流方向。在本例中，假设压力梯度受到推进(非润湿)相的控制。负号表示毛细管压力随远离注入端而降低。

利用第 3.4.2 节中提出的类似观点来推导逾渗概率随距离变化的近似表达式：

$$\frac{\partial p}{\partial x} = -\frac{\mathrm{Ca}_{nw}}{\sqrt{\phi K} J^* K_{rnw}} \tag{6.76}$$

利用 J 函数比例式[式(6.56)]，代入侵入毛细管压力。现在可以重新写出更加有用的毛细管数的表达式(按照侵入流体注入进口端的渗流量 q_t 定义)[式(6.62)]。然后，由式(6.76)代入 $\mathrm{Ca}_{nw} \approx \Delta p^\beta \mathrm{Ca}$，可获得：

$$\frac{\partial p}{\partial x} = -\frac{\mathrm{Ca}\Delta p^{\beta-t}}{J^*\sqrt{\phi K}} \tag{6.77}$$

利用式(6.73)，关联长度 ξ，在这样的 ξ 长度范围内，由式(6.77)得到的逾渗概率的变化与式(3.30)得到的一致。在进行一定的代数运算后，得到(Wilkinson，1986；Blunt 和 Scher，1995)：

$$\xi \sim L\left(\frac{l\mathrm{Ca}}{J^*\sqrt{\phi K}}\right)^{-\nu/(1+\nu+t-\beta)} \tag{6.78}$$

其中，l 为孔隙长度。指数项 $\nu/(1+\nu+t-\beta)$ 大约为 0.25，这就使得求得的关联长度相对较短。若再一次计算 Bentheimer 岩样，$l = 79\mu m$，$\sqrt{\phi K} = 0.61\mu m$，$J^* = 0.25$，那么 $\xi/l \approx 0.2\mathrm{Ca}^{-0.25}$。对于特征值 $\mathrm{Ca} = 10^{-8}$，得到的关联长度大约为 20 个孔隙长度或大约 1.5mm。

这个结果适用于侵入型渗流和常规型渗流。这表明即使对于缓慢注水，关联长度也仅为几十个孔隙长度。若存在大量的亲水孔隙或初始水饱和度较高，侵入将会是一种逾渗过程，由于被润湿层限制而导致连通性较差，直至达到高含水饱和度时(超过逾渗阈值)连通性才能高。当考虑更复杂的部分亲油、部分亲水条件时，若渗流受到铰接角部的阻碍，那么连通性将会降低；然而，正如之前章节所述，这虽然会造成填充缓慢，但是不会对任何驱替作用产生显著的影响。因此对于亲油介质，会发现侵入更强的类渗流推进过渡。由于关联长度短，这些渗流的流态之间的区别较小，例如图 3.15 中在逾渗阈值下的流型(网格为 10 个孔隙长度)与从类渗流到侵入渗流推进(润湿性和初始含水饱和度的函数)的过渡相比较。然而，会发现相对渗透率的主要影响因素是流型，见第 7 章。

在该关联长度范围内，驱替模式是自相似的并且与早期的跨度渗流团簇类似；若从注入端考虑，由于远离逾渗阈值，驱替填充作用更加明显。

若考虑指进宽度为 W 时的连通性较好的推进，可利用相同的表达式分析，但是要利用式(4.32)得出的 W 替换掉式(6.78)中的 l。

还可推导出非润湿相被捕集时的关联长度，这将决定残余油滴的最大尺寸。表达式不同，但是推导比较简单，因为这里的主压力梯度位于连通性良好的润湿相中，其相对渗透率为 1 个数量级。逾渗概率随距离的变化为：

$$\frac{\partial p}{\partial x} = \frac{Ca}{J\sqrt{\phi K}} \tag{6.79}$$

类似于式(6.77)，其没有 Δp 项，是由于 $q_t \approx q_w$，且 Ca 利用水黏度定义。这里的 J 值为驱替末端处非润湿相正好被捕集时的值。

采用在式(3.46)和式(4.33)的推导中采用的类似观点来求得(Wilkinson，1984，1986)：

$$\xi \sim W\left(\frac{CaW^{-\nu/(1+\nu)}}{J\sqrt{\phi K}}\right) \tag{6.80}$$

若使用之前 Bentheimer 砂岩岩样的计算值，当 $W = l$ 时，在这种情况下可求得关联长度大约为 300 个孔隙长度或 24mm，这接近岩心尺度。在二维微观模型实验中，观察到被捕集的残余油滴簇的关联长度也有这种比例关系(Geistlinger 等，2016)。

当黏性和重力影响不可忽略时，可将其结合来求解，通过实验证明黏性和重力都会导致毛细管压力梯度增加(Blunt 和 Scher，1995)

$$\xi \sim W\left(\frac{CaW}{J\sqrt{\phi K}} + \frac{BW}{l}\right)^{-\nu/(\nu+1)} \equiv WCa_{eff}^{-\nu/(\nu+1)} \tag{6.81}$$

其中，B 由式(3.42)给出有效毛细管数定义如下：

$$Ca_{eff} = W\left(\frac{Ca}{J\sqrt{\phi K}} + \frac{B}{l}\right) \tag{6.82}$$

若忽略重力，比如 $W = l$ 并且利用 Bentheime 砂岩岩样的计算值，那么 $J = 0.25$ 时，$Ca_{eff} \approx 500Ca$。

6.4.5 关联长度和残余饱和度

有限关联长度会降低残余非润湿相饱和度，这是因为关联长度会截断被捕集残余油滴簇的分布，最终不会出现长度比 ξ 长的残余油滴。可以先看一下式(4.37)，这个关系式可用来估计作为指进宽度 W 函数的残余饱和度。在那个推导中，假设关联长度是有限的。可以替换式(6.81)中的 ξ 来求解残余油滴尺寸小于 ξ 时的被捕集残余油滴饱和度。但是这种计算不太准确，因为较大的残余油滴是不能被完全驱替的，而是其被分解成较小的油滴。圈闭量的变化可以被认为是这些较大油滴簇中的饱和度乘以逾渗概率(从一个无限系统到一个有限系统)的变化，尽管在较小的油滴簇中，剩下的非润湿相最终还是会被圈闭。

尽管有限尺寸效应导致的饱和度变化相当微妙，但是也可以通过上述观点进行细算，这里基于 Wilkinson(1984)和 Blunt 等(1992)提出了一种简化的推导。想象一下正处于无限系统中的逾渗阈值，在这一点所有的非润湿相都被捕集了。现在考虑横跨系统尺寸 ξ 的非润湿相饱和度，由式(3.32)给出并且表示长度大于 ξ 的油滴簇分布。这在图6.13中进行了说明：在一个无限系统中，所有明显的非润湿相都被捕集，但某些油滴簇跨越了关联长度 ξ。逾渗阈值的变化 Δp 表示分解较大油滴簇所需的附加驱替，这使得较大油滴簇可以在有限长度范围内被捕集。与无限系统相比，被捕集油滴饱和度变化是跨度 ξ(即 $\Delta p\beta$)的油滴簇中的饱和度乘以非润湿相在这些簇中的比例 Δp，这些簇的逾渗限制变化使得流体通过卡段进行填充，可获得：

$$\frac{\Delta S_{\mathrm{nwr}}}{S_{\mathrm{nwr}}^{\infty}} \sim \Delta p^{\beta+1} \sim \xi^{-\nu(1+\beta)} \tag{6.83}$$

利用式(3.30)，然后由式(6.81)得到：

$$\frac{\Delta S_{\mathrm{nwr}}}{S_{\mathrm{nwr}}^{\infty}} \sim \mathrm{Ca}_{\mathrm{eff}}^{(1+\beta)/(1+\nu)} \tag{6.84}$$

指数项 $(1+\beta)/(1+\nu)$ 的近似值为0.76，在 $\mathrm{Ca}=10^{-8}$ 时，$\mathrm{Ca}_{\mathrm{eff}}=5\times10^{-6}$。对于Bentheimer砂岩岩样，残余饱和度的部分变化仅为 10^{-4}。毛细管数大约为 10^{-5}，对残余油滴捕集的影响比较显著，可以造成2%或更大的变化。

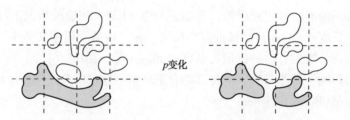

（a）无限系统中被捕集的非润湿相，　　　（b）在有局部毛细管压力梯度的驱替中，
无毛细管压力梯度　　　　　　　　　系统中的关联长度（无长度大于 ζ 的簇，
须进一步驱替）

图6.13　有限关联长度影响残余非润湿相饱和度的说明图(利用渗流理论)
点线表示将关联长度 ξ 划分为格子，某些簇(阴影部分显示)跨越了一个或多个格子。
残余饱和度的变化为逾渗阈值的变化乘以非润湿相在较大簇中的比例[式(6.83)]

若回顾渗吸和捕集的微观实验(图6.11)，可以看到两种影响会造成捕集量的减少。这里讨论的第一种影响就是由系统范围内填充概率梯度的存在导致较大被捕集的油滴簇难以形成。第二种不同的影响涉及润湿层渗流，就是在较高渗流量下卡断的迟滞，正是这种迟滞效应在大多数情况下起到控制作用，所以在某种程度上被标记出的残余饱和度真实变化要比式(6.84)所预测的高。

然而，这些类渗流观点很流行，假设黏性力在局部填充概率梯度下对局部毛细管压力引起了微扰，并且忽略了润湿层渗流的影响。但是这些观点还不能解释更多根本的影响，如被捕集相因压力梯度导致的流动，这个问题会在接下来的内容中讨论。

6.4.6　被捕集残余油滴的流动

考虑图6.14中所示的情况，计算出驱使非润湿相被捕集的残余油滴通过所示喉道所必需的渗流速度。到现在为止，由于黏性力相对于毛细管作用可以忽略，因此认为这些残余油滴不会移动。在这里验证下这个假设。润湿相压力高于左侧并且驱使残余油滴通过孔隙，导致渗流方向从左至右。在分析局部毛细管压力变化时，也可假设非润湿相压力不变（未连通），毛细管压力在孔隙中从左至右、从低到高，其中的残余油滴马上要通过喉道。

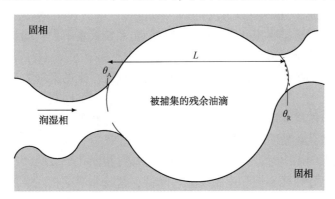

图 6.14　残余油滴的流动

在捕集残余油滴长度 L 的范围内黏性压降对于驱使油滴通过孔隙空间是必要的。渗流方向从左至右：润湿相压力高于左侧，导致系统范围内局部毛细管压力发生变化。残余油滴马上要通过喉道至右侧孔隙中，图上虚线表示

可利用式（6.64）来求得残余油滴上的压差；这种情况下，$q_o = 0$，$q_w = q_t$，$K_{rw} \approx 1$，得到：

$$\Delta p_v = \frac{L\sigma}{K} Ca \tag{6.85}$$

利用式（6.62）得到毛细管数。这里使用的下标 v 表示局部毛细管压力由黏性力导致的变化。

为了驱使残余油滴通过孔隙空间，与通过喉道至左侧的流动相比，这个压力必须大于进入喉道所必要的毛细管压差 Dp_c。若单元截面为环形，那么 $Dp_c = 2\sigma(\cos\theta_R/r_t - \cos\theta_A/r_p)$。请注意采用不同的接触角，在残余油滴进入喉道的地方，采用后退接触角；在残余油滴从孔隙中回缩的地方，采用（水）推进角。式中 $r_p \gg r_t$，$\cos\theta \approx 1$（适用于推进角和回缩角），被捕集的残余油滴发生流动时，有：

$$\Delta p_v \geq D p_c \tag{6.86}$$

$$Ca \geq \frac{2K}{Lr_t} \tag{6.87}$$

利用式（6.53）求得：

$$Ca \geq \frac{2a\phi r_t}{L} \tag{6.88}$$

这表示残余油滴流动的临界毛细管数：若渗流速度较高，那么残余油滴可被排驱出喉道；若渗流速度较小，残余油滴会一直圈闭在孔隙中。这个临界毛细管数的数量级不是 1，正如在前文不同类型的计算中一样，需要了解孔隙尺度的几何形状信息。对于 Bentheimer 砂岩岩样（表 6.3）在孔隙长度 $L=79\mu m$ 时，求得临界毛细管数大约为 2×10^{-3}：这比在正常情况下实验中或现场数据中得到的要大得多，也比能够看到的明显的圈闭（由于较小的关联长度和卡断的抑制）变化所需的毛细管数要大（图 6.11）。这基本上与之前提出的求解孔隙空间中心渗流黏性力和毛细管力之比的计算用到的参数相同，这表明在大多数驱替作用中，流体结构仍然受到毛细管的控制。

较大的残余油滴可横跨几个孔隙。实际上，可以利用渗流理论观点来估算最大捕集油滴簇尺寸[式(6.81)]，进而计算将这种尺寸的油滴排驱出孔隙空间所需的毛细管数。例子中，$Ca = 10^{-8}$ 时，ξ 为 300 个孔隙长度。对于这种尺寸的残余油滴，直流流动[式(6.88)]需要的毛细管数为 6×10^{-6}，这要比一般数值大近两个数量级。渗流速度越高，捕集量越少，这与已经被捕集的残余油滴被排驱出孔隙空间并被冲刷出系统关系不大，而是因为起初较大的油滴簇不会被高速渗流完全包覆。

这是一个很重要的结论：相比于局部毛细管压力梯度产生的准静力微扰，残余油滴流动对流体结构的影响更大。这个结论仅在初始注水后适用，例如因注入表面活性剂来降低界面张力而导致毛细管数的较大增加，或孔隙和喉道尺寸十分相似(Dp_c 非常小)的模型系统中毛细管数增加较多时才会比较明显。

毛细管数达到大约 10^{-3} 时，黏性力和毛细管力具有相同孔隙级的大小，关联长度因此也是孔隙级的；也可能导致残余饱和度出现显著降低，这与非润湿相残余油滴的流动和采收也有密切的关系。残余油滴受到黏性力的作用，而流动取决于其长度、黏附喉道的半径和系统的润湿性；式(6.88)简单地表明了预期的按几何图形被捕集的非润湿相被排驱出孔隙空间所需的毛细管数。

文献中有很多关于残余饱和度随毛细管数降低的研究(Lake，1989；Dullien，1997)，因为其与提高采收率工艺有关。在工艺中，通过加入表面活性剂或通过注入油气混相或油气近混相来降低界面张力。

在这里不再做过多的赘述，而是提供两种具有重要意义的数据资料。第一种(图 6.15)表示烧结玻璃珠人造岩心(图 6.12)中的渗吸实验结果。此为毛细管去饱和曲线，其中残余饱和度为毛细管数的函数。可以看到毛细管数低于大约 10^{-5} 时，对渗流速度几乎没有影响，这与依据渗流理论[式(6.84)]得到的估计和微观模型流型的视觉检查一致，如图 6.11 所示。发现在临界毛细管数大约为 2×10^{-4} 时，残余饱和度突然下降，这很有可能是因为润湿层渗流和卡断量显著降低。以残余毛细管数 10^{-3} 为分界线，饱和度越大，毛细管数越小，最后减少到 0，在这些毛细管数值时，残余油滴可较容易地被冲排出系统。这些结果与之前玻璃珠人造岩心注水试验的结果很相似，尽管分界线处的毛细管数稍微有点低(大约为 10^{-3})，但是再次看到了残余饱和度出现急剧下降；在这些实验中由于孔隙介质相当均匀，因此卡断出现的更少，这意味着当残余油滴直接从孔隙空间中直接被驱替时，残余饱和度才会降低(Morrow 等，1988)。利用 X 射线断层摄影获得了亲水烧结玻璃珠人造岩心中残余油滴捕集、形成和流动的图像(Armstrong 等，2014a)。在孔隙尺度上，非润湿相被分解成较小的油滴簇，正是这类油滴的油驱替导致饱和度发生变化。

第二种数据资料是对 Berea 砂岩进行实验的结果，如图 6.16 所示(Chatzis 和 Morrow，1984)，这里表示每个实验的两条曲线。低饱和度测试的是连续性油，这意味着在不同的渗流速度下进行注水实验。这里残余油饱和度下降的主要原因是局部毛细管压力梯度导致的孔隙级填充顺序发生变化。较高的曲线是不连续油的残余饱和度，这里的残余饱和度曲线在低渗流速度条件下建立，然后增加渗流量。现在采收更多原油的唯一机制是残余油直接流动，这会在较大毛细管数时发生(正如之前证明的)。在任意一种情况下，超过 1 个数量级的渗流速度都会存在从高残余饱和度到几乎为 0 的过渡，这反映了在不同孔隙尺寸和由此产生的流动临界渗流速度下，孔隙介质在较小尺度下也具有非均质性。当毛细管数为 10^{-3} 时，残余饱和度非常接近 0，这表明即使是最小的单孔隙残余油滴，也会被排驱出岩石。

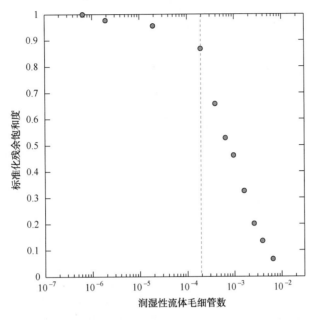

图 6.15　残余油饱和度 S_{or}，按其最大值标准化，表示渗吸实验中毛细管数的函数（图 6.12）
（引自 Datta 等，2014b）

可以看到捕集量不会随着较小的润湿相流体毛细管数 Ca 而显著变化，当 Ca 增加到 $2×10^{-4}$ 以上时
（点灰线）会出现突然的降低，这与之前玻璃珠人造岩心的注水实验结果一致（Morrow 等，1988）

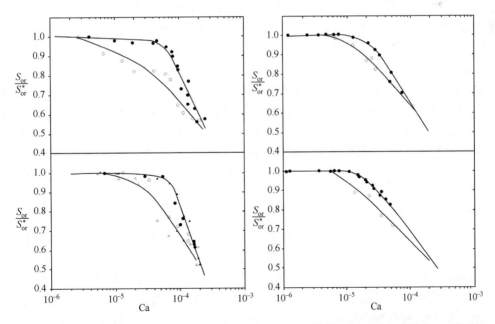

图 6.16　不同亲水 Berea 砂岩岩心实验，表示残余油饱和度的部分变化为毛细管数 Ca 的函数
（引自 Chatzis 和 Morrow，1984）

不连续油的结果（有更多残余油捕集，实心符号）由在低渗流速度下（然后增加）实施的注水实验得出。
对于不连续油（空心符号），在不同渗流速度下进行的独立实验，以达到残余油饱和度对这个分析存在一点不满意,当黏性效应开始起主导作用时,临界毛细管数并不是1,而是一个小得多的数值(受到孔隙尺度几何形状控制)。这是任何孔隙尺度下比值分析的必然结果,引出了孔隙几何形状的特征,以及宏观可测量的参数。几位作者分析了残余油滴尺度下黏性力和毛细管力之比(临界值为1),依据被捕集残余油滴的真实尺寸或在孔隙空间图像中直接计算渗流场的理论观点,得到了不同的毛细管数表达式(Hilfer 和 Øren,1996;Anton 和 Hilfer,1999;Andrew 等,2014a;Kimbrel 等,2015)。

6.4.7 残余油滴动力学、连通性和流态

在黏性力不可忽略时,驱替受到渗流场的控制,其反过来为毛细管数(渗流速度)、流体黏度和流体密度差的函数。X 射线图像中已经直接观察到这些影响对残余饱和度和流体孔隙尺度形态的作用(Kimbrel 等,2015)。

在某些情况中,正如在利用传统多相达西定律[式(6.58)]进行的隐含假设一样,流体驱替的主导机制是残余油滴的流动,而不是沿每相连通通道的渗流。正如前文所述,可在高渗流速度下,对于毛细管数大于 10^{-3} 时(即黏性力在孔隙尺度上不能被忽略时)对其进行观察。残余油滴流动在孔隙和喉道尺寸变化较小的系统中也是显著的,这是因为允许通过孔隙空间所需的残余油滴上的毛细管压差比较小。最后,通过拓扑约束可强制残余油滴流动。例如,如果在允许少量或无润湿层渗流的二维微观模型中同时注入油和水,那么流体相仅可通过孔隙空间中心流动。对于受局部毛细管压力控制的填充,其中孔隙尺寸并不与空间相关,仅当其超过其逾渗阈值时,某一相才能在系统范围内连通。此外,还必须允许节点和边界填充存在。若这个阈值大于 0.5,那么就不可能使得两相在整个系统同时连通。例如,对于正方形格子,边界逾渗阈值大约为 0.59,就不能够观察到油和水的填充接合(孔隙)通道。因此,连续稳态注入两相将会在大多数情况下导致一相或另一相的残余油滴被排驱出系统。然而,这个特性并不能表征连通良好的三维孔隙介质(同样允许润湿层渗流)。

Payatakes 和同事已经对不同类型的残余油滴运移(作为毛细管数和黏度的函数)、通过微观模型观察每相的部分渗流和利用渗流网络表征的模拟进行了研究和分类,并且已经就式(6.59)中的黏性耦合系数对宏观特性进行了定量化(Payatakes,1982;Dias 和 Payatakes,1986;Avraam 和 Payatakes,1995b;Theodoropoulou 等,2005)。残余油滴的运移可利用 Valavanides 等(1998)以及 Valavanides 和 Payatakes(2001)提出的动力学模型进行描述和模拟。例如,图 6.17 中表示由 Avraam 和 Payatakes(1995a)观察到的不同的渗流类型,可以看到 4 种驱替模式。在低渗流速度和相对低油(非润湿相)饱和度下,通过残余油滴(典型几个孔隙的跨度)的流动、分解和聚结而发生渗流。这被称为大型残余油滴动力学,随着渗流速度的增加,这些残余油滴变小,当典型残余油滴尺寸大约为单孔隙尺寸时,流体进入小型残余油滴动力学状态。随着渗流速度进一步加大,残余油滴变得甚至更小,几个残余油滴才能占满一个孔隙和喉道(尺寸刚好横跨一个孔隙的直径),这时进入流量下降的渗流状态。在最大渗流速度时,两相进入近似平行的渗流通道并且两相连通,即为连通通道渗流。Tallakstad 等(2009a,2009b)在微观模型的实验中也观察到了残余油滴的运移(毛细管数大于 10^{-3})。实验中的特性与多相渗流(假设连通通道存在毛细管控制)的常规描述有很大的区别。连通渗流为高渗流量流态,毛细管数为 $10^{-8} \sim 10^{-5}$ 时可以观察到残余油滴的运移。正如以上讨论,这很可能是因为两相被迫排驱出二维模型。还应注意的是,Lenormand 和 Zarcone(1984)

（图6.11）的微观实验中没有观察到这种特性，这是因为他们是在非稳态实验中注入水来驱替油，没有外力使得水和油同时在系统范围内渗流。而且微观模型的设计也可能导致润湿层和凹凸处有更多的渗流产生。

图6.17　微观模型实验中观察到的流态（引自 Avraam 和 Payatakes，1995）

黑色表示非润湿相。右上图表示小型残余油滴动态，其中非润湿相在未连通的油滴（不断融合和分解，其尺寸大约是一个或几个孔隙大小）中流动。较高放大倍率的左上图表示较高的渗流速度，其中残余油滴分解成大约一个孔隙宽度的小油滴；这被称作为流量下降渗流。下方的图（在更高的渗流速度下）显示了大部分的微观模型，表示两相系统跨度的连通通道渗流，从左至右在近似平行的通道中流动。在所有实验中，孔隙间距（网格的交点）为1.22mm

　　在具有更复杂孔隙空间的系统中也可观察到小型残余油滴的存在。Pak 等（2015）在碳酸盐岩中进行了一项注水试验，该岩样具有大范围的孔隙尺寸，利用 X 射线断层摄影对残余非润湿相成像，如图6.18所示。对于大约为 2×10^{-7} 的低毛细管数，驱替受到毛细管控制，可以观察到一个孔隙尺度以上的大型残余油滴，这与图4.30中捕集实验的结果相一致。在三维空间中流体相较好的连通性允许连通通道渗流（直到非润湿相被捕集）和类渗流驱替模式，这与 Avraam 和 Payatakes（1995a）的拓扑约束微观模型实验结果不一样。然而，在高渗流速度下，毛细管数大约为 10^{-5}（图6.16），这表示捕集中出现黏性效应（尽管在砂岩中，孔隙尺寸分布较窄），可观察到大型油滴簇出现分解，次孔隙尺寸的油滴黏附在固体表面，如图6.18所示。这表明一旦非均质岩石孔隙尺度下观察到黏性效应，就不是很容易利用准静力或类渗流理论来解释残余油滴的合成动力学。

　　三维成像已经验证了残余油滴会随渗流速度增加而出现分解（Datta 等，2014a）。

图 6.19表示流型作为时间的函数，解释了烧结玻璃珠人造岩心中残余油滴的流动和分解，如 Avraam 和 Payatakes(1995a)的微观模型实验中一样，系统如图 3.3 和图 6.12 所描述的，不一样的是两种流体相一起注入，形成稳态流(即使流体结构会继续随时间变化)。在足够大的渗流速度下，润湿相和非润湿相中可观察到残余油滴的流动和分解。定性地来说，可以看到 Avraam 和 Payatakes(1995a)观察到的残余油滴运移流型，但是限制条件不同。在低渗流速度下，可观察到连通通道渗流，并且残余油滴被保持静止的润湿相包覆。仅当毛细管数超过 10^{-4} 时，这些动力学影响才较为明显。

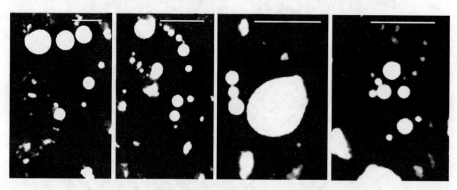

图 6.18 孔隙中(几个毫米尺寸)分解的残余油滴(白色)三维图像的二维截面(Pak 等，2015)
黑色表示盐水相。注水后显示有被捕集的油相(毛细管数大约 10^{-5})。
似乎自由悬浮的油滴(白色)在三维图像中可以看到与孔隙表面相接触。比例为 1mm

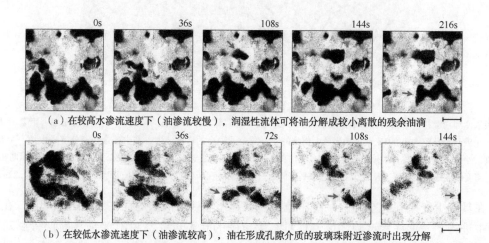

(a)在较高水渗流速度下(油渗流较慢)，润湿性流体可将油分解成较小离散的残余油滴

(b)在较低水渗流速度下(油渗流较高)，油在形成孔隙介质的玻璃珠附近渗流时出现分解

图 6.19 玻璃珠人造岩心中残余油滴的分解：在毛细管数 Ca_p，式(6.66)超过大约 $8×10^{-4}$(润湿相)
和 $5×10^3$(非润湿相)时，出现分解(引自 Bijeljic 等，2014a)
显示的是不同时间的图片，黑色区域表示油，施加的渗流方向为从左至右。标记表示在第一帧后的时间变化。
比例尺为 $50\mu m$。右向箭头表示残余油滴，左向箭头表示参考玻璃珠的位置

可以在流态图或相态图中量化这些观察，研究发生连通渗流或残余油滴运移的条件，如图 6.20 所示。随着毛细管数的增加，存在从连通通道中渗流(与准静力驱替的分析一致)到这些渗流通道初次间断性分解的过渡。在最高渗流速度时，由于非润湿相流动的主导模式，离散残余油滴发生平流。在这些实验中，若润湿相或非润湿相渗流足够快，其临界毛细管数

Ca_p[残余油滴开始运移，式(6.66)]为8×10⁻⁴(润湿相)和5×10⁻³(非润湿相)时，可观察到这种过渡。这些阈值近似值可以反映残余非润湿相饱和度急剧下降，如图6.15所示。这个过程可能发生在非均质性更高的孔隙空间介质中，在较低毛细管数时开始过渡。Pak等(2015)的实验表明，在Ca≈10⁻⁵时可以观察到动力学影响和残余油滴分解，这也与Berea砂岩中残余饱和度开始降低一致时的毛细管数一致，如图6.16所示。

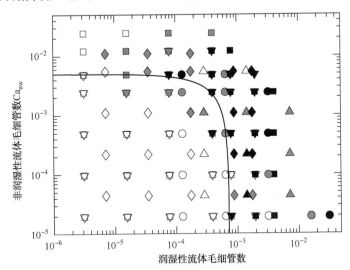

图6.20　基于图6.19的结果，在通过三维孔隙介质的同时，两相驱替从完全流通渗流到分解渗流过渡的流态或相态图[为Ca_w和Ca_nw的函数，式(6.66)](引自Bijeljic等，2014a)
空心符号表示非润湿性流体通过连通三维通道的渗流，灰色符号表示该通道的间断性分解，黑色符号表示油相连续分解成离散油滴，通过孔隙空间发生平流。不同形状的符号表示不同的黏度、玻璃珠尺寸或孔隙介质横截面积

本小节的结论为：当二维微观模型中毛细管数较低时，受限润湿层渗流下的残余油滴发生运移，在更实际的三维介质中，毛细管数大约为10⁻³或更高时(比油田尺度的注水或CO₂封存应用中遇到的典型毛细管数大得多，与表面活性剂注水或近混相注气大小相当)，仅可观察到非润湿相的其他被捕集油滴簇发生平流。这些观察与在孔隙尺度上的毛细管力和黏性力的平衡计算一致。

然而更有趣的是，在毛细管数较低时，孔隙空间中出现小型油滴(Pak等，2015)，图6.18或渗流通道间断性的断连(Datta等，2014a；Rücker等，2015，图4.12和6.19)。Armstrong等(2014a)利用X射线断层摄影观察了低渗流量下残余油滴的分解。这种情况下，非润湿相渗流不会通过离散残余油滴的运移而发生，而且非润湿相还会间断性地断连。少数卡断和重连事件会导致连通性的模式化波动，波动在非润湿相接近其逾渗阈值时更可能发生。这种特性会对流体分布产生影响，因此也会对宏观参数(如毛细管压力和相对渗透率)产生影响。连通通道不是恒定不变的，而是沿着临界结合点重新连接，连接导致的临时被捕集油滴簇具有瞬变性渗流的特征，这就像受交通灯控制的车辆流动，公路网是连通的，但是并不总是允许车辆流动。由于采用了三维孔隙尺度图像来说明驱替过程是相对近期的，因此不是很了解这些丰富的现象。可以研究在稳态流期间孔隙尺度重新布局的可能性频率。即使不存在残余油滴的运移并且系统无毛细管压力梯度，流体通道在孔隙空间中是否发生重新布局？不能从压差的研究中进行这样的分析，而是需要讨论能量平衡，这也是下面要讲的内容。

6.4.8　作为一种能量平衡的黏性力和毛细管力

能量平衡是另一种比较黏性力和毛细管力的方法。实验中需要两天的时间注入一相来驱替另一相。考虑到杨氏—拉普拉斯方程的显式推导，首先是在不同压力下将一相注入另一相：能量为$p_c \Delta V$，式中p_c为相间压差，ΔV为一相因为驱替的体积，注入后可在流体相间形成界面并且改变固体表面能。无论渗流速度大小，这个过程都会发生，在该过程中一系列毛细管平衡中的流体结构可能发生变化。

即使没有驱替发生，也存在第二种能量源，就是通过孔隙介质注入流体所做的功，该能量通常等于黏性耗散。想象一下局部无净位移时：$\Delta V = 0$。在流体渗流时仍会有能量的转换：大部分能量损失为热能，流体运移可能还会形成附加的表面能，或导致局部流体结构出现波动，如图6.19所示。若W代表能量，并且仅有黏性耗散发生：

$$\frac{\mathrm{d}W}{\mathrm{d}t} = \int \mu v \cdot \nabla^2 v \mathrm{d}V \equiv Q\Delta p \tag{6.89}$$

该式适用于不可压缩流体(黏度恒定)。该式为对某个体积V的积分，Q为体积渗流速度，Δp为平均压力变化。该表达式严格适用于单相流(Talon 等，2012)，但是可以通过独立考虑每一相的式(6.89)扩展至多相流(Raeini 等，2014a)。在多相流情况下，可写出：

$$\frac{\mathrm{d}W}{\mathrm{d}t} = Q_w \Delta p_w + Q_o \Delta p_o \tag{6.90}$$

适用于油水渗流。

虽然式(6.89)中的能量耗散率可用于确定孔隙空间渗流的平均压降，但是耗散率并不能直接测得。可以假设一个可能的数量级大小，并将其与孔隙空间中形成流体界面所需的能量相比较。考虑横跨一个典型孔隙长度(或喉道间距)的量l。不会估算式(6.89)中积分的大小，正如之前介绍的毛细管数一样，通过多相达西律引出宏观描述来估算式(6.90)中左边项的大小。$Q_p = q_p l^2$对于任意一相p，忽略了重力的影响，替换掉式(6.58)中∇p_p。$\nabla p_p \equiv -\nabla p_p / l$，因此根据式(6.89)可得：

$$\frac{\mathrm{d}W}{\mathrm{d}t} = \left(\frac{l^3}{K}\right)\left(\frac{\mu_w q_w^2}{K_{rw}} + \frac{\mu_o q_o^2}{K_{ro}}\right) \tag{6.91}$$

想象一下流体渗流提供在局部毛细管平衡的位置，形成了跨越孔隙空间的界面(该界面随后被驱替并周期性再生)所需的能量，因此导致流体结构出现如 Datta 等(2014a)和 Rücker 等(2015)观察的振动或波动。现在可以对这样的过程来计算提供充足能量所需的时间；当然不是所有能量都以此方式被利用，因为大部分能量作为热能损失了。作为量级估算，假设界面面积为l^2，对应的附加界面能$W \sim \sigma l^2$。若所有的能量形成新的界面所需的最小时间，利用式(6.91)和式(6.66)，则有：

$$t = \frac{\sigma K}{l(\mu_w q_w^2 / K_{rw} + \mu_o q_o^2 / K_{ro})} = \frac{K}{l(Ca_w q_w / K_{rw} + Ca_o q_o / K_{ro})} \tag{6.92}$$

这个表达式太复杂了，以至于很难看透其物理本质。为了简化，对括号中涉及两相流速的项进行假设，利用基于注入流速[式(6.62)]的毛细管数这个项近似为$Ca q_t$。则有：

$$t \approx \frac{K}{Ca\, q_t l} \tag{6.93}$$

利用典型达西流速 $10^{-6}\,\text{m/s}$，Ca $= 4 \times 10^{-8}$ 和 Bentheimer 砂岩岩样特性（$l = 79\mu\text{m}$ 和 $K = 1.88 \times 10^{-12}\,\text{m}^2$），可以求得时间尺度近似为 600000s 或 7 天。这是黏性耗散等于孔隙尺度上形成典型流体界面的必需时间。

为了更好地理解，式（6.92）可以写成无量纲时间 t_D 的相关项，在第 9 章中还会对其进行讨论，这就是注入流体的孔隙体积数。在这种情况下，系统体积为 l^3，孔隙体积为 ϕl^3，渗流速度为 $q_t l^2$。因此，注入相需要消耗 $\phi l/q$ 的时间来填充孔隙体积。那么根据式（6.92），可写出：

$$t_D = \frac{qt}{\phi l} = \frac{K}{\phi l^2} \frac{1}{\text{Ca}} \tag{6.94}$$

该式为两个无量纲量的乘积，正如在其他类似计算中遇到的一样，一个量与宏观特性有关，另一个量与孔隙几何形状有关。在我们的例子中，$\phi = 0.2$，需要的孔隙体积数为 40000。这意味着每 40000 个孔隙体积的流体渗流才会形成孔隙尺度上的界面。为了获得较好的近似解，考虑几个孔隙尺度的渗流。保持流体布局不变，对流导率和相对渗透率晶型精确的计算或测量，这对流态重新布局几乎没有影响。由于界面波动引起的驱替，往往在毛细管数典型值下发生，在良好发展的稳态流中是很少见的。对于大多数的渗流时间，会发现独立次网格中的每一相渗流与多相达西定律隐含的假设一致。对于缓慢的渗流而言，不充分的能量使得其在整个系统内的渗流期间，孔隙尺度上会出现显著的流体结构波动。但是，这并不包括一相接近逾渗阈值的情况：单个红色节点［式（3.35）］的驱替对于断连流体相是足够的。在这里甚至可以预计局部流型的不常见波动会对连通性产生较大的影响。

但是，若毛细管数较大，就会迅速看到黏性效应的出现，这是因为能量耗散与渗流速度的平方成正比［式（6.91）］。例如，在 Pak 等（2015）的实验中，Ca $= 10^{-5}$，$K \approx 5 \times 10^{-14}\,\text{m}^2$ 和 $\phi = 0.17$ 时，较大孔隙的特征长度大约为 10^{-4}（图 6.18），那么由式（6.94）得到 $t_D \approx 3$。在实验中，10 个孔隙体积的流体被注入长度为 $L = 12.5\text{mm}$ 的岩样中，在 l 长度范围内，这就相当于于 $10 \times L/l \approx 10^3$ 孔隙体积，为残余油滴的分解提供了足够的能量。当 t_D 的数量级在毛细管数大约为 10^{-3} 时为 1，流动流体中具有足够的能量来使其发生如之前所述的复杂残余油滴分解和运移。

6.4.9 多相流的直接计算

黏性力和毛细管力的相互作用是十分复杂的，以至于数值模拟是量化或预测渗流特性的唯一方法。若仅毛细管力起作用不考虑黏滞力，可利用如之前章节描述的孔隙介质准静态网络表征来定义驱替顺序。为了捕捉到更精准的真实孔隙空间几何形状，可利用其他方法来计算毛细管平衡的位置，如对基于二维图形的半解析计算（Zhou 等，2014）或利用水平集（Sussman 等，1994；Spelt，2005；Prodanovic′和 Bryant，2006；Jettestuen 等，2013）。然而，一旦考虑黏性效应，还需要解释渗流场局部毛细管压力和流体推进率随时间的变化。接下来讨论的内容将包含许多现象，比如已经讨论过的润湿层渗流，利用这些现象来计算不同驱替模式的运移和求解平均渗流特性。并不会对大量的前人文献进行赘述，而是聚焦于主要的概念和一些说明性结果。关于主要方法的优秀综述，可参见 Meakin 和 Tartakovsky（2009）。

6.4.9.1 微扰网络模型

假设渗流速度会引起局部毛细管压力变化，并且利用解析观点或流体瞬时静态结构的渗流场求解来估算这个变化。渗流速度的影响只是重新调整孔隙和喉道的填充顺序：虽然用于驱替的局部毛细管压力保持不变，但是流速会导致注入压力存在不同，因为系统出现了黏性压降。现在孔隙和喉道按照注入压力，而不是局部毛细管压力的顺序进行填充。这个方法保留了准静态网络模拟的速度和简化性，并且可捕捉到渗流速度对驱替模式和圈闭的微扰影响。但是这个方法缺乏明显的时间相关性，不能够适应不同的填充率，不能够模拟更加复杂的动态现象，比如残余油滴流动。Blunt 和 Scher(1995)以及 Hughes 和 Blunt(2000)已经利用了这种思想来确定不同的流型是毛细管数、接触角和初始润湿相饱和度的函数，对润湿层渗流程度也起到了控制作用。这种方法包括通过润湿层的固定流动阻力，较低的流导率也表明了在毛细管数低至 10^{-8} 时，卡断可被充分抑制而改变流型。通过润湿层中流动阻力的变化，可观察到从前缘推进到含卡断的类渗流驱替的过渡，从定性角度上讲，这与实验观察到的结果一致。该方法可扩展至润湿层阻力可变的情况(Idowu 和 Blunt，2010)，算法效率允许在岩心尺度下(cm)对宏观驱替模式进行模拟。

6.4.9.2 动态网络模型

渗流场的数值解耦合了界面流动和填充，模型受到局部压力梯度和相流导率的控制，并且遵守体积守恒。许多研究者已经开发出这样的模型来探索驱替模式，将残余饱和度确定为渗流速度的函数来计算平均特性，如相对渗透率。在这里仅能突出一些主要的贡献，如 Blunt(2001b)、Joekar-Niasar 和 Hassanizadeh(2012)以及 Aghaei 和 Piri(2015)提供的综述。Chen 和 Koplik(1985)开发出一种渗吸和排驱的网络模型，他们利用该模型将计算的孔隙尺度驱替过程与那些微观模型相对比；Blunt 和 King(1991)进一步开展了这项工作，他们研究了非稳态径向渗流来表明黏度比和渗流速度的影响。其他学者也重点研究了残余油滴动力学(Hashemi 等，1999)，解释了早前所描述的微观模型研究(Dias 和 Payatakes，1986)，前人也研究了黏度比和局部黏性应力对驱替模式的影响(Vizika 等，1994)。其他人之后根据这些思想开发出更加复杂的模型来捕捉弯月面流动的细节(Dahle 和 Celia，1999；Al-Gharbi 和 Blunt，2005)，并且成功地与微观模型实验进行对比(van der Marck 等，1997)。

动态模型还可以用来探索和建立多相流常规类达西的扩展表达式，并以此来计算非传统的平均特性，如界面面积和速度(Nordhaug 等，2003)，这在 6.5 节中会有更详细的讨论(Joekar-Niasar 和 Hassanizadeh，2011)。

正如已经分析过的，润湿层的加入特别是对于渗吸过程而言是重要的。可通过半解析解的研究来对比，如平行渗流和反向渗流的过程异同(Unsal 等，2007a，2007b)。Mogensen 和 Stenby(1998)计算了三维网络模型中通过孔隙中心的渗流场，但是他们假设了润湿层中的流导率不变，这往往会过高估计渗流速度对卡断和圈闭抑制的影响。可以通过对润湿层膨胀和通过的渗流量进行计算来精确地捕捉填充顺序(Constantinides 和 Payatakes，2000；Singh 和 Mohanty，2003)。Nguyen 等(2006)开发了一个解释润湿层的模型。他们的工作表明，若孔隙比喉道大得多(高宽比较大)，流速度会产生显著的影响，这是因为卡断控制了准静力极限内的驱替，而这种驱替会随着毛细管数增加而受到抑制。他们还注意到了在抑制卡断时毛细管数和接触角的平衡，并且表明在合成相对渗透率和亲水系统捕集程度方面，增加 Ca 与增加 θ 类似。图 6.21 表示示例性结果：注意从定性角度上，与 Lenormand 和 Zarcone(1984)的微观模型实验结果(图 6.11)一致。

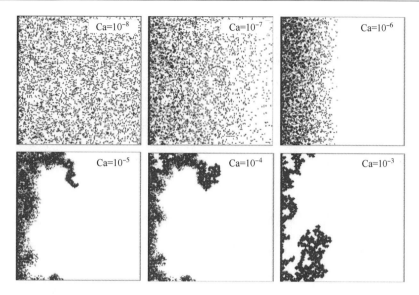

图 6.21　二维动态网格模型的模拟结果[毛细管数 Ca 按式(6.62)计算](引自 Nguyer 等，2006)
注意：从定性角度上，与 Lenormand 和 Zarcone(1984)的微观模型实验结果(图 6.11)一致

在更加复杂的驱替模型中，Aker 等(1998)捕捉到了当弯月面从喉道流动到孔隙中时的毛细管压力变化，并且跟踪了每个孔隙或喉道的多个界面。这项工作用来研究根据渗流理论(甚至爆破动力学)的推进界面比例特性，见 3.4.1 节(Aker 等，2000)，并且将不同渗流速度下的驱替模式与实验对比(Løvoll 等，2005)。之后，利用一种重构的砂岩网络类似模型来研究饱和度模式和电阻(Tørå 等，2012)。一个含周期边界条件的二维模型被用来研究稳态流驱替期间的流态[在概念上与 Avraam 和 Payatakes(1995a)的工作类似]，还被用来描述在何种毛细管数、黏度比和饱和度的条件下会出现某一相两相的渗流(Knudsen 等，2002；Knudsen 和 Hansen，2006)。

完全动态网络模型要比利用了微扰方法的模型慢得多，这是因为需要计算流体弯月面的流动。在含 n 个单元(孔隙或喉道)的准静力模型中，将阈值毛细管压力按秩排序，需要消耗 $\ln n$ 量级次数的操作。如果考虑微扰效应、黏滞力、射孔等因素的影响，即便充注所需进口压力的计算相对较快，完成模拟也需要消耗 $n\ln n$ 量级次数的操作。而动力学的模拟还需要计算渗流场。即使利用最高效的技术，这也要消耗 $n\ln n$ 量级次数的操作(Stüben，2001)。当驱替进行时，这个计算势必会更新很多次。若重新计算的次数为 m，那么总的模拟时间与 $mn\ln n$ 成正比。m 与毛细管数有关：一旦弯月面已经跨越了一个孔隙，渗流场将会产生显著变化。动态模型必须适应在如海恩斯跳跃期间非常迅速[与较慢的整体渗流，或正如式(6.34)表明的，慢几个数量级地通过润湿层的填充相比]的弯月面推进和与填充相关的大范围时间尺度。一般来说，渗流场需要频繁地进行重复计算，这通常是在不同尺度的孔隙进行填充之后，因为填充会对其邻近孔隙中的流体流动有很大的影响。对于快速渗流，许多单元会同时填充，所以在最快速度流动的弯月面通过孔隙的时间内，许多其他孔隙也会进行填充或部分填充，然而在准静力的限制下，一次只能允许单个弯月面发生流动，剩下的流体界面保持静力平衡。这意味着 $m\sim1/Ca$。注意现在最需要对准静力限制或较低的 Ca 进行计算：这是因为很难维持大部分界面保持静止，再加上相当少量的弯月面由于局部迅速地流动已经达到了其阈值毛细管压力。相比之下，大多数或全部弯月面处于流动状态的快速填充则可很轻易地被捕捉到,这是因为渗流场十分均匀并且许多孔隙立即被填充。

迄今为止,计算时间上的约束使得只能对相当小的网络(最多 100000 个孔隙和喉道)进行动态模拟。然而,更加高效的算法和平行计算的使用让我们现在可以研究大得多的系统。Aghaei 和 Piri(2015)利用具有 580 万个孔隙和喉道的网络模型来表征在与一系列稳态驱替实验相同的岩心尺度下的渗流,这使得对模拟值和测量值进行详细的对比变得可行。Berea 砂岩岩心样品的孔隙网络表征如图 6.22 所示。渗流模型考虑了润湿层的影响并且采用了与相同岩样孔隙尺度图像上直接测量一致的接触角。第 7 章中在详细描述相对渗透率时,会给出该模型的某些结果。

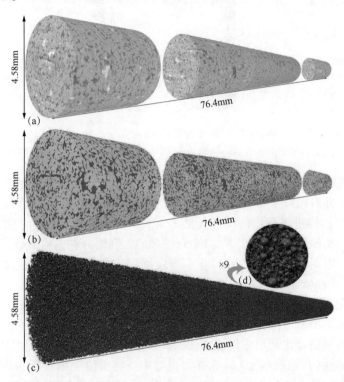

图 6.22　Berea 砂岩岩心样品的孔隙网络表征(引自 Aghaei 和 Piri,2015)
(a)体素大小为 2.49μm 的灰度图像。(b)分割图像。(c)由图像(b)产生的孔隙网络。
为了达到说明的目的,仅显示具有环形横截面的孔隙和喉道。(d)小部分网络的放大图像

6.4.9.3　基于孔隙尺度图像的直接模拟方法

对于单相流,要计算渗流场、预测渗透率和模拟运移过程,基于孔隙尺度图像的直接模拟与网络法相比有许多优势,这是因为它会在图像中自动捕捉孔隙尺度的几何形状,并且可在域上计算简单系统的表征单元体或更大单元体的尺寸。然而,对于多相流,由于渗流场需要进行计算的时间长、所需分辨率高,对计算的要求也更高。可以利用上述相同的观点来预测运行时间的 $n\ln n/Ca$ 尺度;然而,这里的 n 为网格块数,而不是孔隙数。为了精确地获得次孔隙分辨率下的弯月面流动,在这些弯月面跨越每个体素时需要对渗流场进行重新计算。此外,为了分辨润湿层,合理细化的网格是必要的:作为最低要求,10 个网格块需要跨越每个孔隙和喉道,这意味着三维中每个孔隙至少有 10^3 个体素。因此,在相同尺寸岩样中研究渗流的直接方法要比同样的网络模型慢许多个数量级。更重要的是,在可忽略黏性效应的

准静力限制中，受毛细管控制的模型是极度高效的，当孔隙几何形状可理想化时，在有效无限分辨率下能够对每个孔隙内的流体结构和流导率进行半解析计算。直接模拟是非常慢的，受限于分辨率，使得重要现象的预测（如润湿层渗流）不准确。很容易利用一个确切的例子来理解：回到含有 10^9 个体素的 Bentheimer 岩样图像，假设在这种分辨率下，可以捕捉到多相渗流（实际上图像并不能正确地说明部分亲油、部分亲水系统中的润湿层和油层），那么对于在表征毛细管数为 10^{-7} 时的缓慢驱替，模拟需要 10^{18} 量级次数的操作。相比之下，对于大约 80000 个孔隙和喉道的准静力网络模拟（表 2.1），有 10^6 量级次数的操作，这要快上 10^{12} 倍。尽管不探究该计算中的前因子，但是显而易见的是，在一个标准的工作站中，假设毛细管平衡的网络计算一般需要的时间低于 1s，那么同样的直接模拟需要较高的计算速度和许多天的模拟时间，即便如此，仍然不能正确地捕捉到润湿层渗流。若回到对在非均质性较严重的岩石中的长度尺度进行的讨论，估计至少需要 10^{18} 个体素来描述孔隙空间，对从最小孔隙的尺寸到表征单元体的尺寸进行表征，这使得直接模拟不可行。

这个讨论的结果就是：直接法可以在多个孔隙尺度下来精确地捕捉简单系统的流动，但主要局限在研究亚孔隙或小孔隙水平上的渗流现象。即使有最快的计算机，永远也不能认为这样的方法可以计算复杂系统中宏观尺度的多相渗流。未来需要的是一种混合方法，网络模型不会被认为是一种孔隙空间的清晰复制（因此会被简化），而是一种放大的表征。孔隙空间的两个区域之间的驱替会从饱和度相关的流导率和毛细管压力方面进行参数化：参数本身可在较小尺度下由直接模拟推导出来，见 2.2.3 节。在毫无希望地寻求可以捕捉从孔隙尺度驱替到预测相对渗透率中的任何信息的方法中，研究者经常忽略了这些因素。

直接模拟法需要在解释界面力时求解 Navier-Stokes 方程，从本质上求解含界面的渗流。Scardovelli 和 Zaleski（1999）提出了基于网格的方法总结来说明这类问题，但是该方法并没有特别关注多孔介质的应用，在多孔介质中，毛细管效应在孔隙尺度上起到主要作用。可在流体体积法中求解 Navier-Stokes 方程，通常利用有限体积法并且依据质量守恒定律，对每相在每个网格块中的体积进行计算。在含有两相的网格块中会形成界面，并且界面现象包含在动力学中（Hirt 和 Nichols，1981；Rudman，1997；Gueyffier 等，1999）。Huang 等（2005）利用该方法来研究裂缝中的多相渗流；之后的工作拓展到了孔隙介质中的缓慢渗流（Raeini 等，2012，2014a，2014b）。Ferrari 和 Lunati（2013）利用这种思想提出了一系列的多相渗流模拟，来表明毛细管压力并不是在动力驱替中相间压差的平均，而是可以利用杨氏—拉普拉斯方程从界面能的计算中更好地获得。

还有其他方法可以用来将 Navier-Stokes 方程基于网格的求解与流体界面相结合。在上述的流体体积法中，在考虑有限宽度相边界的条件下，分子突变界面可由某个指示函数表示。还可以采用前缘跟踪技术，采用独立非结构网格来捕捉两相间的跳跃（Unverdi 和 Tryggvason，1992；Tryggvason 等，2001）。前人还提出了其他前缘跟踪、突变界面或水平集方法来再次精准地捕捉这些边界（Sussman 等，1994；Popinet 和 Zaleski，1999；Liu 等，2005），Ding 和 Spelt（2007）将这些方法进行了对比。然而，这些方法还未直接应用到岩石的缓慢非混相渗流中。

我提到的最后一种基于网格的方法就是直接流体动力学模拟法，这个方法利用密度泛函理论，在流体/流体边界处采用扩散界面近似法，并且在原则上允许模拟复杂渗流过程（如非牛顿流变性和热效应）的弹性热力学方程。它被应用在孔隙尺度驱替现象的研究和孔隙空间图像多相渗流的模拟中，用来预测毛细管数大约为 10^{-5} 或更大时的相对渗透率（Demianov

等, 2011; Koroteev 等, 2014)。

作为直接基于网格的仿真能力和实用性的案例, 图 6.23 表示直接在孔隙空间图像上计算的流体结构和局部毛细管压力(不同的毛细管数大概有 10^6 个非结构网格块(Raeini 等, 2015)。从定性角度上来讲, 被捕集油滴中的流型和局部毛细管压力与图 4.28 和图 6.19 所示的类似。该结果也与孔隙尺度模拟(从相同图像中提取网络, 含有大概 50000 个孔隙和喉道)的结果进行了比较。利用对计算时间的分析, 当毛细管数为 1.5×10^{-5} 时, 预计网络模型要快上大约 $10^6 \ln 10^6 / (1.5 \times 10^{-5} \times 50000 \ln 50000) \approx 1.7 \times 10^6$ 倍; 真实的计算速度要比在相同计算机上快 5.6×10^5 倍(2s 与 13d 的区别)。

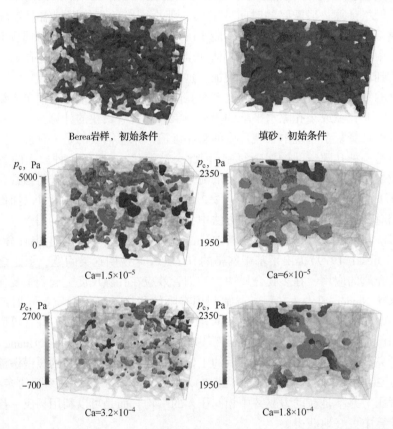

图 6.23　在注水开始(顶部图像)和结束(中间和下方图像)时 Berea 砂岩和填砂图像中非润湿相的可视化
(引自 Guyen 等, 2015)

按照所示的不同毛细管数进行模拟。彩色表示局部毛细管压力。通过精准地捕捉渗流和孔隙空间的几何形状,
残余饱和度(特别是对于填砂)可以比网络模拟预测得更加精确

与宏观实验测量相比, 这些模拟可以合理预测相对渗透率(Raeini 等, 2014a)、不同毛细管数条件下的残余饱和度趋势和初始饱和度与残余饱和度的相关性, 如图 4.33 所示(Raeini 等, 2015)。尽管这种方法要比准静力网络模拟慢得多, 但它的优势在于较好地表征均质介质中的协同性孔隙填充, 这样便可更加精准地预测填砂中的捕集: 孔隙尺度模型将经验方法应用于孔隙填充(4.2.2 节), 而不是正确跟踪弯月面通过孔隙空间的演化, 这在某些情况中会导致过大地估计残余饱和度。其他特点就是可以研究黏性力对残余饱和度的影响, 以及分析受黏性作用影响的孔隙尺度驱替过程, 包括卡断的抑制(Raeini 等, 2014b), 来表

明怎样考虑利用能量平衡来测算相对渗透率(Raeini 等，2014a)，从概念上讲，这与 Ferrari 和 Lunati(2013)所做的工作类似。

6.4.9.4　基于颗粒的方法

时至今日，大多数多相渗流的直接模拟已经采用了基于颗粒的方法，通常就是格子玻尔兹曼模拟法，见 6.2.4 节。这些方法可以自然地适应平行模拟，并且通过适应不同类型颗粒间的相互作用，可巧妙又简约地将界面力考虑在内。然而，这些方法不能克服以上讨论的计算限制，尽管合适的计算机和高效的算法降低了前因子，运行时间的尺度仍然和以前一样。

Ferréol 和 Rothman(1995)与 Martys 和 Chen(1996)首次对孔隙空间图像中的多相渗流进行了格子玻尔兹曼模拟，他们研究了 Fontainebleau 砂岩图像(图 2.10)，并且计算了绝对渗透率和相对渗透率。随后的研究扩展了应用范围，可以预测不同岩石的毛细管压力(Pan 等，2004)、毛细管压力滞后现象(hrenholz 等，2008)、界面面积(Porter 等，2009)和相对渗透率(Boek 和 Venturoli，2010；Hao 和 Cheng，2010；Ramstad 等，2010)。柔性计算法的优势在于即使是在较大的密度差时，也可在实验室准确复制渗流和流体状况(Inamuro 等，2004)，这就便于研究黏性耦合或不同边界条件的影响(如与非稳态流相对的稳态流)(Li 等，2005；Ramstad 等，2010)。

Bentheimer 砂岩图像中计算的渗吸流体结构如图 6.24 所示(Ramstad 等，2012)。这些模拟可以研究孔隙几何形状和渗流速度的影响，并且进行了足够的细化来捕捉润湿层渗流和准确预测相对渗透率，将在下一章节中对其进行讨论。

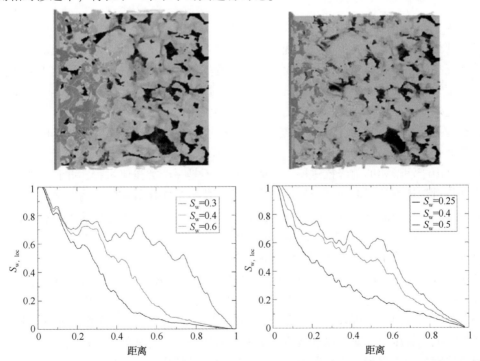

图 6.24　平均饱和度 S_w = 0.4 时的渗流流体结构(顶部)，256^3 个体素的 Bentheimer 图像中两种渗流速度时相关的局部饱和度剖面(底部)(利用格子玻尔兹曼法模拟)(引自 Ramstad 等，2012)
左图的毛细管数为 Ca≈5×10^{-5}，右图的毛细管数为 5×10^{-6}

6.2.4 节介绍的另外一种模拟方法为光滑粒子流体动力学法。除计算渗流和预测渗透率外，其还被用来研究混相渗流（Tartakovsky 和 Meakin，2005）和求解运移（Ovaysi 和 Piri，2010）。该方法已经应用于多相渗流（Tartakovsky 和 Meakin，2006；Tartakovsky 等，2007，2009a）来研究通道中的油相分解（Tartakovsky 等，2009b）、气泡运动（Tartakovsky 等，2009a）以及排驱和渗吸中的界面面积（Sivanesapillai 等，2016）。Liu 和 Liu（2010）总结了该方法及其应用。

就其本身而言，对数值技术光鲜外表的这种仓促总结并不会为多相渗流提供新的视野。现在要做的就是综合数值结果和实验结果来讨论 3 个主要问题：首先就是如何扩展多相达西定律，以便更好地捕捉黏性效应，然后就是来探索在不同渗流速度和黏度比下产生驱替的一般性流型，最后就是给出相对渗透率曲线。

6.5   多相达西定律的扩展

很多学者尝试过多种方法来扩展多相达西定律，可以采用更丰富和精确的手段来表征渗流过程。因不同的目的获得的这些扩展表达式可被用来描述非类渗流驱替和达西方程本质上不适用的驱替，例如分析与渗流量相关的影响。毛细管压力和相对渗透率的表征中降低或消除滞后作用，严格考虑能量、动量和熵平衡等。

6.5.1   渗滤和相场模型

正如 4.3.6 节中讨论的那样，润湿相的向下运移（雨水在干土中流动）是一个不稳定过程，其特征是连续的指进，尖部接近饱和，但是在后部饱和度较低。这可以被解释为横向排驱后，润湿相的指进式前缘推进。然而，相对渗透率的常规模型并不能解释这种特性：单调的渗吸毛细管压力曲线并不能产生随深度非单调的饱和度剖面（Eliassi 和 Glass，2001）。若无饱和度超调，则驱替是无条件稳定的：注入端润湿相饱和度均匀，达西速度等于渗透速度（饱和度随深度降低）。实际上，若土壤最初足够潮湿，可以允许润湿层渗流和水的类渗流推进，那么就会观察到这种结果。

指进是由于润湿相的前缘推进所导致的：这并不是一个类渗流过程，并且不能通过毛细管压力和相对渗透率的平衡连续介质模型来描述。这不是内在效应的问题，而是融入流动机制的问题。水必须在高饱和度下渗透进孔隙介质：若该饱和度下的达西速度超过了进口速度（雨水速度），那么仅可能出现一系列的润湿相非稳定指进。然而，这种结论并不能令人满意，因为它似乎排除了一种重要多相渗流现象的宏观处理。

利用大量常规理论（允许发展指进的剖面）的扩展来说明这个问题。DiCarlo 等（2008）和 DiCarlo（2013）对这项工作进行了详细的分析和概括，他们指出，要复制通过对平均渗流方程进行实验所见到的指进现象，需要非单调的毛细管压力和（或）润湿相流速的高阶扩散分布；然而，毛细管压力并非是物理性质，从定性角度来看，与其他条件所遇到的情况也不相同，渗流控制方程中规范项或扩散项在某种程度上来说是临时引入的。

在各种各样的方法中，物理方面最具吸引力的方法是在指进中施加了毛细管压力，这与前缘孔隙尺度的驱替一致。可直接施加毛细管压力（Steenhuis 等，2013）或者通过考虑所谓的前锋积水效应（可迫使指进中产生前缘推进）来施加。还发现指进尖端的润湿相压力会随着渗流速度的增加而增加(这里的毛细管数在黏性控制的流态中可为 10^{-3} 或更高)。可以利用与渗流量相关的接触角来对其进行预测(Steenhuis 等,2013)。还可以利用与速度相关的毛细管压力来对其进行复制,因为这在本质上是被用来捕捉相同的特性(Hilpert,2012)。在任何情况下,都会存在从指进尖端的前缘推进到类渗流的排驱,之后必然出现相对渗透率(或流导率)和毛细管压力跳跃的过渡;这种不连续性会使得非单调饱和度剖面发生传递(Hilfer 和 Steinle,2014)。

这个难题的另一种优质解就是通过修改润湿相的达西速度,与薄膜流动进行对比(如水滴沿玻璃窗户流下),以此对非稳定前缘推进与热动力学进行一致的处理(Cueto-Felgueroso 和 Juanes,2008,2009a,2009b)。多相达西定律[式(6.58)]考虑了表征润湿相前缘处界面张力的附加流速:

$$q_{\mathrm{p}} = -\frac{K_{\mathrm{rp}}K}{\mu_{\mathrm{p}}}\left[\nabla p_{\mathrm{p}} - \rho_{\mathrm{p}}g + \frac{\Gamma}{\rho g}\nabla(\nabla^2 S_{\mathrm{p}})\right] \tag{6.95}$$

适用于润湿相(水)。对于稳态驱替和饱和度平稳变化的情况,与饱和度剖面的散度相关的附加项(最后项)极小,因此该模型能够考虑这些情况下的传统形式。然而在润湿性前缘,正如在实验室中观察到的,该模型允许不稳定和非单调饱和剖面的发展。可基于物理依据来对模型参数 λ 进行估计,从而出现不含附加参数的预测理论(Cueto-Felgueroso 和 Juanes,2009a)。

尽管该模型是令人信服的,可为水流速中的附加扩散项提供物理合理性,但是并未说明一般性的问题,即相对渗透率的渗流量相关性。从解析和数值角度看,在式(6.95)中引入三阶导数似乎是很困难的,尽管该公式可以并且已经成功地引入流体渗流的模拟中(Cueto-Felgueroso 和 Juanes,2009a)。

6.5.2　考虑非平衡效应

在来自俄罗斯的前人文献中,Barenblatt(1971)给出了可适应非平衡特性的多相达西定律扩展式。Barenblatt 等(1990)的书和之后的教学论文(Barenblatt 等,2003)中对这项工作进行了很好的描述。在对原始排驱和润湿层渗流的讨论中,发现对于宏观毛细管压力往往具有系统性的过大估计趋势。更为具体的是,润湿相饱和度的测量值往往太高了,这是因为没有足够的时间使局部和宏观毛细管压力通过缓慢润湿层渗流而达到平衡。在注水期间,特别是在需要较长时间尺度才能达到平衡的部分亲油、部分亲水介质中,在通过油层的渗流中可以观察到相似的特性。

通过将相对渗透率和毛细管压力考虑为某个有效值 Δ 的函数,而不是将其(或 Leverett J 函数)考虑为饱和度(正常为两相渗流中的水饱和度)的函数,可解决这些问题。在稳态中,恢复 $\eta = S_{\mathrm{w}}$, K_{rp} 和 p_{c} 为平衡初始值;因此,在缓慢渗流时,可进行测量并且当 η 和 S_{w} 关系已知时,对于非平衡驱替,可利用相同的函数。一般有:

$$\eta - S_{\mathrm{w}} = \psi\left(S_{\mathrm{w}}, \tau\frac{\partial S_{\mathrm{w}}}{\partial t}\right) \tag{6.96}$$

式中:ψ 为某个无量纲函数;τ 为达到孔隙尺度平衡的时间尺度。

该模型最简单的形式为假设式(6.96)可写成:

$$\eta - S_{\mathrm{w}} = \tau \frac{\partial S_{\mathrm{w}}}{\partial t} \qquad (6.97)$$

注意每一项的符号。τ 为正。对于排驱实验，S_{w} 随时间增加而降低，这意味着 η 比 S_{w} 小：在一个以有限速率进行的实验中，通过较低的饱和度可以恰当地捕捉到毛细管压力和流动行为。从物理角度来看，这是正确的：施加的宏观毛细管压力在当前润湿相饱和度下要高于局部压力或平衡值($\eta<S_{\mathrm{w}}$)。在渗吸实验中，随着 S_{w} 增加，$\eta>S_{\mathrm{w}}$ 和宏观特性可表征在较高润湿相饱和度下的平衡驱替。

这个方程式被用来研究自吸，其本质上是一个非平衡过程(Barenblatt 等，2003)。将初始条件下(毛细管压力较高)，完全饱和或部分饱和的非润湿相与毛细管压力为 0 的润湿相接触：润湿相受到毛细管力的作用而进入孔隙介质；更完整的表述见第 9 章。利用式(6.97)和几秒到 1000s 不等的松弛时间，根据不同的系统可拟合实验数据，相当于通过润湿层渗流填充单孔隙所必要的时间，见式(6.32)至式(6.34)。

从物理角度来看，该模型很受欢迎并且相对简单，但是在实验上，没有明显的方法来测定 τ；τ 是饱和度的函数，因为润湿层渗流的时间尺度与润湿层厚度有关，受到毛细管压力的控制。正如 9.3 节所述，当自吸可在这种非平衡体系中进行解释时，可以利用常规多相渗流方程对该特性进行令人满意的定性解释和预测。还未明确如何从孔隙尺度动力学的角度来建立该模型，这个问题将在后文中被讨论。

6.5.3　能量、动量和熵平衡的平均方程

在一系列的论文中，Hassanizadeh 和 Gray 为从孔隙尺度到宏观尺度的多相渗流平均提供了一个严格的体系，包括考虑能量、动量和熵平衡(Hassanizadeh 和 Gray，1979a，1979b，1980；Gray，1983；Gray 和 Hassanizadeh，1991；Hassanizadeh 和 Gray，1993b；Gray 和 Hassanizadeh，1998)，接下来的工作是对平均流动方程具有物理依据的表征进行讨论(Hassanizadeh 和 Gray，1993a)。Miller 等(1998)和 Gray 等(2013)对该方法进行了详细的总结，并且采用了不同的模型。这种处理某种程度上涉及数学方法，不在这里重复：接下来会简要表述重要的物理见解。

若将多相渗流看作能量平衡过程，那么必然需要对界面面积进行说明：推导出一系列含有与流体/流体和流体/固体界面变化相关项的渗流方程。在宏观水平上，这些面积、常规渗透率、毛细管压力函数和驱替历史一般具有函数关系。为了得到一系列易求解的方程，必须用公式表达这些变量之间可测的连续性关系。

平均理论要求相对渗透率为饱和度和饱和度梯度的函数(尽管是在更简单的形式下对上述的相场模型进行模拟)，并且毛细管压力为饱和度和流体/流体界面面积的函数(Niessner 等，2011)。若进行的是稳态实验，那么就可忽略饱和度梯度，并且可获得方程的常规形式；若忽略界面面积，那么必须求解随驱替路径变化的渗流方程。

Hassanizadeh 和 Gray(1993a)提出的方法将毛细管压力写成：

$$p_{\mathrm{c}} \equiv p_{\mathrm{c}}(S_{\mathrm{w}}, a_{\mathrm{wnw}}) \qquad (6.98)$$

式中：a_{wnw} 为流体相间特定的界面面积(每单位体积的界面面积)。

假设毛细管压力仅为饱和度的函数，它与驱替方向和历史有关是滞后的，如图 5.1 所示。若将压力考虑为饱和度和面积空间中的二维表面，那么就消除了这个假设，或至少显著

降低了这个假设的影响。这个思想毫无疑问可以丰富对多相渗流的描述，但是也遇到了 3 个问题。

第一个问题：界面面积很难直接测量，并且不能常规地在岩心分析中获得。尽管在第 4.5 节中谈到可利用图像来获得该信息，但是这在目前仅是一个研究课题，而不是具有区别末端弯月面和弧形弯月面之间分辨率的标准测量。

第二个问题：即使考虑了界面面积，迟滞仍然可能存在。实际上，由于在首次接触油之后润湿性会发生改变，在原始排驱和随后的注水周期之间总是会存在区别。但是对亲水系统的某些直接测量发现迟滞并不存在，会发现存在矛盾之处（Porter 等，2010）。然而，孔隙尺度模拟研究表明，迟滞的影响被降低了，而不是消除了（Reeves 和 Celia，1996）。对于部分亲油、部分亲水介质，即使是一束平行的折角管模型（Helland 和 Skjæveland，2007），在考虑孔隙空间连通性和圈闭时，迟滞的显著程度仍然存在甚至更复杂（Raeesi 和 Piri，2009）。

尽管这些注意事项（包括界面面积）使得我们可以将毛细管压力写成平滑的函数形式，但在仅考虑饱和度的函数时，研究者没有观察到显著变化（Reeves 和 Celia，1996）。第三个问题就是该方程不能明确说明黏性效应。

Hassanizadeh 和 Gray（1993a）确实考虑了渗流量相关性，并且表明常规处理的最简洁形式就是将毛细管压力考虑为其平衡值的总和 p_c^{eq} 与饱和度变化率成正比的一项：

$$p_c = p_c^{eq} - \Lambda \frac{\partial S_w}{\partial t} \qquad (6.99)$$

Λ 为系数。这与式（6.97）黏性微扰中的一阶类似，$\Lambda = \tau \, \partial p_c / \partial S_w$。同样，尽管模型具有简洁性且服从物理解释，仍然存在之前所述的相同限制，因为 κ（饱和度的函数）不能简单测得，并且一般不需要解释和预测实验测量值。然而，该模型可以复制如前述的超调非稳定渗滤指进（DiCarlo，2013）。Hassanizadeh 等（2002），进行了实验和孔隙尺度模拟，显示了大范围的松弛时间尺度，大约 10000s。Helmig 等（2007）也采用该方法来拟合实验结果，并且引入特征时间 τ 为几百秒的多相渗流数值模型，这与对由润湿层渗流所介导的孔隙尺度填充时间的分析十分一致，见 6.1.3 节。在进一步的分析中，Λ 值的大小显示与推进前缘的宽度有关，在从高到低饱和度的过渡最低最快的地方，动态效应最为显著（Manthey 等，2008）。

6.5.4 考虑被捕集的相和其他方法

另外一种理论方法着重于多相渗流最重要的一个特点——捕集，以此作为理论的结果，而不是通过经验参考来观察宏观特性，如毛细管压力和相对渗透率。这里给出了仅渗流（连续）相流动时连续相和被捕集的相守恒方程（Hilfer，2006a，2006b）。假设连续相与被捕集相之间的转移率与饱和度变化率成正比。从理论中自然可得到迟滞情况，而不需要强行施加。这个方法常规应用的一个障碍就是基本关系，即被捕集相和渗流相之间的转移量不易测得，所以必须进行假设来定义模型，这样合成方程为涉及 10 个耦合的非线性偏微分方程。

Doster 等（2010）提出了渗流方程的数值求解，以及大量的近似解析求解，包括对自吸和同时发生排驱和渗吸时的情况进行求解（Doster 等，2012）。最后，该理论还成功地预测了在渗滤过程中，非单调饱和度剖面的发展。

这并非是这个主题的全部总结：其他方法，如弯月面动力学（Panfilov 和 Panfilova，2005）也常常被用来研究多相渗流，在十分限定的条件下，才会使用常规模型。

在这里不对这些思想展开说明。新的测量方法，特别是孔隙尺度成像，可以引导我们以新的视角来简化一般性平均理论。

目前这些模型并不能进行常规应用；解释现象的模型结果受到限制，不能利用常规理论得到令人满意的解释(除非稳定渗滤模型外)；没有方法能说明所有确认引入黏性效应、假设和非渗滤或前缘驱替的问题；最后，大多数理论需要不能测得或者不容易测得的参数。

相反，将讨论综合大量的数值和实验工作来描述流动状态，以及在何种条件下稳态平衡描述是合适的。

6.6　流态

在 4.3 节中讨论了润湿层渗流存在与否时的情况，流态作为接触角和非均质性的函数。在 5.2.2 节中，给出了注水侵入渗流是怎样被常规渗流替代的。现在加入黏性力和浮力的影响。为了分析的具体化，与往常一样默认考虑水驱替油的系统。

首先会表明流态或流型的意义(图 6.10)。在岩体尺度下观察饱和度的变化：一般来说，系统由于渗流产生的压降要比典型毛细管压力大得多，因此大规模的驱替受到黏性控制。然而这不是要着重关注的：若放大到包含一个跨越几个孔隙的表征单元体的宏观尺度，关心的是流体相的布局，因为这控制了渗流的程度。实际上，如果知道相对渗透率和毛细管压力为饱和度的函数，那么可以进行有用的平均描述，这反过来受到孔隙尺度流体结构的控制。若存在类渗流流型，那么在两相相连处和有限渗透率的范围内会存在不同的饱和度。饱和度会随着空间和时间缓慢变化，这样可以定义与式(6.58)一致的多相渗流特性，即使这些性质也是饱和度和饱和度历史的函数。若存在油滴簇延伸或前缘推进，那么平均饱和度会随着孔隙尺度而变化，并且不能将平均性质定义为平滑饱和度的可微函数。现在将给出能否对多相渗流的常规平均特性进行描述的条件。

6.6.1　无量纲数

流型是毛细管数 Ca[式(6.62)]、节点数 B[浮力和毛细管力之比，式(3.42)]的函数，被推广到适应排驱和渗吸：

$$B = \frac{\Delta\rho g l r_{\mathrm{t}}}{\sigma} \qquad (6.100)$$

式中，l 和 r_{t} 分别是特征孔隙长度和喉道半径。

毛细管力和黏性力都会引入局部逾渗概率梯度，与 Ewing 和 Berkowitz(2001) 将其分开处理不同的是，会将其结合来研究渗流作为有效毛细管数(之前介绍的，黏性效应和重力效应对捕集的影响的定量化表征)的函数。假设指进宽度 $W=1$ 和 $J=1$ 来简化表达式：

$$Ca_{\mathrm{eff}} = \frac{lCa}{\sqrt{\phi K}} + B \qquad (6.101)$$

这个定义的缺点就是考虑了孔隙尺度参数 l 和 r_{t}，但是任何对黏性力影响的评估都需要这两个参数。这个表达式吸引人的地方在于 $Ca_{\mathrm{eff}} \approx 1$ 时(而不是某些小得多的与介质相关的值)，会发生孔隙尺度渗流到黏性主导渗流的过渡。对于 Bentheimer 岩样，$l = 79\mu m$，$\sqrt{\phi K} =$

$0.61\mu m$，那么忽略重力时，$Ca_{eff} \approx 130Ca$。因此，当黏性力和毛细管力的比值大约为 1 时，$Ca = 10^{-3}$，对应的 $Ca_{eff} = 0.13$。若保留 Ca_{eff} 与 J 的相关性[式(6.82)]，当这个值更加接近 1 时，会发生这种过渡。

另一个需要考虑的无量纲变量就是 M(黏度比)。

$$M = \frac{\mu_d}{\mu_i} \tag{6.102}$$

式中：μ_d 为被驱替相的黏度；μ_i 为注入相的黏度。

对于 $M>1$，当较低黏性的流体驱替较高黏性的流体时，会发生不稳定驱替。这个现象被称为黏性指进，文献中对其有大量的解析、数值和实验研究，Saffman 和 Taylor(1958)最先开始对其进行定量化分析。若 $M<1$，则为稳定驱替。在下文中将回到黏性指进。

最后的变量就是 f_w，即注入端水的分相渗流量(水在注入体积中的比例)。在下文中，假设 $f_w = 1$；给出了在 f_w 中间值条件下的稳态实验，可以观察到大范围以断连相流动为特征的流型，见 6.4.7 节。若存在类渗流驱替模式，假设在足够缓慢的渗流条件下，观察到平均饱和度从注入端的较高值[对于 $1-S_{or}$(当 $f_w = 1$ 时)]到远处注入端较低初始值的平稳过渡。在这种情况下，当 $f_w = 1$ 时，流型将会显示大范围饱和度的流体结构，如图 6.11 所示。若存在更多的前缘推进，那么在某种程度上就需要人为确定中间值 f_w：在宏观尺度的驱替中，会观察到前缘发生流动(S_w 接近 1，孔隙尺度范围内出现饱和度过渡)。例如，在之前讨论的渗滤过程中的指进，当雨水以低于达西速度下渗时，那么 $f_w<1$。若土壤是潮湿的，这会导致饱和度随深度呈现平稳单调的变化，这与类渗流一致；若土壤干燥，则会出现前缘推进，从而导致指进。如果水的饱和度较高，则会下渗入土壤。没有在任何阶段迫使断连相流过系统，如图 6.17 所示。即使 $f_w<1$，除发生渗吸之处，渗流也会在较高饱和度的条件下发生。因此，不再进一步考虑稳态流的独立流型。

即使 $f_w = 1$ 时，有 4 个无量纲参数：θ(接触角)、Ca_{eff}、M 和某个非均质性的测量值。不描述或给出全部思维相图，而是在规定类渗流描述成立的条件(在某种情况下，允许类达西的宏观渗流描述)前，讨论不同限制情况下的特性。

4.3 节中已经描述了 $Ca_{eff} \to 0$ 的极限，如图 4.20 和图 4.21 所示。因为可以忽略黏度效应，所以 M 对驱替没有影响。对于接触角较大(排驱)和非均质系统(不考虑润湿性)，观察到了侵入型渗流和含捕集流态的渗流，这两种都属于类渗流，因此都服从常规的多相达西定律。在接触角较小和均匀介质的情况下，都观察到了前缘推进或团簇生长。

6.6.2 黏性指进和扩散限制凝聚(DLA)

现在考虑 $Ca_{eff}>1$ 的情况，这是黏性(浮力)效应在孔隙尺度上起到控制作用时相反的极端情况。在该限制下，接触角对渗流特性无影响，因为此时可忽略毛细管力，驱替模式受到黏度比的控制。若 $M<1$，则为稳定驱替，出现前缘推进。由于注入流体黏度更高，在压降比驱替流体中的压降高时，流体中任何突起的生长都会受到抑制。因此流态是平坦的，并且在受限尺度范围内，仅表现出自相仿特性。

更有意思的是，对于 $M>1$，驱替不稳定，不论介质的非均质程度如何，都会导致黏性指进；有关总结，请见 Homsy(1987)。注入相中的压力梯度要低于被驱替相中的压力梯度。因此，在驱替模式中发展出突起，那么突起中的流体流动要比围绕它的黏度更高的对抗流体要快，因此突起会出现生长。流体间的界面是一个具有从孔隙尺度到系统尺度的一系列辅助数字化的分形，分形维度取决于黏度比，从 2.5($M \to \infty$)到 2($M = 1$，平坦表面)不等(Blunt 和 King，1990)。注入流体本身的质量维度为 3：流型被填充，很少或没有捕集(Frette 等，1994)，这与 6.4.6 节讨论的一致。对于线性注水，最快和最慢流动的指进之间的距离会随着时间而线性增加：可利用经验模型，基于非线性分相渗流(将在 7.3.1 节中讨论)来精确地捕捉到平均特性。

还有最后一个极限，那就是当 $M \to \infty$ 时的极限。在这种情况下，不仅流体间的界面会分形，大部分注入相也是分形的：由于侵入相中的压力梯度可以忽略，因此可形成一种束状结构。这种情况下的分形维度大约为 1.715.715±0.004(二维)和 2.5(三维)，这个结果由解析表达式 $D = (d^2+1)/(d+1)$($d \geqslant 3$)给出(Tolman 和 Meakin，1989)。这个模式也被称作扩散有限凝聚(或 DLA)(Witten 和 Sander，1981)。由于注入相中没有压降，因此流体/流体界面具有恒压(注入装置的压力)。在遵守体积守恒和渗流受达西定律控制的均质介质中，可以获得被驱替相中的拉普拉斯方程 $\nabla^2 \phi = 0$，其中 ϕ 表示电势(相当于压力)。任何受到拉普拉斯方程控制的生长过程(边界处 $\phi = 0$，生长速度 $\nabla \phi$ 垂直于边界)都可由 DLA 模型进行描述。还有一个本质特征就是某种噪声水平或随机性水平会使得不稳定指进发生生长。最容易模拟 DLA 的方法就是模拟随机游动：平均粒子溶度(相当于 ϕ)遵守拉普拉斯方程。当一个粒子遇到 DLA 团簇时，它会被团簇黏住，团簇随即释放一个新的游动粒子。从实验角度来看，通过快速地将低黏度相(如空气)注入充满液体的孔隙介质中，可轻易地复制这个过程。这个相当精巧并简单的概念描述了大量的生长过程，从雪花状生长到电极处的介电击穿和电金属沉淀(Vicsek，1992)。

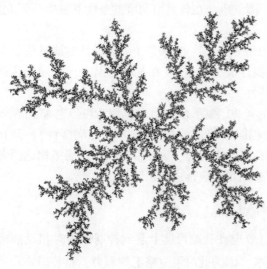

图 6.25　模拟的扩散限制(DLA)模式
这可能产生含数百万粒子的团簇。无线黏度差产生了分叉、分形结构。图像复制得到 Paul Bourke 的许可，http://paulbourke.net/fractals/dla/

黏性指进和 DLA 因其分形结构而显得分外美丽。从中心种子开始生长的 DLA 团簇如图 6.25 所示。注意该模式分开的枝状性质：若指尖的延伸半径为 r，那么粒子数(或团簇质量)与 $N \sim r^D$ 成正比，其中 D 为分形维度。密度 $\rho \sim r^{D-d}$，其中 d 为空间维度。由于 $d > D$，当 $r \to \infty$ 时，$\rho \to 0$，这意味着团簇会随着其生长而越来越分叉。

DLA 在视觉上的吸引力和容易程度可以被模拟和实验证明，这意味着它通常被作为黏性指进或不稳定生长的样本。这可明显见于以下文献中摘取的图片。然而，这可能具有误导性，因为还没有(至少是在油田尺度的驱替中)注入过黏度为 0(或可忽略)的流体。一般储层条件下的(高温)水黏度大约为 5×10^{-4} Pa·s；油黏度变化更大，从 10^{-3} Pa·s 到 1Pa·s 不等。正如之前所提到的一样，在降低界面张力(通过注入表面活性剂或注入气体)时，往往可以观察到黏性控制的驱替。气体黏度要比水(油被其驱替)的黏度低很多。例如，CO_2 的黏度(压力为 10^{-20}MPa，温度为 280~320K)从 $2×10^{-5}$Pa・s 到 $7×10^{-5}$Pa・s 不等(Fenghour 等，1998)。然而，利用气体的话，只能与或几乎只能与轻质、低黏油进行混相。因此，表征黏度比 M(适用于油田尺度黏性控制的驱替)一般为 10^{-100}，这个值比较大，但不是无限的。对于有限黏度比，正如以上提到的一样，当分形维度 $D=d$ 时，指进更容易被填充，这个表面是自相似的。

图 6.26 显示了一个黏性指进模式[对无毛细管压力($Ca=\infty$)、$M=33$ 的二维孔隙介质进行的模拟]。在这种情况下，注入流体和被驱替流体是混相的；在这两者之间无相边界，并且也没有毛细管压力。与饱和度相比，考虑以注入流体浓度 c 表示的过程更加自然：注入端 $c=1$，其中 $c=0$ 对应于被驱替的流体。尽管注入相高度不稳定，但是它还是能够完全驱替注入端的残余流体，这就是具有指进现象的前缘推进。注意指进中的手指层次，其特点是具有分形表面(可以想象一下蕨菜的叶子)。

在 20 世纪 80 年代分形学的全盛期时，文献中大量对黏性指进和 DLA 的研究；这些作者甚至在完成与该主题相关的 PhD 学位论文中被完全误导了。我在这里不会进一步对这个领域做一些平庸的总结，而是推荐感兴趣又有热情的读者阅读一些关于这个主题的其他书籍(Vicsek，1992；Sahini 和 Sahimi，1994；Sahimi，2011)。

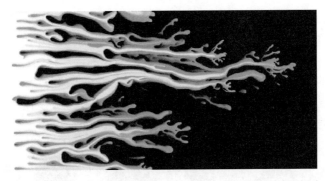

图 6.26　在完全混相的低黏流体(亮色)驱替高黏流体(黑色)期间的溶度场(引自 Jha 等，2011)

$M\approx33$ 与 DLA 不同的是该模式从注入端进行填充，但还是在流体间发现了一连串不稳定指进的分形界面

6.6.3　流态图总结

存在侵入型渗流、含捕集渗流、前缘推进、团簇生长和黏性指进 4 种驱替模式。对于前面两种类渗流模式，可利用多相达西定律[式(6.58)]。黏性指进也要服从宏观描述，这是因为可以对指进中的渗流进行平均，然而这是一个与相对渗透率相关的方程式，尽管它在数学上是可行的，但是这并不是物理学上描述渗流的方法，会在 7.3.1 节中进一步讨论。对于前缘推进和团簇生长，平均饱和度会从一个初始值变化到一个几乎在整个孔隙长度范围的值，并且不能够采用常规的渗流进行描述。这可明显见于渗滤过程中，有人已经提出将大量的推断加入渗流方程中。事实上，宏观可微的饱和度剖面是不存在的。

在定量化每种模式能够被观察到所需的时间前，会首先提出一些实验和数值上的证明。图 6.27 显示了一系列对玻璃珠人造岩心(径向几何形状)进行的实验。孔隙被注入空气和甘油的混合物，$M\approx320$(Trojer 等，2015)。渗流速度和接触角会发生变化，不存在润湿层渗流。在恒定注入量下，达西速度与半径成反比，因此在推进前缘处黏性力和毛细管力孔隙尺度上的平衡会随着时间发生变化。Trojer 等(2015)定义了一个有效毛细管数。

$$Ca^* = \frac{\mu_d QR}{\sigma b d^2} = Ca_d \left(\frac{R}{d}\right)^2 \tag{6.103}$$

式中：Q 为注入量(每单位时间注入的体积)；R 为系统的半径；b 为深度；d 为粒径。已经定义了被驱替流体 Ca_d(当驱替到达填充边缘时)。

这与采用的依据有效毛细管数[式(6.101]的定义不同，基本区别就是通过孔隙尺度的比(孔隙尺度与渗透率的平方根乘以孔隙度之比)重新调整了 Ca，然而在式(6.103)中，这个比例是系统尺寸的平方与玻璃珠直径之比。从经验的角度来看，$Ca^* \approx 1$ 时，会观察到毛细管起到控制作用，而黏性起到控制作用的过渡。在较小黏度比($M \approx 14$)的实验中已经观察到类似的特性，但是在毛细管数最高的地方，存在一种填充黏性指进模式(Frette 等，1994)。

在最低渗流速度时，由于注入流体的润湿性较大，因此会出现从侵入型渗流到前缘推进的过渡。在 4.3 节中讨论了 Cieplak-Robbins 过渡，在接触角大约为 120°时，通过注入相测量的扩散指宽是比较明显的(对应图 6.27 中的 60°)，在排驱式驱替中也可观察到前缘推进($\theta > 90°$)。

在最高渗流速度时，无论接触角的大小如何，都会观察到指进模式。尽管在侵入相润湿时观察到了平型指进，但是由于黏度比 M 非常大，因此会产生分叉或者类似 DLA 的结构。在流态之间没有突变过渡，但是对于非润湿推进，会在局部观察到毛细管控制的模式($Ca^* < 1$)。对于驱替中的稳定渗流($M < 1$)，观察到侵入型渗流在关联长度外(随着 Ca 增加而降低)前缘更加突出的推进(Lenormand 等，1988)。在利用动态孔隙尺度模型的二维渗流数值模拟中，也观察到了类似的模式(Holtzman 和 Segre，2015)。

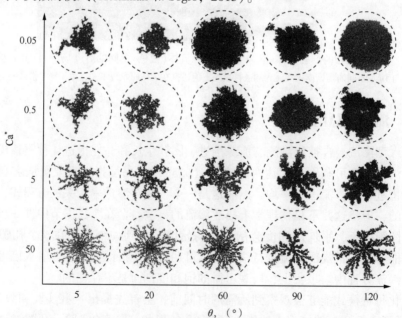

图 6.27　在空气(黑色)注入充满水和甘油(亮色)混合物的孔隙介质时获得的驱替模式图像，有效毛细管数 Ca^* 和静态接触角 θ(从驱替($\theta \approx 5°$)到渗吸($\theta \approx 120°$))的函数[式(6.103)](引自 Trojer 等，2015)
通过密度更大的被驱替相来正确定义接触角：在下文中，假设注入了密度
更大的流体相，产生的角度为 $180° - \theta$。黏度比 M 大约为 320

图 6.28 为基于微观模型实验以及 Lenormand 和 Zarcone（1984）、Lenormand 等（1988）和 Lenormand（1990）的模拟的流态图或相图，其为 Ca_{eff} 和 M 的函数。这综合了之前给出的在 $M=1$ 和高渗流速度下，从稳定到非稳定（黏性指进）模式交叉的结果（$Ca_{eff}<1$ 时存在毛细管控制的渗流）。渗流中存在黏性控制到毛细管控制区域的一般性过渡，可以在其中观察到渗流路径断开和重连的间断性渗流模式（6.4.7 节）。在图 6.28 中，由于 M 改变，存在从渗流到黏性指进的过渡（Ca_{eff} 不变），这是通过注入相人为简单定义的。当该流体相的黏度非常低时，其中的压降会很低，但是黏性力仍然很大，这是因为被驱替相必须流动，当 Ca_d 为定值时（或利用 μ_d 来定义 Ca_{eff}）会发生这种交叉。

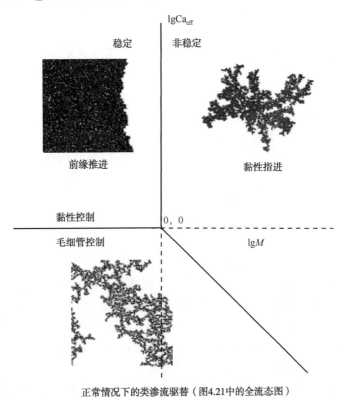

图 6.28　流态为黏度比 M[式（6.102）]和有效毛细管数 Ca_{eff}[式（6.101）]的函数

在毛细管控制的流态中，在 Ca_{eff} 较低时，正常情况下可观察到渗流模式（图 4.21 中表示全流态图）。当渗流受到黏性力的控制时，对于 $M<1$ 可观察到稳定的前缘推进；而在 $M>1$ 时可观察到黏性指进，仅当 $M\to\infty$ 时，才可观察到 DLA

现在综合所有的这些研究来描述不同的一般性流态可被观察到的条件。假设允许润湿层渗流，将 Cieplak-Robbins 过渡限制在中湿性和均匀系统中，如玻璃珠人造填砂，但是这不一定能很好地表征储层岩石（尽管有人对其进行了大量的实验）。在允许润湿层渗流时可观察到含捕集相的渗流，然而在非润湿相的原始侵入或水注入亲油介质（忽略润湿层渗流）时，观察到的是侵入型渗流。在流态或相态图（图 6.28）末尾处是相当简洁的，图 4.21 表示在毛细管限制下，对可能模式更加复杂的描述。

（1）类渗流推进：$M<1$ 和 $Ca_{eff}<1$ 或 $Ca<10^{-3}$；对于 $M>1$，$Ca_{eff}<1/M$（或 $Ca_d<10^{-3}$）时，还需要某些与接触角有关的阈值孔隙尺度非均质性（图 4.21）。当 $\theta\to180°$ 时，甚至对于非均

匀介质，都可以观察到渗流推进。这些标准包括侵入型渗流(通常也称作毛细管指进)和含捕集渗流(当出现润湿层渗流时可观察到)。仅在类渗流流态中才可定义宏观平滑的饱和度变化，并且可采用多相达西定律[式(6.58)]，即使直到$Ca_{eff}<10^{-2}$，也会存在显著的渗流速度敏感特性。

(2)前缘推进：$M<1$且$Ca_{eff}>1$，或$Ca_{eff}<1$且处于受接触角和非均质性控制的流态，偏中湿性系统(无润湿层渗流)和均匀介质。饱和度在孔隙尺度范围内在0~1之间变化，指进宽度趋于无限大。常规的相对渗透率和毛细管压力平均宏观描述不能捕捉到该特性。

(3)团簇生长：$Ca_{eff}<1$，接触角较小和均质系统。这相当于允许润湿层流动的前缘推进，但是不允许毛细管压力和相对渗透率与饱和度光滑相关的定义。

(4)黏性指进：$M>1$和$Ca_{eff}>1/M$，对于$M\to\infty$，观察到质量分形的DLA模式。当黏性指进也可进行宏观描述时，相对渗透率的概念不再与不同渗流通道的假设一致。

这并不是可能渗流模式的完整描述。Hughes和Blunt(2000)在存在有充足的初始润湿相饱和度来分解平型团簇的生长时确定了随机团簇生长的规律；然而，这在本质上是一种类渗流模式，因为目前的填充顺序主要由孔隙尺寸，而不是局部弯月面结构决定。

本书中没有单独考虑重力，但Ewing和Berkowitz(2001)考虑了重力。在渗流理论中，浮力和渗流会产生稳定化逾渗概率梯度，这导致流动模式中出现有限关联长度且残余饱和度出现变化(如在6.4.4节中介绍的)。尽管如此，如果存在重量上不稳定的驱替，那么即使是在极小的渗流速度下，这都将会影响流型(如渗吸中的渗滤)；见4.3.6节和6.5.1节。而且，对于推进前缘，关联长度与毛细管数的比例和它与节点数的比例是不同的：比较式(4.33)和式(6.78)。

Yortsos等(1997)利用渗流理论观点来发展考虑重力和黏性力时的驱替相图。然而，这个方法的独特之处在于：Yortsos等(1997)描述了岩体尺度驱替模式要么是致密的，要么具有指进的条件(图6.10)。这种方法仅关注表征单元体范围内的宏观模式。若在该尺度下为类渗流模式，那么就可定义平均饱和度相关量。假设利用这些量和引入质量守恒来测定(正常情况下通过数值)岩体尺度的驱替(见第9章)，该模式在最大尺度或不稳定且发生指进时要么是稳定的，要么是致密的。

在下一章会假设类渗流驱替模式已经存在，并且可以定义平均饱和度，可得到宏观毛细管压力和相对渗透率。将相对渗透率设定为饱和度、饱和度路径(驱替历史)、渗流速度和黏度比的函数。

7　相对渗透率

在本章将会讨论相对渗透率，将它的特征与前述的孔隙尺度现象关联起来。会给出实验测量值和利用不同模拟方法得到的预测值。然而，本章的主旨不再针对相对渗透率进行全面的综述，也不针对测量技术，对于后者的讨论，参见 Honarpour 等（1986）和 Anderson（1987b）文献。

7.1　亲水介质

Bentheimer 砂岩岩样的相对渗透率曲线实例如图 7.1 至图 7.3 所示（Ramstad 等，2012；Alizadeh 和 Piri，2014a）。如图 7.1 所示，在原始排驱和水驱期间，油水接触角可直接利用 X 射线成像来测量，其平均值分别为 22°和 28°，这表明了其很强的亲水性质（Aghaei 和 Piri，2015）。

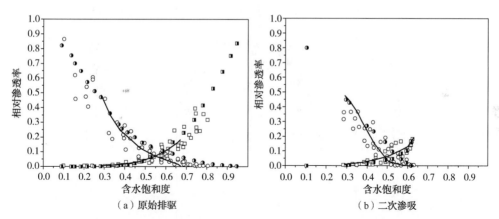

图 7.1　Bentheimer 砂岩相对渗透率作为含水饱和度的函数（引自 Aghaei 和 Piri，2015）

实线表示动态孔隙尺度网络模拟稳态流的预测值（图 6.22）与文献中的实验数据（Øren 等，1998；Alizadeh 和 Piri，2014a）对比，分别以空心、半空心的符号表示

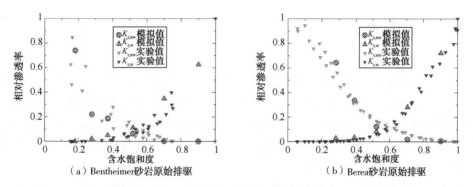

图 7.2　Bentheimer 砂岩和 Berea 砂岩的稳态实验和模拟结果（引自 Ramstad 等，2012）

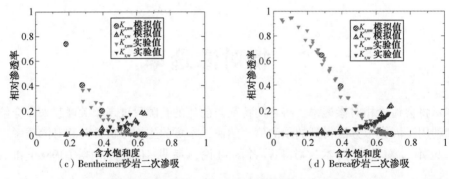

图 7.2　Bentheimer 砂岩和 Berea 砂岩的稳态实验和模拟结果(引自 Ramstad 等，2012)(续图)
给出了几类不同实验数据来说明测量值的分布。在与实验相同的流体和渗流条件下(图 6.24)，
利用格子玻尔兹曼法对 256^3 孔隙空间图像进行了模拟

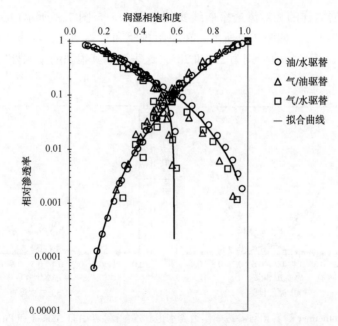

图 7.3　Bentheimer 砂岩的两相原始排驱和二次渗吸相对渗透率数据
(引自 Alizadeh 和 Piri，2014a)

7.1.1　原始排驱

在原始排驱中，岩石最开始是完全水饱和的：$K_{ro}=0$，$K_{rw}=1$。如 3.4 节所述，油在侵入型渗流过程中最先穿过最大的孔隙，这切断了水最具导流能力的流径，并且 K_{rw} 急剧降低。当油相首次穿过岩样时的临界饱和度是一个重要的参数。在 Alizadeh 和 Piri(2014a)的实验中，岩心直径为 3.81cm，孔隙长度为 79μm，将这些值代入式(3.29)中，得到临界饱和度大约为 5% 的估计值，这与图 7.1 所示的结果一致。渗流理论预测 K_{ro} 与油饱和度的幂次方成正比，幂指数大约为 4.8[式(6.74)]。

饱和度 $S_w \approx 0.55$ 时，两条相对渗透率曲线相交($K_{rw}=K_{ro}$)值大约为 0.1 或更低。当两相饱和度较大时，相对渗透率的和远小于1，这表明油水总渗流受到阻碍。其原因就是弯月面的存在形成了两相的流动屏障；特别地，端部的弯月面会阻塞孔隙和喉道，弧形弯月面的影响较小，因为它被封闭在孔隙空间的凹陷和角部中。交点处饱和度大于0.5，这与亲水系统一致，当含油饱和度低于含水饱和度时，油相对渗透率等于水相对渗透率。若将一相的相对渗透率考虑为其自身饱和度的函数，那么K_{rw}小于K_{ro}。水是润湿的，并且封闭在润湿层和较小的孔隙、喉道中；油因其较大的流导率而占据较大的区域。

一旦含油饱和度大于0.5，油的连通性较好，扭曲高渗流、大半径的岩石通道并且K_{ro}随着驱替进行而急剧增大，达到最大值(K_{ro}^{max}接近1)。低饱和度水不会明显阻碍油的流动。

在饱和度大约0.4以下时，K_{rw}就非常低了，需要利用对数坐标图(图7.3)来观察接近原始排驱实验末期相对渗透率值的急剧下降。这是因为水主要被封闭在润湿层中，所以流导率较小。然而，应注意的是，在实验末期，当含水饱和度小于10%时，K_{rw}并非为0；该值只是非常小，但是一个有限值。无法施加一个无限的毛细管压力，也不可能等待无限的时间来允许无限小量的渗流。在任何实验中，实际上也包括任何场景设置下，在具有有限含水饱和度和相对渗透率的有限毛细管压力下，都会发现原始排驱末期有流体的分布。在真实的岩石中期望达到真实的束缚含水饱和度从来都是不切实际的，见3.5节。

7.1.2 注水

水驱和二次渗吸期间的相对渗透率是不同的。其主要的原因如4.6节所讨论的，非润湿相可以被捕集。实验中的残余饱和度为35%~40%，这表明强烈的亲水性质和具有大量卡断的驱替过程。表4.1中给出了量化值，表中记录了Bentheimer网络(不同接触角)的驱替统计值。渗吸时的K_{ro}小于排驱时的K_{ro}，特别对于低油饱和度时如此。当$S_w = 1 - S_{or}$时，K_{ro}^{max}会近似直线下降到0。在渗吸过程中，卡断断开了油的渗流通道，而含水饱和度变化相对较小，这导致油相对渗透率显著下降。特别重要的是，当油的最终连通通道断开时，K_{ro}会急剧下降到0，与S_{or}十分接近。正如后面讨论的，这是系统亲水的重要特征，由于部分亲水、部分亲油介质和亲油介质中的润湿层渗流，逼近残余饱和度则非常缓慢。

K_{rw}不存在明显的滞后现象，水总是会占据孔隙空间的最小区域，从而不会被完全捕集，因此无论驱替过程如何，对于相同的饱和度都会具有相似的流导率。正如对强亲水固结岩石所期望的一样，这与类渗流渗吸模式和指算为孔隙尺度一致，见4.3节。

图7.3显示了油/水、气/油和气/水实验的相对渗透率。给出了渗吸和排驱的相对渗透率曲线，不同流体系统的曲线叠加在一起。在这些情形中，曲线特性再次显示出强烈的亲水性，特别采用的流体对驱替没有影响，这是因为接触角在所有情况中都相似。同样地，润湿相相对渗透率不存在滞后现象(水在油或气前，并且油在气前)，但是确实观察到了非润湿相的不同之处，渗吸中的残余饱和度大约为40%。

图7.4显示了首次测量4种填砂(渗透率为18~260D)的相对渗透率(Wyckoff和Botset，1936)。实验为稳态原始排驱型由CO_2对水的驱替。在随后的80年里，对孔隙尺度的驱替过程和较小尺度非均质性的影响有了更好的认识(Reynolds和Krevor，2015)，但还是未能明显提高测量的简易性和测量值的准确性。与砂岩岩样相比的主要区别就是，由于存在连通性较好的孔隙空间，那么相对渗透率之和就较大，现在的交点值大于0.15。

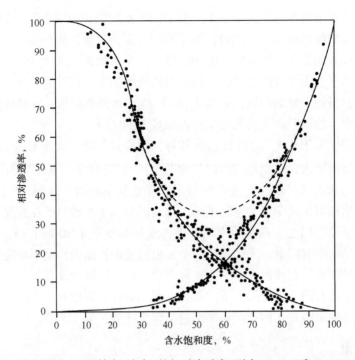

图 7.4　首次测量 CO_2 驱替水（液态）的相对渗透率（引自 Wyckoff 和 Botest，1936）

给出了 4 种填砂的实验结果。虚线为两个相对渗透率之和：这比之前对连通性较差、固结的砂岩观测到的结果要低

7.1.3　相对渗透率的预测

　　如 6.4.9 节中所述，有可能利用多种方法来模拟多相驱替。Bryant 和 Blunt（1992）利用从一组单分散的球体提取的网络模型（Finney，1970），基于真实孔隙介质的显式表达，成功地对相对渗透率进行了预测。Øren 等（1998）对更大范围的孔隙介质利用基于过程的方法得到的网络模拟了排驱和水驱，见 2.2.2 节。特别地，对 Bentheimer 砂岩的原始排驱和渗吸毛细管压力以及相对渗透率进行了比较好的预测；Patzek（2001）获得了类似结果。

　　分配孔隙和喉道填充顺序的方法已经在前面章节进行了详细说明，为了清楚起见，在这里仅进行简要的总结。孔隙介质表示为通过喉道连通的孔隙网络；每个孔隙或喉道具有环形、方形或三角形横截面，形状因子由孔隙空间图像或重构得到[式（2.2）]。驱替按照毛细管压力阈值（含界定宏观毛细管压力的局部极限值）的顺序进行。通过施加毛细管平衡来确定每个孔隙和喉道的流体结构，由此可计算相体积和饱和度。这里还有一些细枝末节要讨论，即喉道和孔隙之间的体积是怎样划分的：理想情况下，这与基于底层孔隙空间图像或调整为可用数据的计算有关。如 6.1.3 节中所述，相对渗透率可由阐述润湿层渗流的单喉道和孔隙半解析计算的流导率得到。将系统视为一种随机排列的网络，并且利用每个连接单元的流导率计算各相的总渗流。严格来讲，可对两孔隙之间每相的渗流得到渗流速度和压力梯度之间的类达西或泊肃叶线性关系。比例常数可从单孔隙和喉道的流导率中求解。在每个孔隙处对每相应用体积守恒来推导求解压力的一系列线性方程，可以在线性分析中利用标准技术来求解总渗流。这等同于通过利用每个单元中流导率的一系列解析表达式简化每相占据的网络部分来求解 Stokes 渗流。

要注意 3 个重要特征：（1）假设两相之间不存在黏性耦合时可获得最好的结果：流体/流体界面为无渗流边界；（2）在许多情形中，不能预测束缚水饱和度或原生水饱和度，但是可从岩石（如黏土）中的低渗透性矿物含量中推断出来，或者将其调整至可拟合情况下的测量数据；（3）对于原始排驱，接触角降低至 0° 或接近 0° 时进行比较好的预测；甚至是对于明显强亲水介质中的渗吸，也需要比较大的推进角，如 Øren 等（1998）采用的角度为 30°~50°。这是因为考虑了粗糙表面上的流动（图 2.31），并且会不可避免地遇到某种程度的接触角滞后。

图 7.1 和图 7.2 表示测量数据的准确预测值。图 7.1 中，利用可模拟实验中稳态流的动态网络模型进行预测。在所有实验中，毛细管数［式（6.62）］比较低（小于 10^{-5}），所以此时处于准静态流态。渗吸时的接触角为 35°~55°，这比那些在孔隙尺度图像上的直接测量值（22°~42°）要大，该值不是当流体静止时可能的较低值，表征了接触线流动时的角度（Aghaei 和 Piri，2015）。图 7.2 中，基于 256^3 像素的图像，采用直接格子玻尔兹曼法进行模拟（接触角固定不变为 35°，毛细管数为 2×10^{-6}）。注意：模拟结果在实验数据的分布范围之内，并且可再现上述所有主要的定性特征。

图 7.2 还显示了 Berea 砂岩（另一采石厂岩样）利用格子玻尔兹曼法模拟得到的测量值和成功预测值。对于此类岩石，Oak 和 Baker（1990）得到了经典的相对渗透率数据资料（如果向作者请求，可获取电子形式的数据）。

Øren 和 Bakke（2003）以及 Valvatne 和 Blunt（2004）利用孔隙尺度网络模拟对 Berea 砂岩的相对渗透率进行了预测。图 7.5 显示了水驱模拟结果，平均推进接触角大约为 60°（Valvatne 和 Blunt，2004），他们也指定了黏土中的束缚水体积来拟合测量的原生水饱和度，采用的网络模型如图 2.14 所示。选择平均接触角来拟合残余油饱和度，如 4.2.4 节中所讨论的，增加接触角时，会观察到更少的卡断和协同孔隙填充，并且较大单元中不再发生捕集（表 4.2）。这导致残余饱和度随接触角的减小而降低。增加接触角往往还会使得 K_{ro} 梯度降低至 S_{or} 左右；对于 $S_w=1-S_{or}$，会观察到 $dK_{ro}/dS_w=0$ 时的情况。

Berea 砂岩的相对渗透率表现出与 Bentheimer 砂岩岩样相同的定性特征：残余饱和度大约为 30%，交点处的相对渗透率为 0.1（含水饱和度大约为 65%）。这里所给的相对渗透率是亲水砂岩的特征：每相的连通性受到毛细管，而不是某些孔隙空间本身尺寸的控制。正如之后所提到的一样，在这些岩石类型中，润湿性或接触角的分布是相对渗透率特性的主导因素。

可利用本书中扩展的孔隙空间拓扑、准静态驱替、Stokes 渗流和毛细管平衡的概念来定量地重现相对渗透率。从某种程度上来说，测量的宏观渗流特性实际上是缓慢渗流的结果，在慢流中流动的微观结构受毛细管力的控制，其整体驱替模式类似于渗流。

7.1.4　不同岩石类型的相对渗透率

尽管对于岩石结构和相对渗透率的关联，通常可以较少且品质较差的实验为基础，但是对孔隙空间中多相连通性的细微之处简化分析就比较困难了。与其用摇摆式的相关性作为支撑，不如更好地研究数据的本质，并且基于谨慎的孔隙空间分析和模拟进行预测。

作为把相对渗透率与岩石类型关联起来较为困难的实例，Bennion 和 Bachu（2008）研究 CO_2 封存时所获取的大量地下岩样相对渗透率数据如图 7.6 所示，表 7.1 中描述了所研究的岩石详情。该研究包括砂岩、碳酸盐岩、页岩和石膏（孔隙度从 0.012 至 0.195 不等，渗透

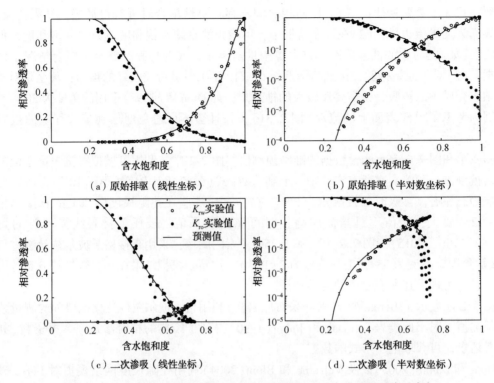

图 7.5　亲水 Berea 砂岩(线条)预测的原始排驱和二次渗吸相对渗透率与
Oak 和 Baker(1990)(圆圈)的 3 组实验数据之间的对比(引自 Valvatne 和 Blunt，2004)

预测值是 20 个实际值的平均值，误差线的长度为标准偏差的两倍

率从 20mD 至 30nD 不等)。首先观察到这些岩样的渗透率非常低，并且比迄今为止研究的具有较好连通性的矿山系统渗透率要低得多(表 6.3)。

表 7.1　岩样的岩石特性总结(引自 Bennion 和 Bachu，2008)

岩样	岩石类型	孔隙度	渗透率，mD
Viking	砂岩	0.195	21.7
Nisku	碳酸盐岩	0.114	21.0
Cardium 1	砂岩	0.153	0.356
Cardium 2	砂岩	0.161	21.2
Colorado	页岩	0.044	0.0000788
Muskeg	石膏	0.012	0.000354
Calmar	页岩	0.039	0.00000294

如图 7.6 所示，相对渗透率被绘制成非润湿相 CO_2 饱和度的函数，这与常规方程相反。首先，将 CO_2 注入完全盐水饱和的岩样中($S_w=1$)，接着将盐水注入残余 CO_2 饱和区域。从实验上讲，在将低黏度流体(如 CO_2)注入低渗透岩样中时很难将润湿相排驱到低饱和区域，因此在原始排驱末期时的 S_w 是相当大的，在这些岩样中达到了 80%。尽管这里没有提供误差线，但是从之前所示更加简单、更加容易的岩石实验数据分布来看，对测量值仍有某些不确定之处。

　　残余 CO_2 饱和度从 10% 到 35% 不等，在 4.6 节渗透率更大的岩石中也观察到了这种范围的饱和度值。然而，某些饱和度的较低值与渗吸初期较低的初始非润湿相饱和度有关。渗透率的交点值是辨别较差的孔隙空间连通性的主要标志：对于渗透率最低的页岩和石膏，这个值要远小于 0.1（该值适用于连通性良好的砂岩）。

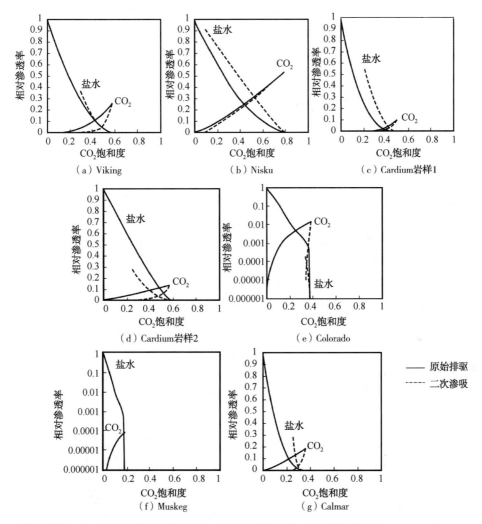

图 7.6　不同岩样中 CO_2/盐水驱替原始排驱和二次渗吸的相对渗透率测量值（引自 Bennion 和 Bachu，2008）
表 7.1 给出了岩石的特性。Muskeg 岩样的渗透率太低，以至于无法进行渗吸实验

　　相对渗透率是一个无量纲数，因此它不会受到渗透率的直接影响，但是与孔隙空间完全饱和时相比，它会受到每相在孔隙空间的流动性的影响。例如，除较高的视束缚润湿相饱和度（仅随可在实验中施加的有限时间和毛细管力变化）外，从定性的方面来说，图 7.6 中的 Cardium 1 岩样（一种渗透率为 0.356mD 的砂岩）的相对渗透率与 Berea 砂岩和 Bentheimer 砂岩岩样（渗透率超过其 1000 倍）或渗透率达到其 100000~1000000 倍的填砂的相对渗透率类似（图 7.4）。相比之下，碳酸盐岩则表现出较大的相对渗透率和较少的捕集，这表明每相占据了平行通道。三种孔隙度最低的岩样（两种砂页岩和一种石膏）表现出大量的捕集，并且饱和度的范围较小（特别是渗吸过程中两相可以渗流），孔隙空间的连通性仅允许单相渗流，

因此填充少量孔隙会断连其他相。

引用 Muskat 和 Meres(1936)一些有意义的观点作为本节的结语。作者在评论相对渗透率时讲道：在从数值方面讨论任何特定的渗流问题前，必须得到经验测量值。很明显，这些关系式理论上令人满意的计算甚至要比均质流体渗透率的计算复杂好几倍，对于后者无法利用解析解进行计算。很明显可预测绝对渗透率和相对渗透率(但是仅基于渗流和驱替的显式孔隙尺度模型)，我们的主要原则不适用于预测图 7.6 中所观察到的复杂特性。因此，将某些假设的孔隙结构的细节与平均渗流特性关联起来就意义不大了。尽管如此，还是可以考虑初始润湿相饱和度较大的变化是怎样影响随后的水驱相对渗透率的，以下将对其进行讨论。

7.1.5　初始饱和度的影响因素

在 4.6.2 节中，提到了残余饱和度在原始排驱后与其初始值的相关性。对于亲水介质，可以利用经验模型获得残余饱和度随初始饱和度单调递增的性质。在这里研究残余饱和度对相对渗透率的影响：特别地，由于 $S_o = S_{or}(S_{oi})$，因此在渗吸过程中 K_{ro} 在原始排驱末期会从某个值降低至 0。图 7.7 给出了 Berea 砂岩中国 CO_2/盐水系统的某些实例结果，这里 CO_2 为非润湿相。在这些与图 7.6 相似的实验中，排驱时很难实现较高的 CO_2 饱和度。

正如前文提到的，润湿相相对渗透率 K_{rw} 存在相对较少的滞后。然而，实际上 K_{ro} 在 S_{oi} 较低时，会随着含水饱和度的增大而接近直线降低。其原因就是 S_{or} 与 S_{oi} 几乎线性相关，如图 4.37 所示。当水驱开始时，大多数 CO_2 会被迅速捕集并且 K_{ro} 降至 0。非润湿相开始占据类渗流团簇，接近阈值，渗吸时少量的卡断事件就足以引发断连。

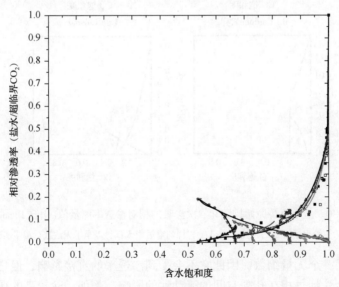

图 7.7　一组 Berea 砂岩原始排驱和渗吸的相对渗透率(引自 Aghaei 和 Piri, 2013)

非润湿相为高压 CO_2，将其注入岩样以达到不同的初始饱和度，接着注入盐水。点为测量值，线为拟合曲线

亲水系统的特征是 K_{ro} 迅速降低接近 S_{or}，并且与初始含油饱和度的相关性强。然而，对于油田应用来说，润湿性在原始排驱后发生变化，S_{oi} 和润湿性之间存在某种关系(见 5.3.1 节)，该关系控制了孔隙表面接触油的程度和毛细管压力(见 2.3 节)。以下讨论润湿性对相对渗透率的影响。

7.2　润湿性的影响

处理润湿性最简单便捷的方法就是完全将亲油系统考虑为亲水系统的反例，这个方法对于水驱是完全行得通的。水现在为非润湿相，油为润湿相，所以可以写出 $K_{rw}^{ow} = K_{ro}^{ww}$ 和 $K_{ro}^{ow} = K_{rw}^{ww}$，式中下标 ow 和 ww 分别表示亲水和亲油。这意味着相对渗透率会在饱和度低于 0.5 时才会有交点，这是由于饱和度相同，作为非润湿相并且占据较大孔隙和喉道的水与较小单元中的油相比具有较大的流导率。端点值 K_{rw}^{max} 会比较大，一般大于 0.5，并且可能接近 1。

尽管这个观点很有吸引力，也有可能是正确的（因为这样可转变油水的润湿性质），但是它忽略了润湿性在储层中是如何实际确立的。首先，在亲水系统中在原始排驱后确立了 K_{ro}^{max}，无论随后水驱时的润湿性如何变化，在 S_{wi} 较低时，它的值一般接近 1。若在注水之后二次注入油，可以观察到水作为非润湿相被捕集，其真实残余饱和度为 S_{wr}，并且具有比原始排驱后更低的最终值 K_{ro}。更为重要的是，在注水初期，水层会出现在岩石中，并且这些水层的流导率开始控制 K_{rw}，直到水填充的孔隙和喉道的通道跨越系统。

Anderson（1987b）利用不同测量技术的评估总结了润湿性对相对渗透率的影响。这里就孔隙尺度的驱替给出并解释了所选择的数据。然而同样地，不能基于一般性准则来做出定量预测；润湿性、孔隙结构和出现的驱替模式的相互作用展现了丰富的特性，这种定量预测经不起纯论述分析的考验。

7.2.1　亲油介质

作为亲油情况的一个例子，图 7.8 显示了某个储层岩样的水驱相对渗透率，还显示了无限小渗流速度下的网络模拟预测（Valvatne 和 Blunt，2004）。由于岩石的三维图像无法获得，将 Berea 网络（图 2.14）的孔隙和喉道尺寸调整至可拟合原始排驱毛细管压力的程度。那么对于水驱而言，所有含油单元具有了亲油性，可以因此获得相对渗透率的准确预测。未蚀变 Berea 砂岩岩样网络的驱替统计数据见表 5.6。

与之前所示的亲水案例相比，该曲线最明显的特征是油的相对渗透率在含水饱和度大于 70% 时会趋近于 0（小于 0.01），然而驱替仍会持续，直到残余饱和度低于 5%。较低的 S_{or} 值与 5.4 节中给出的数据一致。如 5.2 节中所讨论的，较低的 K_{ro}（接近 S_{or}）表明润湿层排驱，润湿层为油相提供了连续性，防止了捕集作用的发生，但是按照 6.1.3 节和式（6.71）定量来看，这样形成的流导率非常低。单个单元中包含的润湿层渗流的经验表达式［式（6.27）］的模型可用来拟合测量值。整体来看，驱替是一种受到类活塞喉道填充的排驱过程（见 5.3.2 节），其中油相的连续性通过润湿层来保持。

水的相对渗透率上升到几乎与 S_{or} 接近时，水作为非润湿相并且优先填充孔隙空间的较大区域。在端点附近，水会填充绝大多数的孔隙空间，油被封闭在较小的单元和润湿层中。

最后也是最细微的特征就是在低饱和度时，水的相对渗透率非常低。初始含水饱和度大约为 5%，然而此时的 K_{rw} 仍然低于 0.01，直到 $S_w = 0.5$。相对渗透率在饱和度接近 0.6 时相交，这与在亲水砂和砂岩中的观察值相似（图 7.1、图 7.4），这表明在饱和度中等时，即使油为润湿相时，K_{ro} 要大于 K_{rw}。这似乎与水以较高流导率填充较大孔隙的观点相悖，因此相对渗透率应该会急剧上升，这与原始排驱中油的相对渗透率变化相类似。在几个其他模拟研究中观察到了这种明显的与直觉相反的趋势（Zhao 等，2010；Bondino 等，2013）。

这个难题的答案在于常规渗流与侵入型渗流之间的差异和水层的显著影响(即使其流导率较低),见3.4.3节。原始排驱是一种侵入型渗流过程,并且驱替仅通过喉道发生,其中已填充单元的通道连通注入端,见3.4节。在逾渗阈值时,侵入相跨越岩石时的饱和度非常小,见式(3.29)。随后驱替进一步增加非润湿相的连通性和流导率,这是因为非润湿相会优先占据渗透率最大的单元。即使如此对于Berea砂岩和Bentheimer砂岩,非润湿相饱和度在K_{ro}大于0.01之前为15%~20%,如图7.3和图7.5所示。

无论润湿性如何,孔隙空间在原始排驱末期都会存在水层。正如5.2.2节中所讨论的,在注入水时,可以得到常规渗流。在亲油介质中,这些水层可以为喉道相邻的亲油(油填充)的孔隙提供水,使得这些孔隙在原始排驱后被水填充,并且最大的孔隙最先填充。这会导致饱和度出现较大的变化,直到水填充的孔隙形成跨越系统的连通通道,这是因为它具有较大的体积,然而流导率的增大可以忽略。这可明显见于高频率的I_{3+}孔隙填充事件,见表5.6。水层铰接在一起并且不能显著膨大,从原始排驱末期开始近似保持极低的流导率。需要跨越填充孔隙和喉道的团簇才能表明显著的连通性:这是因为这是一种排驱过程,喉道填充限制了水的推进。在逾渗阈值时,含水饱和度不能被忽略,但是其值可由式(3.27)近似给出。因为比例为p_c的喉道发生了填充,并且这些是较大的单元,假定初始条件下所有水都封闭在润湿层时,预计该饱和度会超过p_c。对于配位数位为4.23的格子(Berea网络所采用的值,见表2.1),式(3.25)可给出$p_c = 0.35$。在含水饱和度明显大于35%之前不会观察到显著的水相对渗透率,这与测量值一致,如图7.8所示。

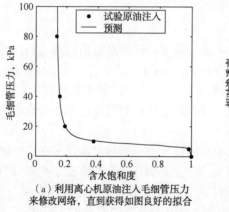
(a)利用离心机原油注入毛细管压力
来修改网络,直到获得如图良好的拟合

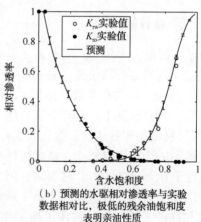
(b)预测的水驱相对渗透率与实验
数据相对比,极低的残余油饱和度
表明亲油性质

图7.8　亲油储层砂岩的预测和实验特性对比(引自Valvatne和Blunt,2004)

我们对该观点有一些细微的说辞,因为孔隙填充仅在邻近喉道已经被水填满时才能够进行。若孔隙被油包围,那么唯一的填充过程(若为亲油性)会被强制卡断,此时毛细管压力阈值非常不利于填充,这是因为充填受到铰接水层流动的限制[式(5.3)]。因此,这种低的水连通性依赖于一些充满水的喉道的存在,无论是在原始排驱末期,还是在混合润湿岩石中的自吸初期。若不存在或可忽略初始水条件,那么水驱在亲油介质中会转向侵入型渗流过程,水相对渗透率会更迅速地增加。最后,如6.4.3节所讨论的,铰接水层的流导率非常小,以至于即使在地层中低渗流速度的条件下,通过水层的填充会被有效抑制,这同样会促进具有较大K_{rw}的侵入性更强的渗流推进。这个讨论表明,相对渗透率特性与渗流速度、润湿性和初始饱和度是极其相关的,下文将对其进行讨论。

7.2.2　交点处饱和度和水驱采收率

尽管习惯利用残余油饱和度来评估采收率，但是由于它表示的是油残余在岩石中的理论最低值，因此对于出现有油层的亲油和混合润湿性介质不具有指导意义。如图 5.13 所示，需要注入成百上千倍的孔隙体积的水才能观察到低于 10% 的残余饱和度；相比之下，大多数水驱最多注入一个或者两个孔隙体积。可从相对渗透率交点处的饱和度来更加准确地估算注入 1 倍孔隙体积水所驱替的油。当 $K_{rw}<K_{ro}$ 时，若油水黏度相同，那么一口井的产油量要比产水量多。当相对渗透率交叉时，油水渗流速度相同，$K_{rw}<K_{ro}$ 时水渗流量比油渗流量大。当分离和处理这些产出水的生产成本大于产油效益时，就需要考虑到经济限制而关井；因此不能连续注入成百倍的孔隙体积的水来使含油饱和度降低至其真实残余值。经济限制取决于油价、油产量和地层区域，但是交点处饱和度为采收率提供了一种快速对比性的指导方法：当 $K_{rw}=K_{ro}$ 时，含水饱和度 S_w^{cross} 越高，水驱油采收率越好。

必须强调的是，这仅是一种采收率的指导准则，在对比不同相对渗透率曲线时有用，并不能用于任何类型的定量评估：将在 9.2 节中给出由相对渗透率求解采收率的解析计算。另外，这个方法也可以作为将采收率与相对渗透率相关联的快速参考，并且这肯定要比参考某个固定的残余饱和度要好。

若将这个概念应用到亲油岩样中（图 7.8），可得到 $S_w^{cross}=0.58$。相比之下，亲水 Berea 砂岩（图 7.5）的 $S_w^{cross}=0.66$，亲水填砂（图 7.4）的为 0.6，Bentheimer 砂岩岩样的为 0.57（图 7.3）。与提到的亲水岩样案例相比，亲油岩石不太利于采用水驱，但是这种不利的程度不大。从物理方面不难理解（如果不考虑 S_{or}）：水在亲油岩石中为非润湿相，首先填充较大的孔隙并且很容易渗流，这使得油残留在较小部分的孔隙空间中。油黏附在孔隙表面并且仅在注入大量水后才能被驱替。相比之下，对于亲水岩石，水在较小孔隙中会受到抑制，这使得油的流动性增加，从而提升采收率。然而，在较低的 K_{rw} 和 S_{or} 之间存在一个平衡，利用该平衡对于 Berea 地层可以获得最高的采收率，水残留在较小的孔隙和黏土之中，对于填砂，捕集现象比较少见。

交点处饱和度与特别是受到润湿层控制时的低饱和度条件下的水连通性有极大关系。若初始含水饱和度较高，那么水填充单元的优良通道可使得 K_{rw} 迅速提升。类似地，若 S_{wi} 非常低，填充的喉道很难使孔隙填充成核。在上述过程中，驱替为一种侵入型渗流过程，并且 K_{rw} 同样会快速增大。在这两种情况下，S_w^{cross} 较低，采收率较差。可在 S_{wi} 为中间值时观察到最低的 K_{rw} 和最大的 S_w^{cross}：岩石中某些孔隙发生填充，但是这些孔隙仅在较大饱和度时才连通。如上所述，当通过铰接层的孔隙填充十分缓慢时，还存在渗流速度的影响，见式（6.33）。

许多储层岩样具有部分亲油、部分亲水性质，并且允许某种程度的油水自吸。在水驱中，自吸使得岩石填充自然发生，为水提供渗流通道，但是也可能将油封闭在最小的单元中。这会影响相对渗透率特性和交点处饱和度。

7.2.3　部分亲油、部分亲水介质

某储层砂岩实验水驱毛细管压力和油相对渗透率与采用孔隙尺度网络模拟的预测值对比如图 7.9 所示，在原始排驱末期，假设 85% 与油接触的孔隙和喉道具有亲油性质，并且忽略

黏性效应(Øren 等，1998)。在负毛细管压力下强制注水达到大约5%的残余饱和度时，几乎不存在自吸，并且大多数驱替会发生。如 5.3.2 节所述，较低的残余油饱和度值表征跨越系统的亲油区域。从定性的角度来看，该结果与图 7.8 所示的类似，端点的水相对渗透率接近1。一系列数据表明，油层排驱的 K_{ro} 较低，当水渗流受到水层限制时 K_{rw} 较低。

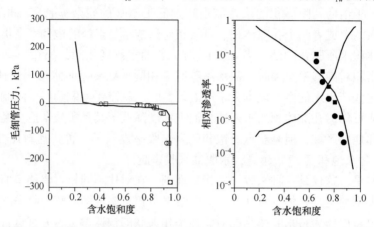

图 7.9　两个富含黏土的部分亲油、部分亲水储层砂岩实验的水驱毛细管压力和油相对渗透率测量值(点)，
测量值与利用孔隙尺度模拟的预测值(线)进行对比(引自 Øren 等，1998)
为了拟合毛细管压力，假设在原始排驱后85%被油占据的孔隙具有亲油性

　　然而，预测值有一个令人惊讶并且具有重大意义的特点：当 $K_{ro}=K_{rw}\approx 0.01$ 时，交点处饱和度为 0.78。这表明即使在较高的含水饱和度下，对两相渗流的抑制也会明显存在，众多端部弯月面会跨越喉道出现：仅当水侵入几乎所有的孔隙空间使得油封闭在润湿层中时，K_{rw} 才会显著增加。相当大的 S_w^{cross} 值有利于水驱采收率，此时的采收率要比之前所提到的亲水或亲油情形好得多。同样，这是因为较低的水相对渗透率受到铰接层的限制，如图 7.9 所示，在含水饱和度接近 0.8 时，K_{rw} 仅上升到 0.01。

　　为了解释水连通性与相对渗透率的关系，图 7.10 给出了饱和度为 0.5 时网络模型预测的水排列。这里考虑另外一种储层砂岩，其中一半油接触的单元具有亲油性。默认情况下，孔隙或喉道的亲油性随机分配。但是可以将较大的单元或较小的单元设置为亲油。例如，Kovscek 等(1993)提到具有较大曲率的较小孔隙更可能具有亲油性；然而，利用扫描电子显微镜对接触角的直接测量表明，在碳酸盐岩中较大孔隙具有亲油性，在砂岩中润湿性受到黏土存在的控制(Robin 等，1995；Durand 和 Rosenberg，1998)。图 5.10 中文献数据和网络模拟结果的对比表明，这两种情况都可能出现。在图 7.10 中，考虑最大孔隙或最小孔隙具有亲油性的情况，所有与亲油孔隙相连的喉道也具有亲油性。当较大孔隙具有亲油性时，在自发注水期间，较小孔隙会在较大亲油喉道之前进行填充。观察到在水连通性受限时，含水饱和度出现较大的变化。当较小孔隙具有亲油性时，这些孔隙会保持未填充状态，直至驱替末期；并且可以观察到更多的喉道填充，但直至达到较高的饱和度时，水的连通性依然较差。最后一种情况就是润湿性为空间关联时，具有大片亲水和亲油的孔隙。这使得在自吸期间，水填充亲水单元的通道存在较好的水连通性。在 5.3.2 节中利用润湿性模式来解释驱替统计数据。

　　图 7.11 显示了利用该模型的预测值：实验表明，K_{rw} 比任何一个非关联润湿性模型的值

要大。润湿性的空间关联使得水可以更加容易地跨越孔隙空间，因此也可以获得更好的实验拟合数据。然而，当 $S_w^{cross} = 0.62$ 时，仍然有利于水驱采收率。

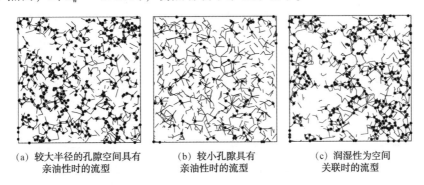

(a) 较大半径的孔隙空间具有　　(b) 较小孔隙具有　　　　(c) 润湿性为空间
　　亲油性时的流型　　　　　　亲油性时的流型　　　　　　关联时的流型

图 7.10　水驱期间 $S_w = 0.5$ 时，水填充单元的分布（引自 Valvatne 和 Blunt，2004）

一半的孔隙空间具有亲油性，水填充单元以黑色显示（小圆圈表示孔隙，线表示喉道），图片为三维网络的投影。所示的饱和度为自发驱替末期时的值。由于一般来说亲水单元最先被填充，若在亲水区域存在空间关联，那么水驱期间相连通性会得到改善，使得其可跨越岩样

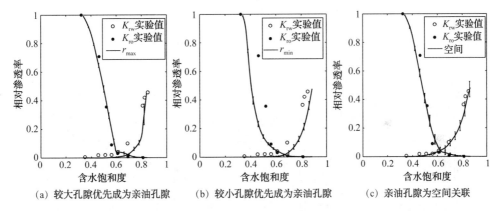

(a) 较大孔隙优先成为亲油孔隙　　(b) 较小孔隙优先成为亲油孔隙　　(c) 亲油孔隙为空间关联

图 7.11　某个储层砂岩相对渗透率实验值和预测值对比（引自 Valvatne 和 Blunt，2004）
实验值和预测值的差异就是润湿性在孔隙尺度上的表征性质，如图 7.10 所示

储层碳酸盐岩相对渗透率的大量研究结果如图 7.12 所示。岩样为方解石和白云石的混合物岩心，孔隙度为 0.17~0.28，渗透率为 1~46mD。首先了解到的是这些具有大量微孔隙的低渗透岩样没有从一般性或定性上表明与砂岩（孔隙尺寸分布较窄）不同的相对渗透率特性，这与图 7.6 中的曲线一致。这与可明显地表征微孔隙的毛细管压力不同，如图 3.8 和图 3.9 所示。这些岩石很可能具有混合亲油性，存在极少量水的自吸（Dernaika 等，2013），所有曲线表示油层排驱形态。在水驱末期实施高流量的所谓泵注来驱替任何的残余流性油。泵注的确可以采收更多的油，即使油相对渗透率低到不能用测量值量化。泵注能够达到的最低含油饱和度（这可能不是最终的残余饱和度）为 5%~25%，这表明大片亲油孔隙在岩石范围内是连通的。

实际上，某些水相对渗透率 K_{rw}^{max} 的最低值或端点值（0.15~0.5）有可能是人为实验的结果。这些值表明更强的亲水性，水渗流明显受到残余油的抑制。这有可能是这些实验没有达到真实残余油饱和度的结果。

7.2.4　水相对渗透率的滞后特性

图 7.12 显示了 3 种水相对渗透率的滞后。前两组曲线由渗透率最大的岩样得到，具有可表征亲油岩石的相对渗透率的特点。在水驱中，由于水相现在为非润湿相，它占据了较大的孔隙空间，因此与原始排驱相比，由于饱和度相同，水具有较大的相对渗透率，其中润湿相被封闭在较小的单元中。两类岩样的交点处饱和度为 0.45 和 0.5，这反映了较差的水驱采收率。尽管该结论与此前的观点相反，但是与在侵入型类渗流填充顺序中水通过较大孔隙的迅速连通相一致。

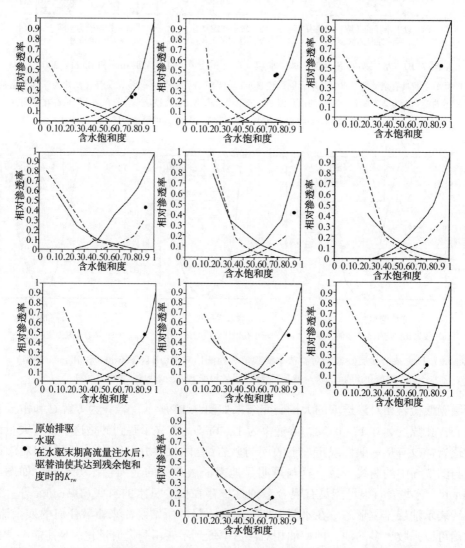

图 7.12　中东地区某储层碳酸盐岩相对渗透率的稳态测量值(改编自 Dernaika 等，2013)
可观察到 3 种水相对渗透率的滞后特性。(1)头两幅图表征亲油系统，其中水在岩样中快速连通，使得水相对渗透率在水驱中比原始排驱中的要大，交点处饱和度为 0.5 或更低，表明水驱性能较差。(2)第三个岩样在水驱中具有相似的 K_{rw}，但是 K_{ro} 较低，这导致交点处的饱和度低于 0.5，从而使得采收率较低。(3)所有其他岩样表现出较低的水相对渗透率并且交点处饱和度为 0.55~0.6，这表明储层具有更大的水驱采收率

图 7.12 中的第三幅图显示了第二种特性。当 $S_w \leqslant 0.6$ 时，这里原始排驱和水驱的 K_{rw} 是相似的。然而，油相对渗透率较低，当 $S_w \leqslant 0.6$ 时，K_{rw} 降至小于 0.01。结果就是 S_w^{cross} 转变为较低的值，大约为 0.47，这同样不利于水驱采收率。这是一种中等特性，填充较大孔隙和较差润湿层连通性之间的竞争恰好共同使得 K_{rw} 与原始排驱中的相似。

图 7.12 中的其他例子表明，滞后模式更加符合给出的结果，其交点处饱和度为 0.55~0.6。原因就是若岩石具有亲水性，K_{rw} 会保持极低值，比原始排驱或水驱中的要小，这是由于水连通性会受到孔隙空间亲油区域中铰接薄层渗流的抑制，这种薄层渗流是在原始排驱末期产生的，见 5.2.1 节。这些薄层具有较小的流导率(6.4.3 节)，可抑制水，使得油被驱替并导致较高的水驱采收率。

利用孔隙网络模拟也可观察到这里所讨论的相同滞后特性。对于我们的案例(表 5.2 至表 5.6 中给出了其驱替统计数据)，Ketton 石灰岩和 Mount Gambier 石灰岩岩样表现出第一种或常规滞后特性，对于大多数部分亲油、部分亲水岩样，当 S_w^{cross} 小于 0.5 时，水驱的 K_{rw} 比原始排驱的要大。引入润湿性的空间关联使得水在驱替早期可跨越系统(5.3.2 节)。由于较差的连通性，水渗流会很容易地被薄层抑制，导致 K_{rw} 极低并且 S_w^{cross} 较大(如 Estaillades 石灰岩岩样)。Benntheimer 砂岩岩样则表现出第二种滞后特性，排驱和水驱中的 K_{rw} 相似，但是由于 K_{ro} 迅速降低，因此 $S_w^{cross}<0.5$。Berea 砂岩岩样表现出第二种和第三种滞后特性，这与润湿性具有相关性，在亲油比例大约为 0.5 时，$S_w^{cross}>0.5$。

图 7.13 还给出了两个沙特阿拉伯加瓦尔油田(巨大的碳酸盐岩油田)的实验岩样，均表现出不利于水驱采收率的第一种滞后特性(Okasha 等，2007)。实验岩心样品引自 Arab-D 储层，并且得到了可表征整体油田的结果：图 5.12 显示润湿性随油/水接触面以上高度的变化。图 7.13(a)适用于亲水性更强的岩样：结果可利用 Mount Gambier 网络模型进行拟合，其中 25%的孔隙在原始排驱后具有亲油性；驱替统计数据见表 5.2。可以看到 K_{rw} 大幅上升，表征较大水填充孔隙，并且通过了系统连通性良好的通道。K_{rw} 在端点附近几乎垂直上升，这可见于部分亲油、部分亲水系统，其中少数单元的填充导致连通性的改善十分迅速。还可以看到明显的润湿层排驱形态，K_{ro} 较低时的驱替表明部分孔隙空间具有亲油性。S_w^{cross} 小于 0.4，这比之前所给出的例子低。

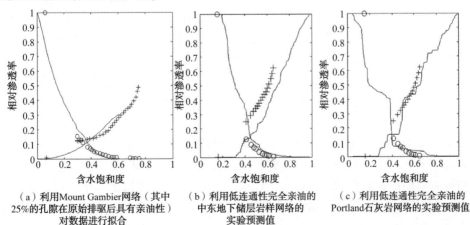

(a)利用 Mount Gambier 网络（其中 25%的孔隙在原始排驱后具有亲油性）对数据进行拟合

(b)利用低连通性完全亲油的中东地下储层岩样网络的实验预测值

(c)利用低连通性完全亲油的 Portland 石灰岩网络的实验预测值

图 7.13　加瓦尔超大油田 Arab-D 储层水驱相对渗透率测量值(点)(Okasha 等，2007)

线表示孔隙尺寸模拟拟合

图 7.13 中的第二个例子，其亲油性更强，K_{rw} 在开始时上升更加快。这可利用完全亲油网络(配位数较低，大约为 2.5)进行拟合，可表征 Portland 石灰岩或中东地下岩样(Gharbi 和 Blunt，2012)。同样地，S_w^{cross} 相当低，大约为 0.4。请注意：模拟结果并非预测值，因为既不知道孔隙结构，也不了解润湿性。

7.2.5　油相对渗透率的滞后特性

正如以上讨论，在所有例子中，可以观察到在较高表征润湿层排驱的含水饱和度下油相对渗透率的值较低。然而，确实在图 7.12 中看到了两种 K_{ro} 的滞后特性。与 K_{rw} 的特性相比，它对交点处饱和度的影响较低，但同样是驱替顺序和连通性细微相互作用的结果。

在多数情况下，水驱 K_{ro} 要低于原始排驱中的该值，这是因为油此时会占据部分较小的单元。这与砂岩中所显示的结果相一致。除达到较低的含油饱和度时，还预计水驱中的 K_{ro} 要比同等亲水岩样中的低。

图 7.12 中的第 4 和第 6 幅图表现出至少在含水饱和度较低时，水驱的油相对渗透率要比原始排驱的大。这又是一个非常奇特的反直觉趋势，在模拟研究中得到了这样的趋势，其中在亲油或部分亲油、部分亲水网络中水驱的 K_{ro} 要比亲水网络中水驱的大(Zhao 等，2010)。Bondino 等(2013)对这种情况进行了论述，他们提到这是一种饱和度变化和流导率变化之间竞争的结果。

孔隙尺度的解释如下：在原始排驱末期，众多较小的喉道被油填充；亲水岩石中渗吸开始时，这些喉道由于卡断会被水填充。这些对饱和度的影响相对较小，但是与某些重要旁路的堵塞对整体交通量的影响类似，可以导致主要的渗流通道发生断连。在部分亲油、部分亲水岩石中，首先被填充的是亲水单元，这会使得提供主要渗流通道的亲油单元不被填充。然后，较大的亲油孔隙被填充，尽管这种填充会影响流导率，但是其体积较大，所以相对渗透率下降的同时饱和度也会有较大的变化。在 5.3.2 节中的驱替统计数据可明显观察到这种孔隙填充，对于亲油介质，可观察到众多 I_3 和 I_{3+} 事件，这表明在水驱前期孤立孔隙被水填充。

喉道的流导率与半径的四次方成正比，见式(6.9)；正是此半径限制了渗流，并控制了相对渗透率。饱和度变化与驱替的体积(喉道本身的体积)成正比，与驱替过程和邻近孔隙也相关。对于球体单元来说，该体积最多与半径的三次方成正比，并且通常与喉道尺寸无关。因此，若喉道进行填充，那么被填充单元的尺寸对相对渗透率的影响要比对饱和度的影响大，填充较大的喉道要比填充较小喉道带来的变化大。

然而，当在水驱中填充亲油岩石时会观察到不一样的情况。当饱和度变化最大的较大孔隙被填充时，对流导率(受到邻近喉道半径的控制)的影响比较适度；这种影响最大限度上与喉道半径和喉道尺寸的关联性相关。若关系比较弱，那么孔隙填充会导致饱和度出现较大的变化，流导率与亲水系统相比下降较小，从而使得油相对渗透率较高。

这种类型的滞后特性不会被经常观察到，这是因为一般情况下，较大喉道与较大孔隙相关联，但也有可能被观察到(图 7.12)。在 Zhao 等(2010)的模拟研究中，对一种亲油填砂(孔隙和喉道尺寸变化较小)和一种连通性较差具有较大高宽比的碳酸盐岩(大孔隙和小喉道)预测了这种特性。相比之下，对于部分亲油、部分亲水系统和亲油系统，我们的范例(其驱替统计数据见 5.3.2 节)全部表现出预计的 K_{ro}(值较低)滞后特性。

7.2.6　部分亲油、部分亲水岩石中相对渗透率的特点

可以利用孔隙尺度模拟来更加系统地得到相对渗透率，从而探知结构和接触角分布对相对渗透率特性的影响（McDougall 和 Sorbie，1995；Øren 等，1998；Dixit 等，2000；Zhao 等，2010；Gharbi 和 Blunt，2012），在 5.3.2 节中对驱替统计数据进行了讨论。这里的目的不在于此，由于实验数据基础、网络提取和润湿性指派的不确定性，因此协同孔隙填充挤入压力和微孔隙某种程度上造成了预测值的不确定性（Bondino 等，2013）。综合本书的结论和其他研究的成果来就部分亲油、部分亲水介质和亲油介质中相对渗透率的趋势进行以下一般性的观察。

（1）与砂岩不同的是，碳酸盐岩中不存在表征相对渗透率的微孔隙。一般来说，可以观察到与孔隙空间连通性和润湿性相关的相同趋势。

（2）部分亲油、部分亲水岩石和亲油岩石的界定特征为残余油饱和度附近较低 K_{ro} 时润湿层排驱形态。

（3）正常情况下，油相对渗透率从 S_{wi} 开始迅速降低，且低于原始排驱中所观察到的值，这是因为油不再是非润湿相，并且不会占据较大的孔隙。也存在例外的情况，就是在亲油岩石水驱的 K_{ro} 较大时，较大孔隙的填充不会对油流导率产生较大的影响。

（4）水相对渗透率的特性存在相当大的变化，与润湿性或整体网络连通性不具有明显相关的趋势，K_{rw} 与在水驱期间水在系统中的连通性相关。在许多水封闭在油填充单元的铰接层且水驱为类渗流过程来填充较大亲油孔隙的情况中，水相对渗透率会保持低于 0.01，直到 S_w 超过 0.5。若较大孔隙的无障碍通道快速地填充水，那么在通过润滑层的渗流可忽略时，会观察到侵入型渗流过程，K_{rw} 要比原始排驱中的上升更快且更大。

（5）只要允许油层形成，那么相对渗透率主要受到原始排驱后变成亲油性的部分孔隙和喉道的影响，而不会受到亲油区域中接触角的影响。

（6）当该部分的亲油孔隙发生变化时，交点处饱和度会呈现非单调的趋势。正常来说，对于具有较低 S_w^{cross} 的强亲水或亲油系统，存在一个最优值。对于碳酸盐岩网络，在少数孔隙（大约为 25%）保持亲水性时可观察到最有利的特性（S_w^{cross} 值最高）。此时驱替为最似渗流的过程，某些孔隙通过润湿层填充。

（7）当改变初始含水饱和度时，也会观察到交点处饱和度的非单调趋势。若 S_{wi} 非常低，那么少量水填充喉道使得孔隙填充成核，亲油区域的驱替为侵入型类渗流过程，这有利于水快速连通。增大 S_{wi} 有利于采收率的提高，这是因为存在类渗流驱替模式，当水连通性受限时，该模式会使得水接触到孔隙空间，使得 S_w^{cross} 值较大；然而，当 S_{wi} 进一步增大时会使得水流导率增加，这是因为水在水驱期间会跨越岩石，从而使得 K_{rw} 较大，并且 S_w^{cross} 减小。

（8）可以在油水自吸近似等量的情况中观察到最大 S_w^{cross} 值：对于砂岩，在岩石整体具有弱亲水性时可以观察该值（McDougall 和 Sorbie，1995；Øren 等，1998）；而对于碳酸盐岩，亲油性更强时才可观察到该值（Gharbi 和 Blunt，2012）。

（9）当 f 较小时，残油饱和度会随着亲油孔隙占比 f 的增加而增加，这是因为这些区域在自吸后会被封闭。一旦大块亲油油斑跨越系统，S_{or} 会降低，并且达到强亲油条件下的最低值。

（10）残余油饱和度表现为随初始饱和度变化的非单调趋势，见 5.4 节。因此，如毛细

管压力一样(图 5.17),部分亲油、部分亲水介质和亲油介质的相对渗透率扫描曲线与在亲水岩石中所观察到的不一样。

从实际应用角度来看,最重要的问题就是相对渗透率是怎样影响水驱采收率的。尽管可以利用交点处饱和度来近似评估采收率,但是仍然需要对 9.2.5 节中的渗流方程提出解析解,以此来对采收率进行更为严格的评估。无论如何,采收率大多会受到 K_{rw} 和所经过的润湿层连通性的影响,水填充亲水单元会出现在原始排驱后,或在驱替的初始、自发期间进行填充,较大的亲油单元会通过强制注入而被填充。可惜的是,没有简单的规则或准则来定量这种特性:实验结果和网络模拟预测结果表明,特性与润湿性的分布和孔隙结构有着微妙的相关性。

为了进行预测,需要将孔隙结构(包括微孔隙)与接触角的逐孔分配相结合,进而形成一个数值模型。正如前文讨论的,目前一个艰巨的任务在于,大多数公开的预测值局限于润湿性已知或已假定的简单岩石。

目前对相对渗透率的理解和量化还远远不够。实验比较耗时间且易产生误差,特别是在饱和度不是通过原位成像确定时,在确定流经润湿层的水和油的渗流时,结果的准确性,甚至是合理的端点值预测都存在问题。并没有直截了当的方法来预测相对渗透率。实际上,关注采用一种流行新算法(含大量约束性较差的输入值)的某类黑盒模拟是没有多大意义的。孔隙尺度模型主要是用来解释和理解测量值的,同时也可以提供随孔隙结构、驱替路径和润湿相的变化而发生的特性变化的定量估算。

不久的将来,测量方法的细化(包括图像和模拟结构的虚拟共存)会促进得到比目前更好的理解。

7.2.7　润湿性评估准则

为了方便起见,通常通过简单目测按照其可能的润湿性将相对渗透率曲线进行分类。由于独立的评估方法的缺乏(如润湿性指数,见 5.3 节)或其他测量值(如平面上的接触角)不一定与原地条件相关,因此这种分类方法具有较大的价值。通过这种分类也可快速预测油柱以上的高度,以及相对渗透率随润湿性的变化。最后,可通过某些特点(主要是交点处饱和度)对采收率进行快速的对比性估计。

遗憾的是,大多数这样的准则具有误导性,例如在可利用现代孔隙尺度成像和模拟前的时代,人们对混合润湿性没有很好地理解,代表性的思想是 Craig(1971)及其所谓的拇指法则。在提出自己的建议之前,我会带着批判性思想,基于实验证据来枚举这些误导性的例子。

(1)初始含水饱和度。水驱初期大于 0.2~0.35 的含水饱和度表明亲水性,而低于 0.15 可表明亲油性。在考虑一系列相同油田的相同岩心样品时,这就变得不合理了。较低的初始饱和度表征较高油柱的岩样,其中施加的毛细管压力在原始排驱后会变大,并且更多固体表面开始与油接触。因此,如 2.3 节中所讨论的,当 S_{wi} 降低时,更多的固体表面会与油接触,岩石应该具有更强的亲油性。然而,润湿性变化的程度与油、盐水和岩石(提供了一种不切实际的通用规则)有关。作为示例,图 7.14 显示了普拉德霍湾岩样 Amott-Harvey 指数公式(5.7)随初始含水饱和度 S_{wi} 的变化。随深度的变化趋势如图 5.11 所示。在实验中,的确观察到了随 S_{wi} 增加而亲水性增强的趋势,但是实验数据非常分散且亲水性和亲油性的划分并不明确。仅仅观察到了特性的变化，大多数岩样具有部分亲油、部分亲水性，这意味着岩样既可渗吸油，又可渗吸水（Jerauld 和 Rathmell，1997）。更为重要的是，仅知道一个孤立岩样的 S_{wi} 并不能得到润湿性。

（2）交点处饱和度。若 $S_w^{cross}>0.5$，岩石具有亲水性；若 $S_w^{cross}<0.5$，岩石具有亲油性。对于前文所示的亲水案例，确实观察到交点处的饱和度大于 0.5，这是因为饱和度相同的同一相来说 $K_{ro}>K_{rw}$。但是对于强亲油性系统，会得到相反的情况，这是因为此时油作为润湿相被封闭在较小的孔隙中。提及的数据表明，即使在亲油系统和部分亲油、部分亲水系统中，都可观察到交点处饱和度 $S_w>0.5$。原因就是在水的跨越通道必须包括铰接水层时，水流导率在水驱初期较低，否则这个准则毫无意义并且具有误导性。

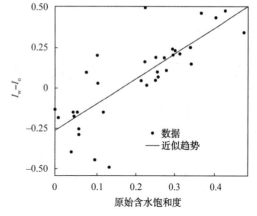

图 7.14　普拉德霍湾岩心 Amott-Harvey 指数随初始含水饱和度 S_{wi} 的变化（引自 Jerauld 和 Rathmell，1997）$I_{AH}=I_w-I_o$［式（5.7）］。润湿性随深度相应的变化如图 5.11所示。$I_{AH}>0$ 表示亲水性，$I_{AH}<0$ 表示更强的亲油性。较低的 S_{wi} 表明更多的油接触到岩石表面，从而使其具有更强的亲油性

（3）水相对渗透率端点值。Craig（1971）考虑了水驱末期水相对渗透率与初期油相对渗透率之比（$K_{rw}^{max}/K_{ro}^{max}$），若这个值小于 0.5，则表明岩石具有亲水性；若大于 0.5 接近 1，则表明岩石为亲油性。在倾向于高估水湿范围时，这就是一种合理的表征：对于强亲水岩样（图 7.5），该比值小于 0.2，然而对于图 7.11 中所示的部分亲油、部分亲水岩样，该值近似为 0.5。然而，这个比值依赖于实验达到的残余油饱和度，因此当进一步驱替可能发生时，K_{rw} 具有最大可能值，而不是中间值；这可能会为 K_{rw} 在端点处附近上升非常快的某些部分亲油、部分亲水岩样带来特定的困难，如图 7.13 所示。

遗憾的是，作为一种可为采收率提供评估准则的重要参数，交点饱和度通常被人们利用过时的观点进行错误的诠释。

我现在会综合本章的结论来提出自己的润湿性表征准则。这里考虑 3 种情况的岩石：亲水、亲油和部分亲油、部分亲水。

（1）水相对渗透率端点值。我在这里会修改以上的规则：$K_{rw}^{max}<0.2$ 明确表征亲水岩石，$0.3\sim0.6$ 的范围表征部分亲油、部分亲水岩石，而较大的值则表征亲油岩石。如图 7.12 所示，需要达到真实残余油饱和度才是正确的。因此，尽管这个准则是合理的，但是也要谨慎应用。

（2）是否可观察到油层排驱？研究下端点值附近的 K_{ro}。若它以有限梯度迅速下降，那么这肯定表征亲水性；若存在饱和度变化跨度为 0.1 或更大的明显区域，其中驱替继续进行时仍有 $K_{ro}<0.05$，那么这就表征的是油层，并且系统具有部分亲油、部分亲水性或亲油性。这的确需要对于缓慢采收的情况进行时间足够长的实验。若固结岩石中可实现残余油饱和度达到 0.15 或更低，那么这同样强烈地表征了部分亲油、部分亲水性或亲油性。

（3）水相对渗透率的形状。低含水饱和度条件下极低的 K_{rw} 表征部分亲油、部分亲水系统。从强亲水岩样上很难对其进行区别，但是若 $S_w=S_{wi}+0.2$ 时 $K_{rw}<0.2$，这表明岩石是部

分亲油、部分亲水的。交点处饱和度小于 0.5 时，K_{rw} 快速增大是不常见的，通常但不总是与亲油性有关。若在端点值附近 K_{rw} 几乎垂直增长，则表明岩石具有部分亲油、部分亲水性，如图 7.13 所示。

7.3 毛细管数和黏度比的影响

6.4.6 节讨论了毛细管数 Ca，式(6.62)反映了黏性力对驱替和残余油饱和度的影响。当 Ca<10^{-6}~10^{-5} 时，毛细管力对流体孔隙尺度的排列起到控制作用，渗流速度、界面张力或流体黏度对该特性影响不大。然而，若考虑表面活性剂驱油或气/油近混相系统，会发现界面张力要比油水之间的小几个数量级，影响相对渗透率的因素主要是较大的毛细管数。

作为示例，图 7.15 显示在流体混合物接近混相时，天然气/蒸汽系统的原始排驱相对渗透率(Bardon 和 Longeron，1980)。Ca 的范围为 10^{-8}~10^{-3}，界面张力低至 10^{-6}N/m，这几乎比实验条件下标准油/水值要低 5 个数量级。当毛细管数最大或界面张力最低时，两相的相对渗透率会增加，视束缚润湿相(液体)饱和度降低，对于近混相流体，相对渗透率会趋向直线。

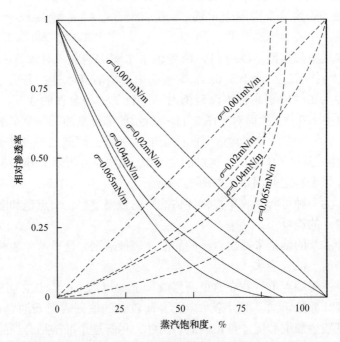

图 7.15 原始排驱蒸汽/液体相对渗透率与界面张力(引自 Bardon 和 Longeron，1980)
最低值近似对应的毛细管数 Ca[式(6.62)]为 10^{-3}，此时黏性力开始在孔隙尺度上起到控制作用。相对渗透率表示为蒸汽相(非润湿)饱和度的函数，这与液体(润湿相)饱和度的常规表达相反。近混相气/油系统的黏性控制限制下相对渗透率是一条直线，无封闭饱和度或束缚饱和度

从定性角度来看，已经在油/水系统水驱期间观察到相似的特性：随着 Ca 增加，残余油饱和度和束缚水饱和度都会降低，并且 Ca 较大时，油和水相对渗透率的增加与该直线的渐进趋势一致(Amaefule 和 Handy，1982)。

作为一般性准则，若 Ca<10^{-6}，认为渗流受到毛细管的控制并且渗流速度没有影响，当

Ca>10^{-3}时，会得到黏性控制的流态。6.4.3 节中探讨的例外就是当驱替受到铰接水层的抑制时。正如已经指出的，驱替可能从渗流转变为侵入型渗流，从而对水驱采收率造成显著影响；然而，基于岩心尺度实验和孔隙尺度模拟对该特性的理解是不够成熟的，因此不能通过已给结论对受渗流速度的影响程度进行明确的预测。

7.3.1　黏性限制中的相对渗透率

有时错误地认为在孔隙尺度的残余油滴被驱替的黏性区域，相对渗透率会趋向线性：$K_{rp}=S_p$，其总和为 1 并且因此毛细管力对渗流无抑制作用。然而，正如在趋向气/油混相时所观察的（图 7.15），这仅仅在两相黏度相同时才是正确的，不适用于表面活性剂驱油时的油/水系统。正确的方法就是注意当两相一起渗流时（如管中雾状流），某相的分相流量 f_p 与其饱和度成正比。$f_p=q_p/q_t$，式中 q_t 为两相总渗流量。利用达西定律[式(6.42)]，并且假设每一相具有相同的压力梯度，则对下标为 p 和 q 的两相可得到：

$$f_p=\frac{K_{rp}/\mu_p}{K_{rp}/\mu_p+K_{rq}/\mu_q}=\frac{\lambda_p}{\lambda_t} \tag{7.1}$$

定义流动性 $\lambda=K_r/\mu$，总流动性为：

$$\lambda_t=\lambda_p+\lambda_q \tag{7.2}$$

若两相一起渗流，并且同时对流动性进行平均：

$$\lambda_t=S_p/\mu_p+S_q/\mu_q \tag{7.3}$$

因此，若 $f_p=S_p$，则相应的相对渗透率为：

$$K_{rp}=S_p\left[S_p+\frac{\mu_p}{\mu_q}(1-S_p)\right] \tag{7.4}$$

利用 $S_q=1-S_p$。

为了表征岩体尺度模拟中的渗流（图 6.10），可假定黏性不稳定来进行解释，如图 6.26 所示。尽管黏性指进的流型由于分形表面而较为复杂，但是可以利用经验模型巧妙又简单地获得平均特性。在这些情况中通常不会考虑每一相的饱和度，而是考虑浓度 c，这是因为流体为混相或近混相。对于混相气驱油，存在一种油气相，其中气相溶度 c：$c=1$ 为注入条件，$c=0$ 为油。考虑 $c\equiv S_g$。

Todd 和 Longstaff(1972)建立了最常采用和最准确的分形渗流模型：

$$f(c)=\frac{c}{c+\dfrac{1-c}{M_{eff}}} \tag{7.5}$$

其中，有效黏度比由下式给出：

$$M_{eff}=M^{1-\omega} \tag{7.6}$$

由式(6.102)给出黏度比 M：不稳定渗流时，$M>1$。

在原始论文中，Todd 和 Longstaff(1972)按照公理错误地假定相对渗透率呈线性，并且对总流动性提出了一个较为复杂的混合模型来获取以上的函数形式。总流动性和分形渗流的模型从本质上讲是独立的。模拟研究表明，相对渗透率与由式(7.3)和式(7.5)得到的一致（Blunt 等，1994）。

ω 为一个指数，当其值为 2/3 时可表征黏性指进实验和模拟的平均特性：指进前缘($c\rightarrow0$)

以无量纲速度 M_{eff} 流动,而后缘($c{\rightarrow}1$)的速度为 $1/M_{eff}$;该实验也可利用 Koval 模型进行拟合,$M_{eff} = (0.78+0.22M^{1/4})^4$(Koval,1963)。可利用相同的概念来推导更复杂组分驱替和水驱中指进的平均特性,式中 M 表示通过不稳定性前缘的流动性比(Blunt 等,1994)。

7.3.2 黏度比和黏性耦合

对于缓慢渗流,当润湿层对油起到润滑作用时,黏性效应也会起到一定的作用。该效应在原始排驱末期特别明显。截至目前,认为流体/流体界面处的无渗流边界与实验结果最为一致,见 7.1.3 节。然而,在考虑在润湿层中存在弧形弯月面时,情况就不一样了。

Odeh(1959)指出,在低渗透岩石中,油的相对渗透率端点值可能超过 1,对高黏油有更加明显的影响。孔隙尺度解释依据的是润湿相在润湿层中的渗流,由于黏性耦合加强了非润湿相通过孔隙空间中心的流动性。当孔隙较小或油黏度较大时,该效应更加明显。Berg 等(2008)收集了 43 个实验的油相对渗透率端点值结果,其中也有相对渗透率大于 1 的情况,如图 7.16 所示。

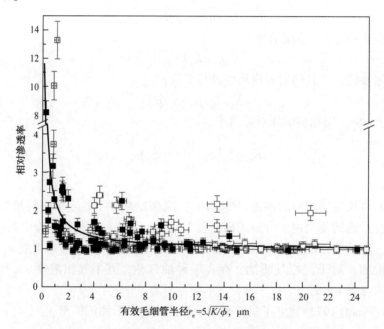

图 7.16 油相对渗透率端点值 $K_{ro}(S_{wc})$(引自 Berg 等,2008)
由文献中 43 个实验编写的老化(空心符号)和未老化(实心符号)岩样的相对渗透率数据[$K_{ro}(S_{wc})>0.95$],它是有效毛细管半径 $r_e = 5\sqrt{K/\phi}$ 的函数,见式(6.49)(Dullien,1997)。实线表示滑移模型的最佳拟合(平均滑移长度 318nm±44nm)

采用 Navier 滑移条件,而不是之前施加的固体和流体/流体界面处无渗流条件:

$$v = -b\frac{\partial v}{\partial r} \tag{7.7}$$

在边界处有:v 为油渗流速度;r 为垂直边界的某个坐标;b 为滑移长度。从物理意义上讲,这等同于在油和固体之间存在厚度为 b 的膜或润湿层,这个膜使得油相中各处渗流速度有限,实际上膜是通过润湿层的并行渗流(尽管缓慢)提供的。若假设圆柱管中油渗流受到泊肃叶定律的控制[式(6.9)],由于初始含水饱和度的存在,壁面处的渗流速度有限。

$$K_{ro}(S_{wi}) = 1 + \frac{4b}{r_e} \qquad (7.8)$$

其中，r_e 为某个有效毛细管（喉道）半径，其由式（6.49）与渗透率关联起来，于是可求得：

$$K_{ro}(S_{wi}) = 1 + c\sqrt{\frac{\phi}{K}} \qquad (7.9)$$

c 为某个常数。假设 $r_e \approx 5\sqrt{K/\phi}$（Dullien，1997），相当于在式（6.53）中设置 $a = 4\times10^{-2}$（表6.3），并且根据数据拟合，Berg 等（2008）求得滑移长度 $b = 5c/4$。该值大约为 $0.3\mu m$ 时可以合理准确地拟合实验数据，如图7.16所示。然而，这并不能解释流动性比：若润湿层中水的黏度比油的黏度低得多时，会期望更大的润滑效应。

这个效应在初始饱和度下储层的视渗透率增加时比较重要。然而，在较高的含水饱和度条件下，可忽略滑移效应。对于缓慢渗流，流动性比或滑移对相对渗透率的影响小（Odeh，1959）。

7.4 经验模型

对相对渗透率的评估并不满意，但是目前也没有一种切实可行的评估方法。对于大多数储层岩石，尽管相对渗透率函数本身并不复杂，只需要通过少数端点或重要参数就可以刻画曲线并对其进行描述。但是测量相对渗透率是十分困难的，所以利用孔隙尺度模拟来进行预测也十分困难。在提出石油工程和水文学中常用的经验模型之前，会依据毛细管束来推导相对渗透率的解析表达式。

7.4.1 毛细管束的相对渗透率

从图3.10中所述的情况开始来扩展3.3节中进行的分析（驱替进行时按照管尺寸顺序填充）。饱和度由式（3.19）给出，假设在水湿系统中，润湿相最先填充最小管。

假设每根管中的流动都服从泊肃叶定律[式（6.9）]。对于一系列从最小半径 r_{min} 到某个半径 r 由被水填充的管，以及从某个半径 r 到最大半径 r_{max} 被油填充的管，可写出以下公式：

$$Q_w = -\frac{\pi}{8\mu_w}\nabla p \int_{r_{min}}^{r} r^4 f(r)\,\mathrm{d}r \qquad (7.10)$$

和

$$Q_o = -\frac{\pi}{8\mu_o}\nabla p \int_{r}^{r_{max}} r^4 f(r)\,\mathrm{d}r \qquad (7.11)$$

其中，从 r 到 $r+\mathrm{d}r$ 之间的管尺寸为 $f(r)\mathrm{d}r$。

相对渗透率为给定相渗流量比上所有管被该相填充时的渗流量。因此

$$K_{rw} = \frac{\displaystyle\int_{r_{min}}^{r} r^4 f(r)\,\mathrm{d}r}{\displaystyle\int_{r_{min}}^{r_{max}} r^4 f(r)\,\mathrm{d}r} \qquad (7.12)$$

$$K_{\text{ro}} = \frac{\int_{r}^{r_{\max}} r^4 f(r) \, \text{d}r}{\int_{r_{\min}}^{r_{\max}} r^4 f(r) \, \text{d}r} \tag{7.13}$$

那么如3.3节所述，定义孔喉尺寸分布：

$$G(r) = \frac{r^3 f(r)}{\int_{r_{\min}}^{r_{\max}} r^2 f(r) \, \text{d}r} \tag{7.14}$$

该式可以使式(7.12)和式(7.12)重新写为：

$$K_{\text{rw}} = \frac{\int_{r_{\min}}^{r} r G(r) \, \text{d}r}{\int_{r_{\min}}^{r_{\max}} r G(r) \, \text{d}r} \tag{7.15}$$

$$K_{\text{ro}} = \frac{\int_{r}^{r_{\max}} r G(r) \, \text{d}r}{\int_{r_{\min}}^{r_{\max}} r G(r) \, \text{d}r} \tag{7.16}$$

注意：可以约去式(7.14)中的常量积分。

进行该定义的原因就是可将 $G(r)$ 和原始排驱毛细管压力[式(3.23)]的导数关联起来：$G(r) = -p_{\text{c}}(\text{d}S_{\text{w}}/\text{d}p_{\text{c}})$。由式(3.1)可知，管半径 $r = 2\sigma\cos\theta/p_{\text{c}}$，因此 $\text{d}r/\text{d}p_{\text{c}} = -2\sigma\cos\theta/p_{\text{c}}^2$。因此，利用少量代数运算并且先利用 p_{c}，然后 S_{w} 替换被积变量 r，可将式(7.15)和式(7.16)重新写为：

$$K_{\text{rw}} = \frac{\int_{r_{\min}}^{S_{\text{w}}} p_{\text{c}}^{-2} \, \text{d}S_{\text{w}}}{\int_{r_{\text{wi}}}^{S_{\text{w}}^{\max}} p_{\text{c}}^{-2} \, \text{d}S_{\text{w}}} \tag{7.17}$$

$$K_{\text{ro}} = \frac{\int_{r_{\text{w}}}^{S_{\text{w}}^{\max}} p_{\text{c}}^{-2} \, \text{d}S_{\text{w}}}{\int_{r_{\text{wi}}}^{S_{\text{w}}^{\max}} p_{\text{c}}^{-2} \, \text{d}S_{\text{w}}} \tag{7.18}$$

式中：$p_{\text{c}}(S_{\text{w}})$ 为毛细管压力；$S_{\text{w}}^{\max}$ 为最大饱和度，其值为1时表示原始排驱，其值为 $1-S_{\text{or}}$ 时表示渗吸。

该方法原则上可用于通过毛细管压力巧妙又简单地预测相对渗透率，这是比较宝贵的。由于很难去测量相对渗透率，渗透率还受到明显不确定性的限制，利用压汞法可获得原始排驱毛细管压力。

然而，从定性角度来看，由式(7.17)和式(7.18)中得到的相对渗透率曲线，形状和峰值都是不正确的。首先，由定义可得 $K_{\text{rw}} + K_{\text{ro}} = 1$，但由于终端弯月面阻塞孔隙空间，那么对于毛细管控制的驱替，这个等式总是不成立的。其次，在几乎所有给出的例子中，曲线都是凹形，这意味着 $\text{d}^2 K_{\text{rp}}/\text{d}S_{\text{wp}}^2 > 0$。在绘制本身相饱和度的函数曲线时，相对渗透率曲线随着饱和度增加会变陡(梯度较大)。对式(7.17)和式(7.18)进行两次微分，得到：

$$\frac{\mathrm{d}^2 K_{rw}}{\mathrm{d}S_w^2} = -\frac{\mathrm{d}^2 K_{rw}}{\mathrm{d}S_w^2} \propto -\frac{1}{p_c^3}\frac{\mathrm{d}p_c}{\mathrm{d}S_w} > 0 \tag{7.19}$$

对于水，该符号是正确的，但是对于油却不正确。

当然，问题就在于这个方法不能解释相的曲折连通性和弯月面的阻塞影响，也不能适用于不同的润湿性。Burdine(1953)利用经验饱和度相关的迂曲度因子对该方法进行了修正，在式(7.17)和式(7.18)中加入前因子来得到和若干实验数据相匹配的曲线。然而，这一想法是在先进的成像和模拟工具出现之前形成的，因此，虽然这是一项宝贵的教学实践，但已经不再被认真地应用于预测储层岩石的特性。必须测定相对渗透率，如果需要对其进行预测，那么最好是依据一个具有物理背景的孔隙尺度模型。

7.4.2　相对渗透率和毛细管压力的函数形式

然而，正如刚刚提到的一样，采用简化的表达式来预测相对渗透率是不明智的，但是可以方便地得到与数据(通常比较分散)拟合的封闭表达式，并且可将其应用到解析和数值模型中。

例如，第9章构造解析解所采用的方程为：

$$K_{rw} = K_{rw}^{max} S_e^a \tag{7.20}$$

$$K_{ro} = K_{rw}^{max}(1-S_e)^b \tag{7.21}$$

其中，有效含水饱和度 $0 \leqslant S_e \leqslant 1$ 定义为：

$$S_e = \frac{S_w - S_{wc}}{1 - S_{or} - S_{wc}} \tag{7.22}$$

该模型有6个拟合参数：a、b、K_{rw}^{max}、K_{ro}^{max}、S_{wc} 和 S_{or}。假设 S_{wc} 和 S_{or} 分别为真实残余(原生)含水饱和度和含油饱和度，其中相对渗透率为0。

对于毛细管压力，采用：

$$p_c = p_c^{max}\frac{\left(\frac{S_w^*}{S_{wi}}\right)^{-c} - \left(\frac{S_w}{S_{wi}}\right)^{-c}}{\left(\frac{S_w^*}{S_{wi}}\right)^{-c} - 1} \tag{7.23}$$

对于毛细管压力 $p_c \geqslant 0$，采用式(7.23)进行计算，式中的拟合参数为 c、p_c^{max} 和 S_w^*，其中 $c>0$，S_w^* 为 $p_c=0$ 时的饱和度。$S_w^* \leqslant 1-S_{or}$，且仅在强亲水系统中才能取等号。S_{wi} 为在最大施加毛细管压力下，原始排驱后能达到的最低含水饱和度。式(7.20)和式(7.21)中 p_c^{max} 时：$S_{wi} \geqslant S_{wc}$。考虑到以下讨论，需要 $a>1+c$。

这些都是简单的函数，若问题或数据需要时，可合理地利用更多的参数来考虑其他表达式。特别地，当相对渗透率曲线的曲率出现变化时不会出现拐点，而毛细管压力不会出现负值。对于亲水系统，假定挤入压力为0。不能够说这个假设是完全正确的，但是对于第9章的实际应用来说却已足够。

在采用多相渗流特性的封闭表达式时，不仅要捕捉到主要的物理特征，还要对控制渗流方程有合理的解，需要遵循的规则如下：

(1)在实验误差范围内，经验公式可与数据进行拟合。这就是自证明过程。

(2) 相对渗透率函数仅在真实残余饱和度处为0。通常实验曲线会在最小相对渗透率处截断,但是这种曲线就不适合用来定义部分亲水、部分亲油介质和亲油介质的残余油饱和度;而经验模型需要拟合该点处较低(有限)的相对渗透率。

(3) 相对渗透率在端点处可以为0或者为有限梯度值。若 S_{or} 附近油相对渗透率的梯度为0,则表征岩石为部分亲水、部分亲油介质或亲油介质,梯度为有限值则表征亲水岩石,模型必须是这两种情况中的一种。

(4) 相对渗透率和毛细管压力需为有限值或0,它的一阶导数和二阶导数收敛。这是为了得到渗流方程的收敛值和物理解。

这些标准似乎具有广泛的适用性,然而,对于在初始含水饱和度和(或)残余油饱和度值及梯度都无限大时的毛细管压力,一般会忽略第(4)条。如上所述,这个条件很难达到。

通过不考虑第(4)条来推断实验上达不到的毛细管压力和相对渗透率端点值。有人可能认为在实际 S_{wc} 值处,毛细管压力确实是无限大的。这种说法对于水驱是靠不住的,甚至可能导致在含水饱和度较低时数据的拟合性较差,因为 p_c^{max} 表示的是首次驱替事件后的毛细管压力,该值总是一个有限值。

若坚持认为毛细管压力为无限值,那么需要确保合成渗流方程的合理解是可获得的。多相达西定律公式(6.58)表明,某相的渗流量与相对渗透率乘以压力梯度成正比。毛细管压力的变化可导致压力梯度的出现:假定饱和度梯度是有限的,那么会存在与 $K_{rp}\partial p_p/\partial S_w$、$K_{rp}\mathrm{d}p_c/\mathrm{d}S_w \partial S_p/\partial x$、$K_{rp}\mathrm{d}p_c/\mathrm{d}S_w$ 成正比的控制渗流相。会在第9章中进行更加严格的探讨。从物理角度来看,在端点附近,渗流达到端点值变得非常缓慢(趋向0)。然而,若毛细管压力和压力梯度为无限值,那么相当于施加了一个无限大的力。然而,由于相对渗透率为0,这相当于将一个无限大力施加到不可流动渗流上。对于物理解,需要

$$K_{rw}\frac{\mathrm{d}p_c}{\mathrm{d}S_w}\bigg|_{\lim S_w \to S_{wc}}=0 \tag{7.24}$$

在 S_{or} 附近应用相同的观点:

$$K_{ro}\frac{\mathrm{d}p_c}{\mathrm{d}S_w}\bigg|_{\lim S_w \to 1-S_{or}}=0 \tag{7.25}$$

此方程依赖一个无穷量乘以0的合理极限值来构造,需要对这个方程进行谨慎的分析。在可能的情况下,建议端点处仍然采用有限(尽管非常高)的毛细管压力。尽管收敛性较差的粗化网格模拟成功地从数值角度忽略了这个问题,但是这个问题仍然存在。

即使在毛细管压力发散的条件下,若合理地选择指数 a 和 b,则式(7.24)和式(7.25)仍然可适用:例如,若对于水相对渗透率采用式(7.20),对于毛细管压力采用式(7.23),则式(7.24)可以适用($a>1+c$ 时)。

在石油相关的文献中,多相渗流特性的幂律形式通常以 Corey(1954)、Brooks 和 Corey(1964)命名(Corey 类型或 Brooks-Corey),把 a 和 b 称为 Corey 指数。然而,这并不十分正确。Corey(1954)采用 Burdine 类型管束模型来推导相对渗透率的具体表达式,这对于非润湿相并不是幂律形式。Brooks 和 Corey(1964)确实得到了润湿相相对渗透率具有任意指数的幂律表达式,但是同样地,非润湿相相对渗透率并非幂律形式。

最后,最好放弃稍微偏颇的模型理论基础,转而采用经验方程来进行曲线拟合,正如

Burdine(1953)所提到的，这对于满足工程目的来说已然足够。在经过谨慎确认后，得到的渗流方程的解还是比较有意义的。

7.4.3　水文领域的经验模型

在水文学文献中，按照 van Genuchten(1980)、van Genuchten 和 Nielsen(1985)所做的工作，毛细管压力和相对渗透率函数与前文几乎是完全不同的。Burdine(1953)进行了理论论证，并且 Mualem(1976)进行了类似分析，他们推导出一个灵活的方程，得到的拟合参数可很好地匹配数据。

该方程写成含水量的形式 ϕS_w。这里为了一致，采用书中其余部分的术语，并且将相对渗透率和毛细管压力写为饱和度或标准饱和度的函数[式(7.22)]。最简单模型的水相对渗透率为：

$$K_{rw} = S_e^{1/2} \left[1 - 1\left(1 - S_e^{1/m}\right)^m\right]^2 \tag{7.26}$$

毛细管压力为：

$$p_c = \alpha \left(S_e^{-1/m} - 1\right)^{1/n} \tag{7.27}$$

其中，$m = 1 - 1/n$，$n > 1$。这里有 4 个拟合参数，即 α、m(或 n)、S_{wc} 和 S_{or}，未指定非润湿相(空气)相对渗透率。

传统上，对于空气/水渗流，假设空气黏度为 0。尽管由于空气在孔隙空间中具有良好的连通性，但是在接近残余饱和度时就不准确了。空气黏度大约为 $2 \times 10^{-5} \mathrm{Pa \cdot s}$，这样水/空气黏度比大约为 50，这个值比较大，但还是一个有限值。式(7.25)并不适用 van Genuchten(1980)模型，这是因为忽略了非润湿相(此时为空气)相对渗透率。该模型在两个端点处具有无穷大的毛细管压力梯度，并且假设系统具有强亲水性。当在渗吸中考虑渗流理论时，这个模型就会出现特定的问题，认为在端点处的毛细管压力为有限值并且梯度为 0(例如在原始排驱中)；曲线 S_{or} 处明显出现向下陡降至 0，是实验人为因素(施加的最低压力为 0)和有限尺寸效应共同引起的，如图 4.23 所示。在 9.3 节中会提到相关分析，这会影响到自吸解析解的本质。该模型仅对于强亲水介质和空气/水驱替才能获得合理的结果。

本章中总结了对两相渗流相对渗透率的讨论；在下一章中，将对更有吸引力的三相渗流(油、水和气同时流动)进行分析。

8　三相渗流

本章将介绍孔隙尺度下三相(油、水和气)渗流的特征。在气注入含油储层的过程中，以及非饱和土和岩石中出现非水相污染物时，都会遇到三相渗流。对两相渗流并没有完全的预测性理解，所以当引入另一个相时，期望综合处理是不现实的。因此，本章将重点描述三相渗流特有的孔隙尺度现象，即扩散层、接触角和多重驱替之间的关系，然后用孔隙尺度模拟来呈现一些实例的相对渗透率和预测。

8.1　扩散

想象把一滴油溅到水面上。即使没有多孔介质，这也是三相渗流的过程，其中油、水和气(空气)都存在。这会出现什么情况呢？如图 8.1 所示，存在 3 种可能性，其取决于油的扩散系数 C_S(Hirasaki，1993；Adamson 和 Gast，1997)：

$$C_S = \sigma_{gw} - \sigma_{go} - \sigma_{ow} \tag{8.1}$$

式中：σ 是界面张力；下标 gw、go 和 ow 分别表示气/水、气/油和油/水。假设 $\sigma_{gw} \geqslant \sigma_{ow} \geqslant \sigma_{go}$。

现在回到杨氏方程(1.7)，力在一个三相接触点处达到平衡。这可以归纳为存在水平力和垂直力的平衡，因为流体的界面是可以移动的。

第一种可能性是当 $C_S < 0$，并且存在一个如图 8.1 所示的平衡的诺伊曼受力(界面张力)三角形时，如一滴油漂浮在水面上(van Kats 等，2001)。这是不扩散的，如很多植物油一样，把一小滴植物油滴在一锅水里，您可以自己看到效果。

第二种可能性是当 $C_S > 0$ 时，在气和水存在的条件下，油滴不可能驻留在平衡状态，因为不能平衡相相交的张力。这种情况下油会扩散：一些食用油如此，汽油和原油亦然(至少在特定的条件下)。油将继续扩散，直到油膜达到分子的厚度。如果添加更多的油，可以使得油膜足够覆盖所有的水。多余的油会发生什么？油膜降低了气水之间的有效界面张力，油膜自发形成，因此必须减少界面的能量。现在定义界面张力的平衡值，其中三个相已经接触，并且油膜可能存在。平衡扩散系数为：

$$C_S^{eq} = \sigma_{gw}^{eq} - \sigma_{go}^{eq} - \sigma_{ow}^{eq} \tag{8.2}$$

其中，$\sigma^{eq} \leqslant \sigma$。

如果 $C_S^{eq} < 0$，则多余的油形成与膜覆盖的空气/水界面接触的液滴。三个平衡界面张力形成了一个受力三角形。

第三种存在的可能性是：随着更多油的加入，油膜变厚。当该油膜厚度大于分子间作用力的范围时，空气/水界面不再真的存在，取而代之的是空气/油界面，其次是油/水界面。然后，得到 $\sigma_{gw}^{eq} = \sigma_{ow}^{eq} + \sigma_{go}^{eq}$ 和 $C_S^{eq} = 0$。$C_S^{eq} = 0$ 不可能成立，因为最终油将充分扩大油膜，使其值趋向于零。

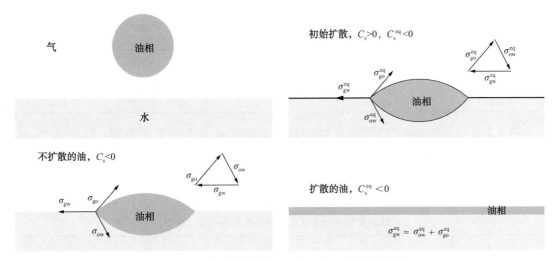

图 8.1　一滴油被滴在水上（水面上）后产生的现象

如果存在一种不扩散的油，其中 C_s［式（8.1）］为负，则存在一个由三个界面张力和一个稳定的漂浮在表面上的液滴给出的诺伊曼受力三角形，如图所示。可以得到一种初始扩散油，$C_s>0$，它使用油膜来覆盖气/水界面，用粗线标出。该膜降低了有效的或平衡的界面张力，使得 C_s^{eq} 为负［式（8.2）］。然后，多余的油通过平衡界面张力形成带有受力三角形的稳定水滴。第三种可能性是油继续扩散，直到出现一层厚厚的油膜将气从水中分离出来，其中 $C_s^{eq}=0$，如图中阴影所示

对于大多数流体系统，假设在地下情况下为非极性油，平衡扩散系数为零或接近零。为了证明这一点，回到本书中的式（1.1），它将其中一个相（气或油）是非极性流体的界面张力与其表面张力相关联。如果应用于三相情形，根据表面张力 σ_o、σ_w 和 σ_g，求出 σ_{ow}、σ_{go} 和 σ_{gw}，则

$$\sigma_{gw} \approx \sigma_w - \sigma_g = \sigma_w - \sigma_o + \sigma_o - \sigma_g \approx \sigma_{ow} + \sigma_{go} \tag{8.3}$$

这使得扩散系数趋近零。

通过研究环境条件下，流体的数据来测试式（8.3），其中空气和水之间的界面张力在 20℃时为 72.8mN/m。表 8.1 显示了一些常见流体的界面张力和扩散系数：正癸烷、正辛烷、正己烷、四氯化碳和苯。对于烷烃，随着链长的增加，油的扩散程度变小；癸烷不扩散，辛烷值刚刚扩散（但该值在实验误差范围内为 0）；而轻链烷烃（如己烷）明显扩散，苯和四氯化碳也是如此。在所有情形下，C_s^{eq} 皆为负，因此多余的油会缩回形成液滴。虽然这些值都不是严格的零，C_s 特别是 C_s^{eq}，它们通常比在式（8.1）中的任何单个界面张力的量级要小得多。从分子间作用力的知识可以合理地准确预测出非极性液体的扩散行为（Hirasaki，1993）；然而，对于更复杂的原油/盐水混合物，直接测量是必要的。

表 8.1　20℃时和大气压下的液体与空气之间的界面张力 σ_{go}，以及液体与水之间的界面张力 σ_{ow}，还显示了初始 C_s 和平衡 C_s^{eq} 的扩散系数（引自 Matubayasi 等，1977；Hirasaki，1993；Georgiadis 等，2011）

液体	σ_{go}，mN/m	σ_{go}，mN/m	C_s，mN/m	C_s^{eq}，mN/m
正癸烷	23.8	52.0	3.0	-3.9
正辛烷	21.6	50.9	0.3	-0.9

续表

液体	σ_{go}，mN/m	σ_{go}，mN/m	C_s，mN/m	C_s^{eq}，mN/m
正己烷	18.4	49.9	4.5	-0.2
苯	28.8	33.4	10.6	-1.6
四氯化碳	27.0	42.7	3.1	-1.9

表8.2 显示了原油/天然气混合物在储层温度和压力条件下的数据(Amin 和 Smith，1998)。在这里可以看到，系统在大部分压力范围内可以发生扩散，当油/水和气/水界面张力近似相等时，只有在最高压力时才开始不扩散。不了解 C_s^{eq}，但是这些值很可能接近0。

表8.2　气和原油性质，包括气/油、气/水和油/水界面张力(σ_{go}、σ_{gw} 和 σ_{ow})以及作为压力和温度为82℃时函数的扩散系数 C_S(引自 Amin 和 Smith，1998)

压力，MPa	油密度，kg/m³	气密度，kg/m³	σ_{go}，mN/m	σ_{gw}，mN/m	σ_{ow}，mN/m	C_S，mN/m
22.6	687	159	2.71	33.0	33.9	-3.6
21.5	692	151	3.00	34.0	33.4	-2.4
20.7	695	145	3.14	35.1	33.1	-1.1
19.0	703	137	3.92	41.0	32.4	4.69
17.2	710	123	4.26	42.5	31.8	6.48
15.9	717	115	6.16	43.8	31.0	6.63
13.8	726	97	6.36	46.0	30.1	9.51
12.1	734	85	6.91	48.0	30.0	11.1
10.3	742	72	7.27	50.2	29.6	13.3
8.96	748	62	7.95	51.7	29.1	14.7
6.89	758	49	8.31	53.7	29.0	16.4
5.65	764	39	8.97	56.0	28.1	18.9
4.14	772	29	9.55	59.0	27.3	22.2
1.72	786	12	10.6	61.6	25.7	25.3

存在一个有用的界限：当气注入油田时，注入压力和(或)气的组分通常被设计为使得油气可能混相，或者至少接近混相(Orr，2007)。由于两个烃相变得难以区分，$\sigma_{go} \to 0$。由于气和油必须因此具有相似的性质，期望 $\sigma_{gw} \approx \sigma_{ow}$，因此当接近相容性时，$C_s \to 0$ 且 $C_s^{eq} \to 0$。

油能够并且会在多孔介质中的气和水之间扩散。这将影响接触角和孔隙尺度流体分布，对渗流性质具有重大影响。

8.2　接触角与 Bartell-Osterhof 方程

现在假设这3种流体处于热力平衡状态，包括各种扩散膜的存在，并将它们放置在多孔介质中。虽然去掉了上标 eq，但是在下面的假设中，该参数仍然是指界面张力的平衡值。回到杨氏方程(1.7)，现在存在3个流体对的组合，它们可以在固体中接触。扩展图 1.5 来显示图8.2中的这3种可能性：油/水、气/水和气/油。如前所述，利用水平力平衡来求解3个杨氏方程：

$$\sigma_{os} = \sigma_{ws} + \sigma_{ow}\cos\theta_{ow} \tag{8.4}$$

$$\sigma_{gs} = \sigma_{ws} + \sigma_{gw}\cos\theta_{gw} \tag{8.5}$$

$$\sigma_{gs} = \sigma_{os} + \sigma_{go}\cos\theta_{go} \tag{8.6}$$

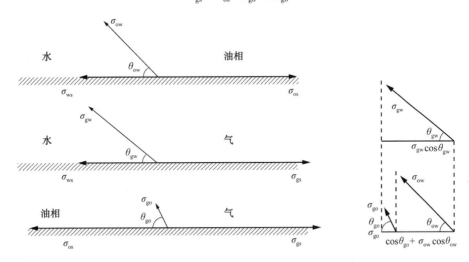

图8.2　与固体接触的两个流体相(图1.5)

对于3相系统，存在3种可能的组合：油/水、气/水和气/油。通过密度更大的相来测量接触角，并且可以假定为任何值。水平力平衡产生杨氏方程(8.4)、式(8.5)和式(8.6)，由此可以导出接触角和流体—流体界面张力之间的约束公式(8.8)，这在最下方的图中以几何形式表示

存在3个接触角和6个界面张力。然而，所有的固体张力可以通过重新组织式(8.4)至式(8.6)来消除。首先，根据式(8.5)，利用式(8.6)得到：

$$\sigma_{ws} + \sigma_{gw}\cos\theta_{gw} = \sigma_{os} + \sigma_{go}\cos\theta_{go} \tag{8.7}$$

然后去掉式(8.4)，并重新对这些项重新排序来求解：

$$\sigma_{gw}\cos\theta_{gw} = \sigma_{ow}\cos\theta_{ow} + \sigma_{go}\cos\theta_{go} \tag{8.8}$$

这是 Bartell Osterhof 方程，它表明并非所有的接触角和界面张力都是独立的(Bartell 和 Osterhof，1927)。界面张力由分子间作用力控制，可以被单独测量得到。即便如此，接触角并不是独立的：多孔介质中不可能存在油、水、气润湿性的任意组合。已知界面张力和两个接触角(通常为 θ_{ow} 和 θ_{go})，可以得到第三个接触角 θ_{gw}。式(8.8)也可以从考虑连接两个体相之间的流体/流体界面和包含在孔壁附近尖点中的第三个相的三流体接触线直接导出(van Dijke 和 Sorbie，2006a)。

这种分析可以扩展到任意数量的流体相：对于 n 相系统，存在 $n(n-1)/2$ 个可能的接触角，但只有 $n-1$ 个是独立的(Blunt，2001a)。例如，在低压油田进行 CO_2 注入时可以遇到4个流体相：存在富含 CO_2 的气相、富含烃的气相、油、水，共存在6个接触角，其中3个是独立的。

在流体处于静止状态下时，Bartell Osterhof 方程(8.8)对于平衡接触角是有效的。然而，一般认为，可以使用驱替过程中的关系，但是如果存在接触角滞后的话，这也确实导致了模糊性的存在。例如，当水被注入油和气中时，适于使用的气/水和油/水的接触角分别为 θ_{gw}^{A}

和 θ_{ow}^{A}。但如果使用式(8.8)来求解第三个角 θ_{go},则不清楚所计算的值是前进角还是后退角。

在模拟研究中采用的方法是利用 θ_{ow}^{A} 和 θ_{go}^{A} 计算 θ_{gw},然后利用后退角 θ_{ow}^{R} 和 θ_{go}^{AR} 求出另一个值:作为前进角 θ_{gw} 的值越大,后退角就越小(Piri 和 Blunt,2005a)。

8.2.1 三相渗流中的润湿与扩散

可以通过油/水接触角,或者通常认为的润湿性,以及油的扩散性质,来定义三相体系的润湿性,然后可以使用式(8.8)指定气/水的接触角。要想知道如何将 θ_{go} 关联到 C_s 上,考虑图 8.2 中一个完全的亲水表面上气和油之间的杨氏力平衡,其中 $\theta_{ow}=0$。如果存在一层厚水膜,则 $\sigma_{os} \equiv \sigma_{ws}$,而 $\sigma_{gs} \equiv \sigma_{gw}$,且式(8.6)成为:

$$\sigma_{gw} = \sigma_{ow} + \sigma_{go}\cos\theta_{go} \tag{8.9}$$

或者使用式(8.1),则有

$$\cos\theta_{go} = 1 + \frac{C_s}{\sigma_{go}} \tag{8.10}$$

对于另一种极端的情形,即完全亲油的岩石的情形,$\theta_{ow}=180°$,$\theta_{go}=0°$,因为油也必须对气具有润湿性。

现在可以使用两种方法来指定不同润湿性和扩散系数时的接触角。第一种方法是指定 θ_{go} 和 θ_{ow},然后使用式(8.8)来定义 θ_{gw}:C_s 和 θ_{go} 之间的关系由式(8.10)给出(Piri 和 Blunt,2005a)。第二种方法是修正扩散系数,然后在前述亲水和亲油两种极端情形之间以 θ_{go} 线性方式推断(van Dijke 和 Sorbie,2002b,2002c):

$$\cos\theta_{go} = \frac{1}{2\sigma_{go}}(C_s + C_s\cos\theta_{ow} + 2\sigma_{go}) \tag{8.11}$$

然后使用式(8.8),则有

$$\cos\theta_{gw} = \frac{1}{2\sigma_{gw}}[(C_s + 2\sigma_{ow})\cos\theta_{ow} + C_s + 2\sigma_{ow}] \tag{8.12}$$

上述关系已经通过二氧化硅表面上的一系列接触角测量实验进行了证实,其润湿性由不同的硅烷系统性地改变了。

在大多数情况下,气/油接触角较小:利用表 8.1 中 C_s^{eq} 的值,可以看到,式(8.10)中 θ_{go} 的范围从正己烷的 8° 到癸烷的 33°。

8.2.2 鸭子为什么不会湿?

如果存在一个完全亲水的表面,其中 $\theta_{ow}=0$,则式(8.8)给出:

$$\cos\theta_{gw} = 1 - \frac{C_s + \sigma_{go}(1 - \cos\theta_{go})}{\sigma_{gw}} \tag{8.13}$$

对于一个扩散系统,$C_s = \theta_{go} = 0$,并且还得到 $\theta_{gw} = 0$。显然,在存在油的情形下,对水具有润湿性的表面也会在气存在的情形下对水具有润湿性。

现在考虑一个亲油表面的相反情形,其中 $\cos\theta_{ow} < 0$。如果 $\sigma_{ow}\theta_{ow} + \sigma_{go}\cos\theta_{go} < 0$,则式(8.8)给出 $\cos\theta_{gw} < 0$ 或一个大于 90° 的气/水接触角。如果存在一个完全亲油的情形,$\cos\theta_{ow} = -1$。

$$\cos\theta_{\mathrm{gw}} = -1 + \frac{C_{\mathrm{s}} + \sigma_{\mathrm{go}}\left(1 + \cos\theta_{\mathrm{go}}\right)}{\sigma_{\mathrm{gw}}} \tag{8.14}$$

由于在通常情况下 $\sigma_{\mathrm{gw}} > 2\sigma_{\mathrm{go}}$，$\cos\theta_{\mathrm{gw}} < 0$ 必须成立，气是水存在时的润湿相。

油性表面排斥水。当水被气包围时，水不具有润湿性，这个事实可以很容易地从日常经验中获知：水溅在涂漆的(或塑料)桌面上形成珠状物，而防水衣物由塑料或蜡布制成。漆和塑料是由油制成的，从构造上来说，它们是亲油。在这种情况下，水的接触角大于90°，与表面直接接触有限，且容易脱落。

对于一个亲油多孔介质，水对气的驱替会受到一个有限的毛细管入口压力，因为侵入是一个排驱过程，必须将水用力注入材料中。例如鸭子的羽毛，羽毛构成了一种多孔介质。羽毛之间的间隙(孔隙空间)充满空气，这提供了一个有效的隔离层。然而鸭子大部分时间在水上。通过不断地用嘴整理羽毛，保持它的亲油性。因此水难以进入羽毛，使得鸭子保持温暖而干燥。在羊的身上也发现同样的情形：羊被羊毛覆盖，但是羊毛是油性的，排斥雨水。如果羊毛完全湿透，羊可能会被冻死。

在叶子的蜡质上表面上也可以看到水滴，如图 8.3 所示。植物有一个蒸腾流动的现象，即水从亲水性根部上升(一个渗吸现象)，沿着茎上升，然后从叶面的气孔(小孔)中蒸发。气孔使水蒸气逸出，同时也允许氧气和二氧化碳通过，形成呼吸和光合作用。为了保持气体的这种流动，就要保证雨水不能渗入树叶中充满孔隙空间，因此叶子本身是亲油的，并且排斥雨水。

图 8.3　水和油在树叶表面上的照片

叶子是蜡质的，或者是亲油的。在左边，水形成了一颗非润湿性滴液。一些橄榄油已经滴在了右边的叶子上；它已经扩散到表面并浸入下面的干树叶中(深色阴影)，在存在空气的情形下，水是非润湿相，防止了水渗吸的发生，使得气孔(叶中的小孔)能够进行气体交换。如果没有这种对水的阻碍，叶片内部的孔隙会被水充满，限制了二氧化碳的进入和光合作用的进行。从鸭子身上也看到了类似的现象：羽毛是油性的并排斥水，以保持羽毛内的空间充满空气并形成隔离层。在部分亲水、部分亲油或亲油的岩石中，这意味着气不一定是非润湿相

如果存在一个亲水的孔隙空间，那么也会在存在气时吸水。例如，当鸟类受到海上漏油影响时，自然的反应是拯救这些鸟类，并用肥皂彻底清洁它们。但是这种清洁使得它们的羽

毛具有亲水性,水进入羽毛使鸟类死于低温。一个更明智的(现在采用的)方法是不用清洗的办法尽可能多地去除油。类似地,干净的羊毛衫会在雨中淋湿,并让你感到寒冷,这是因为油已经被冲掉了。

不幸的是,在存在油的情况下多孔介质对水不具有润湿性,此时它对气不具有润湿性,这个事实对石油工业是不利的。传统上是测定水驱替油的相对渗透率(第7章中已详尽讨论过水驱相对渗透率)。如果计划注气,也会得到在存在初始(通常是固定的)水饱和度的条件下,气驱替油的相对渗透率。在这个实验中,气对油不具有润湿性且注入是一个主要的排驱过程,表现出类似于油对水的初始侵入行为(见7.1节)。然而,在气水交替(WAG)的过程中,气经常被注入水中,以提供油田尺度上更稳定的驱替。如果岩石是亲油的或部分亲水、部分亲油的,则在存在水的条件下,气不再是非湿润相。为了量化渗流行为,有必要测量气驱替水(或水驱替气)的相对渗透率。不幸的是,由于这实验对石油公司意义不大,因此往往拒绝考虑这种可能性。相反,气的相对渗透率被假定为其自身饱和度的函数,当其驱替油时可以被测定。然后,它被错误地应用于水也在流动的情形中。这往往会高估气的渗流,并导致对注气的额外采收率的悲观预测。这一点和石油价格的波动足以使保守的管理层不作为,让石油继续在地下的水中沉睡。然而,我们不会放弃。

8.2.3　三相渗流中的润湿性状态

现在可以定义三相渗流的润湿性状态。在亲水的情形下,水是最具润湿性的,因此它将占据最小的孔隙和喉道以及润湿层。气是最不具润湿性的相,将优先填充较大的孔隙。这使得油处于中间相:它填充的孔隙比水大,但比气小。这是一个独特的排列,它倾向于中等大小的单元,这些单元不能由两相渗流中的占有率来模拟。

在强亲油介质中,油是最具润湿性的相。由于水对气不具润湿性,这使得它最具非润湿相,倾向于充填最大的孔隙,而气是油水之间的中间相。

当 $\cos\theta_{ow}<0$ 而式(8.8)中的 $\cos\theta_{gw}$ 仍为正值时,存在第三种可能性,称为弱亲油性。这是当油最具润湿性,其次为水,再次为气的情形。

润湿性顺序对孔隙占有率和流导率以及相对渗透率存在影响。在进一步对此进行讨论之前,还必须考虑三相渗流特有的另一个特征,即扩散层。

8.3　油层

在多孔介质中,油不能简单地作为气水之间的分子膜扩散;它堆积在占据角部、裂隙和凹陷的孔隙空间层中。在图8.4中显示了这种层的变化图:一块楔形的油将角部的水和孔隙中心的气分离开。这与初始扩散系数为正时形成的油膜不同:该膜会影响界面张力,但其具有一个分子(Ångström)的厚度,且不能容纳任何显著的渗流;相反,层为孔隙尺度(微米),并能容纳可察觉的渗流。

油层最显著的影响是,它们提供了水驱残余油的驱替机制,甚至对于毛细管控制的渗流和在没有相交换的情形下也是如此。气通常作为第三个过程被注入,这意味着它是在水驱之后进行的。因此,在达到或接近其残余饱和度时,气被注入含有水或油的孔隙空间中。每当气接触油时,油就扩散为气水之间的层。如果气是连续性的(当它被注入时,它也必须是),

则油也是如此。这使得油的采收率降到很低的饱和度；如后文所示，如果 $C_s=0$，则实际上为零。

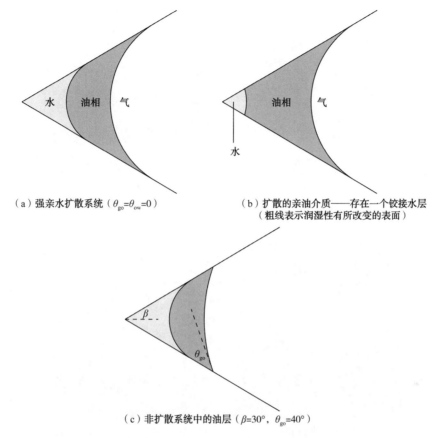

（a）强亲水扩散系统（$\theta_{go}=\theta_{ow}=0$）　　　　（b）扩散的亲油介质——存在一个铰接水层
（粗线表示润湿性有所改变的表面）

（c）非扩散系统中的油层（$\beta=30°$，$\theta_{go}=40°$）

图 8.4　油层在孔隙空间的单个角部中

注气的一种常见方式是气的重力排驱过程：气从油田顶部注入，形成覆盖油的气顶。当注入更多的气时，气顶体积增大，并向下驱替油和水。这是一个重力稳定过程。设想气已经接触到了两个此前被捕集的残余油滴，它们现在被油层连接起来。在重力作用下，上面的残余油滴的油可以排到下面残余油滴。当气进一步向下流动时，更多的油会在其下方排出，形成可生产的流性油。这是一个重要的采收过程，可实现非常高的采收率，尽管受到油层渗流缓慢的限制。在岩心样品中，残余饱和度只能达到 3%（Dumoré 和 Schols，1974；Kantzas 等，1988），其中填砂中的值低达 0.1%（Zhou 和 Blunt，1997）。

微观模型实验中已发现油层（Kantzas 等，1988；Øren 等，1992；Øren 和 Pinczewski，1994；Keller 等，1997），如图 8.5 所示。对于初始扩散系数为正的流体，油包围着气，防止气与水的接触。如果扩散系数为负，油层并不常见，而是形成了直接的气/水接触。

在岩石中，原地直接观测油层更具挑战性，因为需要以高分辨率区分 3 个流体相（Brown 等，2014）。然而，已经获得了定性上相似的结果，它显示了在 Bentheimer 砂岩的孔隙空间中的油的周边气层，如图 8.6 所示（Kumar 等，2009；Feali 等，2012）。在碳酸化注水过程中也观察到了油层，其中气相 CO_2 的流动通过油层的形成得到了促进（Alizadeh 等，2014）。

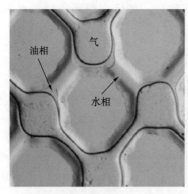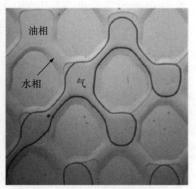

（a）流体系统正在扩散，油在气水　　（b）气水之间存在接触的非扩散系统，尽管
之间的油层中聚集（这些油层防止气　　在其他两相之间油作为透镜存在的情形下，
和水的直接接触）　　　　　孔隙空间也存在较窄的区域

图 8.5　微观模型实验中的三相渗流(引自 Feali 等，2012)

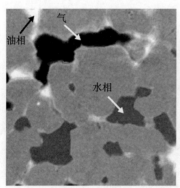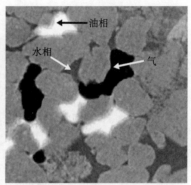

（a）扩散的油包围着气　　　　（b）对于非扩散系统，气和水之间有
直接的接触，类似于微观模型中观测到的

图 8.6　与图 8.5 所示的流体系统相同的 Bentheimer 砂岩中油、水和气的孔隙尺度 X 射线图像(引自 Feali 等，2012)
该图像直径约 1mm，体素尺寸约为 3μm

8.3.1　混合润湿性与油层稳定性

油层也可以在亲油或部分亲水、部分亲油介质中形成，如图 8.4 所示。亲油的岩石不妨碍油层的形成：关键特征是气和油之间的接触角，它代表了扩散的程度。油层存在的一个必要条件是 $\beta + \theta_{go} < \pi/2$，其中 β 为孔角半角，这对于具有较大 θ_{go} 值的非扩散系统的油层是不利的。然而，仅通过这一个条件来判断是不够的。如同在两相渗流中，需要应用能量平衡以得到流体的最稳定配置(van Dijke 等，2007)。

8.3.2　毛细管/重力平衡中的三个相

如果气和水不存在直接接触，有一种简单的方法来估算三相渗流中的毛细管压力(Leverett，1941)。测量了油气之间的毛细管压力(通常存在束缚水)、$p_{cgo}(S_g)$ 和油水之间的毛细管压力 $p_{cow}(S_w)$。当存在 3 个相时，气/油毛细管压力 $p_{cgo}(S_g)$ 与三相条件下的气饱和度函数相同。同样，由于只有油与水接触，$p_{cow}(S_w)$ 与三相水饱和度为相同的函数。考虑气和水之间界面的曲率，没有发现气水之间的毛细管压力，因为它是不存在的，然而有 $p_{cgw}=p_{cgo}+p_{cow}$。在毛细管平衡中，这个最后的关系总是成立的，因为：

$$p_{cgw}=p_g-p_w=p_g-p_o+p_o-p_w=p_{cgo}+p_{cow} \tag{8.15}$$

想象在炼厂有大量的石油泄漏，这些石油将渗透到地下直至能够使它漂浮的地下水位。在这里，将计算在毛细管/重力平衡中的三相(油、水和空气)分布。另一个应用是在发现油气藏时确定气、油和水在储层中的分布，这将在对图 3.18 中的处理中扩展到存在气顶的位置。当毛细管压力的概念被引入石油文献中时，Leverett(1941)首先考虑了这个问题。

从式(3.38)开始，然后进行积分，得到各相之间的毛细管压力是如何随深度 z 变化的：

$$p_{cow}=\Delta\rho_{ow}g(z_{fwl}-z) \tag{8.16}$$

这与式(3.39)相同，其中 $\Delta\rho_{ow}=\rho_w-\rho_o$ 为水和油之间的密度差。z_{fwl} 为自由水位的深度，定义为油/水毛细管压力为零处。

$$p_{cgo}=\Delta\rho_{go}g(z_{fol}-z) \tag{8.17}$$

其中，$\Delta\rho_{go}=\rho_o-\rho_g$ 是油气的密度差；z_{fol} 是气/油毛细管压力为零处的自由油位深度。使用式(8.15)来求解气/水毛细管压力。

如果假设饱和度分布是通过排驱建立的，可以调用式(6.55)中的 Leverett J 函数比例得出：

$$p_{cow}=\sqrt{\frac{\phi}{K}}\sigma_{ow}\cos\theta_{ow}J(S_w) \tag{8.18}$$

$$p_{cgo}=\sqrt{\frac{\phi}{K}}\sigma_{go}\cos\theta_{go}J(S_w+S_o) \tag{8.19}$$

利用式(8.15)给出的 p_{cgw}，假设在所有情形下，接触角都引自密度更大的相位后退情形。在式(8.19)中，把毛细管压力写成视润湿相对气的函数：S_w+S_o。该三相毛细管压力与界面张力的比例已被实验证实用于亲水介质中的排驱(Lenhard 和 Parker，1987；Ferrand 等，1990)。

现在可以将式(8.16)和式(8.17)分别代入式(8.18)和式(8.19)且重新组合，以求得饱和度作为高度函数的表达式：

$$S_w=J^{-1}\left(\sqrt{\frac{K}{\phi}}\frac{\Delta\rho_{ow}g(z-z_{fwl})}{\sigma_{ow}\cos\theta_{ow}}\right) \tag{8.20}$$

$$S_o=J^{-1}\left(\sqrt{\frac{K}{\phi}}\frac{\Delta\rho_{go}g(z-z_{fol})}{\sigma_{go}\cos\theta_{go}}\right)-S_w \tag{8.21}$$

式(8.21)预测，当第一项等于深度 z_C 处的式(8.20)时，可以达到零油饱和度，其中：

$$z_c=z_{fwl}-\frac{\alpha H}{\alpha-1} \tag{8.22}$$

$H=z_{fwl}-z_{fol}$ 为油浮在地下水位上的有效高度。注意，较低的深度对应于岩石中的较高位置。定义：

$$\alpha=\frac{\sigma_{ow}\cos\theta_{ow}\Delta\rho_{go}}{\sigma_{go}\cos\theta_{ow}\Delta\rho_{go}} \tag{8.23}$$

其中，对于大多数流体系统，$\alpha>1$。

如果 z_c(即对于 $z \leqslant z_c$)以上不存在油,那么必须有一个由直接的气/水接触面来控制的流体分布,其中:

$$p_{cgw} = \sqrt{\frac{\phi}{K}} \sigma_{gw} \cos\theta_{gw} J(S_w) \tag{8.24}$$

为了当 $S_o \rightarrow 0$ 时得到一个连续的饱和度分布,需要利用式(8.18)和式(8.19)来遵从式(8.24)和式(8.15)。对表达式的审视表明,只有在满足 Bartell Osterhof 关系(8.8)的情形下,这才是可能的。

这种通过油和水的排驱形成的置于水面上的油的分布,以及水和油的过渡区域,已经在实验上得到证实,如图8.7所示(Blunt 等,1995;Zhou 和 Blunt,1997)。测得的三相饱和度分布与仅用两相毛细管压力(或 J 函数)预测的分布精确对应。经过长时间的排驱后,含油饱和度下降到1%以下。

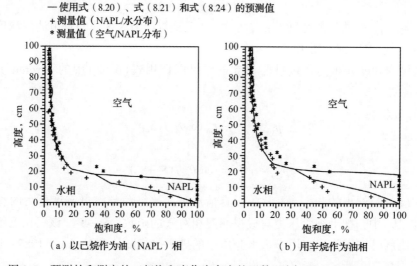

图 8.7　预测的和测定的三相饱和度作为高度的函数(引自 Zhou 和 Blunt,1997)

8.3.3　油层流导率与相对渗透率

如果存在层控渗流,那么可以推导出油相对渗透率的简单关系(Fenwick 和 Blunt,1998b)。如果所有的油都封闭在油层中,则油饱和度与这些油层的横截面积 A_{ol} 成正比。油相对渗透率与其渗流流导率成正比。

可以将此讨论应用于两相渗流中的油层,见式(6.27)。

$$Q_{ol} = -\frac{A_{ol}r^2}{\mu\beta_R}\nabla p \tag{8.25}$$

其中,用油层的弧形弯月面的面积代替了润湿层的弧形弯月面的面积,如图8.4所示。r 为油层的曲率半径,Q_{ol} 为渗流量。β_R 是一个经验系数,可以通过实验或通过 Stokes 方程求解。例如,Zhou 等(1997)基于实验和近似解析分析给出了 β_R 的闭式表达式,该表达式是接触角、角部半角和流体/流体边界条件的函数。

对于半角为 β 的角部,采用式(3.8),求出油层面积,从而求得流导率:

$$A_{ol} = r^2 \left[\frac{\cos\theta_{go}\cos(\theta_{go}+\beta)}{\sin\beta} - \frac{\pi}{2} + \theta_{go} + \beta \right] - A_{AM} \qquad (8.26)$$

其中，A_{AM} 为式(3.8)给出的角部水的面积，r 为油/水界面的曲率半径。如果假设一个较低的初始水饱和度由原始排驱确立，那么 $A_{ol} \gg A_{AM}$，并且从式(8.26)可以看出 $A_{ol} \sim r^2$。因此，在式(8.25)中，有

$$Q_{ol} \sim A_{ol}^2 \qquad (8.27)$$

从此式并利用 $K_{ro} \sim Q_{ol}$ 以及 $S_o \sim A_{ol}$，得到

$$K_{ol} \sim S_o^2 \qquad (8.28)$$

油的相对渗透率与油饱和度的平方成正比。这个简单的表达式，说明在扩散系统中没有残余饱和度，表示油层排驱。请注意，这与薄膜渗流的一些错误概念不一致。该渗流为立方尺度。

相对渗透率对饱和度的二次依赖关系的证明如图8.8所示，这是从对亲水性 Bentheimer 砂岩的稳态测量中得到的(Alizadeh 和 Piri，2014a)；对于两相相对渗透率，如图7.1和图7.3所示。在高油饱和度下，相对渗透率由油所占据孔隙的大小及其与饱和度的4次方成比例的连通性决定。然而，在较低的饱和度下，近似对于 $S_o < S_{or(w)}$，在水驱残余饱和度以下，相对渗透率下降较慢，呈抛物线形，这与油层排驱假设相符[式(8.28)]。

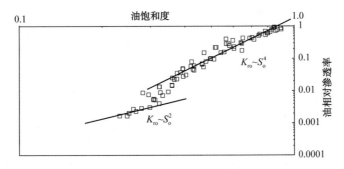

图8.8　亲水 Bentheimer 砂岩岩心样品中油饱和度下降方向的三相油相对渗透率数据(图7.3)

(引自 Alizadeh 和 Piri，2014a)

在高含油饱和度下，油相对渗透率受到油填充单元的网络控制，其中 $K_{ro} \sim S_o^4$；在低油饱和度下，渗流被认为是受到油层排驱的控制，$K_{ro} \sim S_o^4$

图8.9显示了一组其他数据。同样，在低饱和度下，在3个实验中可以看到与油层排驱一致的行为；第四个实验中使用的油是癸烷，癸烷更不扩散，见表8.1。这种情况下不形成油层。

最后一组油排驱测量结果在图8.10中显示(DiCarlo 等，2000a，2000b)。在此，如图8.9所示，在亲水填砂中的辛烷系统可以看到油层排驱。如果介质是部分亲水、部分亲油的，也可以观察到同样的行为，如图8.4所示，在这种情况下对于扩散系统，可以存在油层。同样，对于不扩散的癸烷，没有油层排驱，并且油可以被气捕集。最后一个例子是亲油介质的水相对渗透率，在这种情形下，人们可能会天真地期望油和水的交换能够发生，使得水在角部附近的油和中心的气之间以层状方式扩散。事实上，这个假设已经被提出来预测亲油介质的三相相对渗透率(Stone，1970，1973)。

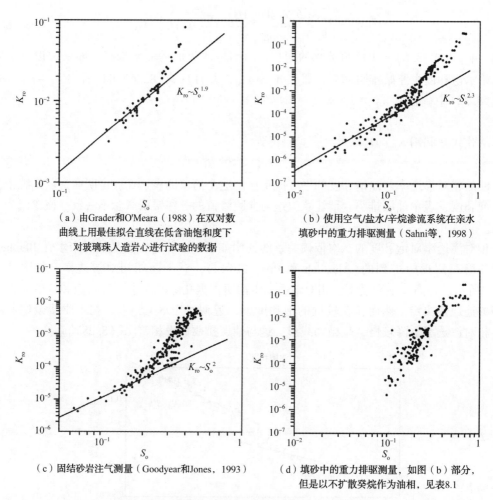

（a）由 Grader 和 O'Meara（1988）在双对数
曲线上用最佳拟合直线在低含油饱和度下
对玻璃珠人造岩心进行试验的数据

（b）使用空气/盐水/辛烷渗流系统在亲水
填砂中的重力排驱测量（Sahni 等，1998）

（c）固结砂岩注气测量（Goodyear 和 Jones，1993）

（d）填砂中的重力排驱测量，如图（b）部分，
但是以不扩散癸烷作为油相，见表 8.1

图 8.9　在亲水介质中测量油相对渗透率(引自 Fenwick 和 Blunt，1998a)
在此没有看到油层排驱形态

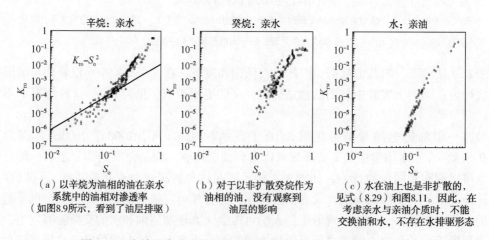

（a）以辛烷为油相的油在亲水
系统中的油相对渗透率
（如图 8.9 所示，看到了油层排驱）

（b）对于以非扩散癸烷作为
油相的油，没有观察到
油层的影响

（c）水在油上也是非扩散的，
见式（8.29）和图 8.11。因此，在
考虑亲水与亲油介质时，不能
交换油和水，不存在水排驱形态

图 8.10　在填砂中重力排驱时的测量值(引自 DiCarlo 等，2000a)

图 8.11 显示了孔隙尺度上的相的假定排布；然而，这种情况往往不会发生，因为这需要水在油上扩散，而事实并非如此。水的扩散系数与式(8.1)相似。

$$C_s^w = \sigma_{go} - \sigma_{ow} - \sigma_{gw} \tag{8.29}$$

在油田应用中，见表 8.2，$\sigma_{gw} > \sigma_{ow} > \sigma_{go}$，因此，$C_s^w \ll 0$。水在油上不扩散。这在 8.2 节中关于亲油介质讨论中显而易见：水成为最不具润湿性的相，宁愿占据孔隙空间的中心。因此，在亲油介质中，水可以在气存在的条件下被捕集：不存在与所看到的油排驱形态相对应的水排驱形态。

同样，可以定义气扩散系数。

$$C_s^g = \sigma_{ow} - \sigma_{go} - \sigma_{gw} \tag{8.30}$$

这对于环境条件下的流体也是不利的，见表 8.1。然而，在 σ_{go} 趋向于零的油田中，在 $\sigma_{ow} \approx \sigma_{gw}$ 的条件下 $C_s^g \to 0$。在强亲油系统中，以及从式(8.14)得到：

$$\cos\theta_{gw} = -1 + \frac{C_s}{\sigma_{gw}} \tag{8.31}$$

对于(油)扩散系统，给出了 $\theta_{gw} = \pi$：在近混相注气中，肯定可以看到气层。在存在水的条件下，油和气都会扩散。在 8.4.1 节中进一步考虑了这一点。

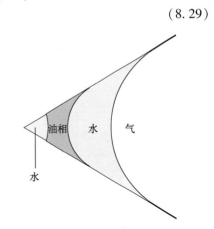

图 8.11　亲油角部的水层

粗线代表润湿性有所改变的表面：水从原始排驱被保留在角部中；在孔隙空间的中心存在一个油层，然后是水层和气层。然而，这种排布是不可能的，因为 Bartell-Osterhof 方程(8.8)不允许气在典型的界面张力的情形下，在强亲油介质中对水具有非润湿性

8.4　驱替过程

8.4.1　流体配置

图 8.4 所示的 3 个相的假定排列方式不是油、水和气可能存在于单个孔隙中的唯一方式。存在很多种配置(Zhou 和 Blunt，1998；Hui 和 Blunt，2000；Piri 和 Blunt，2005a；van Dijke 等，2007)。与其尝试对此进行全面的讨论，还不如对半月板与毛细管平衡、位移序列和指定接触角的关系进行简单的分析，图 8.12 显示了目前已经考虑到的两相和三相流体分布(Helland 和 Skjæveland，2006a，2006b)。表 8.3 列出了所看到的配置的接触角范围。假设油总是对气具有润湿性。因此，如前所述，仅存在 3 种润湿状态的排列顺序，从最不具润湿性到最具润湿性排列如下：(1)气、油、水；(2)气、水、油；(3)水、气、油。

表 8.3　对图 8.12 所示的不同流体配置的接触角的约束(引自 Helland 和 Skjæveland，2006b)

项目	θ_{owA}	θ_{owR}	θ_{gwA}	θ_{gwR}	θ_{goA}	θ_{goR}
A	n/a	n/a	n/a	n/a	n/a	n/a
B		$<\pi/2-\beta$		$\leq\pi/2$	$\leq\pi/2$	$\leq\pi/2$
C					$\leq\pi/2$	$\leq\pi/2$
D					$\leq\pi/2$	$\leq\pi/2$
E	$>\pi/2+\beta$				$\leq\pi/2$	$\leq\pi/2$

续表

项目	θ_{owA}	θ_{owR}	θ_{gwA}	θ_{gwR}	θ_{goA}	θ_{goR}
F	$>\pi/2+\beta$	$<\pi/2-\beta$		$\leq\pi/2$	$\leq\pi/2$	$\leq\pi/2$
G	$>\pi/2+\beta$	$<\pi/2-\beta$		$\leq\pi/2$	$\leq\pi/2$	$\leq\pi/2$
H			$<\pi/2-\beta$	$\leq\pi/2$	$\leq\pi/2$	$\leq\pi/2$
I					$\leq\pi/2$	$\leq\pi/2$
J	$>\pi/2$		$>\pi/2+\beta$		$\leq\pi/2$	$\leq\pi/2$
K	$>\pi/2$		$>\pi/2+\beta$	$<\pi/2-\beta$	$\leq\pi/2$	$\leq\pi/2$
L	$>\pi/2$		$>\pi/2+\beta$	$<\pi/2-\beta$	$\leq\pi/2$	
M	$>\pi/2$		$>\pi/2+\beta$	$<\pi/2-\beta$	$\leq\pi/2$	$\leq\pi/2-\beta$
N					$\leq\pi/2$	$<\pi/2-\beta$
O	$>\pi/2+\beta$			$<\pi/2-\beta$	$\leq\pi/2$	$<\pi/2$
B	$>\pi/2$		$>\pi/2+\beta$		$\leq\pi/2$	$<\pi/2-\beta$
Q	$>\pi/2$	$<\pi/2-\beta$	$>\pi/2+\beta$	$\leq\pi/2$	$\leq\pi/2$	$\leq\pi/2$

注：β 为角部半角。空的孔隙空间表示容纳只要 $\theta_A \geq \theta_R$ 的任何接触角。

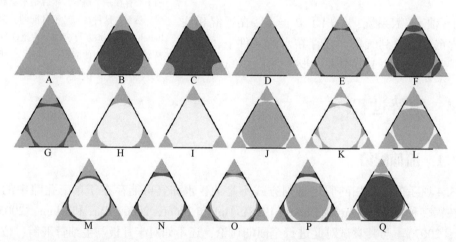

图 8.12　在三角形孔隙或喉道中的水、油和气的可能的流体配置的集合(引自 Helland 和 Skjæveland，2006b)
图中的粗线表示润湿性有所改变的表面，但这不一定是亲油的

　　图 8.12 所示的两相配置已经在 5.2.2 节中做出了分析，图 5.6 可以作为一个例证。这些是参照油/水系统来考虑的，但也可以简单地延伸到气/水排布。存在一种新的模式：油的配置 F 和气的配置 K。配置 F 存在 3 个油层：角部是水，然后是油，最后是水，中心是油。这看起来很奇怪，但是如果存在带有明显的接触角滞后的水和油注入的重复循环，使得在水驱期间水不具有润湿性，而在油侵入期间系统看起来是亲水的，那么孔隙的角部内可以容纳多个层。如果存在气驱和水驱的循环，以及气/水接触角的显著滞后，可以看到气的情况也是如此。

　　图 8.4 中显示了 M 和 N 这两种三相排布。图 8.11 中显示了模式 O：如前所述，尽管三相排布对于碳氢化合物流体并不常见，不可能构建容纳水层的流体系统。结构 P 具有气层；

这并不令人惊讶，因为气在强亲油介质中具有中间润湿状态。为了容纳需要的气层（表 8.3），$\theta_{gwA}>\pi/2+\beta$。回到式（8.31），当油和气接近混相时，这是可能的。

最后一个配置 Q 既有气层，又有水层。这又是不常见的，因为水层的存在，在任何情况下都需要观察气、水和油注入的重复循环。

8.4.2 配置变化与层的稳定性

流体构型的几何约束是必要条件，但不是使其可见的充分条件。如在 5.2.2 节中所述，在两相渗流的论述中，允许给定流体排布的毛细管压力范围，以及到新模式的过渡值均由能量平衡控制。Dong 等（1995）首先利用热力学理论，求出油层在亲水毛细管中形成的时间。这项工作已扩展到处理任意润湿性系统的层稳定性和驱替问题（Helland 和 Skjæveland，2006a，2006b；van Dijke 和 Sorbie，2006b；van Dijke 等，2007）。

从概念上讲，该方法很简单，即应用 2.3.1 节中概述的原理，扩展到 3 个流体相。然后，从一个稳定配置到另一个稳定配置的转换可以作为施加的毛细管压力和接触角的函数来计算。这可以认为是图 5.7 所示两相渗流图的推广，表明了驱替与地层的形成和塌陷相结合的时间。

然而，在实践中涉及很多计算，因为需要处理任意的水、气和（或）油侵入的顺序、接触角和界面张力的任何可能的组合以及大量可能的流体结构（图 8.12）。详细内容这里不进行讨论，以上参考文献中有所提供。这种方法可以进一步扩展，例如从图像中导出任意截面的孔隙（Zhou 等，2014，2016）。

8.4.3 多次驱替

有一类三相渗流独有的驱替，它可以使得被捕集的残余油滴发生移动，甚至对毛细管控制的渗流极限也有影响。想象一下，在注水过程中，气被含油孔隙捕集。允许油在气和水之间扩散，让它慢慢排出。但是还有另一个更自发的过程，即使不存在分层，也有利于油的去除，即气将油推入相邻的填充水的孔隙中。这意味着气驱替了驱替水的油。在由气/水毛细管压力控制的驱替中，这是很有可能发生的。如果对于驱替的气水之间的压力差（用于气驱替油的阈值侵入压力和油驱替水的阈值侵入压力之和）比任何其他方式（特别是气可以直接驱替水的其他方式）更有利，则会发生这一事件。由于在扩散系统中没有直接的气水接触，因此双驱替过程是从气中去除水的唯一途径。

这种类型的双驱替首先在微观模拟实验中观察到，如图 8.13 所示（Øren 等，1992；Øren 和 Pinczewski，1994）。有一个亲水系统，所以这个过程是双重排驱（油气侵入过程都是排驱）。在这个例子中，两个双重排驱事件将原本残留在大孔隙中的油推入较小的喉道和层中，这是一个残余相流动的机制。

由排列组合理论得出，存在 6 种双重驱替过程：气—油—水、气—水—油、油—气—水、油—水—气、水—气—油、水—油—气（亲水介质中的双重渗吸）（Fenwick 和 Blunt，1998b）。在微观模型实验中，也观察到了这些过程（Keller 等，1997）。

然而，这 6 种新的驱替模式并不是全部内容。可以有多重驱替链，其中一个相驱替另一个相，然后再驱替下一个相，其中间步骤可以有任意多个。反映了多重位移的特征，首先由 van Dijke 和 Sorbie（2003）描述，然后被整合到一个网络模型中以再现微观模拟实验（van

Dijke 等，2006)。当水和气交替注入含有水驱残余油的储层时，这种链条是重要的。在这些情形下，油和气都可以被水捕集，它们的流动是通过几个残余油滴同时运动开始的。这在连通性低的岩石或在二维微观模型中最为普遍。可以在部分亲水、部分亲油或仅亲油的岩石中看到同样的现象，此时水可以被气捕集。

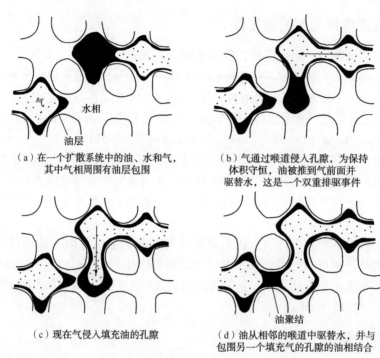

（a）在一个扩散系统中的油、水和气，　　　　　（b）气通过喉道侵入孔隙，为保持
其中气相周围有油层包围　　　　　　　　　　体积守恒，油被推到气前面并
驱替水，这是一个双重排驱事件

（c）现在气侵入填充油的孔隙　　　　　　（d）油从相邻的喉道中驱替水，并与
包围另一个填充气的孔隙的油相结合

图 8.13　亲水微观模型中的双重排驱(引自 Øren 等，1992)
这些事件的结果是从孔隙中去除了油，将其置于较小的喉道中，并允许跨层进行排驱

　　作为一个例子，图 8.14 显示了在亲油微观模型中模拟注气和注水的不同填充事件的相对频率(van Dijke 和 Sorbie，2002b；van Dijke 等，2006)。气 1 是指水驱后的注气。气直接驱替油和水，但也存在双重或多重驱替链。当水被重新注入(水 1)时，主要看到气的直接驱替，因为这是连接的相。然而，随后的注气和注水(气 2 和水 2)导致了比之前更多的多重驱替，因为所有 3 个相的连通性都很差。这导致了油的进一步采收。之后的周期存在更多的单重驱替，因为剩余的油较少。

　　图 8.15 显示了流体模式图，将网络模型预测(Al-Dhahli 等，2013)与实验测量值进行了比较(Sohrabi 等，2004)。该模型结合了上面讨论的层的形成和塌陷的热力学判据，并且可容纳多重驱替链(Al-Dhahli 等，2012)。在这些例子中，渗流通道具有分支，并且容易断开，因而所有 3 个相形成了很多被捕集的残余油滴。

　　即使是受毛细管控制的驱替，也存在被捕集相的移动、断连和重新连接。这是在6.4.7节中讨论的影响连通性的局部动态效应的补充。因此，所得到的相对渗透率具有来自连通相渗流和多重驱替的因素：这个问题的定量含义，特别是在这些事件频繁发生之处，还有待探索，可以为进一步研究提供机会。在下文中，将忽略这种复杂性，并给出相对渗透率的预测，这些预测忽略了捕集相对总渗流量的贡献。

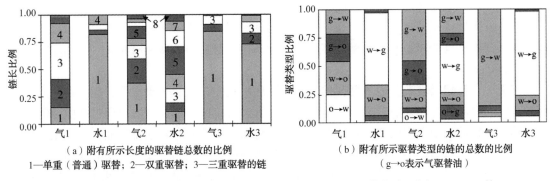

（a）附有所示长度的驱替链总数的比例
1—单重（普通）驱替；2—双重驱替；3—三重驱替的链

（b）附有所示驱替类型的链的总数的比例
（g→o表示气驱替油）

图 8.14　在亲油微观模型中，从初始水驱开始的 WAG 水驱模拟的驱替统计（引自 van Dijke 等，2006）

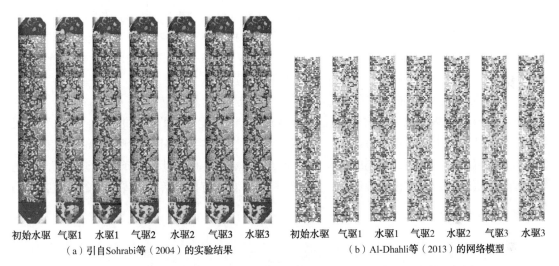

（a）引自Sohrabi等（2004）的实验结果　　　　（b）Al-Dhahli等（2013）的网络模型

图 8.15　用于水驱的亲油微观模型中的三相分布，随后是注气和注水的重复循环
注入从系统底部进行，从顶部采收。观察到类似的驱替模式：这些是在孔隙尺度上的多重驱替过程的结果，
其中残余油饱和度持续下降（图 8.14）。水是最不具润湿性的相，然后是气，再然后是油

8.4.4　驱替通道

　　与三相渗流相关的另一个微妙之处是，驱替通道可以是复杂的，并且不一定由外部强制施加。在两相渗流中，驱替作为宏观毛细管压力的单调变化进行。当然，如前所述，驱替的方向可以改变，如图 5.2 所示。然而，在大多数油田应用中，只需要考虑原始排驱达到一定的初始饱和度，之后就进行水驱开发了。

　　现在考虑注气。气通常与水一起注入，通常是段塞式注入。因此，存在一个重复的注气和注水的序列，如图 8.15 所示，注入可以在流动水、油和气饱和度的任何范围开始和结束。在岩体尺度上，如图 6.10 所示，被驱替的油在哪里？它必须被推到正在推进的气前面。因此，在油田中部的某个位置，注气的第一个影响是局部上的油饱和度增加或明显地注油。在生产井也出现了同样的情形：首先观察到含油量增加，随后是含气量增加。随着含油富集区在油田中进一步移动，在岩石中看到了气与水的驱替，可能伴有段塞式注入的油、水、气侵入的额外周期。

如上所述,填充顺序不仅涉及附加相,而且必须适应随着油、水和气的重复侵入而在渗流方向上发生的任意变化。如果存在一个孔隙尺度模型,毛细管平衡和驱替原理可以帮助重现这一系列饱和度变化,例如在稳态实验期间施加的变化(Fenwick 和 Blunt,1998b;Piri 和 Blunt,2005a)。

然而,在油田尺度上,饱和度变化的局部顺序不是先验的。想象一下,例如在注入井注水并注气。在离油井不远的地方,首先看到一个含油富集区的形成。这个通过孔隙空间的富集区移动导致的油饱和度的增长意味着什么?它将取决于如何有效地驱替油,这又是由相对渗透率控制的。然而,相对渗透率本身是驱替顺序的函数。例如,知道油层对油相连通性具有重要影响。如果油/水毛细管压力高(将水推入角部),而气/油毛细管压力低(将气保持在角部中并可容纳一个厚油层),则油层最稳定且最具流导性。因此,可以预见,如果有较厚的油层,就会形成更大的含油富集区。但这是由注水和注气的毛细管压力控制的,直至能够指定与给定的相注入率相关的饱和度,这反过来是由相对渗透率控制的。这个论点是令人困惑的,因为潜在的问题有些费解:为了预测相对渗透率,需要知道饱和度(或毛细管压力)变化的宏观顺序,但直至知道相对渗透率时才能确定这一点。

为了再现动态的或非稳态的驱替,需要找到自洽的相对渗透率(Fenwick 和 Blunt,1998a),该过程如图 8.16 所示。首先猜测驱替通道(饱和度变化的局部顺序),并从孔隙尺度模拟中找到与之关联的相对渗透率。利用给定的边界条件,使用这些函数在油田尺度上对渗流方程求解:它将预测到不同的饱和度变化顺序。然后,重新计算这条新通道的相对渗透率,并迭代直至找到一组相对渗透率,其中饱和度的变化与具有指定边界条件的渗流方程的解一致。

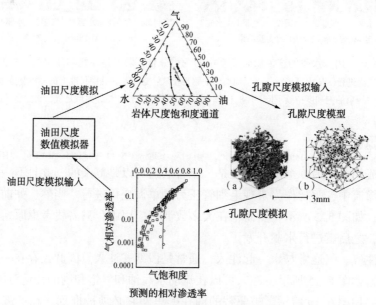

图 8.16 求解自洽的相对渗透率的迭代过程

三元图上的饱和度变化:三角形的上顶点表示 $S_g = 1$,右下顶点 $S_o = 1$,左下顶点 $S_w = 1$。相对渗透率被预测出并输入一个油田尺度的数值模拟器。模拟模型预测出一个新的饱和度通道,将它再一次输入孔隙尺度模型中。该过程持续至在一条通道和预测的相对渗透率上收敛为止

8.5　三相相对渗透率

由于地层、润湿性、多重驱替和自洽性相关的复杂性，不可能提供孔隙尺度过程对相对渗透率影响的综合分析。从 Leverett 和 Lewis(1941)的开创性工作开始，产生了大量关于三相相对渗透率测量的文献。Alizadeh 和 Piri(2014b)对所有实验进行了广泛的回顾，重点介绍了仍然缺乏信息的领域，即碳酸盐数据和润湿性影响的系统性研究。

作为例证，图 8.17 显示了亲水的湿 Bentheimer 砂岩的三相相对渗透率(Alizadeh 和 Piri，2014a)。在这种情形下，可以忽略前面描述的许多细节。水很少显示出滞后，并且两相和三相结果相似，正如所预期的，水存在于较小的孔隙和润湿层中。气为最不具润湿性的相，它占据较大的孔隙，再次看到在两相和三相渗流之间没有显著差异。然而，也确实看到了注气和水驱(或油驱)的区别，注气总是连续的，其行为与一次原始排驱的驱替相符，而水驱(或油驱)则会捕集气。在较好的近似情形下，油的相对渗透率也只是油饱和度的函数，只要存在连续的气体，此时的相对渗透率就接近于注入石油和静止水时观察到的渗透率。这种稍微简单的行为归因于相对狭窄的孔隙(或喉道)的尺寸分布，如图 3.14 所示，但更可能仅仅反映出有限的饱和度通道。

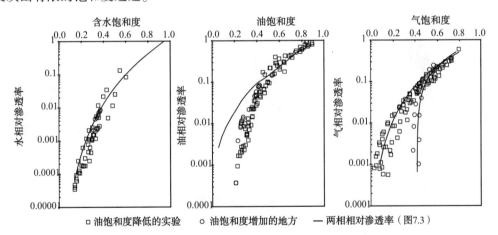

图 8.17　亲水的 Bentheimer 砂岩的三相相对渗透率(引自 Alizadeh 和 Piri，2014a)

这 3 种相对渗透率似乎都只是它们自身饱和度的函数，尽管确实看到了气的捕集效应。油的相对渗透率类似于气注入油和束缚水的相对渗透率。在低饱和度时，有一个油层排驱的特征，当在对数轴上绘制时很明显(图 8.8)

图 8.18 显示了亲水的 Berea 砂岩和填砂中一系列的三相驱替的饱和度通道。这里用注气和注水来驱替油和气(Kianinejad 等，2015；Kianinejad 和 DiCarlo，2016)。与 Bentheimer 砂岩的测量值相同，水相对渗透率只是其自身相的函数，并且与两相渗流中测量的结果类似。然而，现在观察油相对渗透率，它显然是饱和度通道的函数(图 8.19)。基于 8.5.1 节的论述，显而易见的原因是，相对渗透率受油占据的孔隙大小的控制。另一种解释是假设差异源自被捕集的油的量的变化。这与水的存在有很大关系：在低水饱和度和存在气的情况下，层驱排形态可被观察到，介质中具有非常低的残余饱和度。相反，如果存在更多的水，则随着油/水毛细管压力的降低，油层会坍塌，并导致水卡断直接捕集油滴。当油相对渗透率被绘为移动饱和度的函数时，$S_o - S_{or}$，数据落入一条单曲线上；见图 8.20。这一结果意味

着，在所有情形下，流性油被封闭在类似于孔隙空间的子集中：它占据的孔隙和喉道比气占据的小，又比填充水的大。差异仅仅源于在未填充气的较大孔隙中由水捕集的不同量。

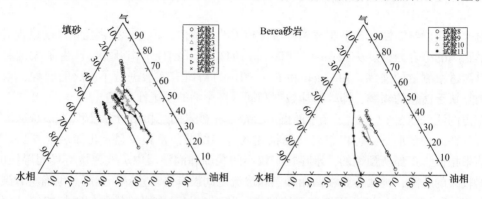

图 8.18　在填砂和 Berea 砂岩重力排驱实验中的饱和度通道(引自 Kianinejad 和 DiCarlo，2016)
通过改变实验中存在的水量，实验结束时捕集的油是变化的

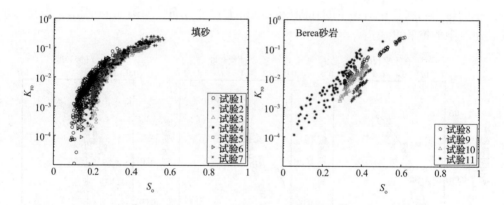

图 8.19　对应于图 8.18 所示的饱和度通道的油相对渗透率(引自 Kianinejad 和 DiCarlo，2016)
注意：K_{ro}不是唯一的油饱和度函数

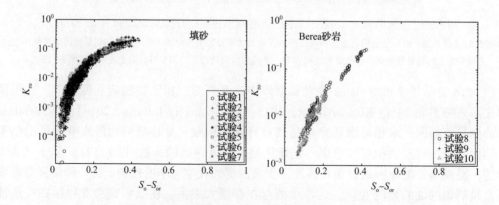

图 8.20　当图 8.19 中的相对渗透率绘为 $S_o - S_{or}$ 的函数时，它们位于一条单曲线上，
这意味着 K_{ro} 仅是其流性饱和度的函数(引自 Kianinejad 和 DiCarlo，2016)

现在，简要地提及文献中观察到的三相相对渗透率的主要特征，而不是试图进行更详尽的回顾。

（1）油层排驱。这在 8.3 节中讨论过了。对于低于水驱残余的饱和度，在注气过程中，近似看到 $K_{ro} \sim S_o^2$，其中没有明显的残余。

（2）饱和度依赖性。虽然这将在下文进一步讨论，但在亲水介质中，气和水的相对渗透率似乎只是其自身饱和度的函数，而油的亲水程度中等，它的相对渗透率取决于水和气的量（Oak 和 Baker，1990）。然而，一些实验已经表明，对于有限范围的饱和度通道来说，相对渗透率似乎只是其自身相的函数（Grader 和 O'Meara，1988；Dria 等，1993）；另见 Ben theimer 砂岩的上述结果（Alizadeh 和 Piri，2014a）。在部分亲水、部分亲油的普拉德霍湾储层中，气是最不具润湿性的相，油的相对渗透率仅仅是其自身饱和度的近似函数，这里意味着它倾向于驻留在较小的孔隙中；相反，水相对渗透率受气存在的影响，如具有中等润湿性的相预期的那样（Jeauld，1997）。

（3）扩散系数的影响。对于具有较大的负扩散系数的流体系统，没有看到油层排驱（图 8.10），与扩散油相比，注气的油采收率更低。Vizika 和 Lombard（1996）通过将不同润湿性的沙粒混合在一起，研究了亲水、亲油和一定比例亲水、一定比例亲油的 3 种介质的扩散系数和润湿性的影响。在扩散系统中，可以看到在亲水和一定比例亲水、一定比例亲油系统中的分层排驱特征。对于非扩散油，油和气的相对渗透率都比较低。它们表明，扩散系数对亲油系统的影响较小，尽管由于作为最具润湿性的相的油存在毛细管滞留，它的采收率较低。一般来说，随着多孔介质变得更加亲油，油相对渗透率降低。Kalaydjian 等（1997）还研究了扩散和非扩散系统的三相相对渗透率。对于非扩散系统，也显示出较低的油采收率和较小的气相对渗透率：由捕集油引起的气阻塞效应。

（4）润湿性效应由于水不在油上扩散，所以在亲油介质中看不到水的分层排驱，如图 8.10 所示。由于气不再占据较大的孔隙，在亲油介质中气的相对渗透率低于在亲水系统中的相对渗透率（DiCarlo 等，2000a，2000b）。Oak（1991）测量用硅烷处理的砂岩的三相相对渗透率，使所有的表面亲油。他发现，注气并没有降低由水驱得到的残余油饱和度，这与油为润湿相是一致的。然而，相对渗透率的饱和度依赖性更接近亲水系统的预期值，而油相对渗透率仍然是两个饱和度的函数。

（5）液/气界面的黏性耦合。在两相渗流中，我们断言，在合理的近似下，流体/流体界面是静态的，表示无渗流边界：一个相的渗流不改变其他相的渗流，可以忽略相对渗透率的交叉项，见式（6.59）。虽然看到一些例外，其中相之间的黏性耦合影响端点附近的渗流（见 7.3.2 节），但对于大多数油/水渗流，这被忽略了。在气/液界面处边界条件与自由表面近似的地方，不能在三相渗流中做同样的近似［式（6.30）］，并且还看到油和水渗流之间的显著耦合。这与角部毛细管的实验符合（Zhou 等，1997；Firincioglu 等，1999）。在重力排驱中，油相对渗透率受到水和气渗流量的强烈影响（Dehghanpour 等，2011a）。相之间的黏性耦合可以在孔隙尺度上模拟，并结合到一个经验模型中（Dehghanpour 等，2011b）。然而，尚未探讨这种复杂性对三相渗流的全部影响。

现在，将通过触及 4 个主题来扩充这些观点：饱和度依赖性、使用孔隙尺度模拟的预测、捕集和经验模型。

8.5.1 孔隙占有率与饱和度相关性

在更详细地介绍三相相对渗透率之前，考虑它取决于哪种饱和度是有益的，如图 8.21 和图 8.22 所示(van Dijke 等，2001a，2011b)。对于润湿性均匀的岩石，存在 3 种与润湿性的顺序或接触角有关的可能性，这已在 8.2.3 节中讨论过。在亲水性介质中，水最具有润湿性，优先占据最小的孔隙；气不具有润湿性，存在于较大的孔隙中；油具有中等润湿性，驻留在中等尺寸的孔隙中。

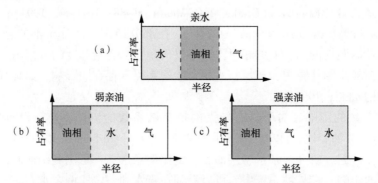

图 8.21　均匀润湿系统中可能的孔隙占有率

在这里，忽略与铰接层和未按大小顺序严格进行的填充相关联的复杂性。也忽略捕集相。(a)在亲水的岩石中，气填充最大的孔隙，水填充最小的孔隙，油填充中等尺寸的孔隙。(b)在弱亲油介质中，油填充最小的孔隙，而气是最不具润湿性的并填充最大的孔隙。水为中等润湿状态并占据中等大小的孔隙。(c)如果系统是强亲油性的，水不具有润湿性并且优先驻留在较大的孔隙中，油占据最小的孔隙而气占据中间大小的孔隙。大多数润湿相和大多数非润湿相的相对渗透率仅仅为其自身饱和度的函数，而中等润湿性的相取决于两个饱和度，因此也与相对渗透率关系密切

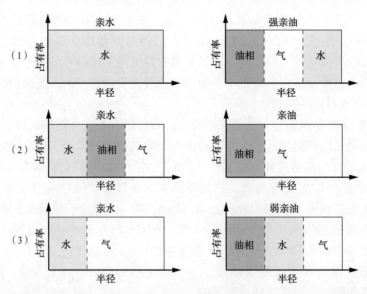

图 8.22　部分亲水、部分亲油的岩石可能的连通相占有率(基于 van Dijke 等，2001b)

每行表示可能的占有模式。必须在亲水和亲油区域保持相同的润湿性顺序，因为整个连通相具有相同的毛细管压力。也存在特殊情形，其中一个或多个相从任一区域完全被驱替。配置(2)对弱亲油情形和强亲油情形都适用

在亲水介质中，水相对渗透率仅是水饱和度的函数，并且不受存在的气和油相对量的影响，因为在所有情形下，水的相对渗透率具有由它所占据的最小孔隙和喉道的连通性控制的流导率。同样地，气相对渗透率仅仅是气饱和度的函数：它优先填充较大的孔隙和喉道，其渗流与油和水在较小的孔隙和喉道中的排布方式无关。现在，这并不排除对饱和度通道和捕集效应的依赖性（见 7.1.5 节），但对于给定的驱替，水和气的相对渗透率仅仅是其自身饱和度的函数。类似地，如在 8.3.2 节中一样，可以写成 $p_{cow}(S_w)$ 和 $p_{cgo}(S_g)$。

由于油具有中等润湿状态，其相对渗透率将取决于水和气的存在量。对于给定的油饱和度，当含油量较多时，与封闭在小孔隙并且具有较低相对渗透率的较大的气饱和度相比，油占据了具有较大相对渗透率的孔隙。现在的描述不包括中间相的毛细管压力，仅仅依赖于两个饱和度的 $p_{cgw}=p_{cgo}+p_{cow}$。

如果存在一个强亲油介质，气为中等润湿相，那么它的相对渗透率为两个饱和度的函数；现在，油和水的相对渗透率仅仅为其自身饱和度的函数，也可以写成 $p_{cow}(S_o)$ 和 $p_{cgw}(S_w)$，其中气/油毛细管压力是两个饱和度的函数。在一个弱亲油介质中，水具有中等润湿性，该相对渗透率是两个饱和度的函数。

通过该论述可得到重要的结论，因为通常从两相测量值中推断出三相相对渗透率。大多数经验模型（见 8.5.5 节）假定系统是亲水的，因此正确地设置油相对渗透率取决于两个饱和度。然而，还有一个假设是，气仍然是亲油岩石中最不具湿润性的相，因此他们承认只有水相对渗透率可以作为两个饱和度的函数（Stone，1970，1973），这对于强亲油介质是不正确的。

对于部分亲水、部分亲油的岩石（图 8.22），填充存在更复杂的排布：图中的每一行代表不同尺寸的孔隙中的油、水和气的可能配置（van Dijke 等，2001a，2001b；van Dijke 和 Sorbie，2002a，2002c）。在这里，不对亲油和亲水孔隙的相对大小做出任何假设。虽然图片似乎提供了好几种可能性，但是存在一个主要约束：在亲水和亲油区域，毛细管压力必须相同。无论润湿性如何，最大孔隙中的相具有最高的压力，最小孔隙中的相具有最低的压力。现在想象一下，在亲水区域存在所有的 3 个相。这意味着 $p_g>p_o>p_w$，或者说 $p_{cgw}>p_{cgo}$，$p_{cow}>0$。因此，在亲油区域，气必须占据最大的孔隙，然后是油，最后是水。但是这与润湿顺序不一致，该顺序要求油所在的孔隙必须小于水所在的孔隙。因此，3 个连通相是不能存在的：可能只有气，或气在较大的孔隙中，然后是油（图 8.22 中的第 2 种占有率），但是不能存在连通水，因为水的压力必须高于油，不可能达到 $p_{cow}<0$。可以继续相关分析来确定图 8.22 所示的 3 个可能的排布。

约束毛细管压力的一个结果是，对于给定的润湿性状态和饱和度，只有一个中等润湿相。该相的相对渗透率取决于其他两个相的饱和度，残余的相对渗透率仅仅为其自身饱和度的函数。对于整个饱和度范围，这是不正确的：哪一相的相对渗透率是另两相饱和度的函数，将会随着三相相对含量的变化而改变。在图 8.22 中，气为模式（1）且具有中等润湿性，油为模式（2），水为模式（3）。例如，如果考虑向油和水中注气，假设存在一些强亲油性孔隙，从第一种模式开始，其中气具有中等润湿性。当气从亲油孔隙中去除了所有的水后，它将开始侵入亲水区域，而且过渡到第二种配置。注意，有可能通过双重驱替过程将油驱替到亲水的孔隙中。现在油为中等润湿相。

该分析可以扩展到所有 3 种润湿性顺序——亲水、弱亲油和强亲油——共存的情形，如

图 8.23 所示。在模式(2)中,油是中等润湿相。然而,在模式(1)和模式(3)中,很明显,改变任何一个相的饱和度会影响其他两个相的占有率。在这些情形下,所有毛细管压力和相对渗透率都是两个相饱和度的函数(van Dijke 和 Sorbie,2002a)。

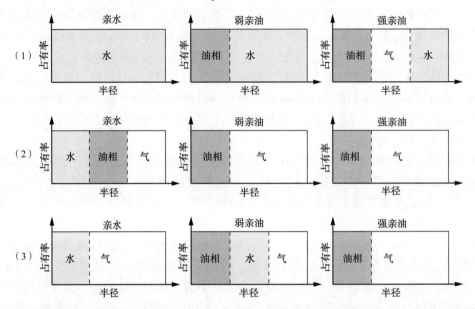

图 8.23 部分亲水、部分亲油岩石的可能连通相占有率,包含同时存在所有 3 个可能的润湿性顺序
每行表示可能的占有模式。必须在亲水、弱亲油和强亲油性区域中保持相同的润湿性顺序,因为在整个连通阶段
具有相同的毛细管压力。这是基于 van Dijke 和 Sorbie(2002a)工作的图 8.22 所示的占有率的扩展

这是一个很好的概念,它有助于对三相毛细管压力和毛细管压力进行合理的讨论。然而,它不考虑捕集铰接层以及局部几何形状结合接近 90°接触角的情况,这意味着填充不严格按大小顺序排列。

8.5.2 三相相对渗透率的预测

根据第一类体积平均原理(见 6.5 节),自动结合在流体界面处的动量转移,可用于研究三相驱替。然而,目前这项工作局限于孔隙空间几何形状相当简单的情况,尽管它为描述三相渗流提供了更严格基础的可能性(Bianchi Janetti 等,2015,2016)。

为了预测三相相对渗透率,探索三相实验比较有限的范围之外的行为,或者从两相测量值中提供基于物理方法的插值,研究者已经发展了越来越复杂的孔隙尺度网络模型。通过计算,这些原理与两相渗流中的原理是一样的,对于每个可能的驱替,都有毛细管压力的分类列表,而且都要考虑到水、油和气的侵入能以任意顺序进入。此外,还需要复杂的聚类算法来解释捕集和多重驱替(van Dijke 和 Sorbie,2003;Piri 和 Blunt,2005a)。

第一类三相网络模型假设了亲水条件,并研究了分枝晶格或 Bethe 晶格来计算孔隙占有率和相对渗透率(Heiba 等,1984)。Soll 和 Celia(1993)研究了三维渗流模型中的毛细管压力滞后与捕集。基于微观模型观测的层渗流和双重驱替(Øren 等,1992;Øren 和 Pinczewski,1994,1995)被纳入三相网络模型(Øren 等,1994),该模型后来被扩展以纳入润湿层和扩散层中的黏性压力梯度因素(Pereira 等,1996;Pereira,1999)。Fenwick 和 Blunt(1998a,

1998b)探讨了双重驱替过程和不同的饱和度通道,van Dijke 和 Sorbie(2003)研讨了多重驱替,Mani 和 Mohanty(1997)研究了扩散系数效应,van Dijke 和 Sorbie(2002b,2002c)探讨了润湿性效应。

Lerdahl 等(2000)首次对 Berea 砂岩进行了三相相对渗透率的成功预测。随后,Piri 和 Blunt(2005a,2005b)的工作也利用了 Berea 网络来预测实验数据并评估润湿性效应。较新的模型可以容纳多重驱替,也包含了符合热力学准则的层的形成和塌陷,同时模型可以基于孔隙空间图像求解网络中的驱替(Al-Dhahli 等,2012,2013)。

从图 8.24 开始,并非使用三相相对渗透率,而是使用 Bartell-Osterhof 方程(8.8)来进行两相预测。对于亲水的 Berea 砂岩,给出了由 Oak 和 Baker(1990)测量的水驱相对渗透率的良好预测(图 7.5)。然而,前进的接触角 θ_{ow}^A 必须进行调整,以匹配观察到的残余油饱和度 $S_{or(w)}$。如表 4.2 和图 4.10 所示,增加接触角导致较少的卡断和大小顺序上不太严格的填充顺序,从而给出较低的残余饱和度。也准确地预测了在束缚水存在的条件下,油驱替气的相对渗透率测量值(Piri 和 Blunt,2005b)。研究人员在此假定了扩散系统,但对于粗糙表面,θ_{go}^A 不为零,尽管它低于 θ_{ow}^A,以匹配残余气饱和度的测量值 $S_{gr(o)}$。最终的两相测量值用于水驱替气,应用式(8.8)来求解 θ_{gw}^A,因此不存在调整参数。如图 8.24 所示,预测值与实验符合得很好,与残余气饱和度 $S_{gr(w)}$ 准确匹配。

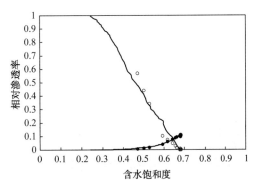

图 8.24 向气中注水和束缚水的相对渗透率的预测值(引自 Piri 和 Blunt,2005b)

将网络模型结果(线)与 Oak 和 Baker(1990)的稳态测量值(点)进行比较。利用 Bartell-Osterhof 关系式(8.8),由油/水和气/油接触角的值确定气/水接触角 θ_{gw}^A 的值

作为三相预测的例子,图 8.25 显示了油、水和气的相对渗透率的计算值与 Oak 和 Baker(1990)在 Berea 砂岩上的实验测量值的对比(Al-Dhahli 等,2013)。计算在所有情形下都获得了良好的一致性:特别地,适用于油层形成的正确的能量平衡准则,使得在层排驱形态下可以精确推测 K_{ro}。

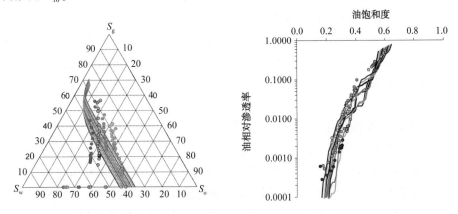

图 8.25 第三个阶段注气的油相对渗透率的测量值(点)与网络模型预测值(线)的对比
(引自 Al-Dhahli 等,2012)

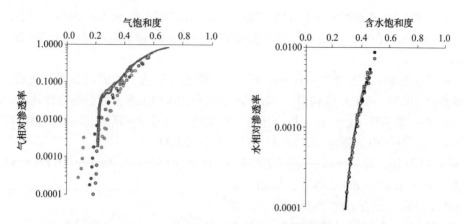

图 8.25　第三个阶段注气的油相对渗透率的测量值(点)与网络模型预测值(线)的对比(续图)
(引自 Al-Dhahli 等，2012)

　　尽管这些结果是乐观的，但仍然缺乏部分亲水、部分亲油的岩石，重复周期的注气和注水数据以及模型的预测值。还没有解决三相渗流问题中的一个非常重要的方面——捕集。

8.5.3　三相渗流中的捕集

　　在三相渗流中，可以看到油、水和气的捕集，其中残余饱和度由润湿性和饱和度通道控制。同样，如同相对渗透率，尚未得到对捕集的全面理解。相反，讨论将围绕一些有代表性的实验数据集进行研究。不会考虑重力排驱或通过注气所遇到的残余油饱和度。在这种情况下，如在 8.3 节中所讨论的，扩散系统的残余饱和度接近零。相反，将专注于水驱替气和油，捕集两个烃相。

　　第一系列测量值是在亲水填砂上进行的，其中一段重力排驱之后是水驱(Amaechi 等，2014)，结果如图 8.26 所示。由于气是最具非润湿性的相，因此可以认为，由于水和油组合起来作为单个润湿相，因此在两相和三相渗流中捕集量是相同的。然而，在三相条件下，当 S_{gi} 较高时，更多气可以被捕集。在这种情况下，从长时间的重力排驱开始，在最小的孔隙中留下水，在一些较小的孔隙中和层中留下油。然后注入水。在填砂的两相渗流中，驱替主要由活塞状推进所控制，与固结岩石相比，它具有较小的卡断和捕集(见 4.6 节)。在扩散系统的三相驱替中，水不能直接与气体接触。相反，水将油从较小的孔隙中驱替出来，而油又驱替了气。由于油的饱和度很低，主要被封闭在层中，因此它不能通过活塞式推进来将气体排出。当这些层膨胀时，唯一可用的驱替就是卡断。因此，这造成了比在类似的气/水驱替中更高的残余气饱和度。

　　在固结介质中，其中两相水驱主要由具有比填砂更高的残余饱和度的卡断控制，三相渗流中存在相同或更少的残余气量(Jerauld，1997)。尽管这仍然防止了气与水的直接接触，迫使油在较小的喉道中卡断气，但这必须与两相渗流相比较。在这种两相渗流中，无论如何都会在这些喉道中发生卡断。现在油和气被捕集在较大的孔隙中：如果存在被捕集的油，更加限制了适用于气的孔隙，并且存在较少的捕集。Berea 砂岩捕集的网络模拟具有相似的行为(Suicmez 等，2007，2008)。

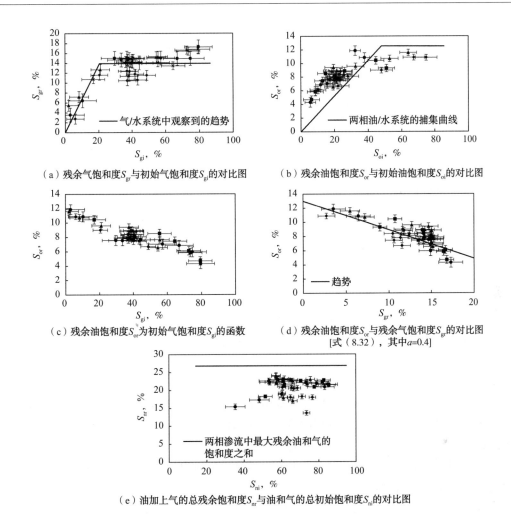

（a）残余气饱和度S_{gr}与初始气饱和度S_{gi}的对比图

（b）残余油饱和度S_{or}与初始油饱和度S_{oi}的对比图

（c）残余油饱和度S_{or}为初始气饱和度S_{gi}的函数

（d）残余油饱和度S_{or}与残余气饱和度S_{gr}的对比图
[式（8.32），其中$a=0.4$]

（e）油加上气的总残余饱和度S_{nr}与油和气的总初始饱和度S_{ni}的对比图

图8.26　在重力排驱和随后的水驱过程中测量了亲水填砂中的三相捕集

这些符号代表注水前不同的排驱时间（据 Amaechi 等（2014）重作的图）

对于油来说，在较低的初始饱和度下，三相条件下存在更多的捕集作用，而对于较高的S_{oi}值，捕集作用稍小。当初始气饱和度较高时，看到油的捕集量较少，仅仅是因为最初存在的油被捕集的较少。然而，这说明了注气与水驱相结合的优点。如果原始排驱后的油饱和度高，则允许一些气的驱替是有利的，对于后面的水驱而言，气的驱替使得视初始油饱和度较低，从而导致较小的残留。在图 8.18 所示的气保持连续相的实验中，可以再次看到，与仅由水驱替油相比更少的捕集量（Kianinejad 等，2015）。

残余气的存在确实限制了油的捕集量，是由 Holmgren 和 Morse（1951）首先指出的。观察下面的经验关系式（Kyte 等，1956）：

$$S_{or}^{3p} = S_{or(w)} - aS_{gr}^{3p} \qquad (8.32)$$

式中：上标 3p 表示三相条件；a 为经验常数。

Land（1968）假设油和气的捕集总量与在两相渗流中遇到的相同，这意味着 $a=1$。对亲水砂岩和石灰石岩心的实验得出较低的值，在 0.4～1 范围内（Kyte 等，1956）。这与图 8.26

的结果基本一致，其值约为 0.4，这表明在三相条件下，两个非润湿相的捕集量较大，但油的捕集量较小。油和气被捕集在较大的孔隙中，大量被捕集的气减少了可能捕集油的较大孔隙的数量，因此降低了残余饱和度。然而，如上所述，由于在三相渗流中有更多的卡断出现，油和气的总捕集量可能超过在两相渗流中看到的。这解释了为什么在填砂中获得的 a 值位于固结岩石观测值的下端，其中在三相条件下，卡断量急剧增长。

三相情况下，可能被捕集的烃(油和气)总量可以超过两相的数值，但两者之和满足 $S_{gr}^{3p} + S_{or}^{3p} \equiv S_{mr} < S_{or(w)} + S_{gr(w)}$ 或两相值之和，如图 8.26 所示。

考虑到关于润湿性效应的研究数量是有限的。Jerauld(1997)给出了从部分亲水、部分亲油的普拉德霍湾储层得出的结果(图 5.11)。似乎得到了一个弱亲油系统，因为气表现为最不具润湿性的相，见 8.5.1 节。被捕集的气量在很大程度上独立于其他相而存在，并且可以通过 Land 模型式(4.39)进行预测。被捕集的气降低了水相对渗透率，这意味着它驱替了较大的亲油孔隙中的水，如果只存在油，水将优先占据这些孔隙。捕集的气对残余油饱和度的影响也较弱，正如在油作为最具润湿性的相时所预期的那样，式(8.32)中的 a 值大约为 0.13。这也符合 Kyte 等(1956)对岩心研究的结果，他们对经过化学处理的岩心进行亲油处理。这意味着三相残余饱和度之和可以超过其中任意一个两相值，正如看到的对于亲水填砂的结果。然而，此处的原因有些不同，作为最湿润相的油和作为最不湿润相的气的俘获是相互独立的。

Caubit 等(2004)进行了一系列重力排驱实验，然后对原油中老化的岩心进行水驱以复制亲水、中性润湿性和亲油条件。该工作还研究了前人的文献资料。在此，气仍然是最不具润湿性的相，在所有情形下，它在两相渗流和三相渗流中具有相似的捕集特性。然而，油相的行为与已经讨论过的不同。对于亲水岩心，两相渗流和三相渗流中的残余饱和度相似，而捕集的气的影响不明显。对于中性润湿性岩心，残余油的饱和度高于两相渗流；对于亲油岩心来说，残余油饱和度较低。

这种奇特的润湿性依赖关系的解释取决于两相渗流和三相渗流中油层的存在，分别如图 5.16 和图 8.4 所示。在油/水接触角为 90°左右的中性润湿系统中，由于油没有充分润湿，不可能在两相渗流中形成油层。然而，仍然存在相对较少的捕集，其中的驱替以无卡断的前缘推进方式向前进行，见 4.2.3 节。在三相水驱中，油在扩散系统中对气具有强润湿性，因此可以形成如图 8.4 所示的层。油通过卡断来捕集气，因而可以阻止水对气的活塞式侵入。由于水对油的润湿性不明显，油/水毛细管压力迅速下降，导致油层坍塌；水通过一种强制卡断过程容易从层中去除油，见 5.2.2 节。这就捕集了已经被捕集的气团簇周围的油。

对于亲油系统而言，三相条件下的残余油饱和度较低是无法一下子看到的；由于油显然是最具润湿性的相，其捕集应不受气存在的影响，如 Jerauld(1997)所观察到的。然而，对此的解释仍然基于油对气的润湿性比水强的事实。当存在气时，如图 8.4 所示，油层比油夹在水之间时更稳定(图 5.16)。如果油比水对气更具润湿性，$\theta_{go} < \pi - \theta_{ow}$。对于给定的施加的毛细管压力，$\theta_{go}$ 的低值意味着更厚、流导性更强和更稳定的层；这些层允许渗流发生并防止了油被捕集，从而导致残余饱和度降低。

图 8.27 显示了 Estaillades 石灰岩中氮和 CO_2 的捕集饱和度(代表气相)，这些石灰岩在原油中老化，使其部分亲水、部分亲油。首先将气进行原始排驱，排入充满水的岩心中，然后进行水驱。这些实验似乎导致了比上述砂岩中遇到的更强的润湿性变化，因为与等效的亲

水样品相比，现在的气具有中等润湿性，捕集量显著减少（Al-Menhali 和 Krevor，2016）。这与亲油岩石中较大的气/水接触角一致，并由此抑制了水卡断的发生。与氮气相比，CO_2 的残留量较低，这是由于在亲油系统中，较低的气/水界面张力导致式（8.8）中的 θ_{gw} 值更大，CO_2 比氮气润湿性更强，导致捕集量更少。在亲油 Bentheimer 砂岩的孔隙尺度成像实验中，与亲水条件相比，残余饱和度也减少了一半（Rahman 等，2016）。

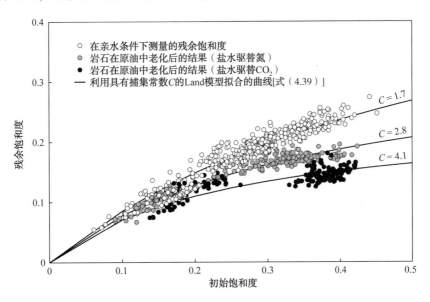

图 8.27 在 Estaillades 石灰岩中捕集的测量值

与式（8.8）一致，当岩石变得更加亲油时，由于气/水接触角增加，气的捕集量较少。
由 Al-Menhali 和 Krevor（2016）授权改编。版权所有（2016）美国化学学会

虽然文献中的许多结果可以通过考虑孔隙尺度的占有率和驱替来解释，但是缺乏完整的了解。令人困惑的是，为什么在许多实验中，甚至对于能够自发渗吸的油来说，气似乎仍然是最不具润湿性的相。对明显亲油的岩心来说，似乎也是如此。预测捕集的程度并不直接，与对结果产生的事后解释相反。举例来说，为什么是油的捕集，如润湿相，在 Caubit 等（2004）的实验中受气的影响，但在 Jerauld（1997）中没有？这是一个值得进一步深入实验、数值和理论研究的领域。

8.5.4 三相渗流中捕集相的直接成像

使用 X 射线成像观察到三相的捕集。Iglauer 等（2013）研究了亲水砂岩中水驱后的油气捕集。如同在岩心尺度实验中看到的那样，气的存在降低了残余油饱和度。与气驱替水和水驱残余油相比，向高油饱和度初始注气时，所捕集到的气更多。油和气团簇的残余油滴大小分布都与渗流理论基本一致，见 4.6.1 节[式（4.34）]；然而，界面面积并没有像预期的那样随着体积而扩大，这意味着油和气的结合使得驱替更加连通了。

Alizadeh 等（2014）对 Berea 砂岩进行碳酸水的注入，在这个过程中观察了油和气的捕集作用，其中油通过 CO_2 的残余油滴运动也产生了流动。油在气周围形成了稳定层，在注水过程中，油被分割成碎片，气也被大量捕集。图 8.28 中显示了一些残余油滴，表明在孔隙

空间中看到被捕集的油和气的较大团簇。在油相中有一些片状结构，与层的形成一致。

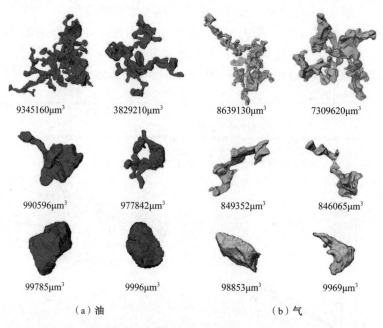

（a）油　　　　　　　　　　（b）气

图 8.28　在亲水的 Berea 砂岩中注入碳酸水之后的油和气的残余油滴(引自 Alizadeh 等，2014)
显示了残余油滴的体积，图片不都按相同的比例

在孔隙尺度上观察三相捕集，寻找更多的驱替通道、润湿性和孔隙结构，使之前讨论的岩心尺度结果合理化，是今后这方面工作的发展方向。

8.5.5　三相渗流的经验模型

如前所述，通常测量水和油的水驱相对渗透率，见第 7 章。调用 $K_{rw(o)}$ 和 $K_{ro(w)}$，括号中分别表示存在的另一个相。对于注气过程中的相对渗透率，在束缚水存在的情况下，通过将气进行原始排驱来驱替油中的过程进行分析。从该实验中可以得到 $K_{rg(o)}$ 和 $K_{ro(g)}$。由于对于不同的三相渗流，直接测量相对渗透率是十分困难的，无论如何所有可能的驱替通道都不可能被考虑完全，所以可以使用经验模型将两相测量值插入三相条件下。这与 7.4 节中给出的两相渗流的经验表达式大不相同，后者的模型只是用来拟合数据的。然而，对于三相渗流来说，可以在没有数据的情况下进行预测。

石油专业的文献中最常用的模型是由 Stone(1970)(Stone 1) 和 Stone(1973)(Stone 2)给出的。该模型认为油的渗流被水和气阻塞：K_{ro} 与 $K_{ro(w)}(S_w)$(不存在气的情形)和 $K_{ro(g)}$(不存在束缚水的情形)的产物有关。Aziz 和 Settari(1979)中的普通实施确保当一个相不存在时，三相值趋向于两相极限。对于 Stone 1 模型：

$$K_{ro} = \frac{S_{oe} K_{ro(w)}(S_w) K_{ro(g)}(S_g)}{K_{ro}^{max}(1-S_{we})(1-S_{ge})} \tag{8.33}$$

其中：

$$S_{oe} = \frac{S_o - S_{om}}{(1-S_{wc}-S_{om})} \tag{8.34}$$

$$S_{we} = \frac{S_w - S_{wc}}{(1 - S_{wc} - S_{om})} \tag{8.35}$$

$$S_{ge} = \frac{S_g}{(1 - S_{wi} - S_{om})} \tag{8.36}$$

S_{om} 是三相渗流条件下用户定义的残余油饱和度。

根据分离渗流的图片，Stone 2 模型在概念上是相似的：

$$K_{ro} = [K_{ro(w)}(S_w) + K_{ro}^{max} K_{rw(o)}(S_w)] \times [K_{ro(g)}(S_w) + K_{ro}^{max} K_{rg(o)}(S_q)] - K_{ro}^{max}[K_{rw(o)}(S_w) + K_{rg(o)}(S_g)] \tag{8.37}$$

当 $K_{ro} = 0$ 时，预测残余油饱和度。值得注意的是，在这两种模型中，相对渗透率被估测为水和气饱和度的函数。K_{rg} 和 K_{rw} 被假设为其自身饱和度的函数，并且等于它们的两相值。

虽然这些模型是两相值的合理推断，但它们受到 3 个主要问题的影响。首先，当根据数据进行试验时，预测与结果并不一致，预测值高估 Stone 1 的 K_{ro} 并夸大 Stone 2 的捕集量（Fayers 和 Matthews，1984；Baker，1988；Fayers，1989；Blunt，2000；Kianinejad 等，2015）。其次，当岩石不再亲水时，模型不能解释相对渗透率的饱和度依赖性。Stone（1973）指出，对于亲油岩石，水和油相被简单地交换。正如 8.5.1 节所讨论的，这不一定是正确的，并且肯定不能契合与部分亲水、部分亲油的岩石相关的微妙之处。最后，模型不能区分不同的饱和度通道和捕集量的变化。Stone 1 模型确实允许残余饱和度的独立分配，例如，可以假设残余饱和度在两相水和气驱极限之间以线性、二次或三次关系变化，以匹配实验数据（Fayers 和 Matthews，1984；Fayers，1989）。相反，在 Stone 2 模型中捕集不受控制，这是限制预测精度的一个主要因素。

一个更简单但更常见的模型应用了饱和加权插值：这通常是储层模拟器中的默认模型，因为它很容易从相对渗透率值表中编码。如果存在气注入水的单独测量值以求解 $K_{rg(w)}$ 和 $K_{rw(g)}$，则模型可以用来考虑任何润湿性的介质。该模型首次由 Baker（1988）提出，它表明它比 Stone 模型提供了更准确的预测：

$$K_{ro} = \frac{(S_w - S_{wi}) K_{ro(w)}(S_o) + (S_g - S_{gr}) K_{ro(g)}(S_o)}{(S_w - S_{wi}) + (S_g - S_{gr})} \tag{8.38}$$

S_{gr} 是气/油驱替中的残余气饱和度，如果在原始排驱过程中注气，S_{gr} 通常为零。注意，在三相油饱和度下计算两相相对渗透率。对于其他相：

$$K_{rw} = \frac{(S_o - S_{oi}) K_{rw(o)}(S_w) + (S_g - S_{gr}) K_{rw(g)}(S_w)}{(S_o - S_{oi}) + (S_g - S_{gr})} \tag{8.39}$$

$$K_{rg} = \frac{(S_w - S_{wi}) K_{rg(w)}(S_g) + (S_o - S_{oi}) K_{rg(o)}(S_g)}{(S_w - S_{wi}) + (S_o - S_{oi})} \tag{8.40}$$

其中，S_{wi} 为气/油实验中的初始水饱和度；S_{oi}（通常为零）为气/水驱中的初始油饱和度。同样，相对渗透率作为其自身饱和度的函数，可以在三相渗流中计算。

虽然该模型可以被认为是一种改进，但是它不能捕捉在 8.5.1 节中解释的部分亲水、部分亲油介质中饱和度依赖性的复杂转变。它还指定了一个残余饱和度，这是两相值的最小值，正如在 8.5.3 节中说明的，这可能是不准确的。

在水文学文献中，前人已经开发了基于 van Genuchten 或 Mulahem 型表达式的经验模型，见 7.4.3 节（Parker 等，1987）。假设亲水条件，并且像 Stone 模型和 Baker 模型一样，它们不会自动适应重复的水驱周期。

然而，这些模型可以作为表征更复杂的三相渗流的基础。以此获得的重要特征如下：

（1）三种相对渗透率都与饱和度相关。如 8.5.1 节所讨论的，对于部分亲水、部分亲油岩石，必须使所有 3 种相对渗透率都依赖于两个饱和度。

（2）捕集和滞后。模型还需要契合多个饱和度变化顺序和可能导致的所有 3 个相的捕集。与 Hilfer（2006a）提出的捕集模型一致的方法见 6.5.4 节，它源于 Carlson（1981）的工作，如果将相对渗透率视为连通饱和度的函数，则滞后可以被认为不存在。也可以使用一个单独的模型，例如基于 Land（1968）提出的模型公式（4.39）的扩展，将总量与连续饱和度联系起来（Blunt，2000）。该方法已用于预测文献中的一系列三相数据集，包括图 8.19 和图 8.20 所示的结果。从数据中可以看出，残余油饱和度对水和气饱和度的依赖性：发现 K_{ro} 是唯一的流性油饱和度的函数，没有进一步依赖于饱和度通道。

（3）依赖于毛细管数。如前所述，许多注气过程被认为是混相或几乎混相的油和气。当达到完全混相时，只有一个烃相，介质中发生两相渗流。在接近混相的情况下，气和油之间的界面张力可能比在环境条件下看到的低几个数量级，这使得渗流的毛细管数，即式（6.62）中的 Ca，可以接近在孔隙尺度上的黏性力和毛细管力可比拟的值，并且油可以从孔隙空间中被扫除，导致介质中具有非常低的残余饱和度，见 7.3 节。在三相相对渗透率模型中，需要包括下述效应：对于较大的 Ca 值，残余油饱和度可能会降到零，如果调节气油相对渗透率的正确黏滞极限，如式（7.4），可以使气水和油水相对渗透率相等。

作为例子，将简要地提及两个复杂的模型，它们基于对孔隙尺度物理学的敏锐理解，并且与实验相匹配（Jerauld，1997；Larsen 和 Skauge，1998）。将相对渗透率表达式应用于油田尺度的模拟器，以用于注气项目的评估。Jerauld（1997）使用引自普拉德霍湾油田的一组广泛的两相特性测量值（Jerauld 和 Rathmell，1997）来约束三相相对渗透率模型，该模型用于设计世界上最大的注气工程。这是 Stone 模型的一个扩展，它将润湿性趋势与初始水饱和度、各相滞留和圈闭、相对渗透率和残余油饱和度随油气混相接近的毛细管数依赖关系结合起来（图 5.11）。Larsen 和 Skauge（1998）建立了注水和注气的重复周期的模型，该模型涉及捕集和观察到的端点相对渗透率在下降。

无论是在实验测量还是经验模型方面，目前对三相相对渗透率的理解，都不尽如人意。虽然现在有复杂的孔隙尺度模型，结合了本章所讨论的三相渗流的独特特征，即多重驱替、不同饱和度通道和扩散层，但与全面理解渗流行为仍然有一定距离。

9 多相渗流方程的解

本章将把前文讨论的宏观平均性质，即相对渗透率和毛细管压力，用多相达西定律导出为体积守恒方程。然后，将提出一维水驱的解析解，这些解析解由黏性力或毛细管压力控制。最后，将运用这种方法将孔隙尺度现象与大尺度渗流模式和采收率关联起来。

9.1 多相渗流守恒方程

从多相渗流的达西方程开始，应用质量（或体积）守恒方程。在 6.1 节中考虑了自由流体中的质量守恒问题。在此修改对多孔介质的这种处理方法，在一些表征单元体上应用了平均值。从式（6.2）对 p 相的描述开始，紧接着假定其中完全无混相的渗流，且在相之间不交换组分。

考虑由曲面 S 约束的多孔介质的任意体积 V。相的每单位体积质量是 $\rho_p \phi S_p$，而达西速度的法向分量是单位时间、单位面积内的相流量体积。由于每一相流出体积的通量与体积内的质量变化相等，因此质量守恒成立：

$$\int \frac{\partial \rho_p \phi S_p}{\partial t} dV = -\int \rho_p q_p \cdot dS \qquad (9.1)$$

其中，负号表示体积中的净流出导致质量减小。通过高斯定理，可以将曲面积分转换为一个在相同体积 V 上的积分：

$$\int \frac{\partial \rho_p \phi S_p}{\partial t} dV = -\int \nabla \cdot (\rho_p q_p) dV \qquad (9.2)$$

因为这个关系式对于任何任意体积的空间都成立，所以被积函数必须是相等的，并且

$$\frac{\partial \rho_p \phi S_p}{\partial t} = -\nabla \cdot (\rho_p q_p) \qquad (9.3)$$

对于 Navier-Stokes 方程，假设在孔隙尺度上流体密度是恒定的。对于缓慢渗流而言，这是一个合理的近似，因为介质汇中流体压力的变化很小，即便对于气来说也是如此。在此，将考虑岩体尺度上的渗流（图 6.10），其中流体移动几百米或几千米。此时在油田尺度下，如果依然假定压力不随时间持续下降，那么对于油和水的渗流来说，恒定密度的假设仍然是合理的。在油田中，通过注入水来替代已经产出的油的体积，从而维持了平均压力。这些被注入的水也会进一步驱替油，这个驱替过程是本章的主题。尽管注入井与生产井之间仍然存在着压力的变化，通常情况下有几兆帕，但由于水、油和岩石相对不可压缩，所有三相的总压缩率仅为 10^{-8}Pa^{-1}，因此整个油田的密度变化通常只有 1% 左右。因此可以假设流体密度和孔隙度是恒定的，这代表了不可压缩的渗流过程，简化式（9.3）得到：

$$\phi \frac{\partial S_p}{\partial t} + \nabla \cdot q_p = 0 \qquad (9.4)$$

此时可以在所有相上对式（9.4）求和（通常是油和水，但如果忽略压缩性，可以包括油、

水和气)。饱和度之和为 1，因此时间导数为零。得到：

$$\nabla \cdot q_t = 0 \tag{9.5}$$

其中 $q_t = \sum_p q_p$ 为总速度。

式(9.5)是与式(6.5)对应的多孔介质：它表示总达西速度，而不是速度，对于不可压缩的多相渗流而言，这是无散度的。

多相达西定律公式(6.58)被代入式(9.4)，以导出饱和度和压力的方程。将这个过程限制在两相渗流。为了推导的完备性，式(6.58)对油和水都适用：

$$q_w = -\frac{K_{rw}K}{\mu_w}(\nabla p_w - \rho_w g) \tag{9.6}$$

$$q_o = -\frac{K_{ro}K}{\mu_o}(\nabla p_o - \rho_o g) = -\frac{K_{ro}K}{\mu_o}(\nabla p_w + \nabla p_c - \rho_o g) \tag{9.7}$$

其中，使用了 $p_c = p_o - p_w$ 来求得只涉及水压的方程。然后代入式(9.6)和式(9.7)求出总速度：

$$q_t = -K\lambda_t \nabla p_w - \lambda_o \nabla p_c + \lambda_w \rho_w g + \lambda_o \rho_o g \tag{9.8}$$

定义流动性 $\lambda = K_r/\mu$，且总流动性 $\lambda_t = \lambda_w + \lambda_o$ [式(7.2)]。可以重新组织式(9.8)以求得水压梯度，然后将其代入式(9.6)。通过几个代数步骤，得到：

$$q_w = \frac{\lambda_w}{\lambda_t}q_t + K\frac{\lambda_w\lambda_o}{\lambda_t}(\rho_w - \rho_o)g + K\frac{\lambda_w\lambda_o}{\lambda_t}\nabla p_c \tag{9.9}$$

水的达西速度有 3 个组成部分。第一个是平流，或者是由两个相的总流动驱动的渗流，水的相对贡献仅仅是水的流动性与总流动性之比。第二项是比重偏析，在存在油的情况下，水会倾向于在重力作用下向下流动，而油会在浮力作用下向上流动。该项与相间的密度差成正比，并且受油和水流动性的控制，因为偏析的发生，两个相都是流动的。第三项为毛细管压力：对于注水过程，这也增加了渗流量。$dp_c/dS_w < 0$，但 ∇S_w 亦为负(在水驱中，注水井的水饱和度最高，它随着距离的增加而降低)，因而 $\nabla p_c = dp_c/dS_w$，∇S_w 为正：这是水渗吸到孔隙空间中的作用。

将式(9.3)(对于可压缩渗流)或式(9.4)(对于不可压缩渗流)与多相达西定律公式(6.58)、相对渗透率和毛细管压力的饱和度依赖性描述、适当的边界条件(储层中的初始条件和施加的渗流量或井中的压力)相结合，就可以得到多相渗流的完整数学描述。根据这些方程，可以得到作为空间和时间函数的饱和度和压力演化的解。在油田尺度的应用中，由于渗透率在几个空间尺度上都存在数量级的变化，因此只能用数值方法解决这一问题。实际上，整个行业都致力于模拟流体渗流，但是目前为止尚未将预测的行为与测量结果相匹配。由于这个学科充斥着复杂的数据，甚至更复杂的模型和烦琐的黑盒商业代码，尽管从 20 世纪 70 年代这个学科就开始盛行，但直到今天也没有找到正确的发展路径。这是另一本书的主题，本章不做赘述。

数值解的复杂性，加上一堆令人困惑的低约束输入，这往往掩盖了关键的物理见解，即孔隙尺度的相位配置是如何影响油田尺度采收率的。这对于理解多相渗流过程和确保最佳采收率，乃至 CO_2 储存安全或最小污染风险的注入是很重要的，具体情况需要具体分析。

为了在孔隙尺度和油田尺度之间建立联系，考虑解析解是有益的，为此需要简化对一维渗流的处理。

9.1.1　一维方程与分流量

在一维方程(即变量为 x 的情形)中，式(9.5)成为 $\partial q_t / \partial x = 0$，它仅被积分以求得 $q_t(t)$ 的解。对于不可压缩的一维渗流，总速度可以随时间变化，但不会随空间变化。这应该是显而易见的：进入系统的渗流必须与离开系统的渗流体积相同。q_t 通常由外部通过油田的井的流量得到，或实验室实验中通过泵来人为施加。然后，将式(9.9)写成：

$$q_w = \frac{\lambda_w}{\lambda_t} q_t + K \frac{\lambda_w \lambda_o}{\lambda_t} (\rho_w - \rho_o) g_x + K \frac{\lambda_w \lambda_o}{\lambda_t} \frac{dp_c}{dS_w} \frac{\partial S_w}{\partial x} \equiv f_w q_t \qquad (9.10)$$

其中，g_x 为重力在渗流方向上的分量。相对于水平方向的倾斜角度为 θ 的渗流，$g_x = g\sin\theta$。f_w 为分流量，定义为：

$$f_w = \frac{\lambda_w}{\lambda_t} + \frac{K}{q_t} \frac{\lambda_w \lambda_o}{\lambda_t} (\rho_w - \rho_o) g_x + \frac{K}{q_t} \frac{\lambda_w \lambda_o}{\lambda_t} \frac{dp_c}{dS_w} \frac{\partial S_w}{\partial x} \qquad (9.11)$$

对于水的达西速度公式(9.9)，分流量有平流、重力和毛细作用 3 个分量。根据定义，$f_w + f_o = 1$。

水的守恒方程公式(9.4)在一维中成为：

$$\phi \frac{\partial S_w}{\partial t} + \frac{\partial q_w}{\partial x} = 0 \qquad (9.12)$$

或者，对于满足 $q_w = f_w q_t$ 的有限总速度：

$$\phi \frac{\partial S_w}{\partial t} + q_t \frac{\partial f_w}{\partial x} = 0 \qquad (9.13)$$

这是因为 q_t 不是 x 的函数。

由于式(9.11)中包含了毛细管项，故而存在一个二阶非线性偏微分方程，因此无法对于一般的饱和度相关的相对稳定性和毛细管压力依据式(9.13)进行求解。然而，可以在实际物理意义的限制内构建解。

9.1.2　水驱与自发渗吸

在注水时存在两种通用的采收过程：直接黏性驱替(简称为水驱)和自发渗吸。图 9.1 提供了描述这两种现象的变化图。如前所述，在注水井和生产井之间的压力差的量级通常为几十兆帕，这与约 10kPa 的视毛细管压力形成对比(见图 4.24 和图 4.25 的例子，且不要将不确定的端点值固定)。因此，在岩体尺度或油田尺度下，黏性压力差远大于毛细管压力。此外，浮力也很重要：由密度差引起的压力变化的阶数为 $(\rho_w - \rho_o)gh$，其中 h 是油柱的高度。取表征值为 $\rho_w - \rho_o = 300\text{kg}/\text{m}^3$ 且 $h = 30\text{m}$，浮力引起的压强大约为 0.9MPa：该值虽然小于黏性力，但大于中等饱和度范围的毛细管压力。因此，在式(9.13)和式(9.11)中，涉及毛细管压力的项相对较小。为了描述大尺度水驱，主要考虑黏性力和浮力效应的影响，可以忽略毛细管压力对分流量的显性效应。这是要分析处理的第一种情形：黏性驱替或水驱。在由注水量与油和水之间的密度差控制的过程中，水将油推出多孔介质。

在裂隙性介质或渗透率差异极大的储层中，观察到了另一种采收过程：自发渗吸。注入的水迅速通过并填充高渗透通道：裂隙或其他渗流速度高的条痕。这就把大部分的石油聚集在渗透率较低的岩石中。裂隙使渗流路径形成短路：如果采用经济可行的流量，则不太可能在裂隙周围的单个岩石区域施加显著的黏性压降。只有当水渗入基质中时，油才能被采收。自发渗吸有两种类型：平行渗流和反向渗流。在前一个过程中，油和水在同一方向流动。在反向渗流中，基体最初完全被水包围，并且油只能通过向相反方向流动被驱替。

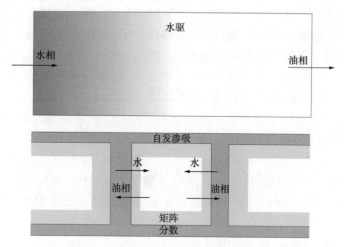

图 9.1　描述水驱和自发渗吸的变化图

在水驱中，存在一个在岩体尺度上由黏性力控制的驱替(图 6.10)。虽然毛细管力可以控制流体的局部分布，从而控制相对渗透率和毛细管压力；但渗流方程中的毛细管压力项相对较小，并且仅用于抹去流体前沿。而自发渗吸完全受毛细管力控制。当无法对岩石区域施加明显的黏性压降时，就会发生自发渗吸这种情况。这在裂隙性储层中普遍可见，其中高流导率裂隙有效地缩短了渗流路径，并使低渗透率基质被水包围

自发渗吸，即不向多孔介质中注水或迫使水进入，而是允许侵入完全由毛细管力控制时，在许多其他情况下也可看到自发渗吸：第 4 章开头给出了例子，雨水渗入土壤、植物根系吸收水分、纸巾擦拭溢出物、填充婴儿尿布，都是自发的渗吸过程。

在图 4.15 中展示了水侵入纸巾的图像，这是一个无法用传统的多相渗流模型正确描述的前缘推进；另一个例子如图 9.2 所示，显示了水进入最初干燥的 Ketton 石灰岩样品的 CT 扫描图像。这里的孔隙尺度驱替很可能是一种类渗流驱替，并且观察到了显著的捕集现象。推进速度随着时间的推移而减慢，与在 9.3 节提供的数学描述一致。

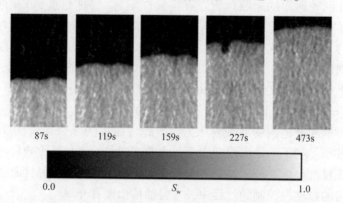

图 9.2　水进入最初干燥的 7.7cm 高的 Ketton 石灰岩岩心的自发渗吸图像(引自 Alyafei，2015)

在所示的不同时间内，使用 CT X 射线扫描获得这些图像。水从底部进入岩心

　　下面只考虑反向流渗吸的情况。将忽略式(9.9)和式(9.12)的黏性力和浮力效应，其中 $q_t = 0$。首先，为了使分析更具体，将介绍相对渗透率和毛细管压力。

9.1.3　相对渗透率与毛细管压力示例

　　为了对本章中的分析进行举例说明，将给出使用某些相对渗透率和毛细管压力示例的情况，所使用的参数列于表 9.1 中。分别采用式(7.20)和式(7.21)计算水和油的相对渗透率，采用式(7.23)计算毛细管压力(假设 $S_{wi} = S_{wc}$)。对于强亲水情形，也考虑了 van Genuchten 模型公式(7.27)和式(7.26)。

表 9.1　本章中给出的示例使用的参数

参数	强亲水	弱亲水	混合润湿	亲油性
S_{wc}	0.1	0.1	0.1	0.1
S_{or}	0.4	0.3	0.15	0.05
K_{rw}^{max}	0.1	0.2	0.5	0.95
a	2	2	8	1.5
K_{ro}^{max}	1	1	1	1
b	1	1.5	2.5	4
S_w^{cross}	0.55	0.55	0.64	0.39
C	0.3	0.3	0.3	0.3
S_w^*	0.6	0.6	0.5	0.1
p_C^{max}, kPa	200	100	100	100

van Genuchten 模型	n	m	α, kPa	S_{wc}	S_{or}
	2	0.5	30	0.1	0.4
黏度比 M	0.005	0.05	1	20	200
渗透率 K, m^2			10^{-12}		
注入(水)黏度 μ_w, Pa·s			10^{-3}		
孔隙度 ϕ			0.25		

　　注：对水和油的相对渗透率分别使用式(7.20)和式(7.21)，并且对毛细管压力使用式(7.23)。还显示了用于 van Genuchten(1980)模型公式(7.26)和式(7.27)的属性，以及黏度比 $M = \mu_o/\mu_w$。

　　相对渗透率曲线如图 9.3 所示，这涵盖了第 7 章中讨论的典型的多相渗流特性，尽管不试图匹配任何特定的模型或实验数据集。强亲水的情形类似于 Bentheimer 砂岩和 Berea 砂岩的相对渗透率，如图 7.1 和图 7.5 所示。弱亲水情形代表接触角可达 90°左右、部分驱替为强制注水的例子。在达到高水饱和度之前，部分亲水、部分亲油情形具有非常低的水相对渗透率，这表示在类渗流驱替中限制在层中的渗流的连通性较低(图 7.8)。然而，亲油介质的例子更具代表性，它是水相对渗透率较大的情形，表明较大的亲油孔隙是侵入渗流的快速通道(图 7.13)。

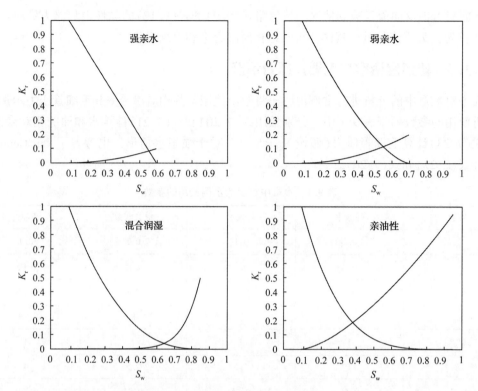

图 9.3 构建用于水驱和自发渗吸的解析解的相对渗透率曲线示例

表 9.1 列出了所使用的参数。相对渗透率显示了第 7 章讨论润湿性的范围

如 7.2.2 节所述,当油和水的相对渗透率相等时,饱和度 S_w^{cross} 可以快速显示可能的水驱的采收率。从表 9.1 中可以看出,部分亲水、部分亲油的情形具有最好的特性,因为水被封闭在孔隙空间中,其次是介质亲水时的例子,而介质亲油例子的采收率最差,因为水很容易通过较大的孔隙和喉道穿过孔隙空间,留下较小单元中未被采收的油。然而,这个分析只是一个近似真实的值,并且仅限于黏度比在 1 左右。正如稍后显示的,这是一个相当简单的分析。渗流方程的求解为采收率提供了更丰富和更准确的指导。哪种润湿性类型是最佳的取决于流动性比。在某些情况下,亲油情形也可能是最有利的。

利用式(6.102),考虑驱替相黏度与注入相黏度之比的范围(M)。$M = 0.005 = 1/200$ 代表聚合物注入轻油中,这使得水具有高黏性。$M \approx 1/50$ 代表水驱替空气。$M = 0.05 = 1/20$ 为典型的储存应用中的盐水驱替 CO_2(Fenghour 等,1998)。$M = 1$ 表示轻油(相对低黏度)的水驱,而 $M = 20$ 和 200 表示更具黏性(重)油的情形。图 9.4 中使用式(9.11)显示了相应的分流量,忽略了毛细管和浮力效应(只考虑第一项)。

如果不是水驱的情况,即注入水来推出油并且黏性力占主导地位,介质中就会存在一个自发渗吸过程,然后水就会到达毛细管压力为零时的饱和度 S_w^*。在这种情况下,由于 S_w^* 最大,亲水情形下的最终采收率最高;而在亲油情形下,根本不存在驱替(不存在渗吸)。正如 9.3 节讨论的,采收率由相对渗透率控制。

水的渗流量与绝对渗透率成正比,与水的黏度成反比,但对于给定的 K 和 μ_w 值,流体行为的差异由多相渗流特性和 M 表示。在默认情形下,取 $K = 10^{-12} \text{m}^2$ 和 $\mu_w = 10^{-3} \text{Pa} \cdot \text{s}$。

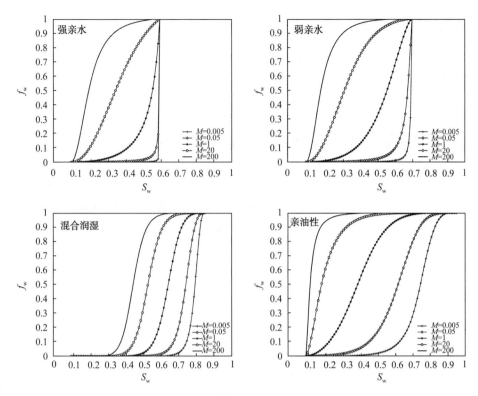

图 9.4　对应于图 9.3 的相对渗透率的分流量曲线 [式(9.21)]

浮力和毛细管压力的效应被忽略了。考虑一个流动性比范围(M)[式(6.102)]，从 $M=200$(代表诸如水驱替重油的情形)到 $M=0.005$(它对应于聚合物溶液驱替轻油的情形)。注意，随着 M 的增加，曲线向左移动，表明水的注入相相对于驱替相变得更具流动性(油、CO_2 或空气)

9.1.4　一维渗流问题的边界条件

假设岩石最初充满了油和束缚水($S_w = S_{wc}$，其中 $K_{rw} = 0$)。现在，可以考虑具有流动性的初始水饱和度($K_{rw} > 0$)的情形，并且实际上已经强调了，在油田或实验室环境中，从未达到真正的束缚饱和度。然而无论如何，初始的水相对渗透率非常低，并且这里做出的假设对解的影响可以忽略不计。还可以假定介质具有恒定的渗透率和孔隙度，其相对渗透率和毛细管压力只是水饱和度的函数。

在水驱过程中，向注入井处进行已知渗流量(总速度)的注入，并且将这个注入井的位置设置为 $x=0$，因此生产井的位置被设定为 $x=L$。在注入井和多孔介质的情形中，将驱动油饱和度降低到其最小值或残余值。

在自发渗吸的过程中，总速度为零，入口处的饱和度 S_w^* 对应于 $p_c = 0$。这种分析忽略了毛细管背压(如果系统是强亲水的且 $S_w^* = S_{or}$，会出现毛细管背压)。为了使油能够流出，油需要克服有限的毛细管压力(Unsal 等，2007b，2007a；Haugen 等，2014)。允许在入口处饱和度梯度为无穷大的渗流，这一点将在后文讨论。不存在生产井或出口，考虑一个无限系统，其中油从入口边界溢出($x=0$)。

边界条件的数学形式如下：

$$S_w = S_{wc}, \quad t=0, \quad x>0 \tag{9.14}$$

对于注水,有:

$$S_w = 1-S_{or}, \quad t=0, \quad x>0 \tag{9.15}$$

其中,注入量 $q_t(t)$ 已知,而对于自发渗吸 $q_t=0$,下述条件也成立:

$$S_w = S_w^*, \quad t=0, \quad x>0 \tag{9.16}$$

9.2 两相渗流的 Buckley-Leverett 分析

在此,忽略渗流方程中明确的毛细管效应。下面给出的分析首先由 Buckley 和 Leverett (1942)导出,并以这些作者命名。本书中的叙述会比较简短,因为它的细节已经很好地在其他书中被展示出来,(Craig,1971;Dake,1983;Lake,1989);主要兴趣是将孔隙尺度流体驱替与大尺度采收率联系起来。不采用传统的图—纸—笔方法的冗长论述,而以手工构建解决方案。

把式(9.13)改写为下式:

$$\phi \frac{\partial S_w}{\partial t} + q_t \frac{df_w}{dS_w} \frac{\partial S_w}{\partial x} = 0 \tag{9.17}$$

将其求解,得到式(9.14)和式(9.15)。分流量由下式给出:

$$f_w = \frac{\lambda_w}{\lambda_t} + \frac{K}{q_t} \frac{\lambda_w \lambda_o}{\lambda_t}(\rho_w-\rho_o)g_x \tag{9.18}$$

式(9.18)传统上由重力黏性比得出:

$$N_{gv} = \frac{K(\rho_w-\rho_o)g_x}{\mu_o q_t} \tag{9.19}$$

然后,有式(9.18):

$$f_w = \frac{1+K_{ro}N_{vg}}{1+\mu_w K_{ro}/\mu_o K_{rw}} \tag{9.20}$$

根据上面的讨论,在大多数油田尺度的驱替中,$|N_{gv}|<1$。例如,如果选取表征值如下:$K=10^{-13} \sim 10^{-12} m^2$,$\rho_w-\rho_o = 300 kg/m^3$,$g_x=9.81 m/s^2$,$\mu_o = 5 \times 10^{-3} Pa \cdot s$,$q_t = 10^{-6} m/s$,根据式(9.19),有 $N_{gv}=0.06 \sim 0.6$;重力对渗流的影响相对较小,但不可忽略。N_{gv} 可以为正值或负值,这取决于渗流是下坡的(因为这增加了水的流量,N_{gv} 为正值)还是上坡的。此外,在注入量 q_t 较低的情形下,f_w 可以为负值或大于1。这是反向渗流的结果,其中油和水在相反的方向上流动,q_w 的符号与 q_o 不同;因此 f_w 大于1或小于0。

对于本章的其余部分,将忽略重力,对于图 9.4 所示的曲线,式(9.20)成为:

$$f_w = \frac{1}{1+\mu_w K_{ro}/\mu_o K_{rw}} \tag{9.21}$$

然而,在分析中包括浮力效应是很简单的(Lake,1989)。

9.2.1 无量纲变量和波速

用下标 D 表示的无量纲变量改写式(9.17)是有益的。无量纲距离为:

$$x_D = \frac{X}{L} \tag{9.22}$$

同时，无量纲时间为：

$$t_D = \frac{\int_0^t q(t')\,\mathrm{d}t'}{\phi L} \tag{9.23}$$

t_D 为注水的孔隙体积，注意到 $\mathrm{d}t_D = [q_t/(\phi L)]\mathrm{d}t$，式(9.17)则成为：

$$\frac{\partial S_w}{\partial t_D} + \frac{\mathrm{d}f_w}{\mathrm{d}S_w}\frac{\partial S_w}{\partial x_D} = 0 \tag{9.24}$$

这是一个非线性一阶偏微分方程，假设可以把 $S_w(x,t)$ 写成单变量的函数，则能够求解它。

$$v_D = \frac{x_D}{t_D} \tag{9.25}$$

其中，v_D 为无量纲波速。$v_D = (q_t/\phi)v$，其中 v 为具有长度/时间维度的波速。

式(9.24)被改写为 v_D 的常微分方程函数。利用式(9.25)，求得：

$$\frac{\partial S_w}{\partial t_D} = \frac{\partial v_D}{\partial t_D}\frac{\mathrm{d}S_w}{\mathrm{d}v_D} = \frac{1}{t_D}\frac{\mathrm{d}S_w}{\mathrm{d}v_D} \tag{9.26}$$

$$\frac{\partial S_w}{\partial x_D} = \frac{\partial v_D}{\partial x_D}\frac{\mathrm{d}S_w}{\mathrm{d}v_D} = \frac{1}{t_D}\frac{\mathrm{d}S_w}{\mathrm{d}v_D} \tag{9.27}$$

然后将式(9.26)和式(9.27)代入式(9.24)，得到：

$$\frac{\partial S_w}{\partial x_D}\left(\frac{\mathrm{d}f_w}{\mathrm{d}S_w} - v_D\right) = 0 \tag{9.28}$$

式(9.28)存在两个解：第一个，$\mathrm{d}S_w/v_D = 0$，为一个恒定的饱和度，或一个恒定的状态；第二个是

$$v_D = \frac{\mathrm{d}f_w}{\mathrm{d}S_w} \tag{9.29}$$

无量纲波速是分流量的梯度。

如果要构造解决方案，那么 $S_w(v_D)$ 必须是单值的：$S_w(v_D)$ 从 $v_D = 0$ 处的 $1-S_{or}$ 趋向于 $v_D \to \infty$ 时的 S_{wc}，这与边界条件公式(9.14)和式(9.15)一致。从图9.4所示的分流量函数的例子来看，这是不可能的，因为波速(曲线的梯度)通常在 $S_w = S_{wc}$ 处为零，在某些中等饱和度处为最大。

无法对偏微分方程求解：问题首先是使用微分方程(从牛顿和莱布尼茨时代起，这种限制在应用数学教科书中很少被承认)：不得不退而求其次，将体积守恒作为差分方程来调用，这毕竟是在数值模拟中所做的，并且要放弃饱和度必须具有连续导数的概念。

9.2.2 激波

当注水以驱替油时，水饱和度从初始的束缚值急剧上升，从而形成堤或激波。如果回到图6.10，考虑的是岩体尺度的驱替；在宏观尺度上，在空间和时间上存在局部缓慢变化的近似恒定的饱和度，其中渗流驱替由毛细管压力控制。在低含水饱和度时，水的渗流量较

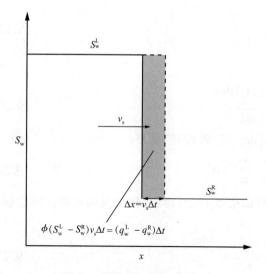

图 9.5 激波体积守恒的图示

饱和度函数 S_w^L 到 S_w^R 存在一个跳跃间断点,它随着速度 v_s 变化而移动。在 Δt 时间内,激波移动了一段距离 $\Delta x = v_s \Delta t$。阴影区域所代表的水的体积必须等于渗流导致的每单位面积的体积的净变化:$(q_w^L - q_w^R)\Delta t$,其中 q_w 为达西速度(每单位面积单位时间的体积)[式(9.30)]。该关系式也可以用无量纲单位和分流量表示,见式(9.32)

低,因此在高含水饱和度时,后面注入的水会赶上来。然而,水不能越过自己,因为波速只是饱和度的函数。实际发生的是,水在前缘积聚起来。能够达到一个稳定的状态,其中毛细管力确保穿过该前缘的水移动得足够快,以避免进一步积水。在式(9.10)中,毛细管对水的达西速度的贡献与饱和度梯度成正比,因此如果这些梯度足够大,毛细管对水的达西速度的贡献将是显著的。界面力会在一定的距离内影响驱替前缘,使得由毛细管力和黏性力导致的压力梯度近似平衡。

如果忽略渗流方程中的毛细管压力,可以预测一个激波的存在,这是饱和度的不连续情形。这只在岩体和千米尺度上有意义:毛细管压力仍能保证饱和度的平滑变化,但是只在超过较小距离(1m 的数量级)时成立。

可以通过显式的体积守恒导出激波速度。考虑图 9.5 所示的情形,其重点讨论了饱和度中存在不连续性的区域。在时间 Δt 中,体积由于 $A\phi(S_w^L - S_w^R)v_s \Delta t$ 的渗流而变化,其中上标 L 和 R 分别表示激波左侧和右侧的条件。A 是横截面积,v_s 是激波速度。这必须由净达西渗流达成平衡,因此

$$A\phi(S_w^L - S_w^R)v_s \Delta t = A(q_w^L - q_w^R)\Delta t \tag{9.30}$$

可以被写为:

$$v_3 = \frac{q_t}{\phi}\frac{\Delta f_w}{\Delta S_w} \tag{9.31}$$

其中,$\Delta S_w = S_w^L - S_w^R$,$q_w^L - q_w^R = q_t(f_w^L - f_w^R) = q_t \Delta f_w$。在无量纲速度方面:

$$v_{Ds} = \frac{\Delta f_w}{\Delta S_w} \tag{9.32}$$

9.2.3 饱和度解的构建

将构建包含恒定状态(S_w 为常数)、稀疏波[饱和度的平滑变化遵守式(9.29)]和激波 $S_w(v_D)$ 的解。随着 v_D 从 $1-S_{or}$ 变化为 S_{wc},S_w 会单调下降。

这一问题的解决方法首先由 Welge(1952)提出。首先从 $S_w^R = S_{wc}$ 到 $S_w^L = S_{ws}$ 来求解激波,使得激波的速度公式(9.32)和稀疏波相等:

$$v_{Ds}(S_{ws}) = \frac{f_w(S_{ws})}{S_{ws}-S_{wc}} = \frac{df_w}{dS_w}\bigg|_{S_w=S_{ws}} \tag{9.33}$$

这定义了激波饱和度 S_{ws} 的唯一值,也定义了激波速度。这个解具有物理意义:当毛细

管压力变得可以忽略时，它是包含由式(9.11)给出的分流量的式(9.13)的解的极限。

该解具有以下分量。

(1) 对于 $v_D > v_{Ds}$，$S_w = S_{wc}$。

(2) 对于式(9.33)给出的 $v_D = v_{Ds}$，S_w 从 S_{wc} 增加到 S_{ws}。

(3) 对于 $v_D^{min} \geqslant v_D \geqslant v_{Ds}$，$v_D$ 由式(9.29)给出，它也定义了相应的饱和度，其中 $1 - S_{or} \geqslant S_w \geqslant S_{ws}$。

(4) v_D^{min} 定义为 $df_w/dS_w \mid S_{w=1-S_{or}}$。如果 $v_D^{min} = 0$，这就完成了求解过程。如果 $v_D^{min} > 0$，得到了一个恒定状态，或者 $1 - S_{or}$ 的固定饱和度，它从 $v_D = 0$ 到 v_D^{min}。

示例的解如图9.6所示。对于从 $S_w = S_{wc}$ 出发且 $f_w = 0$ 的直线，利用图9.4中的曲线，可以从分流量的切线中通过图形方式手工找到激波的解。

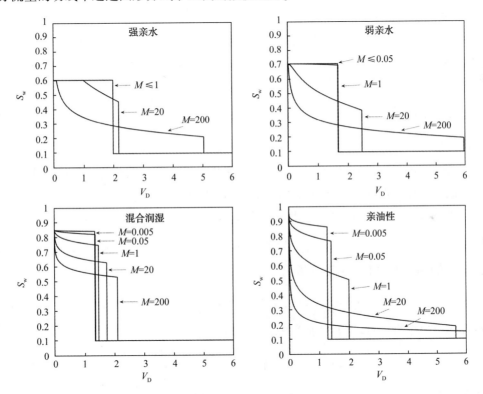

图9.6　水饱和度 S_w

作为无量纲波速 v_D 的函数，其分流量曲线如图9.4所示，也见表9.1。在黏度比 $M = 200$ 的亲油情形下，根本不存在激波，稀疏波的最大速度约为20。

对于介质亲水的情形，在最低的流动性比(水的黏度远大于它驱替的油或气)的条件下，解决的方法皆为激波，因为分流量是凹函数，如图9.4所示($d^2f_w/dS_w^2 > 0$)，水被封闭在较小的孔隙和层中，并且仅在最大饱和度的情形下推进，所以它被滞留在孔隙空间中。这可以提高油的采收率，因为在层被穿透之前只会产油。因此，最终的采收率是由残余油饱和度控制的。在高流动性比情形下，介质中会产生稀疏波和快速移动的激波。当分流量中存在拐点时，就可以看到这种行为，其中 $d^2f_w/dS_w^2 = 0$。与油相比，水的流动性更强。然而，在所有情形下，对于 $S_w = 1 - S_{or}$ 存在一个有限波速，这意味着在某个时刻，所有可采收的油将被驱替。弱亲水的情形具有较低的残余饱和度，原因在于较少的卡断和并不完全按孔隙尺寸顺序的填充，参见4.2.4节，其中的论述倾向于将饱和度剖面变化到较高的饱和度。

混合润湿性介质与高饱和度激波前缘相结合，表明水穿透时采收率良好，残余油饱和度低。此时，介质中水的流动性甚至低于在亲水的情形下，因为它在通过铰接水层的时候被阻碍了(见7.2.4节)。然而，注意到在 $S_w = 1 - S_{or}$ 附近 $M > 1$ 时的渗流速度非常慢，并且对于 $S_w = 1 - S_{or}$ 来说趋于零，要达到真正的残余饱和度，将需要无限长的时间。从来没有在油田环境中接近过这一饱和度，因为这需要油层的缓慢水驱(见5.2节)。

亲油情形具有最高的水流动性，因为水可以通过较大的孔隙迅速地穿过岩石(见7.2.1节)。当 $M > 1$ 时，水的前缘快速流动，这可能导致较早的穿透和较差的采收率。对于最差的流动性比，根本不存在激波(注意图9.4中分流量曲线的凸形，对于 $1 - S_{or} \geqslant S_w \geqslant S_{wc}$，$d^2 f_w / dS_w^2 \leqslant 0$)，在确定穿透发生之后，稀疏波快速移动、产水量增加。同样，高含水饱和度时的波速非常低，达到真实残余油饱和度需要很长的时间。然而，如果给定 $M < 1$，水比油(例如聚合物)的黏性大得多，那么在较高的激波饱和度下，比较好的驱替也是可能发生的，因为直至水饱和度接近其最大值水都是被抑制的，这个过程中油被迅速驱替至接近残余饱和度。

9.2.4 采收率计算

本次分析的最后一步是计算采收率，这里定义产油的孔隙体积 N_{pD}，作为所注水的孔隙体积 t_D 的函数。在生产井出水之前，体积守恒意味着 $N_D = t_D$，采收的油的体积等于所注水的体积。这个过程一直持续，直至激波达到 $x_D = 1$，或 $t_D \leqslant 1/v_{Ds}$。

一旦产生水，就可以通过对饱和度剖面积分求得 N_{pD}。

$$N_{pD}(t_D) = \overline{S}_w - S_{wc} \tag{9.34}$$

其中，$\overline{S}_w$ 为饱和度平均值，由下式给出：

$$\overline{S}_w = \int_0^1 S_w(x_D, \ t_D) \, dx_D = t_D \int_0^{1/t_D} S_w(v_D) \, dv_D \tag{9.35}$$

在式(9.35)中进行分段(1 和 S_w)积分，得到：

$$\overline{S}_w = t_D \left[v_D S_w(v_D) \right]_0^{1/t_D} - t_D \int_0^{1/t_D} v_D \frac{dS_w}{dv_D} dv_D \tag{9.36}$$

现在调用式(9.29)将积分转换成 f_w 中的积分，并估算式(9.36)中第一项的极限：

$$\overline{S}_w = S_w(v_D) - t_D \int_1^{f_w} df_w \tag{9.37}$$

并估算积分，利用式(9.34)求解 N_{pD}：

$$N_{pD}(t_D) = S_w(v_D) - S_{wc} + \frac{1 - f_w}{v_D} \tag{9.38}$$

因为在 $x_D = 1$ 时，$1/t_D = v_D = df_w/dS_w$。式(9.38)是通过固定 v_D 值来估算的，然后求出 f_w 和 S_w 的对应值，其中 $v_D = df_w/S_w$。利用 Welge(1952)结构，可以通过图表方式获得该值。绘制了一条在 S_{ws} 上方通过某个饱和度的对分流量的切线：饱和度 S_w 为前缘 $\overline{S}_w$ 后面的平均饱和度，其中该直线与 $f_w = 1$ 相交。

9.2.5　采收率曲线示例

示例中计算出的采收率曲线如图9.7所示。作为参考，图9.3、图9.4和图9.6中分别显示了相对渗透率、分流量和饱和度剖面，表9.1中列出了所使用的参数。

在实验室条件下，向多孔介质中注入数百倍或数千倍孔隙体积的水是可能的，大量注水使得平均饱和度下降到接近残余饱和度值（图5.13），但在油田实际生产条件下，如此大量的注水是不可行的。由于与注水以及采出水的生产、分离和处理或再注入有关的成本很高，因此经济价值对注入水的量进行了限制。一般情况下，注水量与储层中初始存油量大致相等，这就意味着要评价水驱采收率，需要比较 $t_D \approx 1$ 的曲线，而不要过分关注 $t_D \to \propto$ 时的值，这个值仅有理论（或实验）意义。

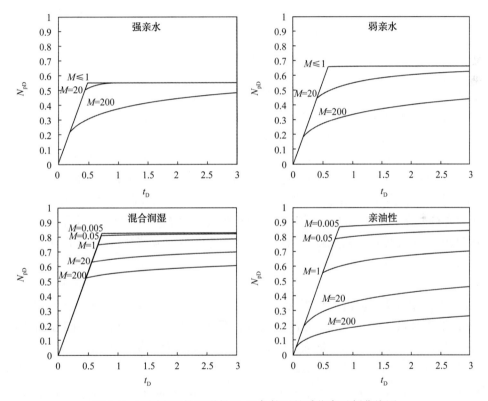

图9.7　不同润湿性和黏性比 M 条件下的采收率示例曲线图

产出油的孔隙体积 N_{pD} 显示为所注水的孔隙体积的函数 t_D。图9.3、图9.4和图9.6中分别显示了相对渗透率、分流量和饱和度剖面，表9.1中列出了所使用的参数。最有利的润湿性状态是由 M 和 t_D 共同控制的。考虑较低的 M 值和较高的 t_D 值的情况，采收率受残余油饱和度的控制，而残余油饱和度在亲油情形下最低；对于高 M 值和 t_D 的经济约束值（大约为1），水流动性是采收率的关键决定因素

假设存在一种非常稳定的低黏度比驱替（在图9.7中，$M = 0.005$ 和 0.05），比如用水驱替空气或另一种低压气（在天然气田中）——CO_2，或向储层注入聚合物等。在水驱过程中，水会被抑制，而采收率由残余饱和度控制。在这种情况下，油的润湿性对于提高采收率最有利，因为该状态具有最低的残余油饱和度。尽管对于 CO_2 储存来说，这是最不利的，但是希望在本次应用中尽可能地保留这些内容，因此请参见图8.27以获得更详细全面的讨论。采

收率最差的以及储存效果最好,都是具有最高残余非润湿相饱和度的强亲水岩石的特征。这些结果似乎与 7.2.2 节中给出的简单交点处饱和度的分析相矛盾,该分析表明亲油情形是最差的(表 9.1)。然而,这是一个相当近似的估算,没有考虑到黏性对比。

对于 $M=1$,亲油情形下的高水流动性导致采收率显著下降。由于现在将低水相对渗透率、抑制快速水渗流与低残余饱和度结合起来,部分亲水、部分亲油岩石在当 $t_D \approx 1$ 时具有最佳的采收率。在残余饱和度较低和水被封闭在较小孔隙的情况下,弱亲水情形下的采收率仅次于上述情况。强亲水介质的采收率仍然是最差的,因为它受到了高残余饱和度的限制。

随着流动性比增至超过 1,亲油介质的采收率甚至进一步下降,并且润湿性最差:这与交点处饱和度分析和普通油田经验是一致的。一个亲油性储层通常被水快速地穿透(当采收率曲线偏离单位斜率的直线)导致最终采收率较差。

油储层的视黏度比为 20 左右。在这种情形下,对于 $t_D=1$,混合润湿性介质显然具有最佳的采收率。弱亲水和强亲水的情形类似,但在油田作业中,强亲水的情形(实际上从未见过这种情况)会更有利,因为储层在发生层穿透后不久会达到最大采收率。这比回收大量水的情况要好。介质亲油时的采收率是最差的,因为在孔隙尺度上采收率受到高水流动性的抑制。

在被驱替相和驱替相之间黏度比较大的情况下,对于较重的油来说,混合润湿性介质采收率最好,其次是强亲水的介质,再次是弱亲水介质,而亲油岩石的采收率最低。这个趋势看起来有点奇怪,但这表明了采收率是由水的流动性,特别是中等饱和度下水的相对渗透率主导的。具有润湿层的混合润湿岩石是最低的,因此它的采收率最佳;对于具有强亲水性的岩石,其中润湿层可能发生膨胀,因此孔隙填充流体被严格封闭在孔隙空间的较小区域中;接下来是弱亲水情形,当驱替相试图充填小孔时,并不严格按照孔隙尺寸的顺序充填(见 4.2.4 节)。亲油岩石采收率是最差的,因为水优先填充较大的元素,并迅速穿过孔隙空间。

本实验演示了孔隙尺度的配置、相对渗透率和流动性效应结合起来是如何控制水驱采收率的。

需要注意的是,具有润湿性的采收率趋势往往是非单调的。在介质润湿性从亲水到亲油的变化过程中,没有明显的由好到坏或由坏到好的变化。对于最高的流动性比,甚至不存在一个局部的润湿性最大值:强亲水和部分亲水、部分亲油储层是有利的,在其间的润湿性状态下,采收率的值较低。试图根据临时的并且经常是有误导性的经验来把握定性规则是不明智的。例如,如果回到 Craig 规则(见 7.2.7 节),将一条人云亦云的准则——"亲油差,部分亲水、部分亲油较好,亲水最佳"奉为圭臬是局限的、不正确的,甚至是有害的。必须适当地考虑流体的孔隙尺度排布和流动性比。如果需要简单的规则,那么可以看到,M 值较小时,残余饱和度控制采收率(较低的值是有利的);随着 M 值的增大,水的相对渗透率逐渐对该过程起控制作用(在中等饱和度时,较低值为最佳)。但是也不要完全受限于规则:能够通过明确的方法来快速评估采收率和润湿性的影响即可。最终目的是实现对于相对渗透率的 Buckley-Leverett 解和采收率曲线的构建。

这是一个一维分析过程,它没有考虑浮力和绝对/相对渗透率的非均质性。假设存在一个重力稳定的驱替过程(水从油田底部注入,或者考虑膨胀含水层的自然入口),那么激波前缘饱和度较高,这种情况下的采收率比水平或重力不稳定的驱替更好。这也会使得残余饱和度,而不是水的流动性,成为采收率的决定因素。相反,对于 $M>1$ 的水平驱替,可能会出现黏性不稳定驱替(见 6.6 节),流体通过高渗透通道的驱替,一般比这里所示的采收率差得多。这种效应往往会夸大润湿性和水流动性的影响，使亲油的情形更不利。对非均质性和油田尺度采收率的更全面讨论超出了本书的范围，并且需要对渗流方程进行数值求解。然而，尽管准确的答案是视情况而定的，并且可能低于这里显示的值，在这里给出的一般趋势仍然可以作为相对采收率的表征标志。

该分析只适用于合成数据：在本章的最后，将对这里给出的趋势和渗吸采收率进行一些实验验证，但是要做到这一点，首先需要给出一个类似的渗吸解析解。

9.3　渗吸分析

9.3.1　毛细管弥散和分流量

要考虑的第二个过程是自发渗吸，如图 9.1 所示。利用式(9.12)，其中的 q_w 由式(9.10)给出，并忽略黏性力和浮力效应，于是得到：

$$\phi \frac{\partial S_w}{\partial t} = \frac{\partial}{\partial x}\left[D(S_w) \frac{\partial S_w}{\partial x} \right] \tag{9.39}$$

其中，$D(S_w)$ 为毛细管弥散，定义为：

$$D(S_w) = -K \frac{\lambda_w \lambda_o}{\lambda_t} \frac{\mathrm{d}p_c}{\mathrm{d}S_w} \tag{9.40}$$

由于 $\mathrm{d}p_c/\mathrm{d}S_w$ 为负，式(9.40)为正值。对于 van Genuchten 模型，假定 $\lambda_t = \lambda_o$（驱替的流动性被假定为与水相比是无穷大的）：

$$D(S_w) = -K\lambda_w \frac{\mathrm{d}p_c}{\mathrm{d}S_w} \tag{9.41}$$

从式(9.10)得出水的达西速度：

$$q_w = -D(S_w) \frac{\partial S_w}{\partial x} \tag{9.42}$$

图 9.8 和图 9.9 分别显示了毛细管压力和毛细管弥散的例子[式(9.40)]。使用表 9.1 中列出的参数和图 9.3 所示的相对渗透率。对于毛细管压力，由于 $p_c < 0$，不存在自发渗吸，因此，只显示了曲线的正值部分 $S_w \leqslant S_w^*$。在初始水饱和度下，利用式(7.23)，毛细管压力具有有限的最大值。van Genuchten 曲线是一个例外，在 $S_w = S_{wc}$ 条件下其中的 $p_c \to \infty$ [式(7.27)]；p_c 的梯度在 $S_w^* = 1 - S_{or}$ 处也是无穷大的（见 7.4 节），其给出了 D 的一个无穷大的值(S_w^*)。

在所有的介质润湿性条件下，由于除 van Genuchten 情形外水的相对渗透率为零，$D(S_{wc}) = 0$，毛细管弥散在随着流动性比降低而接近 S_w^* 的饱和度处具有最大值（与驱替的油或气相比，水的黏度增大）。在转到较弱的润湿条件时，D 的数量级减小，结合式(9.42)，可以得出渗吸速度将较慢。在强亲水情形下，除上述 van Genuchten 模型 $D(S_w^*) = 0$ 外，所有流性油都由渗吸驱替。对于弱亲水性和混合润湿性岩石，在渗吸末期仍存在可流动的油，因此 $D(S_w^*)$ 是有限的。这些极限[$D(S_w^*)$ 可以是无穷大、零或有限值]将以合成饱和度剖面的不同形状显示出来。

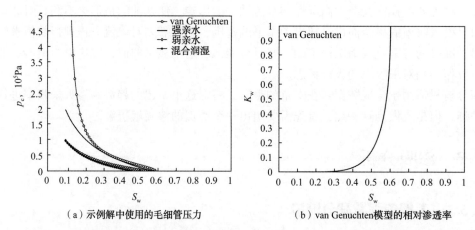

（a）示例解中使用的毛细管压力　　　　　（b）van Genuchten模型的相对渗透率

图 9.8　示例解中使用的毛细管压力［式(7.23)和式(7.27)，其参数列于表 9.1 中］
和 van Genuchten 模型的相对渗透率［式(7.26)］

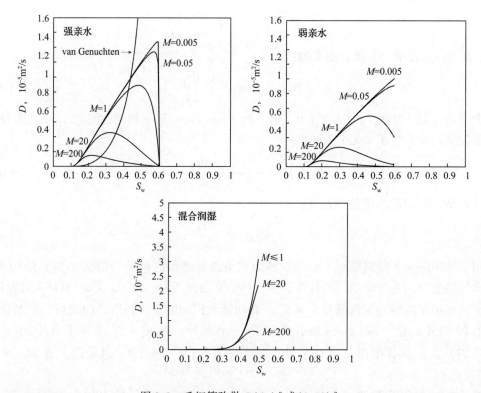

图 9.9　毛细管弥散 $D(S_w)$［式(9.40)］

其参数列于表 9.1 中。图 9.3 显示了相对渗透率，以及图 9.8 中的毛细管压力。对于 van Genuchten 模型，使用式(9.41)结合图 9.8 所示的相对渗透率和毛细管压力。注意限制条件：在所有情形下 $D(S_{wc}) = 0$，因为水流动性在此处为零。对于 van Genuchten 模型，$D(S_w^*) = \infty$，由于毛细管压力梯度为无穷大，可假设被驱替的相不存在渗流阻力。对于其他强亲水情形，渗吸结束时油是静止的，$D(S_w^*) = 0$；而对于弱亲水和部分亲水、部分亲油的介质条件，在渗吸结束时，一些静止的油仍然保持静止，则 $D(S_w^*)$ 是有限的。这些不同的行为将表现在一般意义上不同的饱和度剖面上。注意部分亲水、部分亲油情形的不同尺度表明渗吸速度较慢

　　在边界条件公式(9.14)和式(9.16)的基础上求解式(9.39)。该解首先由 McWhorter 和 Sunada(1990)提出；然而，作者并未意识到他们使用的边界条件一般适用于反向流渗吸。Chen 等(1990)独立发现了一个类似的解，并利用了与上述 Buckley-Leverett 分析的类比。然而，不幸的是，这项工作只发表在一份内部报告中，因此在公开文献中被忽略了。Schmid 等(2011)重新发现了 McWhorter 和 Sunada(1990)解，表明它适用于自发渗吸，并利用该分析推导出比例组来估算采收率(Schmid 和 Geiger，2012，2013)。

　　要对这个解进行求取需要两个关键步骤。首先要注意的是，由于要对一个非线性扩散型方程求解，因此应该寻找作为变量的函数的解：

$$\omega = \frac{x}{\sqrt{t}} \tag{9.43}$$

　　这是 Buckley-Leverett 分析中 v_D 的对应部分。首先考虑对式(9.12)中水的速度[式(9.42)]进行变换。代入 $\partial / \partial x = 1/\sqrt{t}\, d/d\omega$ 和 $\partial / \partial t = -\omega/2t\, d/d\omega$，得到

$$\frac{\omega\phi}{2t}\frac{dS_w}{d\omega} = \frac{1}{\sqrt{t}}\frac{dq_w}{d\omega} \tag{9.44}$$

它可以重新写为：

$$\frac{dq_w}{dS_w} = \omega\frac{\phi}{2\sqrt{t}} \tag{9.45}$$

　　第二个关键的认识是寻找一个类似于式(9.29)的解，它具有毛细管分流量 $F_w(S_w)$，用(McWhorter，1971)来定义。

$$F_w(S_w) = \frac{q_w(S_w)}{q_w(S_w^*)} \tag{9.46}$$

其中，在 $x=0$ 时 $S_w = S_w^*$。与 Buckley-Leverett 问题[使用入口(注入井)渗流量 q_t]不同的是，这里 $q_w(x=0)$ 是与岩石和流体相关的量，不能预先指定。此外，水渗流是时间的函数。而饱和度剖面仅是 ω 的函数，式(9.43)的函数的假设中隐含了渗流量的测量值为 $1/\sqrt{t}$ 这个假设，而事实上，这是 McWhorter 和 Sunada(1990)最初工作中的主要假设。因此，对于某个常数 C，有

$$q_w(x=0,\ t) = q_w(S_w^*) = \frac{C}{\sqrt{t}} \tag{9.47}$$

　　采收的油等于水入侵的总量(每单位截面面积)，即

$$V(t) = \int_0^1 q_w(t')\, dt' = 2C\sqrt{t} \tag{9.48}$$

回到式(9.45)，代入式(9.46)和式(9.47)，得到：

$$\omega = \frac{2C}{\phi}\frac{dF_w}{dS_w} \tag{9.49}$$

　　C 决定了水的渗吸量，它在 Buckley-Leverett 分析中具有与 q_t 相同的作用。利用式(9.48)和式(9.49)，则可以将饱和度 S_w 使其流动的距离写为：

$$x(S_w) = \frac{V}{\phi}\frac{dF_w}{dS_w} \tag{9.50}$$

因此，如同在 Buckley-Leverett 分析中得出的结论，通过给定饱和度，使其流动的距离与分流量的梯度成正比。然而，需要求出 F_w。

将式(9.39)改写为 ω 的函数，得到常微分方程：

$$\phi\omega\frac{dS_w}{d\omega}+2\frac{d}{d\omega}\left[D(S_w)\frac{dS_w}{d\omega}\right]=0 \tag{9.51}$$

对式(9.51)积分，得到：

$$\int\omega dS_w=-\frac{2D(S_w)}{\phi}\frac{dS_w}{d\omega} \tag{9.52}$$

利用式(9.49)，将式(9.52)的左边转换为 F_w：

$$F_w=-\frac{D(S_w)}{C}\frac{dS_w}{d\omega} \tag{9.53}$$

由于当 $S_w=S_{wc}$ 时，不存在水渗流且 $F_w=D=0$，故积分常数为零。

推出 F_w 的非线性常微分方程的最后步骤是对式(9.49)求导，

$$\frac{d\omega}{dS_w}=\frac{2C}{\phi}\frac{d^2F_w}{dS_w^2}\equiv\frac{2C}{\phi}F_w'' \tag{9.54}$$

将其代入式(9.53)，得到：

$$F_wF_w''=-\frac{\phi D(S_w)}{2C^2} \tag{9.55}$$

这是控制自发渗吸的主要方程：一旦求得式(9.55) F_w 的解，就可以构建一个类似于 Buckley-Leverett 情形的解，并且通过简单地对 F_w 求导来求得饱和度剖面式(9.49)。

形式上，式(9.55)可以用隐式积分来求解。需要确定的条件有 3 个：积分的两个常数和 C 值。存在 3 个约束：$F_w(S_{wc})=0$，$F_w(S_w^*)=1$，以及 $\omega(S_w^*)=0$，这些约束得自入口边界条件公式(9.16)。

对式(9.55)进行两次积分，使得 $F_w(S_w^*)=1$ 和 $dF/dS_w|_{S_w^*}=0$ 成立，这相当于 $\omega(S_w^*)=0$，式(9.49)变形为：

$$F_w(S_w)=1-\frac{\phi}{2C^2}\int_{S_w}^{S_w^*}\int_{\beta}^{S_w^*}\frac{D(\alpha)}{F_w(\alpha)}d\alpha d\beta \tag{9.56}$$

其中，α 和 β 为虚拟积分变量。通过对(1 和 D/F)部分进行积分简化表达式，得到：

$$F_w(S_w)=1-\frac{\phi}{2C^2}\int_{S_w}^{S_w^*}\frac{(\beta-S_w)D(\beta)}{F_w(\beta)}d\beta \tag{9.57}$$

最后一个约束为 $F_w(S_{wc})=0$，其在式(9.57)中导出 C 的表达式：

$$C^2=\frac{\phi}{2}\int_{S_{wc}}^{S_w^*}\frac{(\beta-S_{wc})D(\beta)}{F_w(\beta)}d\beta \tag{9.58}$$

因此，式(9.57)成为：

$$F_w(S_w)=1-\int_{S_w}^{S_w^*}\frac{(\beta-S_w)D(\beta)}{F_w(\beta)}d\beta\Big/\int_{S_{wc}}^{S_w^*}\frac{(\beta-S_{wc})D(\beta)}{F_w(\beta)}d\beta \tag{9.59}$$

由于要获得 F_w，被积函数需要包含 F_w，式(9.59)为隐式积分。迭代求解该方程，一个很好的初步猜测为 $F_w=(S_w-S_{wc})/(S_w^*-S_{wc})$(Schmid 等，2011)。

9.3.2　解的示例

图 9.10 显示了示例情形下的毛细管分流量；图 9.11 中给出了作为 ω 函数的饱和度对应的导数。渗流量 C 列于表 9.2 中。

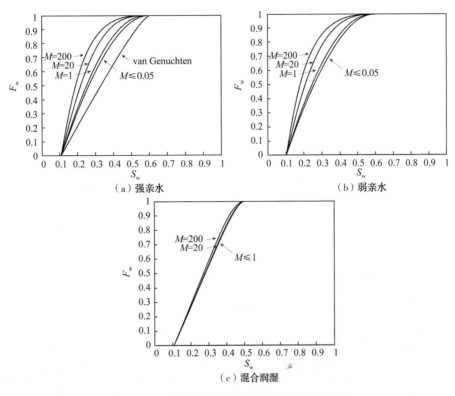

（a）强亲水　　　　　　　　　（b）弱亲水

（c）混合润湿

图 9.10　对于示例情形，毛细管分流量 $F_w(S_w)$

图 9.9 中的毛细管弥散用来估算隐式积分公式(9.59)以对 F_w 求解

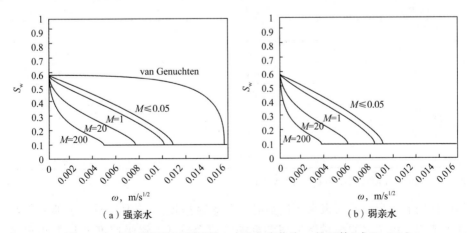

（a）强亲水　　　　　　　　　（b）弱亲水

图 9.11　对于我们的示例情形，水饱和度作为 ω 的函数[式(9.43)]

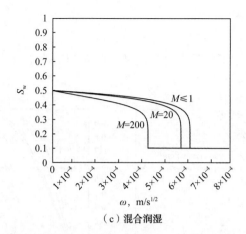

（c）混合润湿

图 9.11　对于我们的示例情形，水饱和度作为 ω 的函数[式(9.43)]（续图）

$\omega(S_w)$ 与图 9.10 所示的毛细管分流量 $F_w(S_w)$ 的导数成正比。注意，在水的前缘，饱和度梯度无穷大。在后缘（$\omega=0$），应当注意不同的模型如何具有完全不同的行为，可能为零（van Genuchten）、无限值（其他强亲水情形）、有限值（弱亲水情形和部分亲水、部分亲油情形）饱和度梯度。这与毛细管弥散的功能形式 $D(S_w)$（图 9.9）有关

表 9.2　计算的渗吸量 C

润湿性	黏度比 M	C, $10^{-5}\mathrm{m/s}^{1/2}$
van Genuchten	→0	87.5
强亲水	0.005	41.3
强亲水	0.05	40.4
强亲水	1	34.5
强亲水	20	19.6
强亲水	200	8.92
弱亲水	0.005	34.5
弱亲水	0.05	34.0
弱亲水	1	28.6
弱亲水	20	14.8
弱亲水	200	6.36
混合润湿	0.005	2.73
混合润湿	0.05	2.73
混合润湿	1	2.72
混合润湿	20	2.51
混合润湿	200	1.77

注：式(9.47)应用于示例的情形，其特性列于表 9.1 中。

　　正如所预期的，当介质的亲水性最强时，总渗吸速度 C 最大；而对于部分亲水、部分亲油的例子来说，由于水的相对渗透率和毛细管压力较低，渗吸速度 C 则要小得多，会相差一个数量级或更多，见表 9.2。但是幂律相对渗透率的使用过于简化了这一问题，在实验中观察到混合润湿性介质和亲水介质之间存在更加显著的差异。流动速度对流动性比也很敏

感，这在强亲水情形下最为明显：在油相对渗透率趋于零的限制内，油必须通过入口溢出。对于混合润湿性介质来说，这个效应并不太明显，因为在 S_w^* 处，油仍然能够良好地连接并且可以较容易地从入口去除，在这个限制内，渗吸量几乎完全由比水低得多的流动性控制。

更有趣的现象来自水饱和度剖面形状的研究（图9.11）。首先，可以看到，在所有情形下，水的前缘梯度为无穷大。此时看不到激波，但饱和度却急剧下降到初始的束缚值。这种行为可以用分析方法解释：定义 $S_w = S_{wc} + \epsilon$，其中 $\epsilon \ll 1$。然后，当 $\epsilon \to 0$ 时，λ_n 为有限值，而 $\lambda_w \sim \epsilon^a$，利用水相对渗透率的幂律比例公式（7.20）。下面根据式（9.40），$D \sim \epsilon^{a_p}$，$a_p = a$，对于我们所有的示例，除 van Genuchten 模型外，假设 S_{wc} 处的毛细管压力及其梯度是有限的。然而，许多模型确实存在一个发散的 p_c，因此可能有 $a_p < a$；一般来说，总是有 $a_p > 1$。例如，在 van Genuchten 模型中，在 S_{wc} 附近，$K_{rw} \sim \epsilon^{1/2 + 2/m}$ 和 $dp_c/dS_w \sim -\epsilon^{-1/m}$［式（7.26）和式（7.27）］。因此，在我们的例子中，$a_p = 1/2 + 1/m = 2.5$。

根据式（9.55），可以写成 $F_w F_w'' \sim -\epsilon^{a_p}$。现在 $F_w(S_{wc}) = 0$，故使用泰勒级数展开：$F_w = F_w(S_{wc}) + \epsilon F_w' + O(\epsilon^2) = \epsilon F_w' + O(\epsilon^2)$。因此，得到首项：

$$F_w' F_w'' \sim -\epsilon^{a_p - 1} \tag{9.60}$$

梯度 F_w' 在 S_{wc} 附近显然是有限值，因为它与水进入的最大速度成正比［式（9.49）］。因而，对于 $F_w'' \sim -\epsilon^{a_p - 1}$，当极限 $\epsilon \to 0$、$a_p > 1$ 时，毛细管分流量的二阶导数也必须为零。然而，根据式（9.54），这也意味着 $d\omega/dS_w \to 0$ 或者 $dS_w/d\omega \to \infty$；在 $S_w(\omega)$ 图中，渗吸前缘存在无穷大的梯度，这可以看作是初期的激波。这具有物理意义，即存在一个弥散渗流，但是在 S_{wc} 处，毛细管弥散 D 变为零，因此阻碍了扩散，导致斜率为无穷大。

尽管在入口处还是看到不同的流体行为，例如对于 van Genuchten 模型来说，斜率为零；而对于其他强亲水的情形，斜率为无穷大；在这个实例中，由于 F_w 接近1，而且根据式（9.55），可以得出 $F_w'' \sim -D$。如上所述，$dS_w/d\omega \sim 1/F_w''$，因此 $dS_w/d\omega\big|_{S_w^*} \sim 1/D(S_w^*)$。

在 van Genuchten 模型中，给定 $S_w/d\omega\big|_{S_w^*} = 0$ 或者将入口处的梯度设为零，则 $D(S_w^*) = \infty$。由于假定驱替相具有无限的流动性（即使不存在流性饱和度，也总能逃逸），并且毛细管压力梯度是无限的，因而水可以对无限小的饱和度梯度发生响应，以有限的速度流动。

在其他强亲水的情形下，需要一个无穷大的饱和度梯度，使得驱替流体的有限渗流能够通过入口，流体在此逐渐地失去流动性：$D(S_w^*) = 0$，因而 $dS_w/d\omega\big|_{S_w^*} = \infty$。这意味着需要很长的时间通过自发渗吸来完全充满岩石。这与在注水或 Buckley-Leverett 问题中所观察到的行为相反，其中对于较低的 M 值，驱替都是激波，并在穿透时具有完全的采收率（图9.6、图9.7）。

对于弱亲水或混合润湿性润湿的岩石，驱替相流动性在入口处为有限值。因此，存在响应于有限饱和度梯度的渗流。这种梯度的大小取决于流动性比：对于较小的 M，梯度更小，驱替的流体更容易流动；而对于较大的 M，则梯度更大，表明达到最终采收率更慢。

虽然这种分析在数学上比较完善，但也存在了一定的推测成分。这些结果与测量值相比究竟如何，将在接下来的章节中予以解决。

9.3.3　自发渗吸的实验分析

对于自发渗吸而言，实验已经证实了在推进的水前缘遇到边界之前，饱和度剖面实际上

只是 ω 的函数[式(9.43)]，而总采收率随着 $\sqrt{t}$ 以式(9.48)的规律增加，如 Morrow 和 Mason (2001)、Zhou 等(2002)以及 Mason 和 Morrow(2013)等人的研究。然而，这种比例关系仅限于反向流渗吸，当入口处的渗流和被驱替的流体黏度较低时(如空气)，平行渗流并没有受到阻碍(Mason 和 Morrow，2013)。然而，与上述半解析公式相比，对渗流行为的定量分析限制条件更多。

McWhorter(1971)在砂土中进行了渗吸实验，然后使用独立测量的毛细管压力和相对渗透率来预测采收率，毛细管压力如图 5.3 所示。图 9.12 中的结果表明，理论和测量值之间具有很好的一致性。特别是在渗吸量的测量值为 $\sqrt{t}$，并且包含一个可以从毛细管弥散中导出的常数时。然而，这个过程中不存在对饱和度剖面的监控。

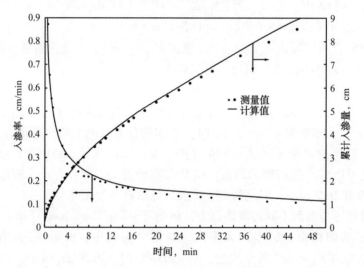

图 9.12　砂土的自发渗吸实验中测定的采收率和采收量(引自 McWhorter，1971)

将实验数据与利用独立测量的相对渗透率和毛细管压力的理论预测值进行比较。毛细管压力如图 5.3 所示

图 9.2 中显示了近期得到的一系列关于 Ketton 石灰岩的实验结果，平均饱和度剖面如图 9.13 所示(Alyafei，2015)。又见到了 ω 的比例。从定性上分析，剖面与图 9.11 中的 van Genuchten 情形最为相似。在该实验中，水被渗吸到干燥的岩心中以驱替空气。结果表明，该强亲水性岩石很少受到或不受有限空气流动性的影响。使用幂律相对渗透率和毛细管压力也能够合理地匹配剖面，正如在示例所中展示的。然而，为了获得前缘型剖面，需要水相对渗透率为 10 的 a 次幂量级(Alyafei，2015)。

在这两个实验中，润湿相进入完全干燥的多孔介质中。但是在真实情况下，多孔介质中一般存在着一些润湿相；事实上，正如 4.3 节中所讨论的，如果多孔介质中没有润湿层，那么流体的运动可能是前缘推进，而不是类渗流驱替，这意味着不能采用传统的达西型渗流理论进行描述。此外，空气是发生顺流驱替而不是逆流的驱替相。如果假设空气能够发生无限流动，此时顺流和逆流是相同的：空气通过入口返回，或者流向出口是没有区别的。然而，如果 $S_w^* \approx 1 - S_{or}$，在饱和度接近 S_w^* 时，这并不一定成立。此项工作可以进一步地开展，以研究最初存在水的原地饱和度剖面、反向渗流和油的驱替。

测量得到的饱和度剖面值 $S_w(\omega)$ 可以用来确定或约束相对渗透率和毛细管压力，这是上述分析理论的一个有价值的应用。利用式(9.55)，由于 $\omega \propto F_w'$，通过将梯度 F_w'' 和饱和度剖

面的积分 F_w 相乘，可以求出毛细管弥散 $D(S_w)$。如果独立地测量相对渗透率（例如，根据 Buckley-Leverett 式驱替），则可以求得毛细管压力。

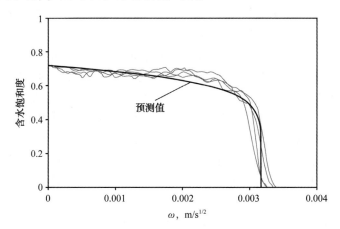

图 9.13　图 9.2 中的平均饱和度剖面为 ω 的函数［式(9.43)］（引自 Alyafei，2015）
把不同时间的结果近似到一条曲线上。需要非常低的水相对渗透率来重现该行为

9.4　采收率、渗吸与万亿桶问题

本节将对两个有关孔隙尺度模拟的实验进行综合讨论，这些实验研究了作为润湿性函数的采收率。在完成了本节的相关讨论后，本章以及本书的主要内容就基本结束了。最后，将讨论在油田尺度储层管理中的应用。

第一系列实验如图 9.14 所示（Jadhunandan 和 Morrow，1995）。对 Berea 砂岩在不同初始水饱和度下进行原油老化，之后进行了水驱，并测定了采收率。正如在 3.5 节中所讨论的，实验数据表明了岩石从较高 S_{wi} 值时的亲水和部分亲水、部分亲油润湿性，逐渐转变为 S_{wi} 值较低时的亲油润湿性。当 S_{wi} 值减小时，更多的孔隙空间与油接触，而施加的毛细管压力增加，加快了润湿膜的塌陷，并引起润湿性的变化。

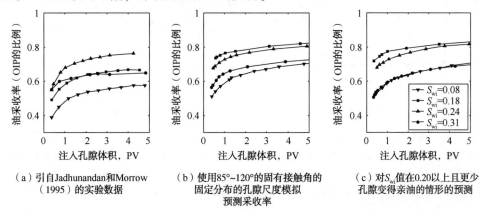

（a）引自 Jadhunandan 和 Morrow（1995）的实验数据　　（b）使用85°~120°的固有接触角的固定分布的孔隙尺度模拟预测采收率　　（c）对 S_{wi} 值在0.20以上且更少孔隙变得亲油的情形的预测

图 9.14　不同初始水饱和度的油采收率（引自 Valvatne 和 Blunt，2004）
此处 OIP 代表原始石油储量。根据 $R_f = N_{pD}/(1-S_{wi})$，采收率 R_f 与孔隙体积产生的 N_{pD} 相关

观察到具有非单调趋势的采收率:最大采收率出现在 S_{wi} 的中间值处,而最小采收率则出现在亲油系统的最小 S_{wi} 值时或亲水系统的最大 S_{wi} 处。在这些实验中,黏度比 M 为 5 左右。前文已经对示例情形产生的原因进行了详细的讨论(见 9.2.5 节)。如果将混合润湿性岩石与低水相对渗透率和低残余饱和度结合起来,则可以得到最高的水驱采收率。

图 9.14 中也显示了使用孔隙网络模拟进行预测的结果(Valvatne 和 Blunt,2004)。由于岩石的原位润湿性尚不清楚,此处分析的目的不是进行定量匹配,而是要探索重现类似趋势所需的条件。如果在模型中以不同的方式应用 S_{wi} 的润湿性依赖性,都可以看出采收率对初始饱和度的非单调依赖性,这些方式包括:假定油接触岩石的接触角相等,或允许更多的孔隙因为在原始排驱后受到较高的毛细管压力润湿性发生改变。在不了解孔隙结构和接触角的情况下,严格上讲不能先验地预测采收率,但是基于上述的示例情形,这些实验为部分亲水、部分亲油岩石提供了比亲水或亲油介质更好的水驱采收率的假设。

这些结果对过渡带储层研究具有较大的意义(图 3.18),在自由水位以上存在 S_{wi} 值的变化。从油柱顶部附近取得的岩心,或是在低初始水饱和度处(驱替实验中建立的)取得的岩心都将显示亲油特征,水驱采收率较差,而在大多数油柱中,将观察到更好的混合润湿(Jackson 等,2003)。因此,重要的是在这样的储层的渗流模型中捕捉润湿性的变化,从而获得相对渗透率。

第二个数据集引自 Zhou 等(2000),它比较了暴露于原油中不同老化时间的砂岩岩心的渗吸和水驱采收率。随着老化时间的增加,岩石的润湿性变得更加复杂。图 9.15 比较了反向流自发渗吸和水驱的采收率。水驱采收率随着老化时间的增加而增加,表明了介质从亲水(无老化)到具有混合润湿性的转化,与图 9.14 一致。由于所有的样品都吸收了水,因此介质从来没有达到完全亲油状态,一些充满油的孔隙总是保持亲水湿状态。

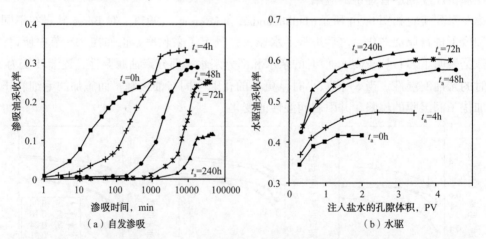

(a)自发渗吸　　　　　　　　　　　(b)水驱

图 9.15　不同老化时间(t_a)下岩心的自发渗吸和水驱的油采收率的比较(引自 Zhou 等,2000)
在水驱情况下,看到了采收率的增加,t_a 与介质从亲水性向更加复杂的润湿性的转变相一致。然而要特别注意,对于渗吸而言,随着孔隙空间亲水性的降低,最终采收率不仅随着 t_a 的降低而降低,采收率的时间尺度也跨越了大概 4 个数量级,润湿性的影响比例子中观察到的更明显,尽管它可以在孔隙尺度模型中被模拟

正如所预期的那样,渗吸采收率表明:随着样品老化时间的增加和亲水性的降低,水驱的最终采收率下降,因为水能进入的保持亲水性的孔隙空间减少了。但是也有例外存在,例

如老化时间为 4h 的情况；这很可能代表了弱亲水条件，样品中所有的孔隙空间仍然可以渗吸水，但残余油饱和度已经降低。

最显著的特点是采收率的时间尺度。原始样品对水的渗吸速度比老化时间最长的混合润湿岩心快 10000 倍：油田尺度作业的主要特征不是采收量的多少，而是采收率的大小，这个特征对润湿性特别敏感。实际上，图 9.11 和表 9.2 中显示的相当有限的幂律相对渗透率例子只显示了当介质从强亲水性转化为混合润湿性混合润湿时的情况，岩石的渗透率降至原来的 1/10。这些结果表明，在低水饱和度时，部分亲水、部分亲油岩心中的水相对渗透率极低，这阻碍了水的流入，并导致水驱以极其缓慢的速度进行。虽然在合成示例中并没有发生这种戏剧性的效果，但可以使用孔隙尺度模拟再现。可以通过调整接触角以匹配水驱数据，正如所预期的那样，随着老化时间的增加，可以预测介质从强亲水状态转化为部分亲水、部分亲油状态。下一步，利用相同的水驱相对渗透率和毛细管压力预测渗吸采收率，在这个过程中要使用很多数学方法，因为作者不知道当时的解析公式（Behbahani 和 Blunt，2005）。如图 9.16 所示：虽然没有实现精确匹配，但是捕获了最重要的通用特征，即超大范围的时间尺度。

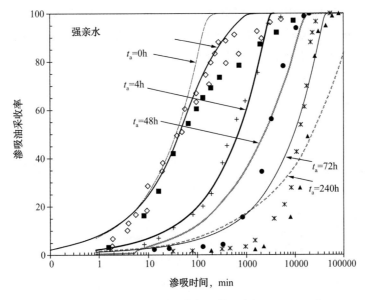

图 9.16　预测（线）和测量（点）渗吸采收率的比较（引自 Behbahani 和 Blunt，2005）
实验结果如图 9.15 所示，并附有亲水样品的数据。要注意的一个重要特征是，孔隙尺度模型可以模拟实际采收所用的超大范围的时间尺度，这取决于水在低水饱和度下的相对渗透率

在部分亲水、部分亲油系统中，铰接水层极大地阻碍了水渗流的发生，在水驱替的初始阶段，类渗流驱替模式导致了非常低的相对渗透率（见 7.2.4 节）。这种抑制作用对于水驱而言是有利的，较慢的水驱速度使得油以接近其低残余饱和度的水平被驱替。但是对于自吸过程而言，这种对水驱的抑制就不是一个有利因素了，因为水的注入是由自身流动性控制的：并非所有的孔隙空间都是亲水的，因此采收速度可能极其缓慢，导致采收率的最终值很低。

这就引出了"万亿桶"问题。众所周知，全世界的大多数常规石油储存于中东地区，该地区广泛分布的巨厚层裂隙性碳酸盐岩储层为储存原油提供了空间。尽管对于储量的估计往往是不可靠的,但是客观地来说,从这些油田中开采出大约$1×10^{12}$bbl石油是完全有可能的。在这里之所以强调"可能"这个词,是因为不论是对于天然含水层还是注水来说,水的驱替效率与油的最终采收量密切相关。迄今为止,这些油田只开采出了储量的一小部分,因此单靠井生产数据不能表明最终采收率的可能情况。特别是对于水驱来说,不同的证据间甚至是矛盾的。图7.12所示的阿联酋油田的实际情况表明,介质的混合润湿性在大多数情况下是有利于水驱的;而沙特阿拉伯加瓦尔油田(图7.13)的例子表明,由于亲油介质中水的快速穿透,采收率可能并不乐观。这些油田都是裂缝性油藏,在裂隙渗流占主导地位时,采收机制以自发渗吸为主,介质的混合润湿性导致采收速率非常缓慢,采收率也发生了下降。在孔隙尺度上,采收率完全取决于铰接接触关系、铰接或膨胀水层,以及是否具有类渗流或侵入式类渗流驱替模式。

正如1.3.2节所讨论的,通过控制注入水的盐度或添加表面活性剂,有可能在水驱过程中控制岩石的原地润湿性。对于油采收率的分析表明,最佳润湿状态取决于孔隙结构、驱替过程和流动性比,例如,在所有情形下,介质向更亲水条件的简单转化过程都不太可能成功。

很多情况下,不知道油田的特征润湿性状态和相应的相对渗透率,也不知道裂隙渗流和自发渗吸对采收率的具体影响。因此,不可能对所有问题都存在一个简单的答案。但是,仍然希望通过认真的实验、智能的孔隙尺度模拟和这里提出的一些想法与实际应用相结合,可以更好地了解和管理这些油田。

附录一　符号说明

在此，对本书最常用的术语符号和单位进行汇总说明。在如此长的篇幅中，不能保证每个参数都对应唯一的符号。同一符号可能有多重含义，为此会对不同章节的含义进行特别说明，如果没有特别的说明，符号的含义在本书都普遍适用。若符号没有说明单位，则符号表示无量纲值。

符号	含义	章节	SI 单位
a	分子大小	1	m
	宽度高度比	3	
	渗透率比例	6	
	特定表面积		m^{-1}
A	面积		m^2
b	角部润湿相长度		m
B	邦德数	3	
c	浓度		
C	毛细管压力乘数	3，4	
	Land 圈闭常数	4，6	
	渗吸速度常数	9	$m/s^{1/2}$
Ca	毛细管数		
C_s	扩散系数	8	N/m
d	空间维数(3)		
D	毛细管压力因子	3	
	分维数	3.4	
	颗粒直径	6	m
	毛细管弥散	9	m^2/s
f	喉道半径分布		m^{-1}
	亲油单元分量	5	
f_w	水渗流分量	9	
F	自由能	1，3	J
F_d	毛细管压力无量纲系数	3	
F_w	毛细管中水的分流量	9	
g	重力加速度		m/s^2
	渗流流导率	6	
G	形状因子		
	归一化喉道半径分布	3	

符号	含义	章节	SI 单位
h	高度		m
H	黑塞(海瑟)矩阵	2	m^{-2}
I	润湿指数		
k	玻尔兹曼常数	1	J/K
K_r	相对渗透率		
K	渗透率		m^2
l	孔隙比例长度		m
L	长度		m
M	摩尔质量	1	kg/mol
M	Minkowski 泛函数	2	
n	数量		
N_A	阿伏伽德罗常数	1	
N_p	产出原油总量	9	m^3
N_{pD}	产出孔隙体积倍数	9	
P	渗滤概率		
p	压力		Pa
P_c	毛细管压力		Pa
q	达西速度/渗流速度		m/s
Q	流速		m^3/s
r	曲率半径		m
R	半径		m
R_{vc}	毛细管力与黏滞力比值		
S	表面积	2	m^2
S	饱和度		
t	时间		s
	渗滤流导率指数	6.4	
T	温度		K
U	内聚能	1	J
v	速度		m/s
V	体积		m^3
W	渗滤指进宽度		m
x	距离		m
z	深度		m
	配位数	2, 3.4	

续表

符号	含义	章节	SI 单位
希腊字母符号			
α	圈闭常数	4. 6	
β	贝蒂数	2	
	孔角半角		rad
	渗滤填充指数	3. 4, 6. 4	
β_R	孔角阻力因子		
η	有效饱和度	6	
θ	接触角		rad
κ	曲率		m^{-1}
λ	流度		$(Pa \cdot s)^{-1}$
μ	黏度		$Pa \cdot s$
ν	关联长度指数		
ξ	关联长度		m
ρ	密度		kg/m^3
σ	界面张力		N/m
τ	渗滤圈闭指数		
	松弛时间比例	6	s
τ'	渗滤理论中的爆破指数		
T	黏性应力张量		Pa
ϕ	孔隙度		
χ	Euler 示性数	2	
ω	弥散比例	9	$m/s^{1/2}$
上标和下标			
adv	前进		
A	前进		
AH	Amott-Harvey	5	
AM	弧形弯月面		
b	主渗滤通道	3. 4	
c	角		
	(渗滤)临界值	3. 4	
crit	临界值		
D	排驱	3. 4	
	无量纲	9	
entry	(毛细管压力)入口	9	
g	气体		
H	铰接		

符号	含义	章节	SI 单位
I	渗吸		
i	层		
L	左		
m	宏观		
max	最大值		
min	最小值		
nw	非润湿		
o	原油		
r	残余，剩余		
R	后退		
	右	9	
s	固体，固相		
t	喉道或总计		
tot	总计		
TM	末端弯月面		
USBM	USBM 指数	5	
w	润湿或水		
wc	残余或束缚		
*	跨越阈值		
	当 $p_c = 0$ 时表示	9	

附录二　练习题

根据笔者在伦敦帝国理工大学和米兰理工大学过去设计的考卷，在此总结提出了一系列问题。笔者会在互联网上提供这些问题的解。详细的标准答案并不会给出，只是给出正确的数值解，并在适当的情形下，给出如何推导它们的方法以供参考。

（1）毛细管压力和 Leverett J 函数。（共 25 分）

在实验室中用汞测量表 A.1 中的原始排驱毛细管压力。岩心渗透率为 600mD，孔隙度为 0.20，界面张力为 487mN/m，接触角为 140°。

表 A.1　原始排驱毛细管压力

压力，Pa	饱和度	压力，Pa	饱和度
0	1	150000	0.4
50000	1	250000	0.3
74000	0.6	300000	0.3

① 写出一个将毛细管压力与 Leverett J 函数相关联的方程。定义所有项并赋给它们适当的单位。（5 分）

② 在油田中，介质的平均渗透率为 200mD，孔隙度为 0.15，界面张力为 25mN/m。请绘出水饱和度与储层自由水平面距离之间的关系图。油的密度为 700kg/m³，盐水密度为 1050kg/m³。$g = 9.81$m/s²。（15 分）

③ 在这个分析中你做了哪些近似，以及你必须做出哪些假设？（5 分）

（2）相对渗透率。（共 25 分）

① 写出多相达西方程，定义所有项并赋给它们适当的单位。（5 分）

② 绘制一幅亲水砂岩水驱（水驱替油）和气驱（气驱替油和伴生水）的相对渗透率示意图。对于给定值和相对渗透率函数之间的任何差异，在图中做出标记并添加注释。（6 分）

③ 简要论述当介质中的所有三相（油、水、气）一起流动时，如何估算三相油相对渗透率。（6 分）

④ 从一个 1km×5km 的储层横截面积估算产油量。油在气的重力排驱下被排出。油的密度为 700kg/m³，气的密度为 300kg/m³。渗透率为 50mD，油的黏度为 1.5mPa·s，相对渗透率为 0.001。$g = 9.81$m/s²。在你的结果上添加注释。为什么油的相对渗透率这么低？（8 分）

（3）润湿性和接触角。（共 25 分）

① 定义固有接触、前进接触和后退接触角。（3 分）

② 给出前进接触角通常明显高于后退接触角的所有原因。（3 分）

③ 绘制一幅细填砂的原始排驱毛细管压力图。如果排驱后填砂变为亲油性的，说明水驱毛细管压力的变化情况。解释水驱毛细管压力低于排驱毛细管压力的原因。（4 分）

④ 通过圆形横截面的管道，而其两侧倾斜角为 α 且接触角为 θ（图 A.1）的侵入毛细管压力是多少？界面张力为 σ。（10 分）

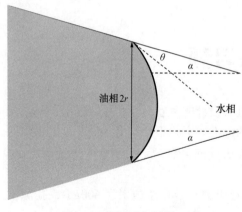

图 A.1　圆锥形态的侵入图

⑤ 对第④部分的答案添加注释：如何利用它来解释毛细管压力滞后现象(考虑带有发散和收敛孔隙的多孔介质)？(5分)

(4) 气储存。(共25分)

作为碳捕集和储存项目的一部分，考虑使用枯竭的气田来储存 CO_2 的情况。

① 最初在储层中的天然气密度为 $300kg/m^3$。地层中的盐水密度为 $1100kg/m^3$。顶层岩石孔隙度为0.1，渗透率为0.01mD。气/盐水界面张力为50mN/m。对气进入顶层岩石所需的毛细管压力进行近似估算。仔细说明你的计算过程。(10分)

② 使用第①部分的答案来估算可以在顶层岩石下面保持的气柱的最大高度。(7分)

③ 如果 CO_2 在同一地层中储存，那么 CO_2 的最大高度是多少？储层环境下 CO_2 浓度为 $600kg/m^3$，界面张力为20mN/m。对结果添加注释。如果用 CO_2 取代天然气，它可以安全地储存在这片油田内吗？(8分)

(5) 分解示踪剂的守恒方程。(共25分)

水驱后，残余油饱和度为 S_{or}。示踪剂注入水中，在油中分解(溶解)。如果示踪剂在水中的浓度为 C，那么油中的浓度为 aC。

① 请导出一维不可压缩渗流的示踪剂浓度守恒方程。仔细说明所有项。(10分)

② 示踪剂以多大速度移动？不溶于油的保守示踪剂的速度是多少？(5分)

③ 在水驱油田中注入了保守示踪剂和分解示踪剂($a=2$)。保守示踪剂在100天后在生产井中显现，而分解示踪剂在150天后显现。估算残余油饱和度。(10分)

(6) 相对渗透率。(共25分)

① 写出多相达西方程，定义所有项并赋给它们适当的单位。(5分)

② 绘制一幅亲水、亲油和部分亲水、部分亲油岩石的水驱(水驱替油)相对渗透率示意图，并指出它们之间的差异。(7分)

③ 论述油田水驱采收的意义。对于黏度类似于水的轻质油，哪种润湿性类型是最有利的采收方法？(6分)

④ 针对油田提出了聚合物驱替。聚合物被注入水中以增加水的黏度。这种方法只能在正常水驱条件下提高采收率。聚合物驱替为什么奏效？对于哪种润湿性类型，这可能是最有利的？仔细说明你的答案。(7分)

(7) 孔隙尺度驱替。(共25分)

① 定义卡断和活塞式推进。什么是孔隙填充？说明控制非润湿相捕集程度的过程。(7分)

② 导出通过接触角为 θ、内切圆半径为 r 的圆柱形喉道的活塞式推进的入口压力方程。(4分)

③ 推导内切圆半径为 r 且接触角为 θ 的等边三角形截面的喉道卡断填充的毛细管压力阈值方程。卡断的压力阈值除以活塞式推进的压力阈值的比是多少？(8分)

④ 对第③部分的答案添加注释。利用这个结果来解释当接触角小于90°时，残余非润湿相饱和度如何随接触角变化而变化。（6分）

（8）重力排驱和三相渗流。（共25分）

① 解释三相渗流中润湿层排驱的概念，并仔细说明为什么在润湿层排驱形态下，油相对渗透率与油饱和度的平方成正比。（7分）

② 在利用重力排驱开采的油田中，油的相对渗透率为 $K_{ro}=0.1S_o^2$。写出油饱和度守恒方程，推导出重力作用下垂直渗流的油的达西速度表达式。利用该式求出饱和度 S_o 移动的速度。（9分）

③ 估算介质中油饱和度达到20%所需的时间。储层为高50m的油柱，油密度为850kg/m³，气密度为350kg/m³，油黏度为0.3mPa·s，垂直渗透率为50mD。孔隙度为0.2。为你的答案添加注释。（9分）

（9）裂隙介质中 CO_2 储存的守恒方程。（共25分）

巨大的裂隙含水层是从发电站和其他工业厂房收集的 CO_2 的可能储存位置。CO_2 能够从裂隙中流过，它也能够溶于盐水中，这种 CO_2 饱和盐水可以进入基质。

① CO_2 以其原本相态保留在裂隙中。请从物理意义上解释，阻止它保持其自身相的 CO_2 进入基质的原因。（5分）

② 溶解在盐水中的 CO_2 通过什么物理机制穿过基体？（4分）

③ 如果裂隙之间的距离很近，那么基质中所有与含 CO_2 的裂隙接触的水将溶解有相同的 CO_2 浓度，这与其溶解度相等。如果该溶解度为 C_s，写出 CO_2 渗流的守恒方程。你可以假设唯一的达西渗流存在于裂隙中，并且可以忽略裂隙本身中的水。为了简化分析，可以假设 CO_2 的达西渗流为 S_cq_t，其中 S_c 为饱和度，q_t 为总达西速度，ϕ_f 为裂隙的孔隙度，而 ϕ_m 为基体的孔隙度。如果裂隙的饱和度为1，则可以导出 CO_2 的速度表达式。绘制 CO_2 的流动图，来说明你的答案。（13分）

④ 当总达西速度为 10^{-7}m/s，$\phi_f=0.0005$，$\phi_m=0.3$，$C_s=40$kg/m³，保持其自身相的 CO_2 浓度为600kg/m³ 时，求出裂隙中溶解态 CO_2 的速度。（3分）

（10）孔隙尺度驱替。（共25分）

① 定义并解释当水驱替亲水多孔介质中的油时，控制多孔介质中捕集的孔隙尺度填充过程。在哪些情况下可能看到大量的毛细管捕集（高残余非润湿相饱和度）？画图说明你的解释。（7分）

② 明确解释两相渗流中油层的含义。在什么条件下能够观察到油层？它们如何影响油的捕集度？（4分）

③ 推导内切圆半径为 r 且接触角为 θ 的正方形截面的喉道卡断填充的毛细管压力阈值方程。如果卡断发生，那么接触角的最大值可能是多少（对于毛细管压力阈值为正的情形）？（10分）

④ 对第③部分的答案添加注释。与第③部分中的值相比，更大的接触角会使得捕集量发生怎样的变化？（4分）

（11）相对渗透率。（共25分）

① 用文字说明相对渗透率概念的含义。（4分）

② 解释润湿性的含义。为什么在油田中经常见到亲油的表面？（5分）

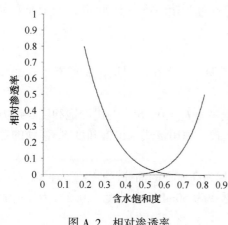

图 A.2　相对渗透率

③ 定义亲水、亲油和部分亲水、部分亲油项。(4分)

④ 在中东某特大型油田的岩心样品上测得了如图 A.2 所示的相对渗透率。岩样的润湿性可能是什么样的？仔细说明你的答案。(5分)

⑤ 在该油田中，采用注水的方法对油进行驱替。如果油和水的黏度相似，并且油田中产出的水多于油的饱和度，请近似地估算水饱和度。在储层中哪一部分的油将被开采出来？(7分)

(12) 毛细管控制的驱替。(共25分)

① 写下杨氏—拉普拉斯方程。定义所有项并赋给每项单位。(4分)

② 岩样的典型孔隙半径为 $1\mu m$，界面张力为 $25mN/m$。典型毛细管压力的近似值是多少？(4分)

③ 如果存在另一个岩样，其中所有的孔隙大小都是之前的两倍，那么典型毛细管压力的变化是多少？渗透率的变化是由什么因素造成的？(5分)

④ 水被渗吸入半径为 1cm 的岩心中需要 1000s，在其他条件都一样的情况下，水被渗吸入半径约为 1m 的储层中的基质块中需要多长时间？解释你的答案。(6分)

⑤ 对于储层尺度的基质块，如果现在所有的孔隙大小都是岩心尺度实验中孔隙大小的一半，那么渗吸需要多长时间？(6分)

(13) 孔隙尺度驱替。(共25分)

① 定义并解释渗吸过程中不同的孔隙填充机制。画图说明你的解释。(7分)

② 请解释在仅有孔隙填充过程时，它是如何导致很少的捕集和平坦的前缘推进的。(4分)

③ 推导内切圆半径为 r 且接触角为 θ 的等边三角形截面的喉道卡断填充的毛细管压力阈值方程。对于发生的卡断，接触角最大可能是多少(对于毛细管压力阈值为正的情形)？(10分)

④ 解释卡断是如何造成捕集作用的。利用第②和第③部分的答案来论述当接触角增大时会导致哪些现象？(4分)

(14) 多相渗流和油层。(共25分)

① 写出多相达西方程。定义所有相并赋给单位。(5分)

② 在气存在的情形下，写出仅在重力作用下的达西渗流方程。可以假定气的黏度和密度可以忽略不计。(5分)

③ 解释为什么在三相渗流中，随着油层排驱，相对渗透率与油饱和度的平方成正比。(8分)

④ 若 $K_{ro}=0.1S_o^2$，$K=100mD$，$\mu_o=0.001Pa \cdot s$，$\rho_o=800kg/m^3$ 和 $S_o=0.2$，计算油的达西速度。对结果添加注释。(7分)

(15) 相对渗透率。(共25分)

图 A.3 显示了来自中东碳酸盐岩岩心的相对渗透率的油田数据。标记的实线为原始排驱相对渗透率；这是在润湿性改变之前，且岩心是亲水的。虚线为润湿性改变后的水驱相对渗透率。

① 简要描述在原始排驱结束时润湿性变化的含义。(3分)

② 解释岩心在水驱过程中可能的润湿性。仔细说明你的答案。(7分)

③ 通常水驱曲线被称为渗吸。这正确吗?利用你的答案说明第②和第③部分。(5分)

④ 解释为什么水驱过程中的水相对渗透率低于原始排驱的相对渗透率。(10分)

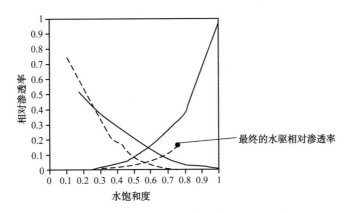

图 A.3　中东碳酸盐岩岩心的相对渗透率(Dernaika 等, 2013)

(16) 毛细管压力和接触角。(共25分)

① 写下杨氏—拉普拉斯方程。定义所有项并赋给每项单位。(4分)

② 计算图 A.4 中点 M 处梨形表面的毛细管压力。界面张力为 60mN/m,R 和 R' 的半径分别为 0.5mm 和 2mm。(10分)

③ 写出 Bartell-Osterhof 方程,即三相渗流中接触角与界面张力的关系。(4分)

④ 计算气与水之间的接触角:界面张力为 70mN/m。油/水接触角为 150°,界面张力为 50mN/m;气/油接触角为 20°,界面张力为 20mN/m。解释你的结果:水可以对气具有非润湿性吗?(7分)

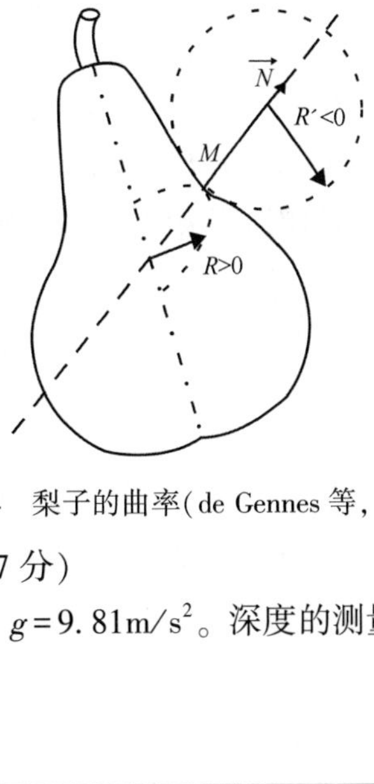

图 A.4　梨子的曲率(de Gennes 等, 2003)

(17) 根据油田中的评价井,测量表 A.2 中所列指标。$g = 9.81 \text{m/s}^2$。深度的测量是从表面开始计算的。(共50分)

表 A.2　基础参数

深度, m	压力, MPa	流体密度, kg/m³
2250	17.51	305(气)
2285	17.63	650(油)
2327	18.01	1040(水)

① 从物理上解释为什么储层中的油气压通常高于周围含水层中的水压。(8分)

② 储层处于常压、超压还是低压下?解释你的答案。(4分)

③ 求出自由水位和自由油位的深度,求出油柱的高度。(18分)

④ 测井测量时，将油/水接触深度定为 2290m。请解释这与第③部分答案差异的原因。你要选用哪个值来计算油的原始储量？你估算的油柱高度是多少？(12 分)

⑤ 根据表面条件下的测量结果，求出油的初始位置。储层的面积为 $3.6 \times 10^7 m^2$，平均孔隙度为 0.22，初始水饱和度为 0.25，净含量与总含量之比为 0.85(含可采烃的岩石体积比例)，油层体积系数为 1.41(储层油体积与表面的油体积之比)。可以使用 m^3 作为答案的单位。(8 分)

(18) Buckley-Leverett 分析。(共 50 分)

① 写出达西定律的多相扩展，用单位说明所有项。相对渗透率的物理意义是什么？绘制典型的亲水和部分亲水、部分亲油岩石的曲线。(13 分)

② 绘制如下所示的相对渗透率曲线，以及相应的水分流量曲线。岩石可能具有哪种润湿性？(12 分)

$$K_{rw} = \frac{(S_w - 0.2)^4}{0.7^3} \tag{A.1}$$

$$K_{ro} = \frac{(S_o - 0.2)^4}{0.7^2} \tag{A.2}$$

其中，$\mu_o = 0.002 Pa \cdot s$，$\mu_w = 0.001 Pa \cdot s$。

③ 将水饱和度作为无量纲速度的函数来计算，将产生的孔隙体积作为注入的孔隙体积的函数来计算。将你的答案作图。(15 分)

④ 若 $B_o = 1.5$(储层与表面的油体积之比)，$B_w = 1.1$(储层与表面的水体积之比)，且总注水量为 $10^5 bbl/d$(油罐或地面条件)，则将开采的油作为时间的函数作图。储层孔隙体积为 $1.5 \times 10^8 bbl$(油藏条件)。(10 分)

参 考 文 献

Adamson, A. W., and Gast, A. P. 1997. *Physical Chemistry of Surfaces*. John Wiley & Sons, Inc., New York.

Adler, P. M. 1990. Flow in simulated porous media. *International Journal of Multiphase Flow*, 16(4), 691–712.

Adler, P. M. 2013. *Porous Media: Geometry and Transports*. Elsevier, Amsterdam.

Aghaei, A., and Piri, M. 2015. Direct pore-to-core up-scaling of displacement processes: Dynamic pore network modeling and experimentation. *Journal of Hydrology*, 522, 488–509.

Ahrenholz, B., Tolke, J., Lehmann, P., Peters, A., Kaestner, A., Krafczyk, M., and Durner, W. 2008. Prediction of capillary hysteresis in a porous material using lattice-Boltzmann methods and comparison to experimental data and a morphological pore network model. *Advances in Water Resources*, 31(9), 1151–1173.

Aissaoui, A. 1983. *Etude théorique et expérimentale de lhystérésis des pressions capillaries et des perméabilitiés relatives en vue du stockage souterrain de gaz*. PhD thesis, Ecole des Mines de Paris, Paris.

Akbarabadi, M., and Piri, M. 2013. Relative permeability hysteresis and capillary trapping characteristics of super-critical CO_2/brine systems: An experimental study at reservoir conditions. *Advances in Water Resources*, 52, 190–206.

Akbarabadi, M., and Piri, M. 2014. Nanotomography of Spontaneous Imbibition in Shale. URTeC: 1922555, Unconventional Resources Technology Conference.

Aker, E., Måløy, K. J., Hansen, A., and Batrouni, G. G. 1998. A two-dimensional network simulator for two-phase flow in porous media. *Transport in Porous Media*, 32(2), 163–186.

Aker, E., Måløy, K. J., Hansen, A., and Basak, S. 2000. Burst dynamics during drainage displacements in porous media: Simulations and experiments. *EPL (Europhysics Letters)*, 51(1), 55–61.

Al-Dhahli, A., Geiger, S., and van Dijke, M. I. J. 2012. Three-phase pore-network modeling for reservoirs with arbitrary wettability. *SPE Journal*, 18(2), 285–295.

Al-Dhahli, A., van Dijke, M. I. J., and Geiger, S. 2013. Accurate modelling of pore-scale films and layers for three-phase flow processes in clastic and carbonate rocks with arbitrary wettability. *Transport in Porous Media*, 98(2), 259–286.

Al-Futaisi, A., and Patzek, T. W. 2003a. Extension of Hoshen-Kopelman algorithm to nonlattice environments. *Physica A: Statistical Mechanics and Its Applications*, 321(3–4), 665–678.

Al-Futaisi, A., and Patzek, T. W. 2003b. Impact of wettability alteration on two-phase flow characteristics of sandstones: A quasi-static description. *Water Resources Research*, 39(2), 1042.

Al-Gharbi, M. S., and Blunt, M. J. 2005. Dynamic network modeling of two-phase drainage in porous media. *Physical Review E*, 71(1), 016308.

Al Mansoori, S. K., Iglauer, S., Pentland, C. H., and Blunt, M. J. 2009. Three-phase measurements of oil and gas trapping in sand packs. *Advances in Water Resources*, 32(10), 1535–1542.

Al Mansoori, S. K., Itsekiri, E., Iglauer, S., Pentland, C. H., Bijeljic, B., and Blunt, M. J. 2010. Measurements of non-wetting phase trapping applied to carbon dioxide storage. *International Journal of Greenhouse Gas Control*, 4(2),283–288.

Al-Menhali, A., Niu, B., and Krevor, S. 2015. Capillarity and wetting of carbon dioxide and brine during drainage in Berea sandstone at reservoir conditions. *Water Resources Research*, 51(10), 7895–7914.

Al-Menhali, A. S., and Krevor, S. 2016. Capillary trapping of CO_2 in oil reservoirs: observations in a mixed-wet carbonate rock. *Environmental Science & Technology*, 50(5), 2727–2734.

Al-Raoush, R. I. 2009. Impact of wettability on pore-scale characteristics of residual nonaqueous phase liquids. *Environmental Science & Technology*, 43(13), 4796–4801.

Al-Raoush, R. I. , and Willson, C. S. 2005. Extraction of physically realistic pore network properties from three-dimensional synchrotron X-ray microtomography images of unconsolidated porous media systems. *Journal of Hydrology*, 300(1-4), 44-64.

Alava, M. , Dubé, M. , and Rost, M. 2004. Imbibition in disordered media. *Advances in Physics*, 53 (2), 83-175.

Alizadeh, A. H. , and Piri, M. 2014a. The effect of saturation history on three-phase relative permeability: An experimental study. *Water Resources Research*, 50(2), 1636-1664.

Alizadeh, A. H. , and Piri, M. 2014b. Three-phase flow in porous media: A review of experimental studies on relative permeability. *Reviews of Geophysics*, 52(3), 468-521.

Alizadeh, A. H. , Khishvand, M. , Ioannidis, M. A. , and Piri, M. 2014. Multi-scale experimental study of carbonated water injection: An effective process for mobilization and recovery of trapped oil. *Fuel*, 132, 219-235.

Alyafei, N. 2015. *Capillary Trapping and Oil Recovery in Altered-Wettability Carbonate Rock*. PhD thesis, Imperial College London.

Alyafei, N. , and Blunt, M. J. 2016. The effect of wettability on capillary trapping in carbonates. *Advances in Water Resources*, 90, 36-50.

Alyafei, N. , Raeini, A. Q. , Paluszny, A. , and Blunt, M. J. 2015. A sensitivity study of the effect of image resolution on predicted petrophysical properties. *Transport in Porous Media*, 110(1), 157-169.

Amaechi, B. , Iglauer, S. , Pentland, C. H. , Bijeljic, B. , and Blunt, M. J. 2014. An experimental study of three-phase trapping in sand packs. *Transport in Porous Media*, 103(3), 421-436.

Amaefule, J. O. , and Handy, L. L. 1982. The effect of interfacial tensions on relative oil/water permeabilities of consolidated porous media. *SPE Journal*, 22(3), 371-381.

Amin, R. , and Smith, T. N. 1998. Interfacial tension and spreading coefficient under reservoir conditions. *Fluid Phase Equilibria*, 142(12), 231-241.

Amott, E. 1959. Observations relating to the wettability of porous rock. *Petroleum Transaction of the AIME*, 216, 156-162.

Anderson, W. G. 1986. Wettability literature survey-Part 2: Wettability measurement. *Journal of Petroleum Technology*, 38(11), 1246-1462.

Anderson, W. G. 1987a. Wettability literature survey-Part 4: Effects of wettability on capillary pressure. *Journal of Petroleum Technology*, 39(10), 1283-1300.

Anderson, W. G. 1987b. Wettability literature survey-Part 5: The effects of wettability on relative permeability. *Journal of Petroleum Technology*, 39(11), 1453-1468.

Andrä, H. , Combaret, N. , J. , Dvorkin, Glatt, E. , Han, J. , Kabel, M. , Keehm, Y. , Krzikalla, F. , Lee, M. , Madonna, C. , Marsh, M. , Mukerji, T. , Saenger, E. H. , Sain, R. , Saxena, N. , Ricker, S. , Wiegmann, A. , and Zhan, X. 2013a. Digital rock physics benchmarks-Part 1: Imaging and segmentation. *Computers & Geosciences*, 50, 25-32.

Andrä, H. , Combaret, N. , J. , Dvorkin, Glatt, E. , Han, J. , Kabel, M. , Keehm, Y. , Krzikalla, F. , Lee, M. , Madonna, C. , Marsh, M. , Mukerji, T. , Saenger, E. H. , Sain, R. , Saxena, N. , Ricker, S. , Wiegmann, A. , and Zhan, X. 2013b. Digital rock physics benchmarks-Part II: Computing effective properties. *Computers & Geosciences*, 50, 33-43.

Andrew, M. G. 2014. *Reservoir-Condition Pore-Scale Imaging of Multiphase Flow*. PhD thesis, Imperial College London.

Andrew, M. G. , Bijeljic, B. , and Blunt, M. J. 2013. Pore-scale imaging of geological carbon dioxide storage under in situ conditions. *Geophysical Research Letters*, 40(15), 3915-3918.

Andrew, M. G., Bijeljic, B., and Blunt, M. J. 2014a. Pore-by-pore capillary pressure measurements using X-ray microtomography at reservoir conditions: Curvature, snap-off, and remobilization of residual CO_2. *Water Resources Research*, 50(11), 8760–8774.

Andrew, M. G., Bijeljic, B., and Blunt, M. J. 2014b. Pore-scale contact angle measurements at reservoir conditions using X-ray microtomography. *Advances in Water Resources*, 68, 24–31.

Andrew, M. G., Bijeljic, B., and Blunt, M. J. 2014c. Pore-scale imaging of trapped supercritical carbon dioxide in sandstones and carbonates. *International Journal of Greenhouse Gas Control*, 22, 1–14.

Andrew, M. G., Menke, H., Blunt, M. J., and Bijeljic, B. 2015. The imaging of dynamic multiphase fluid flow using synchrotron-based x-ray microtomography at reservoir conditions. *Transport in Porous Media*, 110(1), 1–24.

Anton, L., and Hilfer, R. 1999. Trapping and mobilization of residual fluid during capillary desaturation in porous media. *Physical Review E*, 59(6), 6819–6823.

Armstrong, R. T., and Berg, S. 2013. Interfacial velocities and capillary pressure gradients during Haines jumps. *Physical Review E*, 88(4), 043010.

Armstrong, R. T., Porter, M. L., and Wildenschild, D. 2012. Linking pore-scale interfacial curvature to column-scale capillary pressure. *Advances in Water Resources*, 46, 55–62.

Armstrong, R. T., Georgiadis, A., Ott, H., Klemin, D., and Berg, S. 2014a. Critical capillary number: Desaturation studied with fast X-ray computed microtomography. *Geophysical Research Letters*, 41(1), 55–60.

Armstrong, R. T., Ott, H., Georgiadis, A., Rücker, M., Schwing, A., and Berg, S. 2014b. Subsecond pore-scale displacement processes and relaxation dynamics in multiphase flow. *Water Resources Research*, 50(12), 9162–9176.

Arns, C. H., Knackstedt, M. A., Pinczewski, W. V., and Lindquist, W. B. 2001. Accurate estimation of transport properties from microtomographic images. *Geophysical Research Letters*, 28(17), 3361–3364.

Arns, C. H., Knackstedt, M. A., Pinczewski, W. V., and Martys, N. S. 2004. Virtual permeametry on microtomographic images. *Journal of Petroleum Science and Engineering*, 45(1–2), 41–46.

Arns, C. H., Knackstedt, M. A., and Martys, N. S. 2005. Cross-property correlations and permeability estimation in sandstone. *Physical Review E*, 72(4), 046304.

Arns, C. H., Knackstedt, M. A., and Mecke, K. R. 2009. Boolean reconstructions of complex materials: Integral geometric approach. *Physical Review E*, 80(5), 051303.

Avraam, D. G., and Payatakes, A. C. 1995a. Flow regimes and relative permeabilities during steadystate two-phase flow in porous media. *Journal of Fluid Mechanics*, 293, 207–236.

Avraam, D. G., and Payatakes, A. C. 1995b. Generalized relative permeability coefficients during steady-state two-phase flow in porous media, and correlation with the flow mechanisms. *Transport in Porous Media*, 20(1–2), 135–168.

Aziz, K., and Settari, A. 1979. *Petroleum Reservoir Simulation*. Chapman & Hall, London.

Baker, L. E. 1988. Three-phase relative permeability correlations. SPE 17369, proceedings of the SPE Enhanced Oil Recovery Symposium, Tulsa, Oklahoma, 16–21 April.

Bakke, S., and Øren, P. E. 1997. 3–D pore-scale modelling of sandstones and flow simulations in the pore networks. *SPE Journal*, 2(2), 136–149.

Baldwin, C. A., Sederman, A. J., Mantle, M. D., Alexander, P., and Gladden, L. F. 1996. Determination and characterization of the structure of a pore space from 3D volume images. *Journal of Colloid and Interface Science*, 181(1), 79–92.

Bardon, C., and Longeron, D. G. 1980. Influence of very low interfacial tensions on relative permeability. *SPE*

Journal, 20(5), 391–401.

Barenblatt, G. I. 1971. Filtration of two non-mixing fluids in a homogeneous porous medium. *Fluid Dynamics*, 6(5), 857–864.

Barenblatt, G. I., Entov, V. M., and Ryzhik, V. M. 1990. *Theory of Fluid Flows Through Natural Rocks*. Kluwer Academic Publishers, Dordrecht, The Netherlands.

Barenblatt, G. I., Patzek, T. W., and Silin, D. B. 2003. The mathematical model of nonequilibrium effects in water-oil displacement. *SPE Journal*, 8(4), 409–416.

Bartell, F. E., and Osterhof, H. J. 1927. Determination of the wettability of a solid by a liquid. *Industrial and Engineering Chemistry*, 19, 1277–1280.

Batchelor, G. K. 1967. *An Introduction to Fluid Dynamics*. Cambridge Mathematical Library. Cambridge University Press, Cambridge.

Bauters, T. W. J., Steenhuis, T. S., Parlange, J. Y., and DiCarlo, D. A. 1998. Preferential flow in water-repellent sands. *Journal of the Soil Science Society of America*, 62(5), 1185–1190.

Bauters, T. W. J., Steenhuis, T. S., DiCarlo, D. A., Nieber, J. L., Dekker, L. W., Ritsema, C. J., Parlange, J. Y., and Haverkamp, R. 2000. Physics of water repellent soils. *Journal of Hydrology*, 231 – 232, 233–243.

Bear, J. 1972. *Dynamics of Fluids in Porous Media*. Dover Publications, Mineola, New York.

Behbahani, H., and Blunt, M. J. 2005. Analysis of imbibition in mixed-wet rocks using pore-scale modeling. *SPE Journal*, 10(4), 466–474.

Ben-Avraham, D., and Havlin, S. 2000. *Diffusion and Reactions in Fractals and Disordered Systems*. Cambridge University Press, Cambridge.

Bennion, B., and Bachu, S. 2008. Drainage and imbibition relative permeability relationships for supercritical CO_2/brine and H_2S/brine systems in intergranular sandstone, carbonate, shale, and anhydrite rocks. *SPE Reservoir Evaluation & Engineering*, 11(3), 487–486.

Berg, S., Cense, A. W., Hofman, J. P., and Smits, R. M. M. 2008. Two-phase flow in porous media with slip boundary condition. *Transport in Porous Media*, 74(3), 275–292.

Berg, S., Ott, H., Klapp, S. A., Schwing, A., Neiteler, R., Brussee, N., Makurat, A., Leu, L., Enzmann, F., Schwarz, J. O., Kersten, M., Irvine, S., and Stampanoni, M. 2013. Real-time 3D imaging of Haines jumps in porous media flow. *Proceedings of the National Academy of Sciences*, 110(10), 3755–3759.

Berkowitz, B., Cortis, A., Dentz, M., and Scher, H. 2006. Modeling non-Fickian transport in geological formations as a continuous time random walk. *Reviews of Geophysics*, 44(2), RG2003.

Bianchi Janetti, E., Riva, M., and Guadagnini, A. 2015. Three-phase permeabilities: Upscaling, analytical solutions and uncertainty analysis in elementary pore structures. *Transport in Porous Media*, 106(2), 259–283.

Bianchi Janetti, E., Riva, M., and Guadagnini, A. 2016. Analytical expressions for three-phase generalized relative permeabilities in water and oil-wet capillary tubes. *Computational Geosciences*, 20, 555–565.

Bijeljic, B., Mostaghimi, P., and Blunt, M. J. 2011. Signature of non-Fickian solute transport in complex heterogeneous porous media. *Physical Review Letters*, 107(20), 204502.

Bijeljic, B., Mostaghimi, P., and Blunt, M. J. 2013a. Insights into non-Fickian solute transport in carbonates. *Water Resources Research*, 49(5), 2714–2728.

Bijeljic, B., Raeini, A., Mostaghimi, P., and Blunt, M. J. 2013b. Predictions of non-Fickian solute transport in different classes of porous media using direct simulation on pore-scale images. *Physical Review E*, 87 (1), 013011.

Birovljev, A., Furuberg, L., Feder, J., Jøssang, T., Måløy, K. J., and Aharony, A. 1991. Gravity invasion percolation in two dimensions: Experiment and simulation. *Physical Review Letters*, 67(5), 584-587.

Biswal, B., Manwart, C., Hilfer, R., Bakke, S., and Øren, P. E. 1999. Quantitative analysis of experimental and synthetic microstructures for sedimentary rock. *Physica A: Statistical Mechanics and Its Applications*, 273(3-4), 452-475.

Biswal, B., Øren, P. E., Held, R. J., Bakke, S., and Hilfer, R. 2007. Stochastic multiscale model for carbonate rocks. *Physical Review E*, 75(6), 061303.

Biswal, B., Held, R. J., Khanna, V., Wang, J., and Hilfer, R. 2009. Towards precise prediction of transport properties from synthetic computer tomography of reconstructed porous media. *Physical Review E*, 80(4), 041301.

Blunt, M., and King, P. 1990. Macroscopic parameters from simulations of pore scale flow. *Physical Review A*, 42(8), 4780-4787.

Blunt, M., and King, P. 1991. Relative permeabilities from two and three-dimensional pore-scale network modelling. *Transport in Porous Media*, 6(4), 407-433.

Blunt, M., King, M. J., and Scher, H. 1992. Simulation and theory of two-phase flow in porous media. *Physical Review A*, 46(12), 7680-7699.

Blunt, M., Zhou, D., and Fenwick, D. 1995. Three-phase flow and gravity drainage in porous media. *Transport in Porous Media*, 20(1-2), 77-103.

Blunt, M. J. 1997a. Effects of heterogeneity and wetting on relative permeability using pore level modeling. *SPE Journal*, 2(4), 70-87.

Blunt, M. J. 1997b. Pore level modeling of the effects of wettability. *SPE Journal*, 2(1), 494-510.

Blunt, M. J. 1998. Physically-based network modeling of multiphase flow in intermediate-wet porous media. *Journal of Petroleum Science and Engineering*, 20(3-4), 117-125.

Blunt, M. J. 2000. An empirical model for three-phase relative permeability. *SPE Journal*, 5(4), 435-445.

Blunt, M. J. 2001a. Constraints on contact angles for multiple phases in thermodynamic equilibrium. *Journal of Colloid and Interface Science*, 239(1), 281-282.

Blunt, M. J. 2001b. Flow in porous media-pore-network models and multiphase flow. *Current Opinion in Colloid and Interface Science*, 6(3), 197-207.

Blunt, M. J., and Bijeljic, B. 2016. *Imperial College Consortium on Pore-scale Modelling*. http://www.imperial.ac.uk/engineering/departments/earth-science/research/research-groups/perm/research/pore-scale-modelling/.

Blunt, M. J., and Scher, H. 1995. Pore-level modeling of wetting. *Physical Review E*, 52(6), 6387-6403.

Blunt, M. J., Barker, J. W., Rubin, B., Mansfield, M., Culverwell, I. D., and Christie, M. A. 1994. Predictive theory for viscous fingering in compositional displacement. *SPE Reservoir Engineering*, 9(1), 73-80.

Blunt, M. J., Bijeljic, B., Dong, H., Gharbi, O., Iglauer, S., Mostaghimi, P., Paluszny, A., and Pentland, C. 2013. Pore-scale imaging and modelling. *Advances in Water Resources*, 51, 197-216.

Boek, E. S., and Venturoli, M. 2010. Lattice-Boltzmann studies of fluid flow in porous media with realistic rock geometries. *Computers & Mathematics with Applications*, 59(7), 2305-2314.

Bondino, I., Hamon, G., Kallel, W., and Kachuma, D. 2013. Relatie permeabilies from simulation in 3D rock models and equivalent pore networks: Critical review and way forward. *Petrophysics*, 54(6), 538-546.

Bourbiaux, B. J., and Kalaydjian, F. J. 1990. Experimental study of cocurrent and countercurrent flows in natural porous media. *SPE Reservoir Engineering*, 5(3), 361-368.

Bourbie, T., and Zinszner, B. 1985. Hydraulic and acoustic properties as a function of porosity in Fontainebleau sandstone. *Journal of Geophysical Research*, 90(B13), 11524-11532.

Broadbent, S. R. , and Hammersley, J. M. 1957. Percolation processes. I. Crystals and mazes. *Proceedings of the Cambridge Philosophical Society*, 53, 629-641.

Brooks, R. H. , and Corey, T. 1964. *Hydraulic properties of porous media*. Hydrology Papers, Colorado State University.

Brown, K. , Schülter, S. , Sheppard, A. , and Wildenschild, D. 2014. On the challenges of measuring interfacial characteristics of three-phase fluid flow with x-ray microtomography. *Journal of Microscopy*, 253(3), 171-182.

Brown, R. J. S. , and Fatt, I. 1956. Measurements Of Fractional Wettability Of Oil Fields' Rocks By The Nuclear Magnetic Relaxation Method. SPE 743-G, proceedings of the Fall Meeting of the Petroleum Branch of AIME, Los Angeles, California, 14-17 October.

Brun, F. , Mancini, L. , Kasae, P. , Favretto, S. , Dreossi, D. , and Tromba, G. 2010. Pore3D: A software library for quantitative analysis of porous media. *Nuclear Instruments and Methods in Physics Research Section A: Accelerators, Spectrometers, Detectors and Associated Equipment*, 615(3), 326-332.

Brusseau, M. L. , Peng, S. , Schnaar, G. , and Murao, A. 2007. Measuring air-water interfacial areas with X-ray microtomography and interfacial partitioning tracer tests. *Environmental Science & Technology*, 41 (6), 1956-1961.

Bryant, S. , and Blunt, M. 1992. Prediction of relative permeability in simple porous media. *Physical Review A*, 46 (4), 2004-2011.

Bryant, S. L. , King, P. R. , and Mellor, D. W. 1993a. Network model evaluation of permeability and spatial correlation in a real random sphere packing. *Transport in Porous Media*, 11(1), 53-70.

Bryant, S. L. , Mellor, D. W. , and Cade, C. A. 1993b. Physically representative network models of transport in porous media. *AIChE Journal*, 39(3), 387-396.

Buckingham, E. 1907. Studies on the movement of soil moisture. *USDA Bureau of Soils Bulletin*, 38, 61-70.

Buckley, J. S. , and Liu, Y. 1998. Some mechanisms of crude oil/brine/solid interactions. *Journal of Petroleum Science and Engineering*, 20(3-4), 155-160.

Buckley, J. S. , Takamura, K. , and Morrow, N. R. 1989. Influence of electrical surface charges on the wetting properties of crude oils. *SPE Reservoir Engineering*, 4(3), 332-341.

Buckley, J. S. , Bousseau, C. , and Liu, Y. 1996. Wetting alteration by brine and crude oil: From contact angles to cores. *SPE Journal*, 1(3), 341-50.

Buckley, S. E. , and Leverett, M. C. 1942. Mechanism of fluid displacement in sands. *Petroleum Transactions of the AIME*, 146(1), 107-116.

Bultreys, T. , Van Hoorebeke, L. , and Cnudde, V. 2015a. Multi-scale, micro-computed tomographybased pore network models to simulate drainage in heterogeneous rocks. *Advances in Water Resources*, 78, 36-49.

Bultreys, T. , Boone, M. A. , Boone, M. N. , De Schryver, T. , Masschaele, B. , Van Loo, D. , Van Hoorebeke, L. , and Cnudde, V. 2015b. Real-time visualization of Haines jumps in sandstone with laboratory-based microcomputed tomography. *Water Resources Research*, 51(10), 8668-8676.

Bultreys, T. , Boone, M. A. , Boone, M. N. , De Schryver, T. , Masschaele, B. , Van Hoorebeke, L. , and Cnudde, V. 2016a. Fast laboratory-based micro-computed tomography for pore-scale research: Illustrative experiments and perspectives on the future. *Advances in Water Resources*, 95, 341-351.

Bultreys, T. , De Boever, W. , and Cnudde, V. 2016b. Imaging and image-based fluid transport modeling at the pore scale in geological materials: A practical introduction to the current state-of-the-art. *Earth-Science Reviews*, 155, 93-128.

Burdine, N. T. 1953. Relative permeability calculations from pore size distribution data. *Journal of Petroleum Technology*, 5(3), 71-78.

Caers, J. 2005. *Petroleum Geostatistics*. Society of Petroleum Engineers, Richardson, Texas.

Carlson, F. M. 1981. Simulation of Relative Permeability Hysteresis to the Nonwetting Phase. SPE 10157, proceedings of the SPE Annual Technical Meeting and Exhibition, San Antonio, Texas, 4-7 October.

Carman, P. C. 1956. *Flow of Gases Through Porous Media*. Butterworths, London.

Casado, C. M. M. 2012. *Laplace. La mecánica celeste*. RBA Publishers, Barcelona.

Caubit, C., Bertin, H., and Hamon, G. 2004. Three-Phase Flow in Porous Media: Wettability Effect on Residual Saturations During Gravity Drainage and Tertiary Waterflood. SPE 90099, proceedings of the SPE Annual Technical Conference and Exhibition, Houston, Texas, 26-29 September.

Cazabat, A. M., Gerdes, S., Valignat, M. P., and Villette, S. 1997. Dynamics of wetting: From theory to experiment. *Interface Science*, 5(2-3), 129-139.

Chandler, R., Koplik, J., Lerman, K., and Willemsen, J. F. 1982. Capillary displacement and percolation in porous media. *Journal of Fluid Mechanics*, 119, 249-267.

Chatzis, I., and Morrow, N. R. 1984. Correlation of capillary number relationships for sandstone. *SPE Journal*, 24(5), 555-562.

Chatzis, I., Morrow, N. R., and Lim, H. T. 1983. Magnitude and detailed structure of residual oil saturation. *SPE Journal*, 23(2), 311-326.

Chaudhary, K., Bayani Cardenas, M., Wolfe, W. W., Maisano, J. A., Ketcham, R. A., and Bennett, P. C. 2013. Pore-scale trapping of supercritical CO_2 and the role of grain wettability and shape. *Geophysical Research Letters*, 40(15), 3878-3882.

Chen, J. D., and Koplik, J. 1985. Immiscible fluid displacement in small networks. *Journal of Colloid and Interface Science*, 108(2), 304-330.

Chen, S., and Doolen, G. D. 1998. Lattice Boltzmann method for fluid flows. *Annual Review of Fluid Mechanics*, 30(1), 329-364.

Chen, Z. X., Zimmerman, R. W., Bodvarsson, G. S., andWitherspoon, P. A. 1990. A new formulation for one-dimensional horizontal imbibition in unsaturated porous media. *Lawrence Berkeley Preprint LBL-28638*.

Cieplak, M., and Robbins, M. O. 1988. Dynamical transition in quasistatic fluid invasion in porous media. *Physical Review Letters*, 60(20), 2042-2045.

Cieplak, M., and Robbins, M. O. 1990. Influence of contact angle on quasistatic fluid invasion of porous media. *Physical Review B*, 41(16), 11508-11521.

Cnudde, V., and Boone, M. N. 2013. High-resolution X-ray computed tomography in geosciences: A review of the current technology and applications. *Earth-Science Reviews*, 123, 1-17.

Coker, D. A., Torquato, S., and Dunsmuir, J. H. 1996. Morphology and physical properties of Fontainebleau sandstone via a tomographic analysis. *Journal of Geophysical Research: Solid Earth*, 101(B8), 17497-17506.

Coles, M. E., Hazlett, R. D., Spanne, P., Soll, W. E., Muegge, E. L., and Jones, K. W. 1998. Pore level imaging of fluid transport using synchrotron X-ray microtomography. *Journal of Petroleum Science and Engineering*, 19(1-2), 55-63.

Constantinides, G. N., and Payatakes, A. C. 2000. Effects of precursor wetting films in immiscible displacement through porous media. *Transport in Porous Media*, 38(3), 291-317.

Corey, A. T. 1954. The interrelation between gas and oil relative permeabilities. *Producers Monthly*, 19(1), 38-41.

Costanza-Robinson, M. S., Harrold, K. H., and Lieb-Lappen, R. M. 2008. X-ray microtomography determination of air-water interfacial area-water saturation relationships in sandy porous media. *Environmental Science & Technology*, 42(8), 2949-2956.

Craig, F. F. 1971. *The Reservoir Engineering Aspects of Waterflooding*. Monograph Series 3, Society of Petroleum Engineers, Richardson, Texas.

Crocker, M. E. 1986. Wettability. *Enhanced Oil Recovery*, *Progress Review for the Quarter Ending Sept. 30*, *DOE/BC-86/3*, 47, 100-110.

Cueto-Felgueroso, L., and Juanes, R. 2008. Nonlocal interface dynamics and pattern formation in gravity-driven unsaturated flow through porous media. *Physical Review Letters*, 101(24), 244504.

Cueto-Felgueroso, L., and Juanes, R. 2009a. A phase field model of unsaturated flow. *Water Resources Research*, 45(10), W10409.

Cueto-Felgueroso, L., and Juanes, R. 2009b. Stability analysis of a phase-field model of gravitydriven unsaturated flow through porous media. *Physical Review E*, 79(3), 036301.

Cueto-Felgueroso, L., and Juanes, R. 2016. A discrete-domain description of multiphase flow in porous media: Rugged energy landscapes and the origin of hysteresis. *Geophysical Research Letters*, 43(4), 1615-1622.

Culligan, K. A., Wildenschild, D., Christensen, B. S. B., Gray, W. G., Rivers, M. L., and Tompson, A. F. B. 2004. Interfacial area measurements for unsaturated flow through a porous medium. *Water Resources Research*, 40(12), W12413.

Culligan, K. A., Wildenschild, D., Christensen, B. S. B., Gray, W. G., and Rivers, M. L. 2006. Porescale characteristics of multiphase flow in porous media: A comparison of air-water and oilwater experiments. *Advances in Water Resources*, 29(2), 227-238.

Dahle, H. K., and Celia, M. A. 1999. A dynamic network model for two-phase immiscible flow. *Computational Geosciences*, 3(1), 1-22.

Dake, L. P. 1983. *Fundamentals of Reservoir Engineering*. Elsevier, Amsterdam, 2nd Edition.

Darcy, H. 1856. *Les fontaines publiques de la ville de Dijon*: *English Translation*, *The Public Fountains of the City of Dijon*, translated by P. Bobeck, Kendall/Hunt Publishing Company, Dubuque, Iowa, 2004. Victor Dalmont, Paris.

Datta, S. S., Dupin, J. B., andWeitz, D. A. 2014a. Fluid breakup during simultaneous two-phase flow through a three-dimensional porous medium. *Physics of Fluids*, 26(6), 062004.

Datta, S. S., Ramakrishnan, T. S., and Weitz, D. A. 2014b. Mobilization of a trapped non-wetting fluid from a three-dimensional porous medium. *Physics of Fluids*, 26(2), 022002.

de Gennes, P. G. 1985. Wetting: statics and dynamics. *Reviews of Modern Physics*, 57(3), 827-863.

de Gennes, P. G., Brochard-Wyatt, F., and Quérédef, D. 2003. *Capillarity and Wetting Phenomena*: *Drops*, *Bubbles*, *Pearls and Waves*. Springer, New York.

Dehghanpour, H., Aminzadeh, B., Mirzaei, M., and DiCarlo, D. A. 2011a. Flow coupling during three-phase gravity drainage. *Physical Review E*, 83(6), 065302.

Dehghanpour, H., Aminzadeh, B., and DiCarlo, D. A. 2011b. Hydraulic conductance and viscous coupling of three-phase layers in angular capillaries. *Physical Review E*, 83(6), 066320.

Demianov, A., Dinariev, O., and Evseev, N. 2011. Density functional modelling in multiphase compositional hydrodynamics. *The Canadian Journal of Chemical Engineering*, 89(2), 206-226.

Deng, W., Cardenas, M. Bayani, and Bennett, P. C. 2014. Extended Roof snap-off for a continuous non-wetting fluid and an example case for supercritical CO_2. *Advances in Water Resources*, 64, 34-46.

Dernaika, M. R., Basioni, M. A., Dawoud, A. M., Kalam, M. Z., and Skjæveland, S. M. 2013. Variations in bounding and scanning relative permeability curves with different carbonate rock type. *SPE Reservoir Evaluation & Engineering*, 16(3), 265-280.

Dias, M. M., and Payatakes, A. C. 1986. Network models for two-phase flow in porous media Part 2. Motion of oil ganglia. *Journal of Fluid Mechanics*, 164, 337-358.

Dias, M. M, andWilkinson, D. 1986. Percolation with trapping. *Journal of Physics A: Mathematical and General*, 19(15), 3131-3146.

DiCarlo, D. A. 2004. Experimental measurements of saturation overshoot on infiltration. *Water Resources Research*, 40(4), W04215.

DiCarlo, D. A. 2013. Stability of gravity-driven multiphase flow in porous media: 40 years of advancements. *Water Resources Research*, 49(8), 4531-4544.

DiCarlo, D. A., Bauters, T. W. J., Darnault, C. J. G., Steenhuis, T. S., and Parlange, J. 1999. Lateral expansion of preferential flow paths in sands. *Water Resources Research*, 35(2), 427-434.

DiCarlo, D. A., Sahni, A., and Blunt, M. J. 2000a. The effect of wettability on three-phase relative permeability. *Transport in Porous Media*, 39(3), 347-366.

DiCarlo, D. A., Sahni, A., and Blunt, M. J. 2000b. Three-phase relative permeability of water-wet, oil-wet, and mixed-wet sandpacks. *SPE Journal*, 5(1), 82-91.

DiCarlo, D. A., Cidoncha, J. I. G., and Hickey, C. 2003. Acoustic measurements of pore-scale displacements. *Geophysical Research Letters*, 30(17), 1901.

DiCarlo, D. A., Juanes, R., LaForce, T., and Witelski, T. P. 2008. Nonmonotonic traveling wave solutions of infiltration into porous media. *Water Resources Research*, 44(2), W02406.

Ding, H., and Spelt, P. D. M. 2007. Inertial effects in droplet spreading: A comparison between diffuse-interface and level-set simulations. *Journal of Fluid Mechanics*, 576, 287-296.

Dixit, A. B., Buckley, J. S., McDougall, S. R., and Sorbie, K. S. 1998a. Core wettability: should IAH equal IUSBM? SCA-9809, proceedings of the International Symposium of the Society of Core Analysts, The Hague.

Dixit, A. B., McDougall, S. R., and Sorbie, K. S. 1998b. A pore-level investigation of relative permeability hysteresis in water-wet systems. *SPE Journal*, 3(2), 115-123.

Dixit, A. B., Buckley, J. S., McDougall, S. R., and Sorbie, K. S. 2000. Empirical measures of wettability in porous media and the relationship between them derived from pore-scale modelling. *Transport in Porous Media*, 40(1), 27-54.

Donaldson, E. C., Thomas, R. D., and Lorenz, P. B. 1969. Wettability determination and its effect on recovery efficiency. *SPE Journal*, 9(1), 13-30.

Dong, H., and Blunt, M. J. 2009. Pore-network extraction from micro-computerized-tomography images. *Physical Review E*, 80(3), 036307.

Dong, M., Dullien, F. A. L., and Chatzis, I. 1995. Imbibition of oil in film form over water present in edges of capillaries with an angular cross section. *Journal of Colloid and Interface Science*, 172(1), 21-36.

Doster, F., Zegeling, P. A., and Hilfer, R. 2010. Numerical solutions of a generalized theory for macroscopic capillarity. *Physical Review E*, 81(3), 036307.

Doster, F., Hönig, O., and Hilfer, R. 2012. Horizontal flow and capillarity-driven redistribution in porous media. *Physical Review E*, 86(1), 016317.

Dria, D. E., Pope, G. A., and Sepehrnoori, K. 1993. Three-phase gas/oil/brine relative permeabilities measured under CO_2 flooding conditions. *SPE Reservoir Engineering*, 8(2), 143-150.

Dullien, F. A. L. 1997. *Porous Media: Fluid Transport and Pore Structure*. Academic Press, San Diego. 2nd Edition.

Dullien, F. A. L, Zarcone, C., Macdonald, I. F., Collins, A., and Bochard, R. D. E. 1989. The effects of surface roughness on the capillary pressure curves and the heights of capillary rise in glass bead packs. *Journal of Colloid and Interface Science*, 127(2), 362-372.

Dumoré, J. M., and Schols, R. S. 1974. Drainage capillary-pressure functions and the influence of connate water. *SPE Journal*, 14(5), 437-444.

Durand, C., and Rosenberg, E. 1998. Fluid distribution in kaolinite-or illite-bearing cores: Cryo-SEM observations versus bulk measurements. *Journal of Petroleum Science and Engineering*, 19(1-2), 65-72.

Dussan, E. B. 1979. On the spreading of liquids on solid surfaces: static and dynamic contact lines. *Annual Review of Fluid Mechanics*, 11(1), 371-400.

El-Maghraby, R. M. 2012. *Measurements of CO_2 Trapping in Carbonate and Sandstone Rocks*. PhD thesis, Imperial College London.

El-Maghraby, R. M., and Blunt, M. J. 2013. Residual CO_2 trapping in Indiana limestone. *Environmental Science & Technology*, 47(1), 227-233.

Eliassi, M., and Glass, R. J. 2001. On the continuum-scale modeling of gravity-driven fingers in unsaturated porous media: The inadequacy of the Richards Equation with standard monotonic constitutive relations and hysteretic equations of state. *Water Resources Research*, 37(8), 2019-2035.

Eliassi, M., and Glass, R. J. 2002. On the porous-continuum modeling of gravity-driven fingers in unsaturated materials: Extension of standard theory with a hold-back-pile-up effect. *Water Resources Research*, 38(11), 1234.

Ewing, R. P., and Berkowitz, B. 2001. Stochastic pore-scale growth models of DNAPL migration in porous media. *Advances in Water Resources*, 24(3-4), 309-323.

Fatt, I. 1956a. The network model of porous media I. Capillary pressure characteristics. *Petroleum Transactions of the AIME*, 207, 144-159.

Fatt, I. 1956b. The network model of porous media II. Dynamic properties of a single size tube network. *Petroleum Transactions of the AIME*, 207, 160-163.

Fatt, I. 1956c. The network model of porous media III. Dynamic properties of networks with tube radius distribution. *Petroleum Transactions of the AIME*, 207, 164-181.

Fayers, F. J. 1989. Extension of Stone's method 1 and conditions for real characteristics in threephase flow. *SPE Reservoir Engineering*, 4(4), 437-445.

Fayers, F. J., and Matthews, J. D. 1984. Evaluation of normalized Stone's methods for estimating three-phase relative permeabilities. *SPE Journal*, 24(2), 224-232.

Feali, M., Pinczewski, W., Cinar, Y., Arns, C. H., Arns, J. Y., Francois, N., Turner, M. L., Senden, T., and Knackstedt, M. A. 2012. Qualitative and quantitative analyses of the three-phase distribution of oil, water, and gas in Bentheimer sandstone by use of micro-CT imaging. *SPE Reservoir Evaluation & Engineering*, 15(6), 706-711.

Fenghour, A., Wakeham, W. A., and Vesovic, V. 1998. The viscosity of carbon dioxide. *Journal of Physical and Chemical Reference Data*, 27(1), 31-44.

Fenwick, D. H., and Blunt, M. J. 1998a. Network modeling of three-phase flow in porous media. *SPE Journal*, 3(1), 86-96.

Fenwick, D. H., and Blunt, M. J. 1998b. Three-dimensional modeling of three phase imbibition and drainage. *Advances in Water Resources*, 21(2), 121-143.

Fernø, M. A., Torsvik, M., Haugland, S., and Graue, A. 2010. Dynamic laboratory wettability alteration. *Energy & Fuels*, 24(7), 3950-3958.

Ferrand, L. A., Milly, P. C. D., Pinder, G. F., and Turrin, R. P. 1990. A comparison of capillary pressure-saturation relations for drainage in two-and three-fluid porous media. *Advances in Water Resources*, 13(2), 54-63.

Ferrari, A., and Lunati, I. 2013. Direct numerical simulations of interface dynamics to link capillary pressure and total surface energy. *Advances in Water Resources*, 57, 19-31.

Ferréol, B., and Rothman, D. H. 1995. Lattice-Boltzmann simulations of flow through Fontainebleau sandstone. *Transport in Porous Media*, 20(1-2), 3-20.

Finney, J. L. 1970. Random packings and the structure of simple liquids. I. The geometry of random close packing. *Proceedings of the Royal Society of London. Series A, Mathematical and Physical Sciences*, 319 (1539), 479–493.

Firincioglu, T., Blunt, M. J., and Zhou, D. 1999. Three-phase flow and wettability effects in triangular capillaries. *Colloids and Surfaces A: Physicochemical and Engineering Aspects*, 155(2–3), 259–276.

Flannery, B. P., Deckman, H. W., Roberge, W. G., and D'Amico, K. L. 1987. Three-dimensional X-ray microtomography. *Science*, 237(4821), 1439–1444.

Fleury, M., Ringot, G., and Poulain, P. 2001. Positive imbibition capillary pressure curves using the centrifuge technique. *Petrophysics*, 42(4), 344–351.

Frette, V., Feder, J., Jøssang, T., and Meakin, P. 1992. Buoyancy-driven fluid migration in porous media. *Physical Review Letters*, 68(21), 3164–3167.

Frette, V., Feder, J., Jøssang, T., Meakin, P., and Måløy, K. J. 1994. Fast, immiscible fluid-fluid displacement in three-dimensional porous media at finite viscosity contrast. *Physical Review E*, 50(4), 2881–2890.

Furuberg, L., Måløy, K. J., and Feder, J. 1996. Intermittent behavior in slow drainage. *Physical Review E*, 53 (1), 966–977.

Garcia, X., Akanji, L. T., Blunt, M. J., Matthai, S. K., and Latham, J. P. 2009. Numerical study of the effects of particle shape and polydispersity on permeability. *Physical Review E*, 80(2), 021304.

Gauglitz, P. A., and Radke, C. J. 1990. The dynamics of liquid film breakup in constricted cylindrical capillaries. *Journal of Colloid and Interface Science*, 134(1), 14–40.

Geistlinger, H., and Mohammadian, S. 2015. Capillary trapping mechanism in strongly water wet systems: Comparison between experiment and percolation theory. *Advances in Water Resources*, 79, 35–50.

Geistlinger, H., Ataei-Dadavi, I., Mohammadian, S., and Vogel, H. J. 2015. The impact of pore structure and surface roughness on capillary trapping for 2-D and 3-d-porous media: Comparison with percolation theory. *Water Resources Research*, 51(11), 9094–9111.

Geistlinger, H., Ataei-Dadavi, I., and Vogel, H. J. 2016. Impact of surface roughness on capillary trapping using 2D micromodel visualization experiments. *Transport in Porous Media*, 112(1), 207–227.

Georgiadis, A., Maitland, G., Trusler, J. P. M., and Bismarck, A. 2011. Interfacial tension measurements of the (H_2O+n-Decane +CO_2) ternary system at elevated pressures and temperatures. *Journal of Chemical & Engineering Data*, 56(12), 4900–4908.

Georgiadis, A., Berg, S., Makurat, A., Maitland, G., and Ott, H. 2013. Pore-scale micro-computedtomography imaging: Nonwetting-phase cluster-size distribution during drainage and imbibition. *Physical Review E*, 88 (3), 033002.

Geromichalos, D., Mugele, F., and Herminghaus, S. 2002. Nonlocal dynamics of spontaneous imbibition fronts. *Physical Review Letters*, 89(10), 104503.

Gharbi, O. 2014. *Fluid-Rock Interactions in Carbonates: Applications to CO_2 Storage*. PhD thesis, Imperial College London.

Gharbi, O., and Blunt, M. J. 2012. The impact of wettability and connectivity on relative permeability in carbonates: A pore network modeling analysis. *Water Resources Research*, 48(12), W12513.

Glass, R. J., and Nicholl, M. J. 1996. Physics of gravity fingering of immiscible fluids within porous media: An overview of current understanding and selected complicating factors. *Geoderma*, 70(24), 133–163.

Glass, R. J., Steenhuis, T. S., and Parlange, J. Y. 1989a. Mechanism for finger persistence in homogeneous unsaturated porous media: Theory and verification. *Soil Science*, 148(1), 60–70.

Glass, R. J., Parlange, J. Y., and Steenhuis, T. S. 1989b. Wetting front instability: 1. Theoretical discussion and dimensional analysis. *Water Resources Research*, 25(6), 1187–1194.

Glass, R. J., Steenhuis, T. S., and Parlange, J. Y. 1989c. Wetting front instability: 2. Experimental determination of relationships between system parameters and two-dimensional unstable flow field behavior in initially dry porous media. *Water Resources Research*, 25(6), 1195–1207.

Goodyear, S. G., and Jones, P. I. R. 1993. Relative permeabilities for gravity stabilised gas injection. Proceedings of the 7th European Symposium on Improved Oil Recovery, Moscow.

Grader, A. S., and O'Meara, D. J. Jr. 1988. Dynamic Displacement Measurements of Three-Phase Relative Permeabilities Using Three Immiscible Liquids. SPE 18293, proceedings of the SPE Annual Technical Conference and Exhibition, Houston, Texas, 2–5 October.

Grate, J. W., Dehoff, K. J., Warner, M. G., Pittman, J. W., Wietsma, T. W., Zhang, C., and Oostrom, M. 2012. Correlation of oil-water and air-water contact angles of diverse silanized surfaces and relationship to fluid interfacial tensions. *Langmuir*, 28(18), 7182–7188.

Graue, A., Viksund, B. G., Eilertsen, T., and Moe, R. 1999. Systematic wettability alteration by aging sandstone and carbonate rock in crude oil. *Journal of Petroleum Science and Engineering*, 24(2–4), 85–97.

Gray, W. G. 1983. General conservation equations for multi-phase systems: 4. Constitutive theory including phase change. *Advances in Water Resources*, 6(3), 130–140.

Gray, W. G., and Hassanizadeh, S. M. 1991. Unsaturated flow theory including interfacial phenomena. *Water Resources Research*, 27(8), 1855–1863.

Gray, W. G., and Hassanizadeh, S. M. 1998. Macroscale continuum mechanics for multiphase porous–media flow including phases, interfaces, common lines and common points. *Advances in Water Resources*, 21(4), 261–281.

Gray, W. G., and O'Neill, K. 1976. On the general equations for flow in porous media and their reduction to Darcy's Law. *Water Resources Research*, 12(2), 148–154.

Gray, W. G., Miller, C. T., and Schrefler, B. A. 2013. Averaging theory for description of environmental problems: What have we learned? *Advances in Water Resources*, 51, 123–138.

Groenzin, H., and Mullins, O. C. 2000. Molecular size and structure of asphaltenes from various sources. *Energy & Fuels*, 14(3), 677–684.

Gueyffier, D., Li, J., Nadim, A., Scardovelli, R., and Zaleski, S. 1999. Volume-of-fluid interface tracking with smoothed surface stress methods for three-dimensional flows. *Journal of Computational Physics*, 152(2), 423–456.

Guises, R., Xiang, J., Latham, J. P., and Munjiza, A. 2009. Granular packing: Numerical simulation and the characterisation of the effect of particle shape. *Granular Matter*, 11(5), 281–292.

Haines, W. B. 1930. Studies in the physical properties of soil. V. The hysteresis effect in capillary properties, and the modes of moisture distribution associated therewith. *The Journal of Agricultural Science*, 20(1), 97–116.

Hammervold, W. L, Knutsen, Ø., Iversen, J. E., and Skjæveland, S. M. 1998. Capillary pressure scanning curves by the micropore membrane technique. *Journal of Petroleum Science and Engineering*, 20(3–4), 253–258.

Hao, L., and Cheng, P. 2010. Pore-scale simulations on relative permeabilities of porous media by lattice Boltzmann method. *International Journal of Heat and Mass Transfer*, 53(9–10), 1908–1913.

Harvey, R. R., and Craighead, E. M. 1965. *Aqueous displacement of oil*. US Patent 3, 170, 514.

Hashemi, M., Sahimi, M., and Dabir, B. 1999. Monte Carlo simulation of two-phase flow in porous media: Invasion with two invaders and two defenders. *Physica A: Statistical Mechanics and Its Applications*, 267(1–2), 1–33.

Hassanizadeh, M., and Gray, W. G. 1979a. General conservation equations for multi-phase systems: 1. Averaging procedure. *Advances in Water Resources*, 2, 131–144.

Hassanizadeh, M. , and Gray, W. G. 1979b. General conservation equations for multi-phase systems: 2. Mass, momenta, energy, and entropy equations. *Advances in Water Resources*, 2, 191–203.

Hassanizadeh, M. , and Gray, W. G. 1980. General conservation equations for multi-phase systems: 3. Constitutive theory for porous media flow. *Advances in Water Resources*, 3(1), 25–40.

Hassanizadeh, S. M. , and Gray, W. G. 1993a. Thermodynamic basis of capillary pressure in porous media. *Water Resources Research*, 29(10), 3389–3405.

Hassanizadeh, S. M. , and Gray, W. G. 1993b. Toward an improved description of the physics of two-phase flow. *Advances in Water Resources*, 16(1), 53–67.

Hassanizadeh, S. M. , Celia, M. A. , and Dahle, H. K. 2002. Dynamic effect in the capillary pressuresaturation relationship and its impacts on unsaturated flow. *Vadose Zone Journal*, 1(1), 38–57.

Hassenkam, T. , Skovbjerg, L. L. , and Stipp, S. L. S. 2009. Probing the intrinsically oil-wet surfaces of pores in North Sea chalk at subpore resolution. *Proceedings of the National Academy of Sciences*, 106(15), 6071–6076.

Haugen, Å. , Fernø, M. A. , Mason, G. , and Morrow, N. R. 2014. Capillary pressure and relative permeability estimated from a single spontaneous imbibition test. *Journal of Petroleum Science and Engineering*, 115, 66–77.

Hazen, A. 1892. *Some physical properties of sands and gravels, with special reference to their use in filtration*. 24th Annual Report, Massachusetts State Board of Health, Pub. Doc. No. 34.

Hazlett, R. D. 1993. *On surface roughness effects in wetting phenomena*. VSP, Utrecht, the Netherlands. In: Contact Angle, Wettability and Adhesion, Ed. Mittal, K. L. Pages 173–181.

Hazlett, R. D. 1995. Simulation of capillary-dominated displacements in microtomographic images of reservoir rocks. *Transport in Porous Media*, 20(1–2), 21–35.

Hazlett, R. D. 1997. Statistical characterization and stochastic modeling of pore networks in relation to fluid flow. *Mathematical Geology*, 29(6), 801–822.

Heiba, A. A. , Davis, H. T. , and Scriven, L. E. 1984. Statistical Network Theory of Three-Phase Relative Permeabilities. SPE 12690, proceedings of the SPE Enhanced Oil Recovery Symposium, Tulsa, Oklahoma, 15–18 April.

Helland, J. O. , and Skjæveland, S. M. 2006a. Physically based capillary pressure correlation for mixed-wet reservoirs from a bundle-of-tubes model. *SPE Journal*, 11(2), 171–180.

Helland, J. O. , and Skjæveland, S. M. 2006b. Three-phase mixed-wet capillary pressure curves from a bundle of triangular tubes model. *Journal of Petroleum Science and Engineering*, 52(1–4), 100–130.

Helland, J. O. , and Skjæveland, S. M. 2007. Relationship between capillary pressure, saturation, and interfacial area from a model of mixed-wet triangular tubes. *Water Resources Research*, 43(12), W12S10.

Helmig, R. , Weiss, A. , andWohlmuth, B. I. 2007. Dynamic capillary effects in heterogeneous porous media. *Computational Geosciences*, 11(3), 261–274.

Herring, A. L. , Harper, E. J. , Andersson, L. , Sheppard, A. , Bay, B. K. , and Wildenschild, D. 2013. Effect of fluid topology on residual nonwetting phase trapping: Implications for geologic CO_2 sequestration. *Advances in Water Resources*, 62, 47–58.

Herring, A. L. , Andersson, L. , Schlüter, S. , Sheppard, A. , and Wildenschild, D. 2015. Efficiently engineering pore-scale processes: The role of force dominance and topology during nonwetting phase trapping in porous media. *Advances in Water Resources*, 79, 91–102.

Herring, A. L. , Sheppard, A. , Andersson, L. , and Wildenschild, D. 2016. Impact of wettability alteration on 3D nonwetting phase trapping and transport. *International Journal of Greenhouse Gas Control*, 46, 175–186.

Hilfer, R. 1991. Geometric and dielectric characterization of porous media. *Physical Review B*, 44(1), 60–75.

Hilfer, R. 2002. Review on scale dependent characterization of the microstructure of porous media. *Transport in Porous Media*, 46(2-3), 373-390.

Hilfer, R. 2006a. Capillary pressure, hysteresis and residual saturation in porous media. *Physica A: Statistical Mechanics and Its Applications*, 359, 119-128.

Hilfer, R. 2006b. Macroscopic capillarity and hysteresis for flow in porous media. *Physical Review E*, 73 (1), 016307.

Hilfer, R., and Lemmer, A. 2015. Differential porosimetry and permeametry for random porous media. *Physical Review E*, 92(1), 013305.

Hilfer, R., and Øren, P. E. 1996. Dimensional analysis of pore scale and field scale immiscible displacement. *Transport in Porous Media*, 22(1), 53-72.

Hilfer, R., and Steinle, R. 2014. Saturation overshoot and hysteresis for twophase flow in porous media. *The European Physical Journal Special Topics*, 223(11), 2323-2338.

Hilfer, R., and Zauner, Th. 2011. High-precision synthetic computed tomography of reconstructed porous media. *Physical Review E*, 84(6), 062301.

Hilfer, R., Armstrong, R. T., Berg, S., Georgiadis, A., and Ott, H. 2015a. Capillary saturation and desaturation. *Physical Review E*, 92(6), 063023.

Hilfer, R., Zauner, T., Lemmer, A., and Biswal, B. 2015b. *Institute for Computational Physics*, http://www.icp.uni-stuttgart.de/microct/.

Hill, S. 1952. Channeling in packed columns. *Chemical Engineering Science*, 1(6), 247-253.

Hilpert, M. 2012. Velocity-dependent capillary pressure in theory for variably-saturated liquid infiltration into porous media. *Geophysical Research Letters*, 39(6), L06402.

Hilpert, M., and Miller, C. T. 2001. Pore-morphology-based simulation of drainage in totally wetting porous media. *Advances in Water Resources*, 24(3-4), 243-255.

Hiorth, A., Cathles, L. M., and Madland, M. V. 2010. The impact of pore water chemistry on carbonate surface charge and oil wettability. *Transport in Porous Media*, 85(1), 1-21.

Hirasaki, G. J. 1991. Wettability: Fundamentals and surface forces. *SPE Formation Evaluation*, 6(2), 217-226.

Hirasaki, G. J. 1993. *Structural interactions in the wetting and spreading of van der Waals fluids*. VSP, Utrecht, the Netherlands. In: Contact Angle, Wettability and Adhesion, Ed. Mittal, K. L. Pages 183-220.

Hirasaki, G. J., Rohan, J. A., Dubey, S. T., and Niko, H. 1990. Wettability evaluation during restored state core analysis. SPE 20506, proceedings of the Annual Technical Conference and Exhibition of the SPE, New Orleans, September 23-26.

Hirt, C. W., and Nichols, B. D. 1981. Volume of fluid (VOF) method for the dynamics of free boundaries. *Journal of Computational Physics*, 39(1), 201-225.

Holmgren, C. R., and Morse, R. A. 1951. Effect of free gas saturation on oil recovery by water flooding. *Journal of Petroleum Technology*, 3(5), 135-140.

Holtzman, R., and Segre, E. 2015. Wettability stabilizes fluid invasion into porous media via nonlocal, cooperative pore filling. *Physical Review Letters*, 115(16), 164501.

Homsy, G. M. 1987. Viscous fingering in porous media. *Annual Review of Fluid Mechanics*, 19(1), 271-311.

Honarpour, M. M., Koederitz, F., and Herbert, A. 1986. *Relative Permeability of Petroleum Reservoirs*. CRC Press, Boca Raton, Florida.

Hoshen, J., and Kopelman, R. 1976. Percolation and cluster distribution. I. Cluster multiple labeling technique and critical concentration algorithm. *Physical Review B*, 14(8), 3438-3445.

Huang, H., Meakin, P., and Liu, M. B. 2005. Computer simulation of two-phase immiscible fluid motion in unsaturated complex fractures using a volume of fluid method. *Water Resources Research*, 41(12), W12413.

Hughes, R. G., and Blunt, M. J. 2000. Pore scale modeling of rate effects in imbibition. *Transport in Porous Media*, 40(3), 295–322.

Hui, M. H., and Blunt, M. J. 2000. Effects of wettability on three-phase flow in porous media. *The Journal of Physical Chemistry B*, 104(16), 3833–3845.

Humphry, K. J., Suijkerbuijk, B. M. J. M., van der Linde, H. A., Pieterse, S. G. J., and Masalmeh, S. K. 2013. Impact of wettability on residual oil saturation and capillary desaturation curves. SCA2013–025, proceedings of Society of Core Analysts Annual Meeting, Napa Valley, California.

Hunt, A., and Ewing, R. 2009. *Percolation Theory for Flow in Porous Media*. Vol. 771. Springer Science & Business Media, New York.

Hunt, A. G. 2001. Applications of percolation theory to porous media with distributed local conductances. *Advances in Water Resources*, 24(3), 279–307.

Idowu, N., Long, H., Øren, P. E., Carnerup, A. M., Fogden, A., Bondino, I., and Sundal, L. 2015. Wettability analysis using micro-CT, FESEM and QEMSCAN and its applications to digital rock physics. SCA2015–010, proceedings of the International Symposium of the Society of Core Analysts, St. Johns Newfoundland and Labrador, Canada, 16–21 August.

Idowu, N. A., and Blunt, M. J. 2010. Pore-scale modelling of rate effects in waterflooding. *Transport in Porous Media*, 83(1), 151–169.

Iglauer, S., Favretto, S., Spinelli, G., Schena, G., and Blunt, M. J. 2010. X-ray tomography measurements of power-law cluster size distributions for the nonwetting phase in sandstones. *Physical Review E*, 82(5), 056315.

Iglauer, S., Paluszny, A., Pentland, C. H, and Blunt, M. J. 2011. Residual CO_2 imaged with X-ray micro-tomography. *Geophysical Research Letters*, 38(21), L21403.

Iglauer, S., Fernø, M. A., Shearing, P., and Blunt, M. J. 2012. Comparison of residual oil cluster size distribution, morphology and saturation in oil-wet and water-wet sandstone. *Journal of Colloid and Interface Science*, 375(1), 187–192.

Iglauer, S., Paluszny, A., and Blunt, M. J. 2013. Simultaneous oil recovery and residual gas storage: A pore-level analysis using in situ X-ray micro-tomography. *Fuel*, 103, 905–914.

Iglauer, S., Pentland, C. H., and Busch, A. 2015. CO_2 wettability of seal and reservoir rocks and the implications for carbon geo-sequestration. *Water Resources Research*, 51(1), 729–774.

Inamuro, T., Ogata, T., Tajima, S., and Konishi, N. 2004. A lattice Boltzmann method for incompressible two-phase flows with large density differences. *Journal of Computational Physics*, 198(2), 628–644.

Issa, R. I. 1986. Solution of the implicitly discretized fluid flow equations by operator-splitting. *Journal of Computational Physics*, 62(1), 40–65.

Jackson, M. D., and Vinogradov, J. 2012. Impact of wettability on laboratory measurements of streaming potential in carbonates. *Colloids and Surfaces A: Physicochemical and Engineering Aspects*, 393, 86–95.

Jackson, M. D., Valvatne, P. H., and Blunt, M. J. 2003. Prediction of wettability variation and its impact on flow using pore-to reservoir-scale simulations. *Journal of Petroleum Science and Engineering*, 39(3–4), 231–246.

Jadhunandan, P. P., and Morrow, N. R. 1995. Effect of wettability on waterflood recovery for crudeoil/brine/rock systems. *SPE Reservoir Engineering*, 10(1), 40–46.

Jain, V., Bryant, S., and Sharma, M. 2003. Influence of wettability and saturation on liquid-liquid interfacial area in porous media. *Environmental Science & Technology*, 37(3), 584–591.

Jerauld, G. R. 1997. General three-phase relative permeability model for Prudhoe Bay. *SPE Reservoir Engineering*, 12(4), 255–263.

Jerauld, G. R. , and Rathmell, J. J. 1997. Wettability and relative permeability of Prudhoe Bay: A case study in mixed-wet reservoirs. *SPE Reservoir Engineering*, 12(1), 58-65.

Jerauld, G. R. , and Salter, S. J. 1990. The effect of pore-structure on hysteresis in relative permeability and capillary pressure: Pore-level modeling. *Transport in Porous Media*, 5(2), 103-151.

Jerauld, G. R. , Scriven, L. E. , and Davis, H. T. 1984. Percolation and conduction on the 3D Voronoi and regular networks: A second case study in topological disorder. *Journal of Physics C: Solid State Physics*, 17 (19), 3429-3439.

Jettestuen, E. , Helland, J. O. , and Prodanović, M. 2013. A level set method for simulating capillarycontrolled displacements at the pore scale with nonzero contact angles. *Water Resources Research*, 49(8), 4645-4661.

Jha, B. , Cueto-Felgueroso, L. , and Juanes, R. 2011. Fluid mixing from viscous fingering. *Physical Review Letters*, 106(19), 194502.

Jiang, F. , Oliveira, M. S. A. , and Sousa, A. C. M. 2007a. Mesoscale SPH modeling of fluid flow in isotropic porous media. *Computer Physics Communications*, 176(7), 471-480.

Jiang, Z. , Wu, K. , Couples, G. , van Dijke, M. I. J. , Sorbie, K. S. , and Ma, J. 2007b. Efficient extraction of networks from three-dimensional porous media. *Water Resources Research*, 43(12). W12S03.

Jiang, Z. , van Dijke, M. I. J. , Sorbie, K. S. , and Couples, G. D. 2007c. Representation of multiscale heterogeneity via multiscale pore networks. *Water Resources Research*, 49(9), 5437-5449.

Jiang, Z. , van Dijke, M. I. J. , Wu, K. , Couples, G. D. , Sorbie, K. S. , and Ma, J. 2012. Stochastic pore network generation from 3D rock images. *Transport in Porous Media*, 94(2), 571-593.

Jin, C. , Langston, P. A. , Pavlovskaya, G. E. , Hall, M. R. , and Rigby, S. P. 2016. Statistics of highly heterogeneous flow fields confined to three-dimensional random porous media. *Physical Review E*, 93(1), 013122.

Joekar-Niasar, V. , and Hassanizadeh, S. M. 2011. Effect of fluids properties on non-equilibrium capillarity effects: Dynamic pore-network modeling. *International Journal of Multiphase Flow*, 37(2), 198-214.

Joekar-Niasar, V. , and Hassanizadeh, S. M. 2012. Analysis of fundamentals of two-phase flow in porous media using dynamic pore-network models: A review. *Critical Reviews in Environmental Science and Technology*, 42 (18), 1895-1976.

Johannesen, E. B. , and Graue, A. 2007. Mobilization of remaining oil-emphasis on capillary number and wettability. SPE 108724, proceedings of the International Oil Conference and Exhibition, Mexico, 27-30 June.

Johns, M. L. , and Gladden, L. F. 2001. Surface-to-volume ratio of ganglia trapped in small-pore systems determined by pulsed-field gradient nuclear magnetic resonance. *Journal of Colloid and Interface Science*, 238(1), 96-104.

Juanes, R. , Spiteri, E. J. , Orr, F. M. , and Blunt, M. J. 2006. Impact of relative permeability hysteresis on geological CO_2 storage. *Water Resources Research*, 42(12), W12418.

Kainourgiakis, M. E. , S. , Kikkinides E. , A. , Galani, C. , Charalambopoulou G. , and K. , Stubos A. 2005. Digitally reconstructed porous media: Transport and sorption properties. *Transport in Porous Media*, 58 (1-2), 43-62.

Kalaydjian, F. 1990. Origin and quantification of coupling between relative permeabilities for twophase flows in porous media. *Transport in Porous Media*, 5(3), 215-229.

Kalaydjian, F. J. M. , Moulu, J. C. , Vizika, O. , and Munkerud, P. K. 1997. Three-phase flow in waterwet porous media: Gas/oil relative permeabilities for various spreading conditions. *Journal of Petroleum Science and Engineering*, 17(3-4), 275-290.

Kang, Q. , Lichtner, P. C. , and Zhang, D. 2006. Lattice Boltzmann pore-scale model for multicomponent reactive transport in porous media. *Journal of Geophysical Research: Solid Earth*, 111(B5), B05203.

Kantzas, A., Chatzis, I., and Dullien, F. A. L. 1988. Mechanisms of capillary displacement of residual oil by gravity-assisted inert gas injection. SPE 17506, proceedings of the SPE Rocky Mountain Regional Meeting, Casper, Wyoming, 11-13 May.

Karabakal, U., and Bagci, S. 2004. Determination of wettability and its effect on waterflood performance in limestone medium. *Energy & Fuels*, 18(2), 438-449.

Karpyn, Z. T., Piri, M., and Singh, G. 2010. Experimental investigation of trapped oil clusters in a water-wet bead pack using X-ray microtomography. *Water Resources Research*, 46(4), W04510.

Kazemifar, F., Blois, G., Kyritsis, D. C., and Christensen, K. T. 2016. Quantifying the flow dynamics of supercritical CO_2-water displacement in a 2D porous micromodel using fluorescent microscopy and microscopic PIV. *Advances in Water Resources*, 95, 325-368.

Keehm, Y., Mukerji, T., and Nur, A. 2004. Permeability prediction from thin sections: 3D reconstruction and Lattice-Boltzmann flow simulation. *Geophysical Research Letters*, 31(4), L04606.

Keller, A. A., Blunt, M. J., and Roberts, P. V. 1997. Micromodel observation of the role of oil layers in three-phase flow. *Transport in Porous Media*, 26(3), 277-297.

Kianinejad, A., and DiCarlo, D. A. 2016. Three-phase relative permeability in water-wet media: A comprehensive study. *Transport in Porous Media*, 112(3), 665-687.

Kianinejad, A., Chen, X., and DiCarlo, D. A. 2015. The effect of saturation path on three-phase relative permeability. *Water Resources Research*, 51(11), 9141-9164.

Killins, C. R., Nielsen, R. F., and Calhoun, J. C. 1953. Capillary desaturation and imbibition in porous rocks. *Producers Monthly*, 18(2), 30-39.

Killough, J. E. 1976. Reservoir simulation with history-dependent saturation functions. *SPE Journal*, 16(1), 37-48.

Kim, H., Rao, P. S. C., and Annable, M. D. 1997. Determination of effective air-water interfacial area in partially saturated porous media using surfactant adsorption. *Water Resources Research*, 33(12), 2705-2711.

Kimbrel, E. H., Herring, A. L., Armstrong, R. T., Lunati, I., Bay, B. K., and Wildenschild, D. 2015. Experimental characterization of nonwetting phase trapping and implications for geologic CO_2 sequestration. *International Journal of Greenhouse Gas Control*, 42, 1-15.

Klise, K. A., Moriarty, D., Yoon, H., and Karpyn, Z. 2016. Automated contact angle estimation for three-dimensional X-ray microtomography data. *Advances in Water Resources*, 95, 152-160.

Kneafsey, T. J., Silin, D., and Ajo-Franklin, J. B. 2013. Supercritical CO_2 flow through a layered silica sand/calcite sand system: Experiment and modified maximal inscribed spheres analysis. *International Journal of Greenhouse Gas Control*, 14, 141-150.

Knudsen, H. A., and Hansen, A. 2006. Two-phase flow in porous media: Dynamical phase transition. *The European Physical Journal B-Condensed Matter and Complex Systems*, 49(1), 109-118.

Knudsen, H. A., Aker, E., and Hansen, A. 2002. Bulk flow regimes and fractional flow in 2D porous media by numerical simulations. *Transport in Porous Media*, 47(1), 99-121.

Koiller, B., Ji, H., and Robbins, M. O. 1992. Fluid wetting properties and the invasion of square networks. *Physical Review B*, 45(14), 7762-7767.

Koroteev, D., Dinariev, O., Evseev, N., Klemin, D., Nadeev, A., Safonov, S., Gurpinar, O., Berg, S., van Kruijsdijk, C., and Armstrong, R. 2014. Direct hydrodynamic simulation of multiphase flow in porous rock. *Petrophysics*, 55(4), 294-303.

Koval, E. J. 1963. A method for predicting the performance of unstable miscible displacements in heterogeneous media. *Petroleum Transactions of the AIME*, 228(2), 143-150.

Kovscek, A. R. , and Radke, C. J. 1996. Gas bubble snap-off under pressure-driven flow in constricted noncircular capillaries. *Colloids and Surfaces A: Physicochemical and Engineering Aspects*, 117(1-2), 55-76.

Kovscek, A. R. , Wong, H. , and Radke, C. J. 1993. A pore-level scenario for the development of mixed wettability in oil reservoirs. *AIChE Journal*, 39(6), 1072-1085.

Kozeny, J. 1927. Über kapillare Leitung des Wassers im Boden. *Proceedings of the Royal Academy of Sciences*, *Vienna*, 136(2a), 271-280.

Krevor, S. , Blunt, M. J. , Benson, S. M. , Pentland, C. H. , Reynolds, C. , Al-Menhali, A. , and Niu, B. 2015. Capillary trapping for geologic carbon dioxide storage-From pore scale physics to field scale implications. *International Journal of Greenhouse Gas Control*, 40, 221-237.

Krummel, A. T. , Datta, S. S. , Münster, S. , and Weitz, D. A. 2013. Visualizing multiphase flow and trapped fluid configurations in a model three-dimensional porous medium. *AIChE Journal*, 59(3), 1022-1029.

Kumar, M. , Senden, T. , Knackstedt, M. A, Latham, S. J. , Pinczewski, V. , Sok, R. M, Sheppard, A. P, and Turner, M. L. 2009. Imaging of pore scale distribution of fluids and wettability. *Petrophysics*, 50 (4), 311-323.

Kyte, J. R. , Stanclift, R. J. Jr. , Stephan, S. C. Jr. , and Rapoport, L. A. 1956. Mechanism of water flooding in the presence of free gas. *Petroleum Transactions of the AIME*, 207, 215-221.

Lago, M. , and Araujo, M. 2001. Threshold pressure in capillaries with polygonal cross section. *Journal of Colloid and Interface Science*, 243(1), 219-226.

Lake, L. W. 1989. *Enhanced Oil Recovery*. Prentice Hall Inc. , Englewood Cliffs, New Jersey.

Land, C. S. 1968. Calculation of imbibition relative permeability for two-and three-phase flow from rock properties. *SPE Journal*, 8(2), 149-156.

Laplace, P. S. 1805. Traite de Mecanique Celeste (Gauthier-Villars, Paris, 1839), suppl. au livre X, 1805 and 1806, resp. *Oeuvres compl*, 4.

Larsen, J. A. , and Skauge, A. 1998. Methodology for numerical simulation with cycle-dependent relative permeabilities. *SPE Journal*, 3(2), 163-173.

Larson, R. G. , Scriven, L. E. , and Davis, H. T. 1981. Percolation theory of two phase flow in porous media. *Chemical Engineering Science*, 36(1), 57-73.

Latham, S. , Varslot, T. , and Sheppard, A. 2008. Image Registration: Enhancing and Calibrating X-Ray Micro-CT Imaging. SCA2008-35, proceedings of the International Symposium of the Society of Core Analysts, Abu Dhabi, 29 October-2 November.

Latief, F. D. E. , Biswal, B. , Fauzi, U. , and Hilfer, R. 2010. Continuum reconstruction of the pore scale microstructure for Fontainebleau sandstone. *Physica A: Statistical Mechanics and Its Applications*, 389 (8), 1607-1618.

Lee, S. I. , Song, Y. and Noh, T. W. , Chen, X. D. , and Gaines, J. R. 1986. Experimental observation of nonuniversal behavior of the conductivity exponent for three-dimensional continuum percolation systems. *Physical Review B*, 34(10), 6719-6724.

Lemaitre, R. , and Adler, P. M. 1990. Fractal porous media IV: Three-dimensional stokes flow through random media and regular fractals. *Transport in Porous Media*, 5(4), 325-340.

Lenhard, R. J. , and Parker, J. C. 1987. Measurement and prediction of saturation-pressure relationships in threephase porous media systems. *Journal of Contaminant Hydrology*, 1(4), 407-424.

Lenormand, R. 1990. Liquids in porous media. *Journal of Physics: Condensed Matter*, 2(S), SA79-SA88.

Lenormand, R. , and Bories, S. 1980. Description d'un mecanisme de connexion de liaision destine a l'etude du drainage avec piegeage en milieu poreux. *CR Acad. Sci*, 291, 279-282.

Lenormand, R., and Zarcone, C. 1984. Role of roughness and edges during imbibition in square capillaries. SPE 13264, proceedings of the 59th SPE Annual Technical Conference and Exhibition, Houston, Texas, 16-19 September.

Lenormand, R., and Zarcone, C. 1985. Invasion percolation in an etched network: Measurement of a fractal dimension. *Physical Review Letters*, 54(20), 2226-2229.

Lenormand, R., Zarcone, C., and Sarr, A. 1983. Mechanisms of the displacement of one fluid by another in a network of capillary ducts. *Journal of Fluid Mechanics*, 135, 337-353.

Lenormand, R., E., Touboul, and Zarcone, C. 1988. Numerical models and experiments on immiscible displacements in porous media. *Journal of Fluid Mechanics*, 189, 165-187.

Lerdahl, T. R., Øren, P. E., and Bakke, S. 2000. A Predictive Network Model for Three-Phase Flow in Porous Media. SPE 59311, proceedings of the SPE/DOE Improved Oil Recovery Symposium, Tulsa, Oklahoma, 3-5 April.

Leverett, M. C. 1939. Flow of oil-water mixtures through unconsolidated sands. *Petroleum Transactions of the AIME*, 132(1), 150-172.

Leverett, M. C. 1941. Capillary behavior in porous sands. *Petroleum Transactions of the AIME*, 142(1), 152-169.

Leverett, M. C. 1987. Trends and needs in reactor safety improvement. Pages 219-227 of: Lave, L. B. (ed), *Risk Assessment and Management*. Advances in Risk Analysis, vol. 5. Springer US.

Leverett, M. C., and Lewis, W. B. 1941. Steady flow of gas - oil-water mixtures through unconsolidated sands. *Petroleum Transactions of the AIME*, 142(1), 107-116.

Li, H., Pan, C., and Miller, C. T. 2005. Pore-scale investigation of viscous coupling effects for twophase flow in porous media. *Physical Review E*, 72(2), 026705.

Lindquist, W. B., Lee, S. M., Coker, D. A., Jones, K. W., and Spanne, P. 1996. Medial axis analysis of void structure in three-dimensional tomographic images of porous media. *Journal of Geophysical Research: Solid Earth*, 101(B4), 8297-8310.

Liu, H., Krishnan, S., Marella, S., and Udaykumar, H. S. 2005. Sharp interface Cartesian grid method Ⅱ: A technique for simulating droplet interactions with surfaces of arbitrary shape. *Journal of Computational Physics*, 210 (1), 32-54.

Liu, M. B., and Liu, G. R. 2010. Smoothed particle hydrodynamics (SPH): An overview and recent developments. *Archives of Computational Methods in Engineering*, 17(1), 25-76.

Longeron, D., Hammervold, W. L., and Skjæveland, S. M. 1994. Water-oil capillary pressure and wettability measurements using micropore membrane technique. SCA9426, proceedings of the Society of Core Analysts International Symposium, Stavanger, Norway, September 12-14.

Lorenz, C. D., and Ziff, R. M. 1998. Precise determination of the bond percolation thresholds and finite-size scaling corrections for the sc, fcc, and bcc lattices. *Physical Review E*, 57(1), 230-236.

Løvoll, G., Méheust, Y., Måløy, K. J., Aker, E., and Schmittbuhl, J. 2005. Competition of gravity, capillary and viscous forces during drainage in a two-dimensional porous medium, a pore scale study. *Energy*, 30 (6), 861-872.

Ma, S., Mason, G., and Morrow, N. R. 1996. Effect of contact angle on drainage and imbibition in regular polygonal tubes. *Colloids and Surfaces A: Physicochemical and Engineering Aspects*, 117(3), 273-291.

Mani, V., and Mohanty, K. K. 1997. Effect of the spreading coefficient on three-phase flow in porous media. *Journal of Colloid and Interface Science*, 187(1), 45-56.

Manthey, S., Hassanizadeh, S. M., Helmig, R., and Hilfer, R. 2008. Dimensional analysis of twophase flow including a rate-dependent capillary pressure-saturation relationship. *Advances in Water Resources*, 31 (9),

1137-1150.

Manwart, C. , Torquato, S. , and Hilfer, R. 2000. Stochastic reconstruction of sandstones. *Physical Review E*, 62 (1), 893-899.

Manwart, C. , Aaltosalmi, U. , Koponen, A. , Hilfer, R. , and Timonen, J. 2002. Lattice-Boltzmann and finite-difference simulations for the permeability for three-dimensional porous media. *Physical Review E*, 66 (1), 016702.

Martys, N. , Cieplak, M. , and Robbins, M. O. 1991a. Critical phenomena in fluid invasion of porous media. *Physical Review Letters*, 66(8), 1058-1061.

Martys, N. , Robbins, M. O. , and Cieplak, M. 1991b. Scaling relations for interface motion through disordered media: Application to two-dimensional fluid invasion. *Physical Review B*, 44(22), 12294-12306.

Martys, N. S. , and Chen, H. 1996. Simulation of multicomponent fluids in complex threedimensional geometries by the lattice Boltzmann method. *Physical Review E*, 53(1), 743-750.

Masalmeh, S. K. 2002. The effect of wettability on saturation functions and impact on carbonate reservoirs in the Middle East. SPE 78517, proceedings of the Abu Dhabi International Petroleum Exhibition and Conference, Abu Dhabi, UAE.

Masalmeh, S. K, and Oedai, S. 2000. Oil mobility in the transition zone. SCA 2000-02, proceedings of Society of Core Analysts Annual Meeting, Abu Dhabi, UAE.

Mason, G. , and Morrow, N. R. 1984. Meniscus curvatures in capillaries of uniform cross-section. *Journal of the Chemical Society*, *Faraday Transactions 1: Physical Chemistry in Condensed Phases*, 80(9), 2375-2393.

Mason, G. , and Morrow, N. R. 1991. Capillary behavior of a perfectly wetting liquid in irregular triangular tubes. *Journal of Colloid and Interface Science*, 141(1), 262-274.

Mason, G. , and Morrow, N. R. 2013. Developments in spontaneous imbibition and possibilities for future work. *Journal of Petroleum Science and Engineering*, 110, 268-293.

Masson, Y. , and Pride, S. R. 2014. A fast algorithm for invasion percolation. *Transport in Porous Media*, 102(2), 301-312.

Matubayasi, N. , Motomura, K. , Kaneshina, S. , Nakamura, M. , and Matuura, R. 1977. Effect of pressure on interfacial tension between oil and water. *Bulletin of the Chemical Society of Japan*, 50(2), 523-524.

Mayer, A. S. , and Miller, C. T. 1993. An experimental investigation of pore-scale distributions of nonaqueous phase liquids at residual saturation. *Transport in Porous Media*, 10(1), 57-80.

Mayer, R. P. , and Stowe, R. A. 1965. Mercury porosimetry-breakthrough pressure for penetration between packed spheres. *Journal of Colloid Science*, 20(8), 893-911.

McDougall, S. R. , and Sorbie, K. S. 1995. The impact of wettability on waterflooding: Pore-scale simulation. *SPE Reservoir Engineering*, 10(3), 208-213.

McWhorter, D. B. 1971. Infiltration affected by flow of air. *Hydrology Papers*, *Colorado State University*, *Fort Collins*, 49.

McWhorter, D. B. , and Sunada, D. K. 1990. Exact integral solutions for two-phase flow. *Water Resources Research*, 26(3), 399-413.

Meakin, P. 1993. The growth of rough surfaces and interfaces. *Physics Reports*, 235(4-5), 189-289.

Meakin, P. , and Tartakovsky, A. M. 2009. Modeling and simulation of pore-scale multiphase fluid flow and reactive transport in fractured and porous media. *Reviews of Geophysics*, 47(3), RG3002.

Meakin, P. , Feder, J. , Frette, V. , and Jøssang, T. 1992. Invasion percolation in a destabilizing gradient. *Physical Review A*, 46(6), 3357-3368.

Meakin, P. , Wagner, G. , Vedvik, A. , Amundsen, H. , Feder, J. , and Jøssang, T. 2000. Invasion percolation and secondary migration: Experiments and simulations. *Marine and Petroleum Geology*, 17(7), 777–795.

Mecke, K., and Arns, C. H. 2005. Fluids in porous media: A morphometric approach. *Journal of Physics: Condensed Matter*, 17(9), S503–S534.

Mehmani, A., and Prodanović, M. 2014a. The application of sorption hysteresis in nano-petrophysics using multi-scale multiphysics network models. *International Journal of Coal Geology*, 128–129, 96–108.

Mehmani, A., and Prodanović, M. 2014b. The effect of microporosity on transport properties in porous media. *Advances in Water Resources*, 63, 104–119.

Miller, C. T., Christakos, G., Imhoff, P. T., McBride, J. F., Pedit, J. A., and Trangenstein, J. A. 1998. Multiphase flow and transport modeling in heterogeneous porous media: Challenges and approaches. *Advances in Water Resources*, 21(2), 77–120.

Mogensen, K., and Stenby, E. H. 1998. A dynamic two-phase pore-scale model of imbibition. *Transport in Porous Media*, 32(3), 299–327.

Mohammadian, S., Geistlinger, H., and Vogel, H. J. 2015. Quantification of gas-phase trapping within the capillary fringe using computed microtomography. *Vadose Zone Journal*, 14(5). 10.2136/vzj2014.06.0063.

Mohanty, K. K., Davis, H. T., and Scriven, L. E. 1987. Physics of oil entrapment in water-wet rock. *SPE Reservoir Engineering*, 2(1), 113–128.

Morrow, N., and Buckley, J. 2011. Improved oil recovery by low-salinity waterflooding. *Journal of Petroleum Technology*, 63(5), 106–112.

Morrow, N. R. 1970. Physics and thermodynamics of capillary action in porous media. *Industrial & Engineering Chemistry*, 62(6), 32–56.

Morrow, N. R. 1976. Capillary pressure correlations for uniformaly wetted porous media. *Journal of Canadian Petroleum Technology*, 15(4), 49–69.

Morrow, N. R. 1990. Wettability and its effect on oil recovery. *Journal of Petroleum Technology*, 42(12), 1476–1484.

Morrow, N. R., and Mason, G. 2001. Recovery of oil by spontaneous imbibition. *Current Opinion in Colloid and Interface Science*, 6(4), 321–337.

Morrow, N. R., Chatzis, I., and Taber, J. J. 1988. Entrapment and mobilization of residual oil in bead packs. *SPE Reservoir Engineering*, 3(3), 927–934.

Mostaghimi, P., Bijeljic, B., and Blunt, M. J. 2012. Simulation of flow and dispersion on pore-space images. *SPE Journal*, 17(4), 1131–1141.

Mostaghimi, P., Blunt, M. J., and Bijeljic, B. 2013. Computations of absolute permeability on micro-CT images. *Mathematical Geosciences*, 45(1), 103–125.

Mousavi, M., Prodanović, M., and Jacobi, D. 2012. New classification of carbonate rocks for processbased pore scale modeling. *SPE Journal*, 18(2), 243–263.

Mualem, Y. 1976. A new model for predicting the hydraulic conductivity of unsaturated porous media. *Water Resources Research*, 12(3), 513–522.

Muljadi, B. P., Blunt, M. J., Raeini, A. Q., and Bijeljic, B. 2016. The impact of porous media heterogeneity on non-Darcy flow behaviour from pore-scale simulation. *Advances in Water Resources*, 95, 329–340.

Murison, J., Semin, B., Baret, J. C. Herminghaus, S., Schröter, M., and Brinkmann, M. 2014. Wetting heterogeneities in porous media control flow dissipation. *Physical Review Applied*, 2(3), 034002.

Muskat, M. 1949. *Physical Principles of Oil Production*. McGraw-Hill, New York.

Muskat, M., andMeres, M. W. 1936. The flow of heterogeneous fluids through porous media. *Journal of Applied*

Physics, 7, 346-363.

Navier, C. L. M. H. 1823. Mémoire sur les lois du mouvement des fluides. *Mémoires de l'Académie Royale des Sciences de l'Institut de France*, 6, 389-416.

Neto, C., Evans, D. R., Bonaccurso, E., Butt, H. J., and Craig, V. S. J. 2005. Boundary slip in Newtonian liquids: A review of experimental studies. *Reports on Progress in Physics*, 68(12), 2859-2897.

Ngan, C. G., and Dussan, V. E. B. 1989. On the dynamics of liquid spreading on solid surfaces. *Journal of Fluid Mechanics*, 209, 191-226.

Nguyen, V. H., Sheppard, A. P., Knackstedt, M. A., and Pinczewski, W. V. 2006. The effect of displacement rate on imbibition relative permeability and residual saturation. *Journal of Petroleum Science and Engineering*, 52 (1-4), 54-70.

Niessner, J., Berg, S., and Hassanizadeh, S. M. 2011. Comparison of two-phase Darcy's law with a thermody-namically consistent approach. *Transport in Porous Media*, 88(1), 133-148.

Niu, B., Al-Menhali, A., and Krevor, S. C. 2015. The impact of reservoir conditions on the residual trapping of carbon dioxide in Berea sandstone. *Water Resources Research*, 51(4), 2009-2029.

Nono, F., Bertin, H., and Hamon, G. 2014. Oil recovery in the transition zone of carbonate reservoirs with wetta-bility change: hysteresis models of relative permeability versus experimental data. SCA2014-007, proceedings of Society of Core Analysts Annual Meeting, Avignon, France.

Nordhaug, H. F., Celia, M., and Dahle, H. K. 2003. A pore network model for calculation of interfacial veloci-ties. *Advances in Water Resources*, 26(10), 1061-1074.

Nutting, P. G. 1930. Physical analysis of oil sands. *AAPG Bulletin*, 14(10), 1337-1349.

Oak, M. J. 1991. Three-Phase Relative Permeability of Intermediate-Wet Berea Sandstone. SPE 22599, proceedings of the SPE Annual Technical Conference and Exhibition, Dallas, Texas, 6-9 October.

Oak, M. J., and Baker, L. E. 1990. Three-phase relative permeability of Berea sandstone. *Journal of Petroleum Technology*, 42(8), 1054-1061.

Odeh, A. S. 1959. Effect of viscosity ratio on relative permeability. *Petroleum Transactions of the AIME*, 216, 346-353.

Okabe, H., and Blunt, M. J. 2004. Prediction of permeability for porous media reconstructed using multiple-point statistics. *Physical Review E*, 70(6), 066135.

Okabe, H., and Blunt, M. J. 2005. Pore space reconstruction using multiple-point statistics. *Journal of Petroleum Science and Engineering*, 46(1-2), 121-137.

Okasha, T. M., Funk, J. J., and Rashidi, H. N. 2007. Fifty years of wettability measurements in the Arab-D car-bonate reservoir. SPE 105114, proceedings of the SPE Middle East Oil and Gas Show and Conference, Manama, Kingdom of Bahrain, 11-14 March.

OpenFOAM. 2010. *OpenFOAM Programmers guide*, http://foam.sourceforge.net/doc/Guides-a4/Programmers Guide.pdf. OpenCFD Limited.

Or, D., and Tuller, M. 1999. Liquid retention and interfacial area in variably saturated porous media: Upscaling from single-pore to sample-scale model. *Water Resources Research*, 35(12), 3591-3605.

Øren, P. E., and Bakke, S. 2002. Process based reconstruction of sandstones and prediction of transport proper-ties. *Transport in Porous Media*, 46(2-3), 311-343.

Øren, P. E., and Bakke, S. 2003. Reconstruction of Berea sandstone and pore-scale modelling of wettability effects. *Journal of Petroleum Science and Engineering*, 39(3-4), 177-199.

Øren, P. E., and Pinczewski, W. V. 1994. The effect of wettability and spreading coefficients on the recovery of wa-terflood residual oil by miscible gasflooding. *SPE Formation Evaluation*, 9(2), 149-156.

Øren, P. E., and Pinczewski, W. V. 1995. Fluid distribution and pore-scale displacement mechanisms in drainage dominated three-phase flow. *Transport in Porous Media*, 20(1-2), 105-133.

Øren, P. E., Billiotte, J., and Pinczewski, W. V. 1992. Mobilization of waterflood residual oil by gas injection for water-wet conditions. *SPE Formation Evaluation*, 7(1), 70-78.

Øren, P. E., Billiotte, J., and Pinczewski, W. V. 1994. Pore-Scale Network Modelling of Waterflood Residual Oil Recovery by Immiscible Gas Flooding. SPE 27814, proceedings of the SPE/DOE Improved Oil Recovery Symposium, Tulsa, Oklahoma, 17-20 April.

Øren, P. E., Bakke, S., and Arntzen, O. J. 1998. Extending predictive capabilities to network models. *SPE Journal*, 3(4), 324-336.

Øren, P. E., Bakke, S., and Held, R. 2007. Direct pore-scale computation of material and transport properties for North Sea reservoir rocks. *Water Resources Research*, 43(12), W12S04.

Orr, F. M. Jr. 2007. *Theory of Gas Injection Processes*. Tie-Line Publications, Copenhagen.

Ovaysi, S., and Piri, M. 2010. Direct pore-level modeling of incompressible fluid flow in porous media. *Journal of Computational Physics*, 229(19), 7456-7476.

Ovaysi, S., Wheeler, M. F., and Balhoff, M. 2014. Quantifying the representative size in porous media. *Transport in Porous Media*, 104(2), 349-362.

Pak, T., Butler, I. B., Geiger, S., van Dijke, M. I. J., and Sorbie, K. S. 2015. Droplet fragmentation: 3D imaging of a previously unidentified pore-scale process during multiphase flow in porous media. *Proceedings of the National Academy of Sciences*, 112(7), 1947-1952.

Pan, C., Hilpert, M., and Miller, C. T. 2001. Pore-scale modeling of saturated permeabilities in random sphere packings. *Physical Review E*, 64(6), 066702.

Pan, C., Hilpert, M., and Miller, C. T. 2004. Lattice-Boltzmann simulation of two-phase flow in porous media. *Water Resources Research*, 40(1), W01501.

Panfilov, M., and Panfilova, I. 2005. Phenomenological meniscus model for two-phase flows in porous media. *Transport in Porous Media*, 58(1-2), 87-119.

Parker, J. C., Lenhard, R. J., and Kuppusamy, T. 1987. A parametric model for constitutive properties governing multiphase flow in porous media. *Water Resources Research*, 23(4), 618-624.

Parlange, J. Y., and Hill, D. 1976. Theoretical analysis of wetting front instability in soils. *Soil Science*, 122(4), 236-239.

Patankar, S. V., and Spalding, D. B. 1972. A calculation procedure for heat, mass and momentum transfer in three-dimensional parabolic flows. *International Journal of Heat and Mass Transfer*, 15(10), 1787-1806.

Patzek, T. W. 2001. Verification of a complete pore network simulator of drainage and imbibition. *SPE Journal*, 6(2), 144-156.

Payatakes, A. C. 1982. Dynamics of oil ganglia during immiscible displacement in water-wet porous media. *Annual Review of Fluid Mechanics*, 14(1), 365-393.

Pentland, C. H. 2011. *Measurements of Non-wetting Phase Trapping in Porous Media*. PhD thesis, Imperial College London.

Pentland, C. H., Tanino, Y., Iglauer, S., and Blunt, M. J. 2010. Capillary Trapping in Water-Wet Sandstones: Coreflooding Experiments and Pore-Network Modeling. SPE 133798, proceedings of the SPE Annual Technical Conference and Exhibition, Florence, 19-22 September.

Pentland, C. H., El-Maghraby, R., Iglauer, S., and Blunt, M. J. 2011. Measurements of the capillary trapping of super-critical carbon dioxide in Berea sandstone. *Geophysical Research Letters*, 38(6), L06401.

Pereira, G. G. 1999. Numerical pore-scale modeling of three-phase fluid flow: Comparison between simulation and experiment. *Physical Review E*, 59(4), 4229-4242.

Pereira, G. G., Pinczewski, W. V., Chan, D. Y. C., Paterson, L., and Øren, P. E. 1996. Pore-scale network model for drainage-dominated three-phase flow in porous media. *Transport in Porous Media*, 24(2), 167-201.

Philip, J. R. 1974. Fifty years progress in soil physics. *Geoderma*, 12(4), 265-280.

Pickell, J. J., Swanson, B. F., and Hickmann, W. B. 1966. Application of air-mercury and oil-air capillary pressure data in the study of pore structure and fluid distribution. *SPE Journal*, 6(1), 55-61.

Piller, M., Schena, G., Nolich, M., Favretto, S., Radaelli, F., and Rossi, E. 2009. Analysis of hydraulic permeability in porous media: From high resolution X-ray tomography to direct numerical simulation. *Transport in Porous Media*, 80(1), 57-78.

Piri, M., and Blunt, M. J. 2005a. Three-dimensional mixed-wet random pore-scale network modeling of two-and three-phase flow in porous media. I. Model description. *Physical Review E*, 71(2), 026301.

Piri, M., and Blunt, M. J. 2005b. Three-dimensional mixed-wet random pore-scale network modeling of two-and three-phase flow in porous media. II. Results. *Physical Review E*, 71(2), 026302.

Plug, W. J., and Bruining, J. 2007. Capillary pressure for the sand-CO_2-water system under various pressure conditions. Application to CO_2 sequestration. *Advances in Water Resources*, 30(11), 2339-2353.

Poiseuille, J. L. 1844. *Recherches expérimentales sur le mouvement des liquides dans les tubes de très – petits diamètres*. Imprimerie Royale, Paris.

Poisson, S. D. 1831. Memoire sur les equations generales de l'equilibre et du mouvement des corps solides elastiques et des fluides. *J. Ecole Polytechnique*, 13, 1-174.

Popinet, S., and Zaleski, S. 1999. A front-tracking algorithm for accurate representation of surface tension. *International Journal for Numerical Methods in Fluids*, 30(6), 775-793.

Porter, M, L., Wildenschild, D., Grant, G., and Gerhard, J. I. 2010. Measurement and prediction of the relationship between capillary pressure, saturation, and interfacial area in a NAPl-water-glass bead system. *Water Resources Research*, 46(8), W08512.

Porter, M. L., Schaap, M. G., and Wildenschild, D. 2009. Lattice-Boltzmann simulations of the capillary pressure-saturation-interfacial area relationship for porous media. *Advances in Water Resources*, 32(11), 1632-1640.

Princen, H. M. 1969a. Capillary phenomena in assemblies of parallel cylinders: I. Capillary rise between two cylinders. *Journal of Colloid and Interface Science*, 30(1), 69-75.

Princen, H. M. 1969b. Capillary phenomena in assemblies of parallel cylinders: II. Capillary rise in systems with more than two cylinders. *Journal of Colloid and Interface Science*, 30(3), 359-371.

Princen, H. M. 1970. Capillary phenomena in assemblies of parallel cylinders: III. Liquid Columns between Horizontal Parallel Cylinders. *Journal of Colloid and Interface Science*, 34(2), 171-184.

Prodanović, M. 2016. *Digital rocks portal*. https://www.digitalrocksportal.org/.

Prodanović, M., and Bryant, S. L. 2006. A level set method for determining critical curvatures for drainage and imbibition. *Journal of Colloid and Interface Science*, 304(2), 442-458.

Prodanović,M., Lindquist, W. B., and Seright, R. S. 2006. Porous structure and fluid partitioning in polyethylene cores from 3D X-ray microtomographic imaging. *Journal of Colloid and Interface Science*, 298(1), 282-297.

Prodanović,M., Lindquist, W. B., and Seright, R. S. 2007. 3D image-based characterization of fluid displacement in a Berea core. *Advances in Water Resources*, 30(2), 214-226.

Prodanović, M., Bryant, S. L., and Davis, J. S. 2013. Numerical simulation of diagenetic alteration and its effect on residual gas in tight gas sandstones. *Transport in Porous Media*, 96(1), 39-62.

Prodanović, M., Mehmani, A., and Sheppard, A. P. 2015. Imaged-based multiscale network modelling of microporosity in carbonates. *Geological Society, London, Special Publications*, 406(1), 95-113.

Rabbani, A., Jamshidi, S., and S., Salehi. 2014. An automated simple algorithm for realistic pore network extraction from micro-tomography images. *Journal of Petroleum Science and Engineering*, 123, 164-171.

Raeesi, B., and Piri, M. 2009. The effects of wettability and trapping on relationships between interfacial area, capillary pressure and saturation in porous media: A pore-scale network modeling approach. *Journal of Hydrology*, 376(3-4), 337-352.

Raeini, A. Q., Blunt, M. J., and Bijeljic, B. 2012. Modelling two-phase flow in porous media at the pore scale using the volume-of-fluid method. *Journal of Computational Physics*, 231(17), 5653-5668.

Raeini, A. Q., Bijeljic, B., and Blunt, M. J. 2014a. Direct simulations of two-phase flow on micro-CT images of porous media and upscaling of pore-scale forces. *Advances in Water Resources*, 231(17), 5653-5668.

Raeini, A. Q., Bijeljic, B., and Blunt, M. J. 2014b. Numerical modelling of sub-pore scale events in two-phase flow through porous media. *Transport in Porous Media*, 101(2), 191-213.

Raeini, A. Q., Bijeljic, B., and Blunt, M. J. 2015. Modelling capillary trapping using finite-volume simulation of two-phase flow directly on micro-CT images. *Advances in Water Resources*, 83, 102-110.

Rahman, T., Lebedev, M., Barifcani, A., and Iglauer, S. 2016. Residual trapping of supercritical CO_2 in oil-wet sandstone. *Journal of Colloid and Interface Science*, 469, 63-68.

Ramstad, T., Øren, P. E., and Bakke, S. 2010. Simulation of two-phase flow in reservoir rocks using a lattice Boltzmann method. *SPE Journal*, 15(4), 917-927.

Ramstad, T., Idowu, N., Nardi, C., and Øren, P. E. 2012. Relative permeability calculations from twophase flow simulations directly on digital images of porous rocks. *Transport in Porous Media*, 94(2), 487-504.

Ransohoff, T. C, and Radke, C. J. 1988. Laminar flow of a wetting liquid along the corners of a predominantly gas-occupied noncircular pore. *Journal of Colloid and Interface Science*, 121(2), 392-401.

Ransohoff, T. C., Gauglitz, P. A., and Radke, C. J. 1987. Snap-off of gas bubbles in smoothly constricted noncircular capillaries. *AIChE Journal*, 33(5), 753-765.

Reeves, P. C., and Celia, M. A. 1996. A functional relationship between capillary pressure, saturation, and interfacial area as revealed by a pore-scale network model. *Water Resources Research*, 32(8), 2345-2358.

Reynolds, C. A. 2016. *Multiphase Flow Behaviour and Relative Permeability of CO_2-brine and N_2-water in Sandstones*. PhD thesis, Imperial College London.

Reynolds, C. A., and Krevor, S. 2015. Characterising flow behavior for gas injection: Relative permeability of CO_2-brine and N_2-water in heterogeneous rocks. *Water Resources Research*, 51(12), 9464-9489.

Richards, L. A. 1931. Capillary conduction of liquids through porous mediums. *Journal of Applied Physics*, 1(5), 318-333.

Robin, M., Rosenberg, E., and Fassi-Fihri, O. 1995. Wettability studies at the pore level: A new approach by the use of cryo-scanning electron microscopy. *SPE Formation Evaluation*, 10(1), 11-20.

Roof, J. G. 1970. Snap-off of oil droplets in water-wet pores. *SPE Journal*, 10(1), 85-90.

Roth, S., Hong, Y., Bale, H., Zhao, T., Bhattiprolu, S., Andrew, M., Weichao, C., Gelb, J., and Hornberger, B. 2016. Fully controlled sampling workflow for multi-scale X-ray imaging of complex reservoir rock samples to be used for digital rock physics. GEO 2016-2348618, proceedings of the 12th Middle East Geosciences Conference and Exhibition, 2016, Manama, Bahrain, 4-7 March.

Rothman, D. H. 1988. Cellular-automaton fluids: A model for flow in porous media. *Geophysics*, 53(4), 509-518.

Rothman, D. H. 1990. Macroscopic laws for immiscible two-phase flow in porous media: Results from numerical experiments. *Journal of Geophysical Research: Solid Earth*, 95(B6), 8663-8674.

Roux, S., and Guyon, E. 1989. Temporal development of invasion percolation. *Journal of Physics A: Mathematical and General*, 22(17), 3693-3705.

Rücker, M., Berg, S., Armstrong, R. T., Georgiadis, A., Ott, H., Schwing, A., Neiteler, R., Brussee, N., Makurat, A., Leu, L., Wolf, M., Khan, F., Enzmann, F., and Kersten, M. 2015. From connected pathway flow to ganglion dynamics. *Geophysical Research Letters*, 42(10), 3888-3894.

Rudman, M. 1997. Volume-tracking methods for interfacial flow calculations. *International Journal for Numerical Methods in Fluids*, 24(7), 671-691.

Ryazanov, A. V., van Dijke, M. I. J., and Sorbie, K. S. 2009. Two-phase pore-network modelling: Existence of oil layers during water invasion. *Transport in Porous Media*, 80(1), 79-99.

Sadjadi, Z., Jung, M., Seemann, R., and Rieger, H. 2015. Meniscus arrest during capillary rise in asymmetric microfluidic pore junctions. *Langmuir*, 31(8), 2600-2608.

Saffman, P. G., and Taylor, G. 1958. The penetration of a fluid into a porous medium or Hele-Shaw cell containing a more viscous liquid. *Proceedings of the Royal Society of London A: Mathematical, Physical and Engineering Sciences*, 245(1242), 312-329.

Sahimi, M. 1993. Flow phenomena in rocks: From continuum models to fractals, percolation, cellular automata, and simulated annealing. *Reviews of Modern Physics*, 65(4), 1393-1534.

Sahimi, M. 2011. *Flow and Transport in Porous Media and Fractured Rock: From ClassicalMethods to Modern Approaches*. John Wiley & Sons, Hoboken, New Jersey.

Sahini, M., and Sahimi, M. 1994. *Applications of Percolation Theory*. CRC Press, Boca Raton, Florida.

Sahni, A., Burger, J., and Blunt, M. 1998. Measurement of Three Phase Relative Permeability during Gravity Drainage using CT. SPE 39655, proceedings of the SPE/DOE Improved Oil Recovery Symposium, Tulsa, Oklahoma, 19-22 April.

Salathiel, R. A. 1973. Oil recovery by surface film drainage in mixed-wettability rocks. *Journal of Petroleum Technology*, 25(10), 1216-1224.

Saraji, S., Goual, L., and Piri, M. 2010. Adsorption of asphaltenes in porous media under flow conditions. *Energy & Fuels*, 24(11), 6009-6017.

Saripalli, K. P., Kim, H., Rao, P. S. C., and Annable, M. D. 1997. Measurement of specific fluid-fluid interfacial areas of immiscible fluids in porous media. *Environmental Science & Technology*, 31(3), 932-936.

Scardovelli, R., and Zaleski, S. 1999. Direct numerical simulation of free-surface and interfacial flow. *Annual Review of Fluid Mechanics*, 31(1), 567-603.

Schaefer, C. E., DiCarlo, D. A., and Blunt, M. J. 2000. Experimental measurement of air-water interfacial area during gravity drainage and secondary imbibition in porous media. *Water Resources Research*, 36(4), 885-890.

Schladitz, K. 2011. Quantitative micro-CT. *Journal of Microscopy*, 243(2), 111-117.

Schlüter, S., Sheppard, A., Brown, K., and Wildenschild, D. 2014. Image processing of multiphase images obtained via X-ray microtomography: A review. *Water Resources Research*, 50(4), 3615-3639.

Schmatz, J., Urai, J. L., Berg, S., and Ott, H. 2015. Nanoscale imaging of pore-scale fluid-fluid-solid contacts in sandstone. *Geophysical Research Letters*, 42(7), 2189-2195.

Schmid, K. S., and Geiger, S. 2012. Universal scaling of spontaneous imbibition for water-wet systems. *Water Resources Research*, 48(3), W03507.

Schmid, K. S., and Geiger, S. 2013. Universal scaling of spontaneous imbibition for arbitrary petrophysical properties: Water-wet and mixed-wet states and Handy's conjecture. *Journal of Petroleum Science and Engineering*, 101, 44-61.

Schmid, K. S., Geiger, S., and Sorbie, K. S. 2011. Semianalytical solutions for cocurrent and countercurrent imbibition and dispersion of solutes in immiscible two-phase flow. *Water Resources Research*, 47(2), W02550.

Selker, J. S. , Steenhuis, T. S. , and Parlange, J. Y. 1992. Wetting front instability in homogeneous sandy soils under continuous infiltration. *Soil Science Society of America Journal*, 56(5), 1346-1350.

Serra, J. 1986. Introduction to mathematical morphology. *Computer Vision, Graphics, and Image Processing*, 35 (3), 283-305.

Shah, S. M. , Gray, F. , Crawshaw, J. P. , and Boek, E. S. 2016. Micro-computed tomography porescale study of flow in porous media: Effect of voxel resolution. *Advances in Water Resources*, 95, 276-287.

Sharma, M. M. , and Wunderlich, R. W. 1987. The alteration of rock properties due to interactions with drilling-fluid components. *Journal of Petroleum Science and Engineering*, 1(2), 127-143.

Sheppard, A. P. , Knackstedt, M. A. , Pinczewski, W. V. , and Sahimi, M. 1999. Invasion percolation: New algorithms and universality classes. *Journal of Physics A: Mathematical and General*, 32(49), L521-L529.

Silin, D. , and Patzek, T. 2006. Pore space morphology analysis using maximal inscribed spheres. *Physica A: Statistical Mechanics and Its Applications*, 371(2), 336-360.

Silin, D. , Tomutsa, L. , Benson, S. M. , and Patzek, T. W. 2011. Microtomography and pore-scale modeling of two-phase fluid distribution. *Transport in Porous Media*, 86(2), 495-515.

Singh, K. , Niven, R. K. , Senden, T. J. , Turner, M. L. , Sheppard, A. P. , Middleton, J. P. , and Knackstedt, M. A. 2011. Remobilization of residual non-aqueous phase liquid in porous media by freeze-thaw cycles. *Environmental Science & Technology*, 45(8), 3473-3478.

Singh, K. , Bijeljic, B. , and Blunt, M. J. 2016. Imaging of oil layers, curvature and contact angle in a mixed-wet and a water-wet carbonate rock. *Water Resources Research*, 52(3), 1716-1728.

Singh, M. , and Mohanty, K. K. 2003. Dynamic modeling of drainage through three-dimensional porous materials. *Chemical Engineering Science*, 58(1), 1-18.

Sivanesapillai, R. , Falkner, N. , Hartmaier, A. , and Steeb, H. 2016. A CSf-SPH method for simulating drainage and imbibition at pore-scale resolution while tracking interfacial areas. *Advances in Water Resources*, 95, 212-234.

Skauge, A. , Sørvik, A. , B. , Vik. , and Spildo, K. 2006. Effect of wettability on oil recovery from carbonate material representing different pore classes. SCA2006-01, proceedings of the Society of Core Analysts Annual Meeting, Trondheim, Norway.

Sohrabi, M. , Tehrani, D. H. , Danesh, A. , and Henderson, G. D. 2004. Visualization of oil recovery by water-alternating-gas injection using high-pressure micromodels. *SPE Journal*, 9(3), 290-301.

Sok, R. M. , Knackstedt, M. A. , Sheppard, A. P. , Pinczewski, W. V. , Lindquist, W. B. , Venkatarangan, A. , and Paterson, L. 2002. Direct and stochastic generation of network models from tomographic images: Effect of topology on residual saturations. *Transport in Porous Media*, 46(2-3), 345-371.

Soll, W. E. , and Celia, M. A. 1993. A modified percolation approach to simulating three-fluid capillary pressure-saturation relationships. *Advances in Water Resources*, 16(2), 107-126.

Spalding, D. B. , and Patankar, S. V. 1972. A calculation procedure for heat, mass and momentum transfer in three-dimensional parabolic flows. *International Journal of Heat and Mass Transfer*, 15(10), 1787-1806.

Spanne, P. , Thovert, J. F. , Jacquin, C. J. , Lindquist, W. B. , Jones, K. W. , and Adler, P. M. 1994. Synchrotron computed microtomograhy of porous media: Topology and transports. *Physical Review Letters*, 73(14), 2001-2004.

Spelt, P. D. M. 2005. A level-set approach for simulations of flows with multiple moving contact lines with hysteresis. *Journal of Computational Physics*, 207(2), 389-404.

Spiteri, E. J. , Juanes, R. , Blunt, M. J. , and Orr, F. M. 2008. A new model of trapping and relative permeability hysteresis for all wettability characteristics. *SPE Journal*, 13(3), 277-288.

Stauffer, D., and Aharony, A. 1994. *Introduction to Percolation Theory*. CRC Press, Boca Raton, Florida.

Steenhuis, T. S., Baver, C. E., Hasanpour, B., Stoof, C. R., DiCarlo, D. A., and Selker, J. S. 2013. Pore scale consideration in unstable gravity driven finger flow. *Water Resources Research*, 49(11), 7815–7819.

Stokes, G. G. 1845. On the theories of the internal friction of fluids in motion, and of the equilibrium and motion of elastic solids. *Transactions of the Cambridge Philosophical Society*, 8, 287–305.

Stone, H. L. 1970. Probability model for estimating three-phase relative permeability. *Journal of Petroleum Technology*, 22(2), 214–218.

Stone, H. L. 1973. Estimation of three-phase relative permeability and residual oil data. *Journal of Canadian Petroleum Technology*, 12(4), 53–61.

Strebelle, S. 2002. Conditional simulation of complex geological structures using multiple-point statistics. *Mathematical Geology*, 34(1), 1–21.

Strenski, P. N., Bradley, R. M., and Debierre, J. M. 1991. Scaling behavior of percolation surfaces in three dimensions. *Physical Review Letters*, 66(10), 1330–1333.

Stüben, K. 2001. An introduction to algebraic multigrid. *ebrary. free. fr*, 413–532.

Suekane, T., Zhou, N., Hosokawa, T., and Matsumoto, T. 2010. Direct observation of trapped gas bubbles by capillarity in sandy porous media. *Transport in Porous Media*, 82(1), 111–122.

Suicmez, V. S., Piri, M., and Blunt, M. J. 2007. Pore-scale simulation of water alternate gas injection. *Transport in Porous Media*, 66(3), 259–286.

Suicmez, V. S., Piri, M., and Blunt, M. J. 2008. Effects of wettability and pore-level displacement on hydrocarbon trapping. *Advances in Water Resources*, 31, 503–512.

Sussman, M., Smereka, P., and Osher, S. 1994. A level set approach for computing solutions to incompressible two-phase flow. *Journal of Computational Physics*, 114(1), 146–159.

Tallakstad, K. T., Løvoll, G., Knudsen, H. A., Ramstad, T., Flekkøy, E. G., and Måløy, K. J. 2009a. Steady-state, simultaneous two-phase flow in porous media: An experimental study. *Physical Review E*, 80 (3), 036308.

Tallakstad, K. T., Knudsen, H. A., Ramstad, T., Løvoll, G., Måløy, K. J., Toussaint, R., and Flekkøy, E. G. 2009b. Steady-state two-phase flow in porous media: Statistics and transport properties. *Physical Review Letters*, 102(7), 074502.

Talon, L., Bauer, D., Gland, N., Youssef, S., Auradou, H., and Ginzburg, I. 2012. Assessment of the two relaxation time lattice-Boltzmann scheme to simulate Stokes flow in porous media. *Water Resources Research*, 48 (4), W04526.

Tanino, Y., and Blunt, M. J. 2012. Capillary trapping in sandstones and carbonates: Dependence on pore structure. *Water Resources Research*, 48, W08525.

Tanino, Y., and Blunt, M. J. 2013. Laboratory investigation of capillary trapping under mixed-wet conditions. *Water Resources Research*, 49(7), 4311–4319.

Tartakovsky, A. M., and Meakin, P. 2005. A smoothed particle hydrodynamics model for miscible flow in three-dimensional fractures and the two-dimensional Rayleigh-Taylor instability. *Journal of Computational Physics*, 207 (2), 610–624.

Tartakovsky, A. M., and Meakin, P. 2006. Pore scale modeling of immiscible and miscible fluid flows using smoothed particle hydrodynamics. *Advances in Water Resources*, 29(10), 1464–1478.

Tartakovsky, A. M., Ward, A. L., and Meakin, P. 2007. Pore-scale simulations of drainage of heterogeneous and anisotropic porous media. *Physics of Fluids*, 19(10), 103301.

Tartakovsky, A. M., Ferris, K. F., and Meakin, P. 2009a. Lagrangian particle model for multiphase *flows*. *Computer Physics Communications*, 180(10), 1874–1881.

Tartakovsky, A. M., Meakin, P., and Ward, A. L. 2009b. Smoothed particle hydrodynamics model of non-aqueous phase liquid flow and dissolution. *Transport in Porous Media*, 76(1), 11–34.

Taylor, H. F., O'Sullivan, C., and Sim, W. W. 2015. A new method to identify void constrictions in micro-CT images of sand. *Computers and Geotechnics*, 69, 279–290.

Theodoropoulou, M. A., Sygouni, V., Karoutsos, V., and Tsakiroglou, C. D. 2005. Relative permeability and capillary pressure functions of porous media as related to the displacement growth pattern. *International Journal of Multiphase Flow*, 31(10–11), 1155–1180.

Thompson, K. E, Willson, C. S, White, C. D., Nyman, S., Bhattacharya, J. P, and Reed, A. H. 2008. Application of a new grain-based reconstruction algorithm to microtomography images for quantitative characterization and flow modeling. *SPE Journal*, 13(2), 164–176.

Thompson, P. A., and Robbins, M. O. 1989. Simulations of contact-line motion: Slip and the dynamic contact angle. *Physical Review Letters*, 63(7), 766–769.

Thovert, J. F., Salles, J., and Adler, P. M. 1993. Computerized characterization of the geometry of real porous media: Their discretization, analysis and interpretation. *Journal of Microscopy*, 170(1), 65–79.

Todd, M. R., and Longstaff, W. J. 1972. The development, testing, and application of a numerical simulator for predicting miscible flood performance. *Journal of Petroleum Technology*, 24(7), 874–882.

Tolman, S., and Meakin, P. 1989. Off-lattice and hypercubic-lattice models for diffusion-limited aggregation in dimensionalities 2–8. *Physical Review A*, 40(1), 428–437.

Tørå, G., Øren, P. E., and Hansen, A. 2012. A dynamic network model for two-phase flow in porous media. *Transport in Porous Media*, 92(1), 145–164.

Torsæter, O. 1988. A comparative study of wettability test methods based on experimental results from north sea reservoir rocks. SPE 18281, proceedings of the SPE Annual TechnicalConference and Exhibition, Houston, TX, October 2–5.

Treiber, L. E., Archer, D. L., and Owens, W. W. 1972. Laboratory evaluation of the wettability of fifty oil producing reservoirs. *SPE Journal*, 12(6), 531–540.

Trojer, M., Szulczewski, M. L., and Juanes, R. 2015. Stabilizing fluid-fluid displacements in porous media through wettability alteration. *Physical Review Applied*, 3(5), 054008.

Tryggvason, G., Bunner, B., Esmaeeli, A., Juric, D., Al-Rawahi, N., Tauber, W., Han, J., Nas, S., and Jan, Y. J. 2001. A front-tracking method for the computations of multiphase flow. *Journal of Computational Physics*, 169(2), 708–759.

Turner, M. L., Knüfing, L., Arns, C. H., Sakellariou, A., Senden, T. J., Sheppard, A. P., Sok, R. M., Limaye, A., Pinczewski, W. V., and Knackstedt, M. A. 2004. Three-dimensional imaging of multiphase flow in porous media. *Physica A: Statistical Mechanics and Its Applications*, 339(1–2), 166–172.

Unsal, E., Mason, G., Ruth, D. W., and Morrow, N. R. 2007a. Co-and counter-current spontaneous imbibition into groups of capillary tubes with lateral connections permitting cross–flow. *Journal of Colloid and Interface Science*, 315(1), 200–209.

Unsal, E., Mason, G., Morrow, N. R., and Ruth, D. W. 2007b. Co-current and counter-current imbibition in independent tubes of non-axisymmetric geometry. *Journal of Colloid and Interface Science*, 306(1), 105–117.

Unverdi, S., and Tryggvason, G. 1992. A front-tracking method for viscous, incompressible, multifluid flows. *Journal of Computational Physics*, 100(1), 25–37.

Valavanides, M. S., Constantinides, G. N., and Payatakes, A. C. 1998. Mechanistic model of steadystate two-phase flow in porous media based on ganglion dynamics. *Transport in Porous Media*, 30(3), 267–299.

Valavanides, M. S. , and Payatakes, A. C. 2001. True-to-mechanism model of steady-state two-phase flow in porous media, using decomposition into prototype flows. *Advances in Water Resources*, 24(3-4), 385-407.

Valvatne, P. H. , and Blunt, M. J. 2004. Predictive pore-scale modeling of two-phase flow in mixed wet media. *Water Resources Research*, 40(7), W07406.

van der Marck, S. C. , Matsuura, T. , and Glas, J. 1997. Viscous and capillary pressures during drainage: Network simulations and experiments. *Physical Review E*, 56(5), 5675-5687.

van Dijke, M. I. J. , and Sorbie, K. S. 2002a. An analysis of three-phase pore occupancies and relative permeabilities in porous media with variable wettability. *Transport in Porous Media*, 48(2), 159-185.

van Dijke, M. I. J. , and Sorbie, K. S. 2002b. Pore-scale network model for three-phase flow in mixedwet porous media. *Physical Review E*, 66(4), 046302.

van Dijke, M. I. J. , and Sorbie, K. S. 2002c. The relation between interfacial tensions and wettability in three-phase systems: Consequences for pore occupancy and relative permeability. *Journal of Petroleum Science and Engineering*, 33(1-3), 39-48.

van Dijke, M. I. J. , and Sorbie, K. S. 2003. Pore-scale modelling of three-phase flow in mixed-wet porous media: Multiple displacement chains. *Journal of Petroleum Science and Engineering*, 39(3-4), 201-216.

van Dijke, M. I. J. , and Sorbie, K. S. 2006a. Cusp at the three-fluid contact line in a cylindrical pore. *Journal of Colloid and Interface Science*, 297(2), 762-771.

van Dijke, M. I. J. , and Sorbie, K. S. 2006b. Existence of fluid layers in the corners of a capillary with non-uniform wettability. *Journal of Colloid and Interface Science*, 293(2), 455-463.

van Dijke, M. I. J. , Sorbie, K. S. , and McDougall, S. R. 2001a. Saturation-dependencies of threephase relative permeabilities in mixed-wet and fractionally wet systems. *Advances in Water Resources*, 24(3-4), 365-384.

van Dijke, M. I. J. , McDougall, S. R. , and Sorbie, K. S. 2001b. Three-phase capillary pressure and relative permeability relationships in mixed-wet systems. *Transport in Porous Media*, 44(1), 1-32.

van Dijke, M. I. J. , Sorbie, K. S. , Sohrabi, M. , and Danesh, A. 2006. Simulation ofWAG floods in an oil-wet micromodel using a 2-D pore-scale network model. *Journal of Petroleum Science and Engineering*, 52(1-4), 71-86.

van Dijke, M. I. J. , Piri, M. , Helland, J. O. , Sorbie, K. S. , Blunt, M. J. , and Skjæveland, S. M. 2007. Criteria for three-fluid configurations including layers in a pore with nonuniform wettability. *Water Resources Research*, 43(12), W12S05.

van Genuchten, M. T. 1980. A closed-form equation for predicting the hydraulic conductivity of unsaturated soils. *Soil Science Society of America Journal*, 44(5), 892-898.

van Genuchten, M. T. , and Nielsen, D. R. 1985. On describing and predicting the hydraulic properties of unsaturated soils. *Annales Geophysicae*, 3(5), 615-628.

van Kats, F. M. , Egberts, P. J. P. , and van Kruijsdijk, C. P. J. W. 2001. Three-phase effective contact angle in a model pore. *Transport in Porous Media*, 43(2), 225-238.

Vicsek, T. 1992. *Fractal Growth Phenomena*. World Scientific, Singapore.

Vizika, O. , and Lombard, J. M. 1996. Wettability and spreading: Two key parameters in oil recovery with three-phase gravity drainage. *SPE Reservoir Engineering*, 11(1), 54-60.

Vizika, O. , Avraam, D. G. , and Payatakes, A. C. 1994. On the role of the viscosity ratio during lowcapillary-number forced imbibition in porous media. *Journal of Colloid and Interface Science*, 165(2), 386-401.

Vogel, H. J. 2002. *Topological Characterization of Porous Media*. Lecture Notes in Physics, vol. 600. Springer, Berlin & Heidelberg.

Vogel, H. J, and Roth, K. 2001. Quantitative morphology and network representation of soil pore structure. *Advances in Water Resources*, 24(3-4), 233-242.

Vogel, H. J., Weller, U., and Schlüter, S. 2010. Quantification of soil structure based on Minkowski functions. *Computers & Geosciences*, 36(10), 1236-1245.

Wang, J., Zhou, Z., Zhang, W., Garoni, T. M., and Deng, Y. 2013. Bond and site percolation in three dimensions. *Physical Review E*, 87(5), 052107.

Washburn, E. W. 1921. The dynamics of capillary flow. *Physical Review*, 17(3), 273-283.

Welge, H. J. 1952. A simplified method for computing oil recovery by gas or water drive. *Journal of Petroleum Technology*, 4(4), 91-98.

Whitaker, S. 1986. Flow in porous media I: A theoretical derivation of Darcy's law. *Transport in Porous Media*, 1(1), 3-25.

Whitaker, S. 1999. *The Method of Volume Averaging*. Kluwer Academic Publishers, Amsterdam.

Whyman, G., Bormashenko, E., and Stein, T. 2008. The rigorous derivation of Young, Cassie-Baxter and Wenzel equations and the analysis of the contact angle hysteresis phenomenon. *Chemical Physics Letters*, 450(4-6), 355-359.

Wildenschild, D., and Sheppard, A. P. 2013. X-ray imaging and analysis techniques for quantifying pore-scale structure and processes in subsurface porous medium systems. *Advances in Water Resources*, 51, 217-246.

Wildenschild, D., Armstrong, R. T., Herring, A. L., Young, I. M., and Carey, J. W. 2011. Exploring capillary trapping efficiency as a function of interfacial tension, viscosity, and flow rate. *Energy Procedia*, 4, 4945-4952.

Wilkinson, D. 1984. Percolation model of immiscible displacement in the presence of buoyancy forces. *Physical Review A*, 30(1), 520-531.

Wilkinson, D. 1986. Percolation effects in immiscible displacement. *Physical Review A*, 34(2), 1380-1391.

Wilkinson, D., and Willemsen, J. F. 1983. Invasion percolation: A new form of percolation theory. *Journal of Physics A: Mathematical and General*, 16(14), 3365-3376.

Witten, T. A., and Sander, L. M. 1981. Diffusion-limited aggregation, a kinetic critical phenomenon. *Physical Review Letters*, 47(19), 1400-1403.

Wu, K., Van Dijke, M. I. J., Couples, G. D., Jiang, Z., Ma, J., Sorbie, K. S., Crawford, J., Young, I., and Zhang, X. 2006. 3D stochastic modelling of heterogeneous porous media – applications to reservoir rocks. *Transport in Porous Media*, 65(3), 443-467.

Wyckoff, R. D., and Botset, H. G. 1936. The flow of gas-liquid mixtures through unconsolidated sands. *Journal of Applied Physics*, 7(9), 325-345.

Wyckoff, R. D., Botset, H. G., Muskat, M., and Reed, D. W. 1933. The measurement of the permeability of porous media for homogeneous fluids. *Review of Scientific Instruments*, 4(7), 394-405.

Yan, J. N., Monezes, J. L., and Sharma, M. M. 1993. Wettability alteration caused by oil-based muds and mud components. *SPE Drilling and Completion*, 8(1), 35-44.

Yang, F., Hinger, F. F., Xiao, X., Liu, Y., Wu1, Z., Benson, S. M., and Toney, M. F. 2015. Extraction of pore-morphology and capillary pressure curves of porous media from synchrotron-based tomography data. *Scientific Reports*, 5, 10635.

Yang, X., Mehmani, Y., Perkins, W. A., Pasquali, A., Schönherr, M., Kim, K., Perego, M., Parks, M. L., Trask, N., Balhoff, M. T., Richmond, M. C., Geier, M., Krafczyk, M., Luo, L. S., Tartakovsky, A. M., and Scheibe, T. D. 2016. Intercomparison of 3D pore-scale flow and solute transport simulation methods. *Advances in Water Resources*, 95, 176-189.

Yeong, C. L. Y., and Torquato, S. 1998. Reconstructing random media. II. Three-dimensional media from two-dimensional cuts. *Physical Review E*, 58(1), 224-233.

Yortsos, Y. C., Xu, B., and Salin, D. 1997. Phase diagram of fully developed drainage in porous media. *Physical Review Letters*, 79(23), 4581-4584.

Young, T. 1805. An essay on the cohesion of fluids. *Philosophical Transactions of the Royal Society of London*, 95, 65-87.

Yuan, H. H., and Swanson, B. F. 1989. Resolving pore-space characteristics by rate-controlled porosimetry. *SPE Formation Evaluation*, 4(1), 17-24.

Zhao, X., Blunt, M. J., and Yao, J. 2010. Pore-scale modeling: Effects of wettability on waterflood oil recovery. *Journal of Petroleum Science and Engineering*, 71(3-4), 169-178.

Zhou, D., and Blunt, M. 1997. Effect of spreading coefficient on the distribution of light non-aqueous phase liquid in the subsurface. *Journal of Contaminant Hydrology*, 25(1-2), 1-19.

Zhou, D., and Blunt, M. 1998. Wettability effects in three-phase gravity drainage. *Journal of Petroleum Science and Engineering*, 20(3-4), 203-211.

Zhou, D., Blunt, M., and Orr, F. M. Jr. 1997. Hydrocarbon drainage along corners of noncircular capillaries. *Journal of Colloid and Interface Science*, 187(1), 11-21.

Zhou, D., Jia, L., Kamath, J., and Kovscek, A. R. 2002. Scaling of counter-current imbibition processes in low-permeability porous media. *Journal of Petroleum Science and Engineering*, 33(1-3), 61-74.

Zhou, D., and Orr, F. M. Jr. 1995. The effects of gravity and viscous forces on residual nonwettingphase saturation. *In Situ*, 19(3), 249-273.

Zhou, X., R., Morrow N., and S., Ma. 2000. Interrelationship of wettability, initial water saturation, aging time, and oil recovery by spontaneous imbibition and waterflooding. *SPE Journal*, 5(2), 199-207.

Zhou, Y., Helland, J., and Hatzignatiou, D. G. 2014. Pore-scale modeling of waterflooding in mixedwet-rock images: Effects of initial saturation and wettability. *SPE Journal*, 19(1), 88-100.

Zhou, Y., Helland, J. O., and Hatzignatiou, D. G. 2016. Computation of three-phase capillary pressure curves and fluid configurations at mixed-wet conditions in 2D rock images. *SPE Journal*, 21(1), 152-169.

Zhu, Y., Fox, P. J., and Morris, J. P. 1999. A pore-scale numerical model for flow through porous media. *International Journal for Numerical and Analytical Methods in Geomechanics*, 23(9), 881-904.

Zimmerman, R. W., Kumar, S., and Bodvarsson, G. S. 1991. Lubrication theory analysis of the permeability of rough-walled fractures. *International Journal of Rock Mechanics and Mining Sciences and Geomechanics Abstracts*, 28(4), 325-331.

国外油气勘探开发新进展丛书（一）

书号：3592
定价：56.00元

书号：3663
定价：120.00元

书号：3700
定价：110.00元

书号：3718
定价：145.00元

书号：3722
定价：90.00元

国外油气勘探开发新进展丛书（二）

书号：4217
定价：96.00元

书号：4226
定价：60.00元

书号：4352
定价：32.00元

书号：4334
定价：115.00元

书号：4297
定价：28.00元

国外油气勘探开发新进展丛书（三）

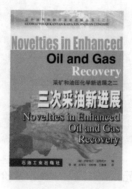

书号：4539
定价：120.00元

书号：4725
定价：88.00元

书号：4707
定价：60.00元

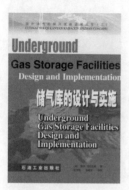

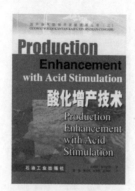

书号：4681
定价：48.00元

书号：4689
定价：50.00元

书号：4764
定价：78.00元

国外油气勘探开发新进展丛书（四）

书号：5554
定价：78.00元

书号：5429
定价：35.00元

书号：5599
定价：98.00元

书号：5702
定价：120.00元

书号：5676
定价：48.00元

书号：5750
定价：68.00元

国外油气勘探开发新进展丛书（五）

书号：6449
定价：52.00元

书号：5929
定价：70.00元

书号：6471
定价：128.00元

书号：6402
定价：96.00元

书号：6309
定价：185.00元

书号：6718
定价：150.00元

国外油气勘探开发新进展丛书（六）

书号：7055
定价：290.00元

书号：7000
定价：50.00元

书号：7035
定价：32.00元

书号：7075
定价：128.00元

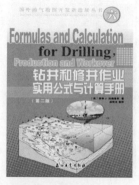

书号：6966
定价：42.00元

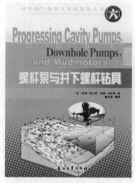

书号：6967
定价：32.00元

国外油气勘探开发新进展丛书（七）

书号：7533
定价：65.00元

书号：7802
定价：110.00元

书号：7555
定价：60.00元

书号：7290
定价：98.00元

书号：7088
定价：120.00元

书号：7690
定价：93.00元

国外油气勘探开发新进展丛书（八）

书号：7446
定价：38.00元

书号：8065
定价：98.00元

书号：8356
定价：98.00元

书号：8092
定价：38.00元

书号：8804
定价：38.00元

书号：9483
定价：140.00元

国外油气勘探开发新进展丛书（九）

书号：8351
定价：68.00元

书号：8782
定价：180.00元

书号：8336
定价：80.00元

书号：8899
定价：150.00元

书号：9013
定价：160.00元

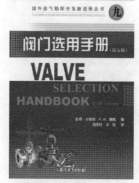

书号：7634
定价：65.00元

国外油气勘探开发新进展丛书（十）

书号：9009
定价：110.00元

书号：9989
定价：110.00元

书号：9574
定价：80.00元

书号：9024
定价：96.00元

书号：9322
定价：96.00元

书号：9576
定价：96.00元

国外油气勘探开发新进展丛书（十一）

书号：0042
定价：120.00元

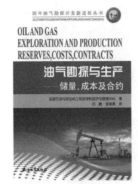

书号：9943
定价：75.00元

书号：0732
定价：75.00元

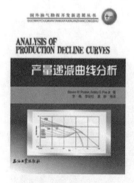

书号：0916
定价：80.00元

书号：0867
定价：65.00元

书号：0732
定价：75.00元

国外油气勘探开发新进展丛书（十二）

书号：0661
定价：80.00元

书号：0870
定价：116.00元

书号：0851
定价：120.00元

书号：1172
定价：120.00元

书号：0958
定价：66.00元

书号：1529
定价：66.00元

国外油气勘探开发新进展丛书（十三）

书号：1046
定价：158.00元

书号：1167
定价：165.00元

书号：1645
定价：70.00元

书号：1259
定价：60.00元

书号：1875
定价：158.00元

书号：1477
定价：256.00元

国外油气勘探开发新进展丛书（十四）

书号：1456
定价：128.00元

书号：1855
定价：60.00元

书号：1874
定价：280.00元

书号：2857
定价：80.00元

书号：2362
定价：76.00元

国外油气勘探开发新进展丛书（十五）

书号：3053
定价：260.00元

书号：3682
定价：180.00元

书号：2216
定价：180.00元

书号：3052
定价：260.00元

书号：2703
定价：280.00元

书号：2419
定价：300.00元

国外油气勘探开发新进展丛书（十六）

书号：2274
定价：68.00元

书号：2428
定价：168.00元

书号：1979
定价：65.00元

书号：3450
定价：280.00元

国外油气勘探开发新进展丛书（十七）

书号：2862
定价：160.00元

书号：3081
定价：86.00元

书号：3514
定价：96.00元

书号：3512
定价：298.00元

国外油气勘探开发新进展丛书（十八）

书号：3702
定价：75.00元

书号：3734
定价：200.00元

书号：3693
定价：48.00元

书号：3513
定价：278.00元